电气控制
从入门到精通

刘振全　王汉芝　编著

 化学工业出版社

·北京·

图书在版编目（CIP）数据

电气控制从入门到精通 / 刘振全，王汉芝编著. —北京：化学
工业出版社，2019.12 （2024.7重印）
ISBN 978-7-122-35354-2

Ⅰ.①电… Ⅱ.①刘…②王… Ⅲ.①电气控制 Ⅳ.①TM921.5

中国版本图书馆 CIP 数据核字（2019）第 223240 号

责任编辑：宋　辉　　　　　　　　　　　　文字编辑：毛亚囡
责任校对：边　涛　　　　　　　　　　　　装帧设计：王晓宇

出版发行：化学工业出版社（北京市东城区青年湖南街13号　邮政编码100011）
印　　装：河北延风印务有限公司
787mm×1092mm　1/16　印张26　字数646千字　2024年7月北京第1版第6次印刷

购书咨询：010-64518888　　　　　　　　　　售后服务：010-64518899
网　　址：http://www.cip.com.cn
凡购买本书，如有缺损质量问题，本社销售中心负责调换。

定　　价：99.00元

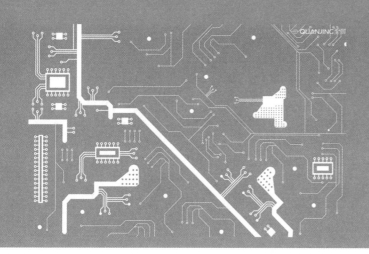

前 言

当代社会，电气控制已经成为各个行业不可或缺的技术，尤其是计算机技术的日益发展，为电气控制提供了强有力的技术支持。本书以实用和核心技术为主线，电气控制基础篇介绍电气识图基础、仪表和工具、电气控制常用电力电子元件、低压电气元件、传感器及其接线方法、电动机与变压器等基础知识，继电控制技术篇分析了三相异步电动机继电控制、变频器调速电动机继电控制、机床电气控制等。可编程控制技术篇介绍了可编程控制器编程方法及应用案例、变频器及其应用、触摸屏及应用等。电气控制系统设计及应用篇包括电气控制系统设计基础、继电控制系统设计方法、PLC 控制系统设计方法、电气控制系统综合应用。全书四篇由浅入深，帮助读者夯实基础、提高水平，最终达到从工程角度灵活运用电气控制技术的目的。

本书图文并茂、由浅入深、案例丰富、例说应用，为读者搭建一条循序渐进学习电气控制技术的路线：电气识图基础—仪表和工具—电力电子元件—低压电气元件—传感器及其接线方法—电动机与变压器—电机继电控制—变频器调速电动机继电控制—机床电气控制—可编程控制器—变频器—触摸屏—电气控制系统设计—继电控制系统设计方法—PLC 控制系统设计方法—电气控制系统综合应用。

本书可作为广大电气工程技术人员学习电气控制技术的参考用书，也可作为高等院校、职业院校自动化类、电气类、机电一体化、电子信息类等相关专业的电气控制技术教学或参考用书。

本书由刘振全、王汉芝编著，李楠、牛弘、王鹏、闫婉莹、周中杰、陈欣、陈泽平、刘征等对本书的编写提供了帮助，白瑞祥教授审阅全部书稿，并提出了宝贵建议，在此一并感谢。

由于编者水平有限，书中难免有不足之处，敬请广大专家和读者批评指正。

为便于读者学习，本书提供电气控制技术实用口诀，下载路径为：www.cip.com.cn/资源下载 / 配书资源，点击"更多"，搜索书名即可获得。

欢迎读者加入 QQ 群（935842217）进行交流学习。

编著者

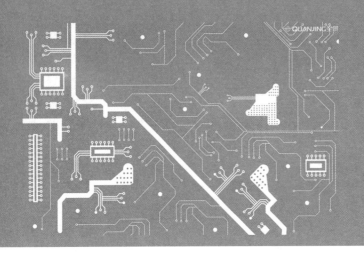

QUANJING全景

目 录

第 ① 篇　　电气控制基础

第6章　电动机与变压器

第 ② 篇　继电控制技术

第7章　三相异步电机继电控制

第 8 章　变频器调速电动机继电控制

第 ③ 篇　可编程控制技术

第 10 章　可编程控制器

第 11 章　变频器

第 12 章 触摸屏

第 ④ 篇 电气控制系统设计及应用

第 13 章 电气控制系统设计基础

PLC 基础知识补充讲解视频

二维码索引

参考文献

第1篇

电气控制基础

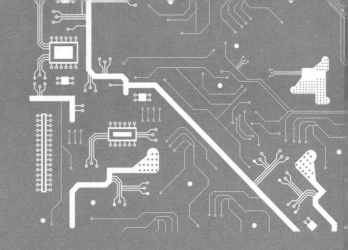

第1章
电气识图基础

1.1 电气识图概述

（1）电气识图的意义

电气图，又称电气图样，是电气工程图的简称。电气工程图是按照统一规范规定绘制的，采用标准的图形和文字符号表示的实际电气工程的安装、接线、功能、原理及供配电关系等的简图。电气图是电气工程的通用语言，电气行业的从业人员必须学会并掌握这种语言，正确识读电气图是维修、安装、设计的第一步。电气图是沟通电气设计人员、电气安装人员、电气操作和检修人员的通用工程语言，是进行技术交流不可缺少的重要途径。

电气图渗透在日常生活的方方面面，从家居的小家电到工程项目图，我们都能接触到各种各样的电气图。通常情况下，可以被称为电气工程的项目主要有：

① 内线工程，主要包括室内动力、照明电气线路等；

② 外线工程，主要包括电压35kV以下的架空电力线路、电缆电力线路等室外电源供电线路；

③ 动力、照明和电热工程，主要包括各种电动机、各种灯具、电热设备以及相关的插座、配电箱等；

④ 变配电工程，主要包括35kV以下的变压器、高低压设备、继电保护和相关电气计量用的二次设备、接线机构等；

⑤ 发电设备，一般指400V柴油发电机组等自备发电设备及附属设备；

⑥ 弱电工程，主要指电话、广播、闭路电视、安全报警系统等弱电信号线路和设备；

⑦ 防雷工程，主要指建筑物和电气装置的防雷设施等；

⑧ 电气接地工程，主要指各种电气装置的保护接地、工作接地、防静电接地等的接地装置。

如此繁多的设备和系统，在实际建造时的安装、运行时的维护、出现故障时的检查排障等，都离不开电气图。换言之，电气图是电气技术人员在设计安装、维护保养、故障排除时作为安装、管理依据的具有统一规范标准的图样。因此，学习电气识图知识对保证电气设备保持良好工作状态和保证生产质量及效益具有重要的意义。对每个从事电气工程的设计、制造、安装、维护管理人员都意义重大。

（2）识图要求的相关知识

电气图是电气工程的通用语言，学习电气识图，既应该掌握电气图的图形符号和文字符号，又应该掌握电气图的制图规则及标注方法。

目前我国有关电气图的标准主要有图形符号的国家标准、代码标准、电气制图标准、物理量和单位标准及其他有关标准等四个方面，具体含义如表 1-1～表 1-4 所示。

表 1-1　图形符号国家标准

标准代号	标准名称
GB/T 4728.1—2018	电气简图用图形符号：一般要求
GB/T 4728.2—2018	电气简图用图形符号：符号要素、限定符号和其他常用符号
GB/T 4728.3—2018	电气简图用图形符号：导体和连接件
GB/T 4728.4—2018	电气简图用图形符号：基本无源元件
GB/T 4728.5—2018	电气简图用图形符号：半导体管和电子管
GB/T 4728.6—2008	电气简图用图形符号：电能的发生与转换
GB/T 4728.7—2008	电气简图用图形符号：开关、控制和保护器件
GB/T 4728.8—2008	电气简图用图形符号：测量仪表、灯和信号器件
GB/T 4728.9—2008	电气简图用图形符号：电信：交换和外围设备
GB/T 4728.10—2008	电气简图用图形符号：电信：传输
GB/T 4728.11—2008	电气简图用图形符号：建筑安装平面布置图
GB/T 4728.12—2008	电气简图用图形符号：二进制逻辑元件
GB/T 4728.13—2008	电气简图用图形符号：模拟元件

表 1-2　电气图形代码标准

标准代号	标准名称
GB/T 20939—2007	技术产品及技术产品文件结构原则　字母代码　按项目用途和任务划分的主类和子类
GB/T 5094.2—2018	工业系统、装置与设备以及工业产品　结构原则与参照代号　项目的分类与分类码
GB/T 16679—2009	工业系统、装置与设备以及工业产品　信号代号
GB/T 4026—2019	人机界面标志标识的基本和安全规则　设备端子、导体终端和导体的标识
GB/T 2625—1981	过程检测和控制流程图用图形符号和文字代号
GB/T 1988—1998	信息处理　信息交换用七位编码字符集
GB/T 13534—2009	颜色标志的代码

表 1-3　电气制图标准

标准代号	标准名称
GB/T 6988.1—2008	电气技术用文件的编制 第 1 部分：一般要求
GB/T 6988.5—2006	电气技术用文件的编制 第 5 部分：索引
GB/T 18135—2008	电气工程 CAD 制图规则

表 1-4　其他相关的国家标准

标准代号	标准名称
GB/T 1094.1—2013	电力变压器 第 1 部分：总则
GB/T 1094.2—2013	电力变压器 第 2 部分：液浸式变压器的温升
GB/T 1094.3—2017	电力变压器 第 3 部分：绝缘水平、绝缘试验和外绝缘空气间隙
GB/T 1094.4—2005	电力变压器 第 4 部分：电力变压器和电抗器的雷电冲击和操作冲击试验导则
GB/T 1094.5—2008	电力变压器 第 5 部分：承受短路的能力
GB/T 1094.10—2003	电力变压器 第 10 部分：声级测定
GB/T 3102.1—1993	空间和时间的量和单位
GB/T 3102.2—1993	周期及其有关现象的量和单位
GB/T 3102.5—1993	电学和磁学的量和单位
GB/T 3102.6—1993	光及有关电磁辐射的量和单位
GB/T 3102.8—1993	物理化学和分子物理学的量和单位
GB/T 3102.11—1993	物理科学和技术中使用的数学符号
GB/T 3102.13—1993	固体物理学的量和单位
GB/T 786.1—2009	液体传动系统及元件图形符号和回路 第 1 部分：用于常规用途和数据处理的图形符号

实际上，我国的国家标准很多，具体对于某个设备，还有相应的标准。表 1-1 ～表 1-4 只列出了电气工程方面国家标准的一小部分。

掌握有关电气图的标准规范只是电气识图的初步，要真正学会电气识图，除此之外一般还要求读图人员具有一定的专业基础知识，还需要通过实践得到提高。若能够知道设备的工作原理，再看电气图，就能够容易读懂图中所表示的含义。

1.2　电气识图基础知识

1.2.1　电气图的分类

一般来说，电气图分为功能性图、位置类图、接线类图（表）、项目表、说明文件 5 大类，具体含义如表 1-5 ～表 1-9 所示。

项目表和说明文件实际是电气图的附加说明文件，若扣除项目表和说明文件，则电气图共有 18 种。

（1）功能性图

功能性图是指电气图样是具有某种特定功能的图样。这类图共有 8 种，包括：概略图、功能图、逻辑功能图、电路图、端子功能图、程序图、功能表图和顺序表图，如表 1-5 所示。

表 1-5 功能性图

功能性图	概略图	表示系统、分系统、装置、部件、设备、软件中各项目之间的主要关系和连接的相对简单的简图。主要采用符号或带注释的框，概略表示系统或分系统的基本组成、相互关系及其主要特征
	功能图	表示理论的或理想的电路而不涉及实现方法的一种简图。其用途是提供绘制电路图和其他有关简图的依据
	逻辑功能图	主要使用二进制逻辑单元图形符号绘制的一种功能图。一般的数字电路图就属于这种图
	电路图	表示系统、分系统、装置、部件、设备软件等实际电路的简图，采用按功能排列的图形符号来表示各元件和连接关系，以表示功能而无需考虑项目的实体尺寸、形状或位置的一种简图
	端子功能图	表示功能单元全部外接端子，并用功能图、表图或文字表示其内部功能的一种简图
	程序图	详细表示程序单元、模块及其互连关系的一种简图，其布局应能清楚地表示出模块之间的相互关系，以便于人们对程序运行的理解
	功能表图	用步或步的转换描述控制系统的功能、特性和状态的表图
	顺序表图	表示系统各个单元工作次序或状态的图，各单元的工作或状态按一个方向排列，并在图上直接绘出过程步骤或时间

（2）位置类图

位置类图是指主要用来表示电气设备、元件、部件及连接电缆等的安装敷设的位置、方向和细节等的电气图样。这类图共有 5 种，包括：总平面图、安装图、安装简图、装配图和布置图，如表 1-6 所示。

表 1-6 位置类图

位置类图	总平面图	表示建筑工程服务网络、道路工程、相对于测定点的位置、地表资料、进入方式和工区总体布局的平面图
	安装图	表示各项目安装位置的图
	安装简图	表示各项目之间连接的安装图
	装配图	通常按比例表示一组装配部件的空间位置和形状的图
	布置图	经简化或补充以给出某种特定目的所需信息的装配图

（3）接线类图（表）

接线类图（表）是指这类电气图主要用来说明电气设备之间或元、部件之间的接线。这类图有 5 种：接线图（表）、单元接线图（表）、互连接线图（表）、端子接线图（表）和电缆图。由于这些图有时也常常以表格的形式给出，因此，接线图、单元接线图、互连接线图和端子接线图也可分别称为接线表、单元接线表、互连接线表和端子接线表，如表 1-7 所示。

表 1-7　接线类图（表）

接线类图（表）	接线图（表）	表示装置或设备的连接关系，用以进行接线和检查的一种简图（表）
	单元接线图（表）	表示装置或设备中的一个结构单元内连接关系的一种接线图（表）
	互连接线图（表）	表示装置或设备中不同结构单元之间连接关系的一种接线图（表）
	端子接线图（表）	表示装置或设备中一个结构单元各端子上的外部连接（必要时包括内部接线）的一种接线图（表）
	电缆图	提供有关电缆，如导线的识别标记、两端位置以及特性、路径和功能（如有必要）等信息的简图（表）

（4）项目表

项目表主要指用来表示项目的数量、规格等的表格，属于电气图的附加说明文件范畴。这类表主要有元件表、设备表以及备用元件表，如表 1-8 所示。

表 1-8　项目表

项目表	元件表、设备表	表示构成一个组件（或分组件）的项目（零件、元件、软件、设备等）和参考文件的表格
	备用元件表	表示用于防护和维修的项目（零件、元件、软件、散装材料等）的表格

（5）说明文件

说明文件主要指通过图表难以表示而又必须说明信息和技术规范的有关文件，主要有安装说明文件、试运转说明文件、使用说明文件、维修说明文件、可靠性或可维修性说明文件和其他说明文件，如表 1-9 所示。

表 1-9　说明文件

说明文件	安装说明文件	给出有关一个系统、装置、设备或元件的安装条件以及供货、交付、卸货、安装和测试说明或信息的文件
	试运转说明文件	给出有关一个系统、装备、设备或元件试运行和启动时的初始调节、模拟方式、推荐设定值以及为了实现开发和正常发挥功能所需采取的措施的说明或信息的文件
	使用说明文件	给出有关一个系统、装置、设备或元件的使用说明或信息的文件
	维修说明文件	给出有关一个系统、装置、设备或元件的维修程序的说明或信息的文件，例如维修或保养手册
	可靠性或可维修性说明文件	给出有关一个系统、装置、设备或元件的可靠性和可维修方面的信息的文件
	其他文件	可能需要的其他文件，例如手册、指南、样本、图纸和文件清单

表 1-5 ～表 1-9 是电气图的基本分类，但并非每一种电气装置、电气设备都必须具备上述图表。不同的电气图适合于表示不同工程内容或要求的场合，不同电气图之间的主要区别是其表示方法或形式上的不同。一台设备装置需要多少电气图，主要看实际需要，同时还取决于该设备电气部分的复杂程度等。简单设备的电气图，可能一张原理图就可以满足实际需要；复杂的设备可能需要上述所有电气图都齐全才能满足实际需要。

1.2.2　图形符号和文字符号

在电气工程图样和技术文件中，图形符号就是一种图形、记号或符号，既可以用来代表电气工程中的实物，也可以用来表示电气工程中与实物对应的概念。文字符号是表示电气设备、装置、电器元件的名称、状态和特征的字符代码，可以作为图形符号的补充说明或标记。只有正确、熟练地掌握、理解各种电气图形符号和文字符号所表示的意义，才能正确、全面、快速地阅读电气图。

（1）图形符号

图形符号有多种分类方法，常用的主要有按图形符号所表示的实物（项目）类型分和按图形符号的组成功能分。

① 按图形符号所表示的实物（项目）类型分类　根据国标（GB 4728），可将其分为 11 类，具体含义如表 1-10 所示。

表 1-10　图形符号表示的实物类型

图形符号	表示实物类型
导体和连接器件	包括各种连接线、接线端子、端子和支路的连接、连接器件、电缆装配附件等
基本无源元件	包括电阻器、电容器、电感器、铁氧体磁芯、磁存储器矩阵、压电晶体、延迟线等
半导体管和电子管	包括二极管、三极管、晶闸管、电子管、辐射探测器等
电能的发生和转换	包括绕组、发电机、电动机、变压器、变流器
开关、控制和保护装置	包括触点（触头）、开关、开关装置、控制装置、电动机启动器、继电器、熔断器、保护间隙、避雷器等
测量仪表、灯和信号器件	包括指示、计算和记录仪表、热电偶、遥测装置、电钟、传感器、灯、喇叭和电铃等
电信交换和外围设备	包括交换系统、选择器、电话机、电报和数据处理设备、传真机、换能器、记录和播放器等
电信传输	包括通信电路、天线、无线电台及各种电信传输设备
电力、照明和电信布置	包括发电站、变电站、网络、音响和电视的电缆配电系统、开关、插座引出线、电灯引出线、安装符号等。适用于电力、照明和电信系统和平面图
二进制逻辑元件	包括组合和时序单元、运算器单元、延时单元、双稳、单稳和非稳单元、位移寄存器、计数器和存储器等
模拟元件	包括函数器、坐标转换器、电子开关等

除表 1-10 所示以外，还有一些其他符号，如机械控制、操作件和操作方法、非电量控制、接地、接机壳和等电位、理想电路元件（电流源、电压源、回转器）、电路故障、绝缘击穿等。

② 按图形符号的组成功能分类　根据图形符号的组成功能，图形符号可分为：符号要素、一般符号、限定符号和方框符号等四类。

a. 符号要素　符号要素是一种具有确定意义的简单图形，必须同其他图形组合以构成一个设备或概念的完整符号。符号要素是一种最简单、最基本的图形，它具有确定的含义，通常用来表示实物（项目）的特性功能。符号要素不能单独使用，必须与一般符号等进行组合，形成完整的图形符号。例如：灯丝、栅极、阳极、管壳等符号要素组成电子管的符号。符号要素组合使用时，还可以跟符号表示的设备的实际结构不一致。

另外，动合（常开）触点的符号为"＿╱＿"，属于一般符号。手动操作的符号为"┳"，属于符号要素。将两者进行组合，可以得到表示动合（常开）按钮的符号"＿╲╱＿"，组合后的符号属于一般符号。

b. 一般符号　一般符号是用以表示一类产品和此类产品特征的一种很简单的符号，是通用的符号，用以表示广泛适用于某一类项目共同特征或功能的简单符号。

一般符号是可以单独作为图形符号使用的，也可与符号要素或限定符号配合使用，构成新的符号。在一般符号上增加限定符号或符号要素后的图形符号，就形成某类产品中特定产品的图形符号。有时也可加在其他一般符号上作为限定符号使用。较复杂的一般符号也可以由符号要素和限定符号通过组合而成。

c. 限定符号　限定符号是用以提供附加信息的一种加在其他符号上的符号，通常不能单独使用。一般符号有时也可用作限定符号，例如，电容器的一般符号加到传声器符号上即构成电容式传声器的符号。

限定符号是一种用来对实物（项目）提供附加信息或表示特有功能的简单图形或字符。限定符号通常加在一般符号上，对一般符号所表示的某类项目的功能进行限定，表示该类项目中具有所指定的某种特定项目。限定符号有通用限定符号和专用限定符号之分，可用于各种一般符号的限定符号称为通用限定符号，只能用于某种一般符号的限定符号则称为专用限定符号。

例如，图 1-1 所示的是电动机的图形符号。

图 1-1（a）中，"圆圈"表示外壳，是符号要素，文字"M"是限定符号，两者就可以组成电动机的一般符号。

图 1-1（b）中，在电动机的一般符号上，增加表示"直流电"的限定符号"-"后，就成为直流电动机的图形符号。

图 1-1（c）中，在电动机的一般符号上，增加表示"交流电"的限定符号"～"后，就成为交流电动机的图形符号。

同理，图 1-1（d）和图 1-1（e）分别是直线电动机和步进电动机的图形符号。

如图 1-2 所示的是直流电动机的一般符号，与绕组的一般符号（作为限定符号）组合后，变成表示串励直流电动机的图形符号（一般符号）。

图 1-1　电动机的图形符号　　　　图 1-2　串励直流电动机

另外，一般符号"`  `"加限定符号便得到新的符号，即："`  `"＋"`  `"＝"`  `"其中，"`  `"表示具有"自动复位"功能的限定符号；"`  `"表示能够"自动复位的动合按钮"，即按压该按钮，动合触点闭合；手松开，该按钮能够自动复位，即自动断开。

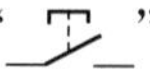

d. 方框符号　方框符号用以表示元件、设备等的组合及其功能，既不给出元件、设备的细节也不考虑所有连接的一种简单的图形符号。也就是说，方框符号主要用来表示设备或部件的外壳。将整个设备或部件用方框符号表示后，该设备或部件在图中相当于是一个元件，因此对该设备的细节等都不表示。

另外，国家标准的图形符号存在图形相似、一形多义、一义多图的现象，读图时应特别注意图形符号使用场合、组合情况和细微差别。如，限定符号"×"可以表示"磁场效应""断路器功能"和"擦除、消抹"等含义，读图时应该根据不同的使用场合加予区别，如表 1-11 所示。

表 1-11　限定符号"×"的多种不同含义及应用场合

使用场合	限定符号的含义	示例符号	示例符号名称
传感器、电子线路等	磁场效应或磁场相关性	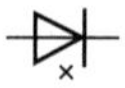 ⊳⊢×	磁敏二极管
配电线路等	断路器功能	 ⟋×	断路器
信号处理、消除等	擦除、消抹	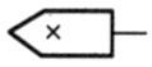 ⊲×⊢	消抹头

③ 图形符号的几点说明

a. 图形符号表示的状态　图形符号表示的状态有常态和动作状态两种。通常由常态向动作状态变化的过程称为"动作"，由动作状态向常态变化的过程称为"复位"。

常态又称为复位状态。所有的图形符号都是按照无电压、无外力作用下的状态来表示，这个状态称为正常状态，简称常态。例如，继电器线圈未通电、继电器动合触点（或称为常开触点）处于断开位置的状态，继电器动断触点（或称为常闭触点）处于闭合状态。

动作状态是指与复位状态相反的状态。例如，继电器线圈在通电的情况下，继电器动合触点处于闭合位置的状态，即动作后就闭合。继电器动断触点处于断开状态，即动作后就断开。

b. 图形符号的选用　选用图形符号时，应遵循的原则为：当图形符号存在优选型和其他型时，应尽量采用优选型。如图 1-3 所示电阻符号，图（a）为电阻优选型符号，图（b）为电阻其他型符号。实际选用时应尽量采用图（a）表示的优选型符号。

(a) 优选型　　　　　　　(b) 其他型

图 1-3　电阻

此外，在国家标准中，给出的图形符号有形状不同或详细程度不同的几种形式。不同形式的图形符号适用于不同的图样的使用。实际使用时，可根据需要选择一种符号，一般在满足要求的情况下应尽量采用最简单的图形形式。但是，在同一份图纸中应该采用一种形式的图形符号。

如图 1-4 所示的是一台三相变压器的三种不同形式的图形符号。

图 1-4（a）为最简单的三相变压器的符号，表示有铁芯的三相双绕组变压器。

图 1-4（b）是增加了限定符号后的三相变压器符号，表示有铁芯的三相双绕组变压器，其一、二次侧绕组采用星形 - 三角形连接，一般在详细的简图中使用。

图 1-4（c）则是详细的三相变压器的图形符号。

在不影响意思表达的情况下，应尽量采用最简单的形式。在图 1-4（a）中，在一条线上画上短斜线并标注数字 3，如 "/3"，表示该线实际为 3 条线；图 1-4（b）中，在一条线上画上 3 条短斜线也表示该线实际为 3 条线。

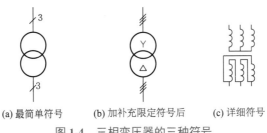

(a) 最简单符号   (b) 加补充限定符号后   (c) 详细符号

图 1-4 三相变压器的三种符号

c. 图形符号大小 符号的大小和图线宽度一般不影响含义。在一般情况下以国标 GB 4728 中给出的符号大小进行表示。在有些需要强调具体项目或为了对其补充信息的场合中，允许采用经过尺寸放大后的符号。

d. 图形符号方位 图形符号绘制取向原则上是任意的。在不改变符号含义的前提下，根据图面布置的需要，将符号旋转或采用镜像符号，但文字和指示方向不得倒置。

但是，对于采用镜像符号或经过旋转后的符号可能引起混淆的某些符号，一般则不采用。

如图 1-5 所示。在图 1-5（a）和（b）分别为继电器的动合（常开）、动断（常闭）触点及其经过 90° 角旋转后符号。但是在图 1-5（c）中动合触点的镜像符号与动断触点的符号及图 1-5（d）中动断触点的镜像符号与动合触点的符号容易引起混淆，尤其是工程图纸使用一段时间后若动断触点符号受到磨损而模糊后，容易引起读图时出现差错。所以，继电器触点的图形符号一般不应该使用其镜像符号。

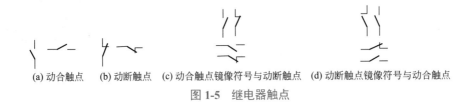

(a) 动合触点   (b) 动断触点   (c) 动合触点镜像符号与动断触点   (d) 动断触点镜像符号与动合触点

图 1-5 继电器触点

e. 引出线的位置 图形符号中的引出线不是符号的一部分，在不改变符号含义的前提下，引线可取不同的方向。

例如，图 1-6 所示意的为引线位置可以改变的情况，变压器、扬声器、整流器等符号，其引线方向改变不会影响其含义，也不会造成混淆，因此是允许的。

但是，如果引线的位置改变影响到符号的含义，则不能随意改变引线的方向。

如图 1-7 所示意为引线位置不能改变的情况。

图 1-7（a）是电阻器的图形符号，正确的引线路应该从表示电阻器方框的短端引出。

图 1-7（b）是继电器线圈的图形符号，正确的引线路应该从表示继电器线圈方框的长端引出。如果电阻器的引线从方框的长端引出，就容易与继电器线圈的图形符号混淆。同理，若继电器线圈的引线从方框的短端引出也容易与电阻器的图形符号混淆。因此，电阻器和继电器线圈的引线的位置是不能随意改变的，否则将出现错误。

(a) 变压器引线	(b) 扬声器引线

图 1-6 引线位置可改变

(a) 电阻符号	(b) 继电器线圈

图 1-7 引线位置不可改变

f. 新符号补充　在 GB 4728 中比较完整地列出了符号要素、限定符号和一般符号，但组合是有限的。如果涉及标准中未列出的图形符号，允许根据国家标准的符号要素、一般符号和限定符号适当组合，派生出新的符号。

（2）文字符号

电气图中采用的文字符号分为基本文字符号和辅助文字符号两部分。

① 基本文字符号　基本文字符号主要表示电气设备、装置和电器元件的种类名称，分为单字母符号和双字母符号，见表 1-12。

单字母符号用拉丁字母将各种电器设备、装置、电器元件划分 23 大类（其中"I""O"容易阿拉伯数字"1""0"混淆，不允许使用。字母"J"也未采用）。每大类用一个大写字母表示。对标准中未列入大类分类的各种电器元件、设备，则可用字母"E"来表示。

双字母符号由一个表示大类的单字母符号与另一个字母组成，组合形式以单字母符号在前，另一字母在后的次序标出，另一字母通常选用该类设备、装置和元器件的英文名称的首字母，或常用缩略语及约定俗成的习惯字母。例如"G"表示电源类，"GB"表示蓄电池，"B"为蓄电池的英文名称，"Battery"的首位字母。

② 辅助文字符号　电气设备、装置和电器元件的种类名称用基本文字符号表示，而辅助文字符号用以表示电气设备、装置和元器件已经显露的功能、状态和特征，通常也是由英文单词的前 1、2 位字母构成，也可采用缩略语和约定俗成的习惯用法构成，一般不超过 3 位字母。例如，表示"启动"采用"START"的前两位字母"ST"作为辅助文字符号；而表示停止"STOP"的辅助文字符号必须再用一个字母"P"称"STP"。

表 1-12　常用文字符号

设备和装置类别	名称	英文名称	单字母符号	双字母符号
组件部件	天线放大器	Antenna amplifier	A	AA
	控制屏	Control pan		AC
	高压开关柜	High voltage switch gear		AH
	仪表柜、模拟信号板、稳压器、信号箱	Instrument cubicle，Mopboard，Stabilizer，Signal box		AS

续表

设备和装置类别	名称	英文名称	单字母符号	双字母符号
从非电量到电量或相反	扬声器、送话器、测速发电机	Loudspeaker, Microphone, Techo-generator	B	BR
电容器	电容器、电力电容器	Capacitor, Power capacitor	C	CP
其他元件	发热器件	Heating device	E	EH
	空气调节器	Ventilator		EV
	其他未规定的器件			
保护器件	避雷器	Arrester	F	FA
	熔断器	Fuse		FU
	限压保护器件	Voltage threshold protective device		FV
	报警熔断器	Warning fuse		FW
发电机及电源	蓄电池	Storage battery	G	GB
	柴油发电机	Diesel generator		GD
	稳压装置	Constant voltages equipment		GV
	不间断电源设备	Uninterrupted power source		GU
信号器件	声响指示器	Acoustic indicator	H	HA
	电铃	Electrical bell		HB
	蜂鸣器	Buzzer		HZ
接触器、继电器	瞬时通断继电器	Relay	K	KA
	电流继电器	Current relay		KC
	热继电器	Thermo relay		KH
	接触器	Contactor		KM
	时间继电器	Time relay		KT
电感器、电抗器	励磁线圈	Excitation coil	L	LE
	消弧线圈	Petersen coil		LP
电动机	直流电动机	D.C. motor	M	MD
	同步电动机	Synchronous motor		MS
测量设备、实验设备	电流表	Ammeter	P	PA
	功率因素表	Power factor meter		PF
	温度计	Thermometer		PH
	电压表	Voltmeter		PV
	功率表	Wattmeter		PW

续表

设备和装置类别	名称	英文名称	单字母符号	双字母符号
电力电路的开关	断路器	Circuit breaker	Q	QF
	刀开关	Knife switch		QK
	负荷开关	Load switch		QL
	隔离开关	Disconnect or isolating switch		QS
电阻器	电位器	Potentiometer	R	RP
	分流器	Shunt		RS
	热敏电阻	Thermostat sensitive resistance		RT
	压敏电阻	Voltage sensitive resistance		RV
控制电路的开关选择器	控制开关	Control switch	S	SA
	开关按钮	Switch button		SB
	主令开关	Master switch		SM
	压力传感器	Pressure sensor		SP
	温度传感器	Temperature sensor		ST
	温感探测器	Temperature detector		ST
变压器	变压器	Transformer	T	
	电流互感器	Current transformer		TA
	控制电路电源用变压器	Transformer for control circuit supply		TC
	电力变压器	Power transformer		TM
调制器、变换器	整流器	Rectifier	U	
	解调器	Demodulator		UD
	调制器	Modulator		UM
	逆变器	Inverter		UV
电真空器件、半导体器件	二极管	Diode	V	VD
	控制电路用电源整流器	Rectifier for control circuit supply		VC
	晶闸管	Thyristor		VR
	晶体管	Transistor		VT
传输通道波导、天线	导线，电缆	Conductor，Cable	W	
	控制母线	Control bus		WC
	抛物天线	Parabolic aerial		WP
	滑触线	Trolley wire		WT

续表

设备和装置类别	名称	英文名称	单字母符号	双字母符号
端子、插头、插座	输出口	Quilt	X	XA
	分支器	Tee-unit		XC
	插座	Socket		XS
	串接单元	Series unit		XU
电器操作的机械装置	气阀	Pneumatic valve	Y	
	电磁铁	Electromagnet		YA
	电动阀	Motor operated valve		YM
	电动执行器	Electric actuator		YS
	电磁阀	Electromagnetically operated valve		YV
终端设备、混合变压器、滤波器、均衡器	网络	Network	Z	
	定向耦合器	Directional coupler		ZD
	均衡器	Equalizer		ZQ
	分配器	Splitter		ZS

辅助文字符号也可以放在表示种类的单字母符号后边组成双字母符号，此时，辅助文字符号一般采用表示功能、状态和特征的英文单词的第一个字母，如"GS"表示同步发电机，"YB"表示制动电磁铁。某些辅助文字符号本身具有独立、确切的意义，也可单独使用，如"N"表示交流电源中性线，"AUT"为自动，"ON"为开启，"OFF"为关闭，"DC"表示直流电，"AC"表示交流电等。

③ 数字代码　数字代码的使用方法主要有以下两种。

a. 数字代码的单独使用。数字代码单独使用时，表示各种电器元件、装置的种类或功能，须按序编号，还要在技术说明中对代码意义加以说明。

例如，电气设备中有继电器、电阻器、电容器等，可用数字来代替电器元件的种类，如"1"代表继电器，"2"代表电阻器，"3"代表电容器。再如，开关有"开"和"关"两种功能，可以用"1"表示"开"，用"2"表示"关"。

b. 数字代码与字母符号组合使用。将数字代码与字母符号组合起来使用，可说明同一类电气设备、电器元件的不同编号。

数字代码可放在电气设备、装置或电器元件的前面或后面。例如，三个相同的继电器可以表示为"1KA、2KA、3KA"或"KA1、KA2、KA3"。基本文字符号前后的数字代码，一般前面的表示较大部件或器件的编号，后面则表示较小的部件或零件的编号，如："第一个继电器的三个触点"可表示为"1KA1、1KA2、1KA3"。

④ 文字符号使用几点说明

a. 一般情况下，应优先选用基本文字符号、辅助文字符号以及它们的组合。而在基本文字符号中，应优先选取单字母符号。只有在单字母符号不能满足要求时，才选用双字母符号。基本文字符号不能超过两位字母，辅助文字符号不能超过3位字母。

b. 辅助文字符号可单独使用，也可将首位字母放在项目种类的单字母符号后面组成双字母符号。

c. 当基本文字符号和辅助文字符号不够用时，可按有关电气名词术语国家标准或专业标准规定的英文术语缩写补充。

d. 文字符号一般标注在电器设备、装置和电器元件的图形符号上或者近旁。

e. 文字符号不适用于电器产品型号编制与命名。

1.2.3　项目及其代号

在电气系统中，项目是可以用一个完整的图形符号表示的、可单独完成某种功能的、构成系统的组成成分，包括子系统、功能单元、组件、部件和基本元件等。如电阻器、连接片、集成电路、端子板、继电器、发电机、放大器、电源装置、开关设备等都可称为项目。但不可分离的附件、不能单独完成某种功能的部件等不能作为项目。

一个电气系统从设计、制造、供货、安装到运行，需要各种各样的图纸和电气文件。在各种图纸和文件中，系统所包含的各个项目的编号称为项目的代号。为避免混乱或混淆，每个项目的代号必须是唯一的，所以，项目代号必须按照一定的规划进行划分或分配。一般是将系统分成多个层次，并按照层次进行划分。

项目代号是用以识别图、图表、表格中和设备上的项目种类，并提供项目的层次关系、种类、实际位置等信息的一种特定的代码，是电气技术领域中极为重要的代号。由于项目代号是以一个系统、成套装置或设备的依次分解为基础来编定的，因此可以用来识别、查找各种图形符号所表示的电器元件、装置、设备以及它们的隶属关系、安装位置。

需要注意的是，一个系统，虽然是电气系统，但却不可避免地要与其他类型的系统发生关系。例如，一个电气系统可包含机械结构，这些机械结构也是项目，在图纸和文件中也需要通过代号进行表示。因此，项目代号是一个结构复杂的代码系统。

（1）项目结构的划分

在项目代号分配之前，首先就得将项目划分为各个层次，建立项目代号的结构系统。例如：一个工厂或系统的图纸（包括简图、表图和表格）、文件中的技术资料和技术产品可以分为许多部分，这些部分又可依次分为更小的部分等，直到不能再继续分下去为止。经过划分，可以得到表示各个项目之间关系的"树"状结构图，如图 1-8 所示。

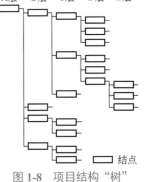

图 1-8　项目结构"树"

在图 1-8 中，一个系统的项目被分成：A、B、C、D、E 五个层次。A 层为最高层（或最顶层），E 层为最低层（或最底层）。每层都由若干个结点组成，每个结点表示关于某个项目的分资料。

最高层 A 层只有一个结点，称为树状结构的"根"，是整个系统的总体资料。其他各层的结点则为树状结构的"枝"。就像树枝一样，枝上还可再分枝，直到末梢。最底层的结点就是树状结构的末梢，其表示的资料为最为细节的资料。

树状结构的构建过程，就是项目的划分过程。划分过程的步数是任意的，但为使用方便，在不违反划分原则的条件下，步数应最少。这种划分所依据的规则，称为项目的结构划分原则。项目结构划分原则主要有按功能原则划分和按位置原则划分两种。

① 按功能原则划分　按功能原则划分结构时，是按项目之间的功能关系划分项目的。一个系统可以按照功能划分为：功能系统、功能分系统、功能单元、器件、元件等。对于软件项目（如计算机程序、程序模块、程序单元）应按硬件项目同样方法处理，软件项目一般是按功能原则划分结构的。按功能原则划分的项目结构如图1-9所示。

② 按位置原则划分　按位置原则划分项目结构时，是按项目之间位置关系划分项目的。如一个厂的系统可以按照位置划分为：厂区、分区、楼号、层号、房间、组合件、组件段、模块等。按位置划分的项目结构如图1-10所示。

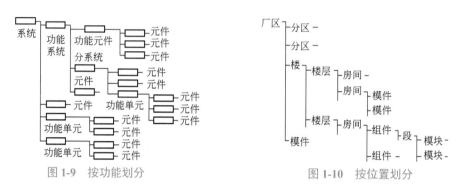

图 1-9　按功能划分　　　　　　　　　图 1-10　按位置划分

（2）项目代号的组成

一个复杂的电气系统，项目可以很多，要找寻具体的项目，就是通过项目代号提供的信息进行的。项目代号的主要部分由字符和阿拉伯数字构成，一般开始用一个或几个字符，末尾用一个或几个数字。字符为大写正体，字母 I 和 O 以及各民族特有的字符不应采用。一个完整的项目代号包括高层代号、位置代号、种类代号、端子代号等四个代号段。

① 高层代号　高层代号是指系统或设备中，对代号所定义的项目来说，任何较高层次的项目的代号，用于表示该给定代号项目的隶属关系。比如说，将装配车间机房的配电柜作为一个项目，配电柜的项目代号中的"高层代号"就是"机房"。

高层代号的前缀符号为一个等号，即"="，其后的字符代码由字母和数字组合而成。高层代号的字母代码可以按习惯自行确定。但设计人员应在电气图的施工图设计阶段，将自行确定的字母代码列表加以说明，并将其提供给施工单位和建设单位，以便于读图。

高层代号可以由两组或多组代码复合而成，复合时要将较高层次的高层代号写在前。

例如，"装配车间"用 W1 代码表示，"机房"用 S2 代码表示，则，高层代号"=W1=S2"表示"装配车间的机房"。

说明：配电柜是"=W1=S2"的一个项目，或是"装配车间机房的"一个项目。由于装配车间的层次比机房的层次高，所以代码 W1 在代码 S2 的前面。在多层次的项目中，高层代号的前缀符号可以合并，只在前面使用一个前缀符号即可。如上面的"=W1=S2"，可以简化为"=W1S2"。

② 位置代号　位置代号是用于说明某个项目在组件、设备、系统或者建筑物中实际位置的一种代号。这种代号不提供项目的功能关系。位置代号的前缀符号是一个加号，即"+"，其后的字符代码可以是字母或数字，或者是字母与数字的组合。位置代号的字母代码也可自行确定。

例如，在"装配车间机房"采用字母 E、W、S 和 N 分别表示东、西、南和北四面墙的位置，如果"装配车间机房的配电柜"是靠北面的墙摆放，则其位置代号为"+N"。与高层代号一样，若位置代号有多个，也可以由两组或多组代码复合而成，也可以采用简化表示，即只采用一个前缀符号"+"，其他代码则按照顺序排列在后面。

③ 种类代号 种类代号是用于识别所指项目属于什么种类的一种代号。通常只需说明属于哪一种大类，必要时才作进一步的分类。标注这种代号时，只考虑项目的种类属性，与项目的功能无关。种类代号的前缀符号是一个减号，即"-"，其后的字符代码有专门的国家标准规定，种类代号字符的部分含义如表1-13所示。

表 1-13　种类代号字符的部分含义

字符	种类含义	字符	种类含义
A	两种或以上用途（仅供不能鉴别主要用途时用）	N	未用（为将来标准化备用）
B	把某一输入变量转换为供进一步处理的信号。	O	不用
C	存储材料、能量或信息	P	提供信息
D	未用（为将来标准化备用）	Q	受控切换或改变能量流等（参考K类和S类）
E	提供辐射能或热能	R	限制或稳定能量、信息或材料的运动或流动
F	安全防护方面	S	把手动操作转变为进一步处理的信号
G	电源或其他能量或信息源	T	保持能量性质不变的能量变换
H	未用（为将来标准化备用）	U	保持物体在一定的位置
I	不用	V	材料和产品的处理（包括预处理和后处理）
J	未用（为将来标准化备用）	W	从一地到另一地导引或输送能量、信号等
K	接收、处理或提供信号（安全防护方面除外）	X	连接物
L	未用（为将来标准化备用）	Y	未用（为将来标准化备用）
M	提高驱动用机械能（旋转或线性运动）	Z	未用（为将来标准化备用）

在表1-13中，I、O两个字母不用，D、H、J、L、N、Y和Z等7个字母暂时还未使用，26个英文字母只使用了17个。在国家标准中，种类代号不仅包括电气设备，还包括其他各个方面。因此，其含义比较完全，表1-13所列出的只为部分含义。单看表1-13不易理解各字符种类的含义，这就需要在接触实际电气图后细细理解。

例如：传感器等检测元件的种类代号为B，

电容器和蓄电池的种类代号为C，

灯及激光器等的种类代号为E，

熔断器的种类代号为F，

干电池和发电机的种类代号为G，

继电器、接触器和电磁阀的种类代号为K，

电动机的种类代号为M，

信号灯显示仪表等的种类代号为P，

断路器、隔离开关、电力接触器、晶闸管、电机启动器的种类代号为Q，

电阻器、电感器和二极管等的种类代号为 R，

按钮、控制开关等的种类代号为 S，

变压器、变换器、变频器、整流器等的种类代号为 T，

绝缘子的种类代号为 U，

滤波器的种类代号为 V，

汇流排、电缆、导线、光纤等的种类代号为 W，

端子排、连接器、插头等的种类代号为 X。

有时也可采用数字作为其代号，数码代号的意义可以自行定义，但必须配有专门的说明。

④ 端子代号　端子代号是指项目上用作同外电路进行电气连接的电器导电端子的代号。端子代号的前缀是一个冒号，即"："，冒号后面一般为用数字表示的端子序号，也可为一个字母与数字的组合。

（3）项目代号的应用

① 项目代号的标注原则　项目代号层次多、排列长，在电气图上标注时不需要将每个项目的完整代号四段全部标注出来。一般情况下，项目代号的标注原则是"针对项目，分层说明，适当组合，符合规范，就近注写，有利读图"。

a.针对具体的项目，将属于同一层次项目的高层代号统一进行标注。比如，可以在标题栏的上方或技术要求栏内统一说明。

b.在接线图中，可以在需要的时候将位置代号段与高层代号段组合，就近标注在表示围框的单元旁或在标题栏的上方标注。也就是说，一般项目的代号都不需要位置代号段，层次相同的高层代号段则统一标注。只要标注符合规范，有利于读图就可以了。

c.在大部分电路图中，经过组合，通常只剩下种类代号段作为项目代号。一般都在项目的图形符号或图框边就近标注。种类代号段应尽量避免标注在有端子的连接线或引线的一边，以避免读图时误将种类代号段与端子代号组合。如果没有端子的连接线或引线的限制，则项目代号通常标注在所表示的项目的上方或左边。

在一些高层次的各种电气图中，种类代号可与高层代号组合，或再组合进位置代号（包括设计后期添加的），标注在项目的图形符号或单元的图框近旁。

对于接线图来说，通过组合，项目的代号通常就只剩下端子代号段了。端子代号可以标注在端子符号的近旁；没有专门画出端子符号的，则标注位置应靠近端子所属项目的图形符号旁边。在接线图中，还可将端子代号和种类代号组合，用来表示连接线的本端（在本图中画出的端）或远端（不在本图中而在其他图中画出的端）。标注的方法是将组合后的代号，标在连接线的上方，或者在连接线的中断处。

d.项目代号采用单一代号段标注时，端子代号的前缀"："规定不标出来。其他代号段单独作为项目代号标注时，其前缀既可标出来，也可省略不标。但若是采用两个或以上代号段作为项目代号时，一般各代号段的前缀都应该标出来，不能省略。只有这样，才能避免误读。

② 项目代号的标注

a.图 1-11（a）采用集中标注法。将继电器的线圈与两对常开（动合）触头画在一起，将表示继电器的种类代号"-K"作为项目代号，集中标注在线圈旁。

图中的图形符号"—▯—"表示继电器的线圈，线圈上面加了一个限定符号"⌇"表示该线圈为自动复位功能的继电器，图形符号"—╱—"表示动合（常开）触头，两个常开触头之

间及与线圈的虚线表示机械联动。图中的 1、2、3 和 4 以及 A1 和 A2 分别表示两对常开触头的四个端子代号及线圈的两个端子代号。

b. 图 1-11（b）采用分散标注法。继电器的线圈与两对常开（动合）触头分开在不同的地方画出，每个单独画出的部件都用相同的种类代号段 "-K" 作为项目代号，分散标注。其他符号与图 1-11（a）中符号的含义一致。

c. 如图 1-12 所示，某 P1 系统的项目装在 101 室，室内有 A、B、C、D 四个分机柜，每个机柜又有若干个控制箱组成。若设在 A 机柜的第五个控制箱内有一个电力电容器，编号为 16。

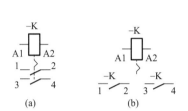

图 1-11　集中标注与分散标注

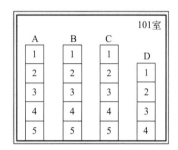

图 1-12　项目代号示意图

例如，该系统高层代号段为 "=P1"；

位置代号段为 "+101+A+5"；

电力电容器的种类代码为 C，因此种类代号为 "-C16"；

电力电容器的端子代号为 "：2"。

则，电容器的第二个引脚的完整项目代号为："=P1+101+A+5-C16：2"

另外，位置代号可以简化为："+101 A 5"；

如果采用组合代码 "=P1+101" 集中表示 101 室的项目，则电容器的第二个引脚的项目代号可以简化为："+A5-C16：2"。

若某张图纸上的项目代号为 "=P1+101A5"，则该图纸专门用来表示 101 室 A 柜第五号控制箱，则该电容器的第二个引脚项目代号可以简化为 "-C16：2"。或者直接在图纸上表示电容器的上方（或左边）用 "-C16" 标注该电容器的项目代号，在电容器的两个引脚上直接用 1、2 标出其两个引脚的编号。

1.2.4　标记、标注和注释

标记、标注和注释都是针对电气图上用文字符号后的图形符号进行的补充说明。标注一般侧重于对电气设备的型号、编号、容量、规格等的说明；标记一般侧重于是对位置进行说明；而注释一般侧重于除标注、标记之外的其他信息说明。

（1）标注

标注是用在电气平面图中，对电气设备的型号、编号、容量、规格等多种信息进行补充表示的文字或文字符号，标注通常标在电气项目图形符号旁边。由于所标注的项目内容不同，国家标准 GB4728.11 规定，为减少标注的文字，保持电气图面清晰，满足使电气图表达符号规范化的要求，应该按照统一的格式进行标注。常见标注的格式如表 1-14 所示。

表 1-14　常见标注格式示例

类别	标注方式		说明
用电设备	$\dfrac{a}{b}$ 或 $\dfrac{a}{b}+\dfrac{c}{d}$		a：设备编号；b：额定功率（kW）；c：线路首端熔断片或自动开关释放器的电流（A）；d：标高（m）
电力和照明设备	一般标注方法	$a\dfrac{b}{c}$ 或 $a\text{-}b\text{-}c$	a：设备编号；b：设备型号；c：设备功率（kW）；d：导线型号；e：导线根数；f：导线截面（mm^2）；g：导线敷设方式及部位
	需要标注引入线的规格时	$a\dfrac{b\text{-}c}{d(e\times f)\text{-}g}$	
开关及熔断器	一般标注方法	$a\dfrac{b}{c/i}$ 或 $a\text{-}b\text{-}c/i$	a：设备编号；b：设备型号；c：额定电流（A）；i：整定电流（A）d：导线型号；e：导线根数；f：导线截面（mm^2）；g：导线敷设方式
	需要标注引入线的规格时	$a\dfrac{b\text{-}c/i}{d(e\times f)\text{-}g}$	
照明变压器	$a/b\text{-}c$		a：一次电压（V）；b：二次电压（V）；c：额定容量（VA）
照明灯具	一般标注方法	$a\text{-}b\dfrac{c\times d\times L}{e}f$	a：灯数；b：型号或编号；c：每盏照明灯具的灯泡数；d：灯泡容量（W）；e：灯泡安装高度（m）；f：安装方式；L：光源种类
	灯具吸顶安装	$a\text{-}b\dfrac{c\times d\times L}{-}$	
照度检查点	平面	$\bullet\,a$	a、c：水平照度，（勒克斯，lx）；$a\text{-}b$：双侧垂直照度，（勒克斯，lx）
	空间	$\bullet\dfrac{a\text{-}b}{c}$	
电缆与其他设施交叉点	$\dfrac{a\text{-}b\text{-}c\text{-}d}{e\text{-}f}$		a：保护管根数；b：保护管直径（mm）；c：管长（m）；d：地面标高（m）；e：保护管理埋设深度（m）；f：交叉点坐标
导线型号规格改变	$\dfrac{3\times16}{}\times\dfrac{3\times10}{}$		示例表示：$3\times16\,mm^2$ 导线改为 $3\times10\,mm^2$ 导线
导线敷设方式改变	$\text{—}\times \phi63cm$		示例表示：无穿管敷设改为导线穿管（63cm）敷设
分线盒	$\dfrac{a\text{-}b}{c}d$		a：编号；b：容量；c：（三相的）线序；d：用户数
安装和敷设标高 /m	室内平面，剖面图上	$\underset{\triangledown}{\pm0.000}$	
	总平面图上 ± 外地面	$\underset{\triangledown}{-0.000}$	
交流电	$m\sim fV$		m：相数；f：频率（Hz）；V：电压（V）
电压损失	电压损失率 %		
光纤 /μm	$a/b/c/d$		a：纤芯直径；b：色层直径；c：一次被覆层直径；d：二次被覆层直径

　　表 1-14 只是提供标注的一般规格，有时为了说明电气设备使用的额定值、其他特性或技术数据，可以适当增加标注的内容，将所增加的内容与表 1-14 的内容组合后进行标注。

　　图 1-13 是一台电力变压器的标注。图中，除了表 1-14 中规定的一、二次电压和容量外，还标注了变压器的连接组别和额定频率等。其中：

TM 为电力变压器的文字符号；

110/10kV 表示初级绕组额定线电压为 110kV、星形无中性线连接，次级绕组额定线电压为 10kV、三角形连接；

6300kV·A 表示额定容量为 6300kV·A；

Y，d5 表示变压器的连接组别为 Yd5；连接组别是表明变压器初、次级绕组线电势相位关系的参数；

50Hz 表示变压器的额定频率为 50Hz。

除此之外，变压器的标注有时还可包括型号和额定功率因数等。

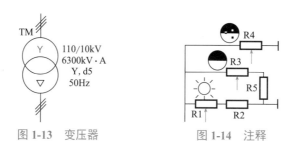

图 1-13　变压器　　　　　　图 1-14　注释

（2）注释

在电气图中，如果元器件的某些信息不便于或不能完全用图形符号表达清楚时，可以采用注释的方式进行补充表示。

注释有两种方法：一是直接放在所要说明的对象旁边，二是将注释放在图中的其他位置。当图中出现多个注释时，应把这些注释按顺序放在图纸边框附近。如果是多张图纸，一般性的注释可以注在第一张图上，或注在适当的张次上，而所有其他注释应标注在与它们有关的张次上。

在对象旁边进行注释时，既可以采用文字符号注释，也可以采用专门的图形符号注释。当设备面板上有信息标志的图形符号时，则在电路图中有关元件的图形符号旁加上同样的图形符号进行注释，用作注释的文字符号和图形符号一般也应采用国家标准颁布的符号。

如图 1-14 所示的是某彩色屏幕控制的部分电路。在控制设备的面板上，亮度、对比度和色彩饱和度控制按钮旁，分别标有信息标志的图形符号：☼、◒和◓。因此，在其控制电路中，R1 旁加注符号☼，表示 R1 为亮度（或辉度）调节用的注释。同理 R3 旁的符号◒和 R4 旁的符号◓，分别是表示 R3 为对比度调节、R4 为色彩饱和度调节的注释。

除了电气元器件外，对于信号传输的电气图，导线传输的信号波形有必要表示时也可采用注释的方法标出。

（3）标记

电气图的标记一般用于对接线端子、导线和回路的位置进行说明，主要包括接线端子标记、导线标记、回路标记和位置标记等。标记的主要目的是便于对电气图进行识别，同时使复杂而多回路多系统的电气图能够分开绘制，便于读图。此外，标记还能提供某些信息。

① 接线端子标记　国家标准 GB/T 4026 规定了识别电气设备接线端子的各种方法，制定了用字母数字组成的系统以识别接线端子和特定导线线端的通则，使用了与各种电气设备和设备组合体的接线端子的识别标记接线端子的标记也适用于包括电源线、接地接零线、等电位线等的特定导线的识别。

与特定导线相连的电器接线端子的标记及特定导线的标记见表1-15。

表 1-15　特定导线的标记

电器接线端子		特定导线	
名称	标记	名称	标记
交流系统第 1 相	U	交流系统的电源第 1 相	L1
交流系统第 2 相	V	交流系统的电源第 2 相	L2
交流系统第 3 相	W	交流系统的电源第 3 相	L3
交流系统中性线	N	交流系统的电源第中性线	N
直流系统正极	C	直流系统的电源正极	L+
直流系统负极	D	直流系统的电源负极	L-
直流系统中线	M	直流系统的电源中间线	M
保护接地	PE	保护接地线	PE
接地	E	接地线	E
无噪声接地	TE	无噪声接地线	TE
等电位	CC	等电位	CC
机壳或机架	MM	机壳或机架	MM
		保护接地线和中性线共用一线	PEN
		不接地的保护线	PU

需要注意的是：

a. 交流系统的电源不能称为 A 相、B 相、C 相，而应该称为 1 相、2 相、3 相。在电气图纸上则采用字母数字符号加数字 L1、L2、L3，按顺序表示电源的相序；

b. 当电器的接线端子是准备直接或间接地与三相供电系统的导线相连时，尤其是与相序有重要关系时，应该用字母 U、V、W 来标志（同样也不能用 A 相、B 相、C 相来表示）；

c. 连接中性线、保护接地线、接地线和无噪声接地线的端子必须分别用字母 N、PE、E 和 TE 来标志；保护接地线和中性线共用一线时，用 PEN 表示；

d. 连接到机壳或机架的端子与保护接地线或接地线不是等电位时，必须用 MM 来标记，等电位的端子必须用 CC 来标记。

表 1-15 的说明如下。

a. 电气设备与特定导线中的交流供电线连接时，一般 U、V 和 W 分别与 L1、L2 和 L3 对应连接。

b. 与特定导线中的直流供电线连接时，一般 C、D 分别与 L+、L- 对应连接。

c. 在电气图纸上及实际布线时，交流导线的排列顺序是 L1、L2、L3、N 或 U、V、W、N。即，左右排列的三根导线（或汇流排，即母线），左边第一根为 L1 或 U；上下排列时上为 L1 或 U；前后排列时前为 L1 或 U；直流导线的排列顺序是 L+、L-、M。

d. 电器接线端子与特定导线（包括绝缘导线）相连接时，规定有专门的标记方法。电器与特定导线间的相互连接标志用字母＋数字表示，如图 1-15 所示。图中的中间单元可以

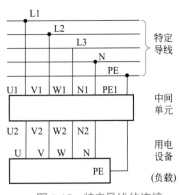

图 1-15　特定导线的连接

是控制单元（如：断路器、接触器等）或保护单元（如：热继电器等），也可以是中间的接线端子排。若中间单元不止一个，还可以采用 U3、V3、W3 或 U4、V4、W4 等进行标记。

② 导线标记　绝缘导线标记属于识别标记范畴，可在电气接线图上标记，也可在实际敷设的导线或线束（电缆）上进行标记。绝缘导线标记主要用于导线安装、检修辨识，其标记应与电气图上的标记代码相对应。根据国家标准 GB 4026 和 GB 4884 规定，对绝缘导线作识别标记的目的是用以识别（已敷设）电路中的导线和已经从其连接的端子上拆下来的导线。这种标记通常标注在导线或线束的两端，必要时也可以沿导线的全长重复间断地标注，且应使这种标记清晰可见（如采用线号环进行标记）。

电气图上的导线标记可分为：主标记和补充标记两种。

a. 主标记　主标记只标记导线或线束的特征，而不考虑其电气功能，必要时，可加注补充标记。主标记又可分为：从属标记、独立标记和组合标记三种。

ⓐ 从属标记　从属标记包括从属本端标记、从属远端标记、从属两端标记等。从属标记的分类和示例如表 1-16 所示。

表 1-16　导线从属标记的分类和示例

分　类	要　求	示　例
从属远端标记	对于导线，其终端标记应与远端所连接项目的端子代号相同 对于线束，其终端标记应标出远端所连接的设备部件的标记	
从属本端标记	对于导线，其终端标记应与所连接项目的端子代号相同 对于线束，其终端标记应标出所连接的设备部件的标记	
从属两端标记	对于导线，其终端标记应同时标明本端和远端所连接项目的端子代号 对于线束，其终端标记应同时标出本端和远端所连接的设备部件的标记	

表 1-16 中，"从属远端标记"示例图绘出的两个部件 A 和 D，它们的中间有一个小方框表示的"线束"。部件 A 的引出线的标记为与之相连的另一端部件 D 的导线号，同理，部件 D 的引出线的标记为其另一端部件 A 的导线号。因此，A 部件的 35 号端子引线上标有导线标记"D4"表示 A 部件的 35 号端子与另一端 D 部件的 4 号端子相连。由该示例图还可看出，另外两对相连的导线对为"A36 与 D1"和"A37 与 D7"。

该示例图中间的"线束"，可以看成是"电缆束"或"穿管的导线束"，对于"电缆束"或"穿管的导线束"，我们无法辨别某一根导线在另一端是第几根引出线。因此"线束"的连接线顺序安排一般不作要求，但只要标出导线的标记，我们不难找到对应的连接线。

从属本端标记与从属远端标记正好相反，比较适合导线的安装，容易判断某导线应与哪个项目连接。但检修查线时，不能直接判断该导线的远端项目和端子，需要通过查找电气图，才能获得需要的信息。

从属两端标记位于导线（或线束）的两端，每端标出的标记既包含与本端所连接的端子（或项目）的相同标记，又包含与远端所连接的端子（或项目）的相同标记。这种标记方法所使用的标记长度较长。但实际使用比较方便，既方便安装时对导线或线束的辨识，也方便检修时对导线或线束的辨识。

ⓑ 独立标记　与导线所连接的端子或线束所连接的设备的标记无关的导线或线束的标记，称为独立标记。这种标记方式，一般只用于采用连续线方式表示的电气接线图中。独立标记的符号通常采用阿拉伯数字。但如何采用，新的国家标准没有作具体规定。一般认为独立标记的数字符号可以参考回路标号的原则和方法。

ⓒ 组合标记　组合标记是指从属标记和独立标记一起使用的标记。从属标记和独立标记之间用符号"-"进行分隔。

b. 补充标记　补充标记包括功能标记（如注明用途等）、相位标记（如注明交流某相）、极性标记（如注明正极、负极）等。采用补充标记时，主标记和补充标记之间一般要求采用符号"/"分隔，"/"前面为主标记，"/"后面为补充标记。

③ 回路标号

电气图比较大时，通常将一个系统分成若干个部分，采用多张图纸分别表示。也就是将一个电气系统分成多个回路，分别在不同图纸上进行绘制。为了便于安装接线和维护检修时读图，需要对每个回路及其元件间的连接线进行标号，以表示各个回路之间的连接关系。电路图中用来标记各种回路的种类和特征的文字或数字标号统称为回路标号。

回路标号也属于标记的一种，其主要原则如下。

a. 回路标号一般是按功能分组，并分配每组一定范围的数字，然后对其进行标号。标号数字一般由三位或三位以下的数字组成，当需要标明回路的相别和其他特征时，可在数字前增注必要的文字符号。

b. 回路标号按等电位原则进行，即在电气回路中连于一点的所有导线，不论其根数多少均标注同一个数字；当回路经过开关或继电器触点时，虽然在接通时为等电位，但断开时，开关或触点两侧的电位不等，所以应给予不同的标号。

c. 直流一次回路（即主电路）标号一般可采用三位数字

个位数表示极性：1 为正极，2 为负极。

用十位数的顺序区分不同的线段，例如：电源正极的回路用 1、11、21、31、…顺序标注；电源负极的回路用 2、12、22、32、…顺序标注。

百位数只有采用不同电源供电时才用，一般用来区分不同供电电源回路。

例如：第一个电源的正极回路，按顺序标号为：101、111、121、…电源负极的回路，按顺序标号为：102、112、122、…。

第二个电源的正极回路，按顺序标号为：201、211、221、…电源负极的回路，按顺序标号为：202、212、222、…。

d. 交流一次回路的标号一般也可采用三位数字

个位数表示相别，A 相为 1，B 相为 2，C 相为 3，

十位数用其顺序区分不同的线段。

例如：A 相回路用 1、11、21、31、…顺序标注；B 相回路用 2、12、22、32、…顺序标注，C 回路用 3、13、23、33、…顺序标注。

百位数字一般用于不同电源供电的回路，用百位数字的顺序进行区分。

e. 直流二次回路（即控制电路或辅助电路）标号从电源正极开始，以奇数顺序 1、3、5、…直至最后一个主要电压降元件（即承受回路电压的主要元件）；然后再从电源负极开始，以偶数 2、4、6、…直到与奇数号相遇。

交流二次回路标号从电源的一侧开始，以奇数顺序标到最后一个主要电压降元件；然后再从电源的另一侧开始，以偶数顺序标到与奇数号相遇。

二次回路的标号如图 1-16 所示。

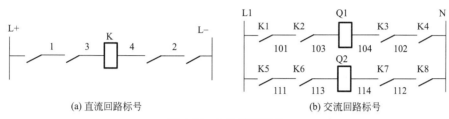

(a) 直流回路标号　　　　　　(b) 交流回路标号

图 1-16　二次回路标号

图 1-16（a）所示的直流回路中，L+ 是电源正极，经过第一个触点后，标号为 1；在经过第二个触点后，标号为 3。图中的主要电压降元件为接触器线圈。线圈的右侧为电源的回路，因此其标号应从电源的负极开始，以偶数进行标注。

图 1-16（b）所示的交流回路中，L1 和 N 分别是三相交流电源的第一相的相线和中性线，Q1 和 Q2 是电力系统配电用的断路器线圈。Q1 为第一个电源供电的第一个回路，其标号从 L_1 开始，101、103，到达线圈 Q1 后，从 N 开始，102 到 104 为止；Q2 为第一个电源供电的第二个回路，其标号从 L_1 开始，111、113，到达线圈 Q2 后，从 N 开始，112 到 114 为止。

④ 位置标记　位置标记常用在电路图中分开绘制的同一元件的不同部件，作为查询该元件其他部件的索引。

1.2.5　电路图

用图形符号并按工作顺序自上到下、从左往右排列，详细表示电路、设备或成套装置的全部基本组成和连接关系，而不考虑其实际安装位置的一种简图，称为电路图。

电路图能清楚表明电路的功能，对分析电气系统的工作原理十分有利，因此又称为电气原理图。电路图应包含表示电路元件或功能元件的图形符号、元件或功能件之间的连接线、项目代号和端子代号、信号代号、位置标记以及补充信息等。既能详细表示电路、设备或成套装置及其组成部分的工作原理，又能作为编制接线图的依据。因此，图纸上的图形符号要遵照国家标准绘制。

（1）电路图概述

电路图可以分为主电路、控制电路和辅助电路三部分。

电动机、发电机等通过大电流的电路为主电路，对主电路进行接通、断开控制和保护的电路称为控制电路，其他如指示、照明等均属于辅助电路。

对电路图绘制的主要规定如下。

① 控制系统内的全部电机、电器和其他带电部分都应按国家标准规定的图形符号和文

字符号绘制和标注。

② 电路图一般将主电路和控制电路与辅助电路分别画出。主电路画在图的左边或上面，用粗线表示；控制电路与辅助电路画在图的右边或下端，用细线表示，电路图中的线条要粗、细分明，图面要整洁。

③ 整个电路与电网断开，各电器都按没通电或不受外力作用时的正常状态画出。

④ 在电路图中，各元件一般按动作顺序从上到下，从左到右依次排开。有直接电联系的导线交叉连接点要用小圆圈或黑圆点表示。画图时，要预先计划好各种图形符号的位置，使各符号在整幅图中布置均匀。

⑤ 属于同一电器的不同部件，按其在电路中的作用画在不同的电路部位上，标以相同的文字符号并用数字加以区别。元器件的文字符号标注的数字，应该根据它们在图中的排列位置，自上而下，从左到右进行编号。

（2）电源的表示方法

电路图中电源的主要表示方法为：

① 用线条表示，如图 1-17（a）所示；

② 用"+、-、L、N"等符号表示；

③ 同时用线条和符号表示，如图 1-17（b）所示；

④ 所有的电源线可集中绘制在电路的上部或下部，多相电源宜按相序从上至下或从左至右排列，中性线应绘制在相线的下方或右方；

⑤ 连接到方框符号的电源线一般应与信号流向成直角绘制，如图 1-17（c）所示；

⑥ 对于公用的供电线（例如电源线等）可用电源的电压值来表示，如图 1-17（d）所示。

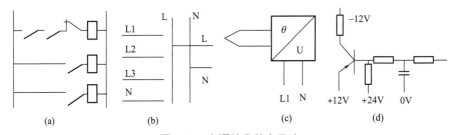

图 1-17　电源的几种表示法

（3）触点的表示法

对于有触点的电气系统，如：继电 - 接触器控制系统，配电操作系统等。在电路图中，触点起着接通和断开电路的功能，因此，有着相当重要的地位。

触点分为动合触点（常开触点）和动断触点（常闭触点）两种。

在图 1-18 中，图（a）为动合触点（常开触点）的一般符号，在此基础上，增加有关接触器功能的限定符号后就变成接触器主触点的符号，如图（b）所示；增加有关断路器功能的限定符号"×"后，就变成断路器的符号，如图（c）所示。同理，图（d）～图（g）分别表示隔离开关、负荷开关、具有自动返回功能的动合触点（常开触点）、没有自动返回功能的动合触点（常开触点）。

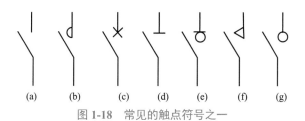

图 1-18 常见的触点符号之一

除了图 1-18 所示的触点符号外，触点的图形符号还有很多。在电路图中比较常见的国家标准给出的部分开关、触点的图形符号如表 1-17 所示。

表 1-17 部分开关、触点的国家标准图形符号

序号	说明	符号	序号	说明	符号
070201	动合（常开）触点		070802	位置开关，动断触点	
070203	动断（常闭）触点		070601	有自动返回的动合触点	
070501	当操作器件被吸合时延时闭合的动合触点		070602	无自动返回的动合触点	
070502	当操作器件被释放时延时断开的动合触点		070702	具有动合触点且自动复位的按钮开关	
070503	当操作器件被吸合时延时断开的动断触点		070703	具有动合触点且自动复位的波拉开关	
070504	当操作器件被释放时延时闭合的动断触点		070704	具有动合触点但无自动复位的转换开关	
070505	当操作器件吸合时延时闭合，释放时延时断开的动合触点		072002	接近开关，动合触点	
070801	位置开关，动合触点		072004	接近开关，动断触点	

　　表 1-17 中的序号和说明分别为国家标准 GB/T 4728.7—2008《电气简图用图形符号　开关、控制和保护器件》中的编号和说明。国家标准所给的符号采用一定的栅格底纹（图中呈等边分布的点），实际电路图中的符号不用底纹。在实际使用时，这些符号可以旋转45°的倍数角后使用，如可以使用表中序号为 070201 的动合触点逆时针旋转 90° 后得到的符号"–／"。

　　表 1-17 中序号为 070501 ～ 070505 的五个延时动作触点是时间继电器常用的触点，是在 070201 和 070203 的动合和动断两个符号的基础上增加由"（"或"）"及"="组成的延时符号得来的。例如，表 1-17 中 070502 的触点符号便是由延时符号"）="加到一般符号的左边构成的。

　　其中符号"）="用来表示延时的方向，可以通过括号的弯曲方向对延时方向进行判断。比如，将符号"）="理解为一把被风吹反了的雨伞，当这把"雨伞"朝右边移动时，所受阻力小，移动速度较快，当其朝左边移动时，所受阻力大，移动速度较慢。因此，对于表 1-17 中 070502 的触点符号，由于触点是向右移动为闭合，向左移动为断开，所以，时间继电器线圈通电时立即闭合，线圈断电时延时断开。

　　要判断时间继电器触点的延时性质主要应该抓住三点：

　　① 根据"括号"的方向判断延时方向；

　　② 根据触点是动合触点还是动断触点判断触点的闭合方向和断开方向；

　　③ 结合前面两点，确定时间继电器是"通电延时"还是"断电延时"。

　　有时受到实际图幅的限制，为了保证电路图绘制不呈现拥挤现象，表示延时的限定符号可以加在一般符号的左边，也可以加在一般符号的右边，如图 1-19 所示的是表 1-17 中 5 个时间继电器的另外表示方法。

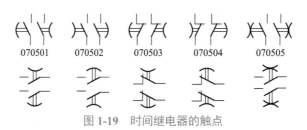

070501　　070502　　070503　　070504　　070505

图 1-19　时间继电器的触点

　　在图 1-19 中，上面一行表示延时的限定符号分别加在一般符号的左右两边，下面一行为上面的符号逆时针转过 90° 后的符号。应该注意的是，不管是表示延时的限定符号加在哪一边或不管是进行怎样的旋转，表示延时的方向与触点动作的方向之间的关系不能改变。仍以 070502 的符号为例，当延时符号加到一般符号的左边时，所加的延时符号为"）="；当延时符号加到一般符号的右边时，所加的延时符号为"=（"。因为，符号"=（"这把"雨伞"仍然表示从左往右移动的阻力小，从右往左移动的阻力大。符号逆时针旋转 90° 后，动断触点的通电闭合方向为从下往上，断电释放方向为从上往下。因此，延时符号加在一般符号的上面时应该采用"冖"符号，加在下面时应该采用"⊥"符号。只有这样，才能满足该触点通电（向上）闭合时没有延时，断电（向下）释放时延时断开。

　　与时间继电器的符号相同的道理，在表 1-17 中，070702、070703、070704、072002 和072004 等几个符号中的限定符号部分，也可加到一般符号的右边。并且，表 1-17 中的所有符号也都可以逆时针方向旋转 90°。

1.3 电气控制识图基础

1.3.1 电气控制图的分类及其作用

在电气控制系统中，首先是由配电器将电能分配给不同的用电设备，再由控制电器使电动机按设定的规律运转，实现由电能到机械能的转换，满足不同生产机械的要求。在电工领域安装、维修都要用到电气控制原理图和施工图。

电气控制原理图是用国家统一规定的图形符号、文字符号和线条连接来表明各个电器的连接关系和电路工作原理的示意图，如图 1-20 所示。它是分析电气控制原理、绘制及识读电气控制接线图和电器元件位置图的主要依据，主要包括电气控制线路中所包含的电器元件、设备、线路的组成及连接关系。

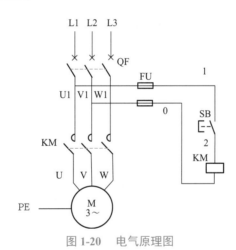

图 1-20　电气原理图

施工图又包括电气元件布置图和电气接线图。

电气元件布置图是根据电器元件在控制板上的实际安装位置，采用简化的外形符号（如方形等）而绘制的一种简图。如图 1-21 所示，主要用于电器元件的布置和安装，包括项目代号、端子号、导线号、导线类型、导线截面等。

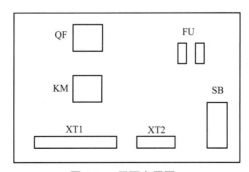

图 1-21　平面布置图

电气接线图是用来表明电器设备或线路连接关系的简图，如图1-22所示，它是安装接线、线路检查和线路维修的主要依据，主要包括电气线路中所含元器件及其排列位置，各元器件之间的接线关系。

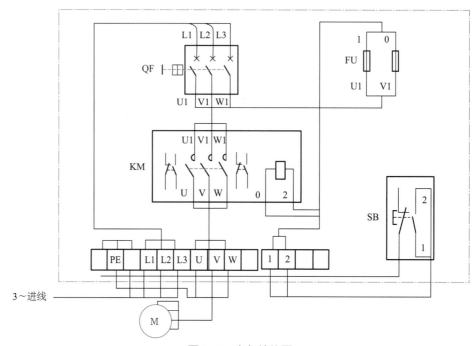

图 1-22　电气接线图

1.3.2　读图的方法和步骤

电路和电气设备的设计、安装、调试与维修都要有相应的电气线路图作为依据或参考。电气线路图是根据国家标准的图形符号和文字符号，按照规定的画法绘制出的图纸。

（1）电气线路图中常用的图形符号和文字符号

要识读电气线路图，必须首先明确电气线路图中常用的图形符号和文字符号所代表的含义，这是看懂电气线路图的前提和基础。

① 基本文字符号。如"K"表示继电器、接触器类，"R"表示电阻器类。双字母符号由一个表示种类的单字母符号与另一个字母组成，组合形式为单字母符号在前、另一个字母在后，如"F"表示保护器件类，"FU"表示熔断器，"FR"表示热继电器。

② 辅助文字符号。辅助文字符号用来表示电气设备、装置、元器件及线路的功能、状态和特征，如"DC"表示直流，"AC"表示交流。

（2）电气原理图的绘制和阅读方法

① 电气原理图的绘制　电气原理图是用于描述电气控制线路的工作原理以及各电器元件的作用和相互关系，而不考虑各电路元件实际的位置和实际连线情况的图纸。

绘制和阅读电气原理图，一般遵循下面的规则。

a.原理图一般由主电路、控制电路和辅助电路三部分组成。

主电路就是从电源到电动机绕组的大电流通过的路径。

控制电路是指控制主电路工作状态的电路。

辅助电路包括照明电路、信号电路及保护电路等。信号电路是指显示主电路工作状态的电路；照明电路是指实现机械设备局部照明的电路；保护电路是实现对电动机的各种保护。

控制电路和辅助电路一般由继电器的线圈和触点、接触器的线圈和触点、按钮、照明灯、信号灯、控制变压器等电器元件组成。这些电路通过的电流都较小。一般主电路用粗实线表示，画在左边（或上部），电源电路画成水平线，三相交流电源相序 L1、L2、L3 由上而下依次排列画出，经电源开关后用 U、V、W 或 U、V、W 后加数字标志。中线 N 和保护地线 PE 画在相线之下，直流电源则正端在上、负端在下画出。辅助电路用细实线表示，画在右边（或下部）。

b. 原理图中，所有的电器元件都采用国家标准规定的图形符号和文字符号来表示。属于同一电器的线圈和触点，都要用同一文字符号表示。当使用相同类型电器时，可在文字符号后加注阿拉伯数字序号来区分，例如两个接触器用 KM1、KM2 表示，或用 KMF、KMR 表示。

c. 原理图中，同一电器的不同部件常常不绘在一起，而是绘在它们各自完成作用的地方。例如接触器的主触点通常绘在主电路中，而吸引线圈和辅助触点则绘在控制电路中，但它们都用 KM 表示。

d. 原理图中，所有电器触点都按没有通电或没有外力作用时的常态绘出。如继电器、接触器的触点，按线圈未通电时的状态画；按钮、行程开关的触点按不受外力作用时的状态画等。

e. 原理图中，在表达清楚的前提下，尽量减少线条，尽量避免交叉线的出现。两线需要交叉连接时需用黑色实心圆点表示，两线交叉不连接时需用空心圆圈表示。

f. 原理图中，无论是主电路还是辅助电路，各电气元件一般应按动作顺序从上到下，从左到右依次排列，可水平或垂直布置。

② 电气原理图的阅读方法　在阅读电气原理图以前，必须对控制对象有所了解，尤其对于机、液（或气）、电配合得比较密切的生产机械，单凭电气线路图往往不能完全看懂其控制原理，只有了解了有关的机械传动和液（气）压传动后，才能搞清全部控制过程。

阅读电气原理图的步骤：一般先看主电路，再看控制电路，最后看信号及照明等辅助电路。先看主电路有几台电动机，各有什么特点，例如是否有正、反转，采用什么方法启动，有无制动等；看控制电路时，一般从主电路的接触器入手，按动作的先后次序（通常自上而下）一个一个分析，搞清楚它们的动作条件和作用。控制电路一般都由一些基本环节组成，阅读时可把它们分解出来，便于分析。此外还要看有哪些保护环节，比如过载保护、短路保护等。

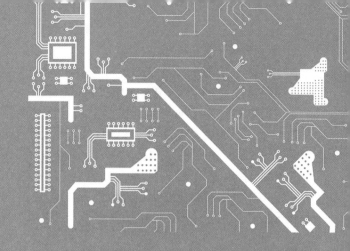

第2章
仪表和工具

2.1 电气控制常用仪表

　　电气控制常用仪表有万用表、钳形表、兆欧表等,利用这些工具仪表,可以轻松地测出各电压、电流、电阻、绝缘性能等参数。通过对这些参数的分析,可以判定电气设备是否正常,并可判断故障的类型。掌握了这些仪表的使用,可以为从事低压电气设备安装、维护、维修打好坚实的基础。

2.1.1 万用表

　　万用表价格低廉,携带和使用方便,具有测电压、电流、电阻等多种功能,所以叫万用表。万用表分为指针式和数字式两类。指针式万用表是通过指针在刻度尺上所指示的位置和所选的量程来读数的。常见的指针式万用表有 MF47 型和 500 型,其中 MF47 型最为常用。

数字式万用表能通过我们选择的量程和液晶屏显示的数字、标点来读数,比指针式万用表读数更准确、直观、方便。

　　（1）MF47型指针式万用表

　　MF47型指针式万用表的面板图如图2-1所示。

　　1）MF47 型万用表面板主要部件说明

　　① 刻度盘：通过指针在刻度盘上指示的位置并结合量程读出被测量的数据。

　　② 挡位选择旋钮：选择测量电阻、电压或电流等功能和量程。

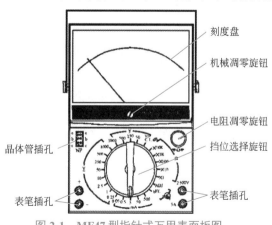

图 2-1　MF47 型指针式万用表面板图

刻度盘

机械凋零旋钮

电阻凋零旋钮

挡位选择旋钮

晶体管插孔

表笔插孔

表笔插孔

③ 晶体管插孔：可以测量 NPN、PNP 三极管的直流放大倍数（β 值）。

④ 机械调零旋钮：在没有进行任何测量时，指针应停在刻度线的最左边（即电阻挡的∞处）。如果没有停在此处，可用一字螺丝刀调节该旋钮（顺时针或逆时针转动），使指针停在此处。

⑤ 电阻挡调零旋钮：用于测量电阻时进行调零。

⑥ 表笔插孔：用于插入红黑表笔，红表笔应插入"+"插孔（注：有的万用表为"VΩ"孔），黑表笔应插入"−"插孔（即"COM"孔）。

测量高电压信号时，红表笔插入 2500V 插孔，黑表笔插入"COM"孔。

测量 5A 以下的较大电流时，红表笔插入 5A 插孔，黑表笔仍插入"COM"孔。

被测信号（电阻、电压、电流等）通过两表笔输入万用表，经过处理后再进行显示。

2）使用方法

① 指针式万用表测量电阻的阻值　红表笔应插入"+"插孔，黑表笔应插入"−"插孔。使用指针式万用表测电阻阻值的具体步骤如下。

a. 选量程。将选择开关打到电阻挡，即"Ω"范围某一挡，共有 5 个量程（从 ×1 ~ ×10K），图 2-2 中，选择"×100"挡位。需要说明的是，测同一电阻时，若选择的量程不同，指针所指的位置也不同，若指针指在刻度盘的最右边或者最左边附近，则读数误差较大，故选量程时，一般要使指针指在刻度的 1/3 ~ 2/3 之间。

图 2-2　选量程（测电阻时）

b. 调零。将两表笔短接，看指针是否指在 0Ω 刻度处，若不是，可转动电阻调零旋钮，使指针指在刻度 0Ω 处，如图 2-3 所示。需要说明的是，每改变一次量程都需要重新调零一次。当然，如果测量导线的通或断，或者粗测绝缘电阻，可以不调零。

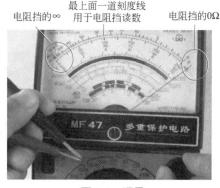

图 2-3　调零

c. 测量。两表笔接触待测电阻的两端，注意手不要同时接触两表笔的两个金属杆或者电阻两端，否则所测结果是待测电阻和人体电阻并联后的总电阻，将导致测量不准确，如图2-4所示。

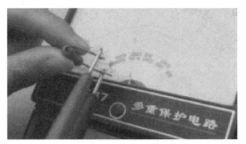

图2-4　测量（测电阻时）

d. 读数。读出指针所指的数值，再乘以量程则为待测电阻的阻值，如图 2-5 所示，读数为 17.4，结合前面选择的"×100"挡位，则电阻阻值为：17.4×100=1740（Ω）。

 注意　万用表使用完毕后，应将挡位开关打到OFF或交流电压最高挡，以防再次使用时不选量程直接测量而损坏仪表。若长期不用应取出电池。

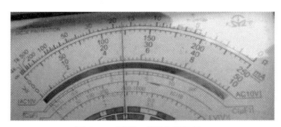

图2-5　读数（测电阻时）

② 指针式万用表测交流电压　红表笔应插入"+"插孔（注：有的万用表为"VΩ"孔），黑表笔应插入"-"插孔（即"COM"孔）。使用指针式万用表测交流电压的具体步骤如下。

a. 选量程。旋转机械调零旋钮，使指针指在最左边的零位。转动选择开关指向交流电压范围的某一量程，如图2-6所示，原则是量程要比待测电压大同时又尽量接近待测电压。如果不知待测电压大约是多少，可先用最高量程测量出一个近似值，再根据所测近似值选择合适的量程。

b. 测量。用两表笔分别接触被测电源火线和零线，如图2-7所示。

图2-6　选量程（测交流电压时）

图2-7　测量（测交流电压时）

c. 读数。所选量程是多少伏则满刻度就是多少伏，如果量程选的是 250V，则满刻度为 250V。如图 2-8 所示，该刻度盘的 200 ～ 250 之间共 10 个等份，每个等份代表 5V 电压，所以指针所指的示数约为 242V。

注意 指针式万用表的交流电压挡是采用硅二极管半波整流，将交流变为直流后再送到表头检测显示，由于硅二极管存在非线性，0 ～ 10V 之间非线性的影响比较明显。所以交流 10V 挡采用独立刻度。而在更大的量程上其非线性影响可以忽略，故其他量程和直流电压、电流共用同一个刻度。

图 2-8 读数（测交流电压时）

③ 指针式万用表测量直流电压 红表笔应插入"+"插孔，黑表笔应插入"−"插孔。将万用表挡位调至直流电压挡位。使用指针式万用表测直流电压的具体步骤如下。

a. 选量程。旋转机械调零旋钮，使指针指在最左边的零位。将选择开关打到直流电压挡，即"DCV"范围某一挡，共有 8 个量程（从 0.25V ～ 1000V），如图 2-9 所示。方法与测交流电压一样，即量程要稍大于待测电压。

图 2-9 选量程（测直流电压时）

b. 测量。红表笔接电源的正极或高电位，黑表笔接电源的负极或低电位。如果接反了，指针会向左偏，有可能损坏仪表。

c. 读数。方法与测交流电压一样。即所选的量程是多少伏，则满刻度就是多少伏。再根据指针所指的刻线读出示数。

④ 指针式万用表测量直流电流

a. 旋转机械调零旋钮，使指针指在最左边的零位。万用表选择开关打到图 2-9 所示的

"DCmA"范围的各量程（0.05 ～ 500mA 共 5 个量程）。

b. 测量小于 500mA 电流时，红表笔应插入 "+" 插孔，黑表笔应插入 "-" 插孔，选择量程的方法参见直流电压测量方法。测量大于 500mA 电流时，量程开关拨到 500mA，红表笔应插入 "5A" 插孔，黑表笔应插入 "-" 插孔。

c. 测量时要将仪表串入电路，并要使电流从红表笔流进去，从黑表笔流出。否则，指针会反转，可能损坏仪表。

d. 读数方法与测交、直流电压的读数方法一样，即所选的量程是多少毫安，则满刻度就是多少毫安，再根据指针所指的刻线读出示数。

（2）数字式万用表

1）认识数字万用表

以普通的 DT9205 型数字万用表为例进行介绍，其他类型与此基本相同。

数字式万用表实物图及面板关键部件如图 2-10 所示。

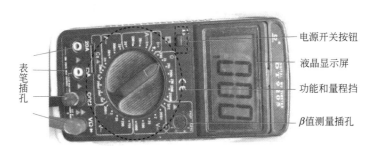

图 2-10　数字式万用表实物图及面板关键部件

数字式万用表的功能比指针式万用表多了二极管挡和电容挡。

注意　　　和指针式万用表相反，数字式万用表的选择旋钮打到电阻挡或二极管挡时，红表笔是和表内电池的正极相连的。

数字式万用表的指标中，位数是一个很重要的指标，并且这个指标与万用表的分辨率和精确度都有很大的关系。

数字式万用表的位数分为整数位和分数位两部分。

判定数字仪表的显示位数有以下两条原则。

① 能显示从 0 ～ 9 中所有数字的位是整数位。

② 分数位的确定方法：以最大显示值中最高位数字为分子，用满量程时最高位数字作分母。

例如，某数字万用表的最大显示值为 ±1999，满量程计数值为 2000，这表明该仪表有 3 个整数位，而分数位的分子是 1，分母是 2，故称为 3 又 1/2 位，读作"三位半"，其最高位只能显示 0 或 1（0 通常不显示）。

2）数字式万用表的使用方法

① 红黑表笔插孔的方法　如图 2-11 所示，测量的物理量不同，红黑表笔插孔的方法不同。

a. 测交 / 直流电压、电阻、二极管时，红表笔插入 " VΩ⊣⊢ " 插孔，黑表笔插入 "COM"

插孔。

　　b. 测小的交、直流电流时，红表笔插入"mA"插孔，黑表笔插入"COM"插孔。

　　c. 测小于 20A 的交、直流电流时，红表笔插入"20A"插孔，黑表笔插入"COM"插孔。

　　② 数字式万用表测电阻　红表笔应插入" VΩ⊶ "插孔，黑表笔应插入"COM"插孔。使用数字式万用表测电阻阻值的具体步骤如下。

　　a. 选量程。将选择开关打到电阻挡，即"Ω"范围某一挡，如图 2-11（a）所示。

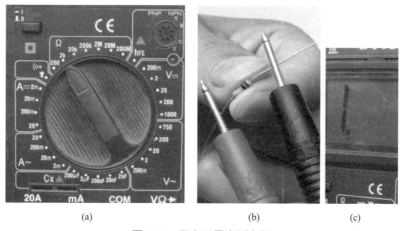

(a) (b) (c)

图 2-11　数字万用表测电阻

　　b. 测量。两表笔接触待测电阻的两端，注意手不要同时接触两表笔的两个金属杆或者电阻两端，否则所测结果是待测电阻和人体电阻并联后的总电阻，将导致测量不准确，如图 2-11（b）所示。如果测量结果为最高位显示"1"，说明量程选小了，需改为大量程，如图 2-11（c）所示。

　　c. 读数。读数时，选择量程的单位是什么，读出示数的单位就是什么。如图 2-12 所示，显示屏上的示数是 97.9，量程选择的是"200K"，所以待测电阻的值为 97.9kΩ。

　　③ 数字万用表测直流电压　使用数字式万用表测直流电压的具体步骤如下。

　　a. 选量程。将选择开关打到直流电压挡，即"V ⎓"范围某一挡，共有 5 个量程（从 200mV ～ 1000V），如图 2-13（a）所示。

图 2-12　数字万用表测电阻时的读数

　　b. 测量。以测量某 9V 电池的电压为例，量程选择 20V。红黑表笔接触被测电源的正极和负极，表笔不分极性，如图 2-13（b）所示。

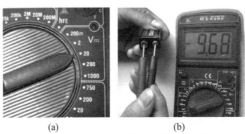

(a)　　　　　　(b)

图 2-13　数字万用表测直流电压

c. 读数。直接从显示屏上读出示数为 "-9.68V"，其中，读数的单位和量程的单位相同，如图 2-13（b）所示。需要说明的是，"-"表示红表笔接的是电池的负极，此时，如果交换两个表笔进行测量，则读数为正值。

④ 数字万用表测交流电压　选择开关打到交流电压 "V～" 范围某一挡，如图 2-14 所示。测量方法与指针式万用表相同，如果量程选 "200m"，则读出的数据单位为 mV（毫伏），若选 "2～750" 之间的量程，则读出的数据单位为 V。

图 2-14　数字万用表测交流电压

⑤ 数字万用表测直流电流

a. 万用表选择开关打到图 2-15 所示的 "A━━" 范围的某量程。

b. 如果被测电流小于 200mA，可选 "200m、20m 或 2m" 量程，红表笔应插入 "mA" 孔，如图 2-15（a）所示。如果待测电压大于 200mA，则需选 "20A" 量程，红表笔应插入 "20A" 插孔，如图 2-15（b）所示。

(a) 测mA级直流电流的方法　　　　(b) 测200mA以下直流电流的方法

图 2-15　数字万用表测直流电流

c. 测量时要将仪表串入电路，测量时可不分极性，如果示数前有个负号，说明红表笔接的是低电位。

d. 读数方法与测直流电压的读数方法一样，即量程的单位就是示数的单位。

⑥ 数字万用表测交流电流　用数字式万用表测量交流电流的方法和测直流电流的方法基本相同，只是万用表选择开关打到图 2-15 所示的"A ～"范围的各量程。

⑦ 通断测试

a. 将挡位开关旋至图 2-16 中的""挡。

b. 红、黑表笔分别接"V Ω→"端和"COM"端。

c. 将红、黑表笔接触导线的两端。

d. 如果导线连通状态良好，内置蜂鸣器发声，如果不发声，说明断路。

另外此挡位还可以测试二极管的好坏。

图 2-16　通断测试

（3）使用万用表的注意事项

① 正确插好红、黑表笔孔。有些万用表的表笔孔多于两个，在一般测量时红表笔插入"+"标记的孔中，黑表笔插入"−"标记的孔中，红、黑表笔不要插错。

② 测量前要正确选择挡位开关。例如，不能用万用表的电阻挡测电压、电流等，这样做容易损坏仪表。

③ 选择好挡位开关后，应正确选择量程。

④ 在测量 220V 交流电压时，手不要碰到表笔头部的金属部位，表笔线不能有破损。测量时，应先将黑表笔接地端，再连接红表笔。

⑤ 测量较大电压或电流的过程中，不要去转换万用表的量程开关，否则会烧坏开关触点。

⑥ 万用表使用完毕，将挡位开关置于空挡，或置于最高电压挡，不要置于电流挡，以免下次使用时不加注意就去测量电压；也不要置于欧姆挡，以免表笔相碰造成表内电池放电。

⑦ 万用表在使用中不应受到振动，保管时应防受潮。

⑧ 长期不用，应将电池取出来，以免电池漏液腐蚀万用表。

2.1.2　钳形电流表

钳形电流表（也称为钳形表）可以用来测量交流电流，测量时无须切断电路，因而使用仍很广泛。如需进行直流电流的测量，则应选用交直流两用钳形表。

（1）钳形表的工作原理

钳形表是在万用表的基础上，添加电流传感器后组合而成的，故一般钳形表都具有万用表的基本功能，除了电流测量范围及电表接入方式不同外，其他与万用表基本相同。

钳形表电流传感器的工作原理有互感式、电磁式、霍尔式三种。常见的钳形表多为互感式，下面简要介绍其工作原理。

互感式钳形表是利用电磁感应原理来测量电流的，如图 2-17 所示。

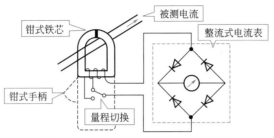

图 2-17　互感式钳形表的工作原理图

电流互感器的铁芯呈钳口形，如图 2-18（a）所示。当紧握钳形表的把手时，其铁芯张开，如图 2-18（b）所示。此时，就可以将被测电流的导线放入钳口中，松开把手后铁芯闭合，通有被测电流的导线就成为电流互感器的原边，于是在副边就会产生感应电流，并送入整流式电流表进行测量，如图 2-18（c）所示。

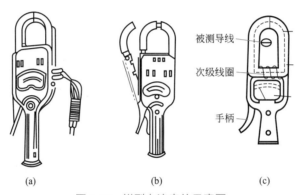

图 2-18　钳型电流表的示意图

钳形表的刻度是按原边电流进行标度的，所以仪表的读数就是被测导线中的电流值。互感式钳形表只能测交流电流。

（2）钳形表的使用注意事项

① 使用钳形表测量前，应先估计被测电流的大小，用以选择合适的量程。

② 使用钳形表时，为减小误差，被测载流导线应放在钳口内的中心位置。

③ 钳口的结合面应保持接触良好，若有明显噪声或表针振动厉害，可将钳口重新开合几次或转动手柄。

④ 在测量较大电流后，若立即测量较小电流，应把钳口开合数次，以减小剩磁对测量结果的影响。在测量较小电流时，为使读数较准确，在条件允许的情况下，可将被测导线多绕几圈后再放进钳口进行测量，此时，实际电流值应为仪表的读数除以导线的圈数。

（3）MG28A 型指针式钳形表

1）MG28A 型指针式钳形表面板结构

MG28A 型指针式钳形表的钳口可根据实际需要安装和分离，其面板结构如图 2-19 所示，各部分功能说明如下。

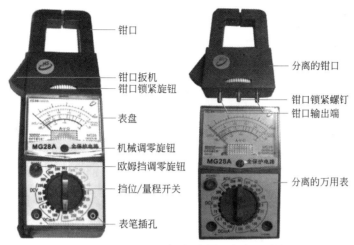

图 2-19　MG28A 型指针式钳形表面板结构

① 钳口：测量交流大电流的一种传感器，通过电磁原理将穿过其中的导线中的电流转换为万用表能测量的电流。注意在使用时，待测导体要垂直穿过钳口的中心位置。

② 钳口扳机：按压扳机，钳口顶部张开，导体可穿过钳口；松开扳机，钳口闭合，闭合后便可以读数。

③ 钳口锁紧旋钮：在钳形表用作一般万用表使用时，用此旋钮分离钳口与表头。

④ 钳口锁紧螺钉：配合钳口锁紧旋钮，锁紧钳口与表头。

⑤ 钳口输出端：钳口转换后的电流由此端口进入表头进行测量。

⑥ 表盘：用来显示各种测量结果。

⑦ 机械调零旋钮：当不进行测量时，如果指针不在左边零刻度，可用此旋钮进行调零。

⑧ 欧姆挡调零旋钮：使用电阻挡时，每次换挡都要用此旋钮进行电阻调零。

⑨ 挡位 / 量程开关：用于进行功能与挡位转换。

⑩ 表笔插孔：此孔连接表笔，除了测量交流大电流以外，其他挡位都利用表笔进行测量。

2）指针式钳形表的使用方法

指针式钳形表测量交、直流电压和电阻等其他物理量时，操作方法和万用表基本相同。这里主要介绍测量交流大电流的方法。

① 测量前，先检查钳形电流表铁芯的橡胶绝缘是否完好，钳口是否清洁、无锈，闭合后无明显的缝隙。

② 估计被测电流的大小，选择合适量程，若无法估计，应从最大量程开始测量，然后根据测量结果，逐步减小量程，如图 2-20（a）所示。需要注意的是改变量程时应将钳形表的钳口断开。

③ 用手按下钳口扳机，张开钳口，如图 2-20（b）所示。

④ 使被测电流的导线位于钳口中，为了减小误差，测量时被测导线应尽量位于钳口的中央，并垂直于钳口，如图 2-20（c）所示。

⑤ 合上钳口，如图 2-20（d）所示。

⑥ 读出示数，读数方法与万用表测交流电压的读数方法相同，如图 2-20（e）所示。

⑦ 如果指针偏转太小，不便读数，可把导线在钳口上缠绕数圈，以增大指针偏转角度，将读数除以导线圈数，即是导线中的电流，如图 2-20（f）所示。

⑧ 测量结束，应将量程开关置于最高挡位，以防下次使用时由于疏忽未选准量程进行测量而损坏仪表。

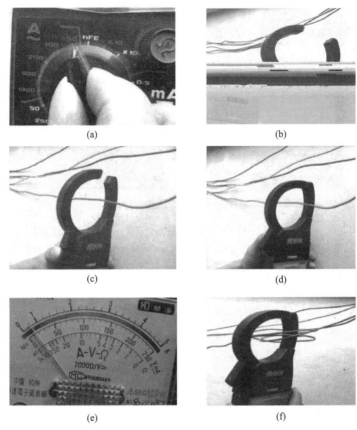

(a)   (b)

(c)   (d)

(e)   (f)

图 2-20   指针式钳形表测大电流

（4）DM6266 型数字式钳形表

1）DM6266 型数字式钳形表面板结构

DM6266 型数字式钳形表应用很普遍，型号后缀数字都是"6266"，结构与使用方法完全相同。其面板结构如图 2-21 所示，各部分功能说明如下。

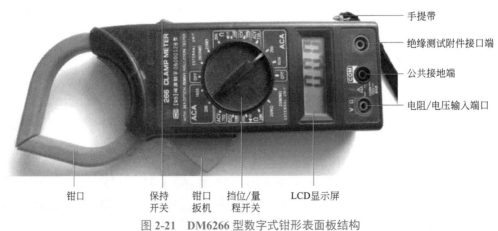

手提带

绝缘测试附件接口端

公共接地端

电阻/电压输入端口

钳口   保持   钳口   挡位/量   LCD显示屏
开关   扳机   程开关

图 2-21   DM6266 型数字式钳形表面板结构

① 钳口：测量交流大电流的一种传感器，通过电磁原理将穿过其中的导线中的电流转换为万用表能测量的电流。测量时待测导体尽量垂直穿过钳口中心。

② 保持开关：测试完成后，按下保持开关（HOLD）可使显示屏读数处在锁定状态，测试的读数还能继续保持，这样就方便了读数。

③ 钳口扳机：按压扳机，使钳口顶部张开，方便导体穿过钳口，松开扳机，钳口闭合后才能读出数据。

④ 挡位 / 量程开关：用于进行功能与挡位转换。

⑤ LCD 显示屏：用于测试结果显示。

⑥ 电阻 / 电压输入端口：测量电阻、电压时，红表笔接该端口，黑表笔接"COM"端口。

⑦ 公共接地端：即"COM"端口。

⑧ 绝缘测试附件接口端：通过附加 DT261 高阻附件，将附件插接到此端口可进行绝缘电阻测试。

⑨ 手提带：方便携带的提带。

2）DM6266 型数字式钳形表的使用方法

深入了解一个典型的钳形表键钮标记和调整方法，对于其他钳形表的使用是很有帮助的。这里以常用 DM6266 型数字钳形表的交流电流的测量为例进行说明。

① 将挡位开关旋至"AC1000A"挡，如图 2-22（a）所示。

② 保持开关（HOLD）处于松开状态。

③ 按下钳口开关，钳住被测电流的一根导线，如图 2-22（b）所示。值得注意的是，钳口夹持两根以上导线无效，如图 2-22（c）所示。

④ 读取显示屏的数值，如果因环境条件限制，如在暗处无法直接读数，按下保持开关，拿到亮处读取，如图 2-22（d）所示。

(a) 测量交流电流挡位选择

(b) 测量交流电流导线夹持方式

(c) 交流电流测量导线错误夹持

(d) 读数保持功能运用

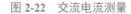
图 2-22　交流电流测量

2.1.3　兆欧表

万用表的欧姆挡只能在低电压条件下测量电阻值，如果用来测量电气设备的绝缘电阻，其阻值一般都是无穷大。而电气设备在几百伏或几千伏的工作条件下，绝缘电阻不再是无穷大，可能会变得比较小。因此测量电气设备的绝缘电阻要根据电气设备的额定电压等级来选择仪表。

兆欧表是一种专用于测量绝缘电阻的直读式仪表，又称绝缘电阻测试仪，有手摇式和电子式两种。手摇式兆欧表装有防止测量电路泄漏电流的屏蔽装置和独立的接线柱。电子式兆欧表采用干电池供电，带有电量检测，有模拟指针式和数字式两种。手摇式兆欧表的外形如图 2-23 所示，主要包括三个接线端子、刻度盘和摇柄，三个接线端子中，两个较大的接线柱上分别标有 E（接地端）、L（线路端），另一个较小的接线柱上标有G（屏蔽端）。

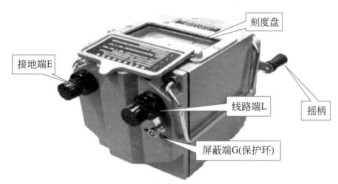

图 2-23　手摇式兆欧表的外形

（1）兆欧表的选用方法

兆欧表的选用主要考虑两个方面：一是电压等级，二是测量范围。

1）电压等级

常见电气设备对兆欧表电压等级的选择见表 2-1。

表 2-1　常见电气设备对兆欧表电压等级的选择

被测电气设备	被测电气设备的额定电压 /V	所选兆欧表的电压 /V
线圈的绝缘电阻	小于 500	大于 500
	大于 500	大于 1000
电机绕组的绝缘电阻	小于 380	1000
电气设备的绝缘电阻	小于 500	500 ～ 1000
	大于 500	2500
瓷瓶、母线、刀闸		2500 ～ 5000

2）测量范围

① 测量低压电气设备的绝缘电阻时可选用 0 ～ 200MΩ 的兆欧表，测量高压电气设备或电缆时可选用 0 ～ 2000MΩ 兆欧表。

② 处于潮湿环境中的低压电气设备，其绝缘电阻可能小于 1MΩ，注意有些兆欧表的起始刻度不是零，而是 1MΩ 或 2MΩ，所以不能用这种仪表来测量，否则仪表上有可能无法读数或读数不准确。

（2）兆欧表的使用方法

1）手摇式兆欧表的使用方法

① 将兆欧表进行开路、短路试验

a. 将兆欧表的端子 L 和 E 开路，摇动手柄使发电机达到 120r/min 的额定转速，观察指针是否指在标度尺"∞"的位置。如果是，说明正常，如图 2-24 所示。

b. 将兆欧表进行短路试验

将兆欧表的端子 L 和 E 短接，缓慢摇动手柄，观察指针是否指在标度尺的"0"位置。如果是，则为正常，如图 2-25 所示。

图 2-24　兆欧表的开路实验　　　　　图 2-25　兆欧表的短路实验

② 被测设备的绝缘电阻

a. 接线方法。 测量绝缘电阻时，一般只用兆欧表上的 L 和 E 端，L 端接被测设备或线路的导体部分，E 端接被测设备或线路的外壳或大地，如图 2-26（a）所示。但在测量电缆对地的绝缘电阻或被测设备的漏电流较严重时，就要使用 G 端，要将 G 端连接到屏蔽层或不需测量的部分。如图 2-26（b）所示，G 接到了电缆的屏蔽层上。

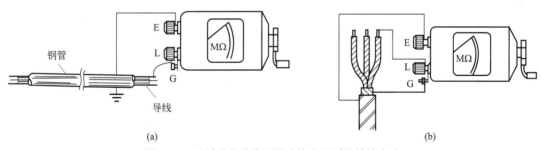

图 2-26　手摇式兆欧表测量绝缘电阻时的接线方法

b. 测量前，要先切断被测设备或线路的电源，并将导电部分对地进行充分放电。用兆欧表测量过的电气设备，也须进行接地放电，才可再次测量或使用。

c. 一只手固定好摇表，另一只手摇动摇表的手柄，摇动速度应由慢渐快，均匀加速到 120r/min。注意在摇动过程中不要接触接线柱或测量表笔的金属部分，以防触电。

d. 摇动过程中，观察指针的位置，如果指针指零，这说明被测电阻较小，就不能再继续摇动，以防表内线圈发热损坏。在进行摇测电容器、电缆时，必须在摇柄转动的情况下拆开接线，否则电容放电将会给兆欧表反充电而损坏兆欧表。

e.通过刻度盘上指针所指的示数读取被测绝缘电阻值大小。由于湿度较大会使绝缘电阻降低，故测量同时还应记录测量时的温度、湿度以及被测设备的状况等，以便于进行测量结果的具体分析。

f.测量完毕后，需将L、E两表笔对接，给兆欧表放电，这样做主要是为了避免发生触电事故，如图 2-27 所示。

2）电子式兆欧表的应用

某电子式兆欧表的面板如图 2-28 所示，使用方法如下。

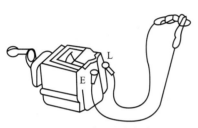

图 2-27　给兆欧表放电

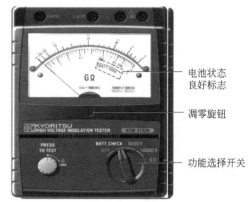

图 2-28　电子式兆欧表的面板

① 调零：将功能选择开关设置为"OFF"，用螺丝刀（螺钉旋具）调整前面板中央的调零旋钮，使指针位于左侧的"∞"刻度。

② 检查电池：将功能选择开关旋至"BATT.CHECK"位置，按下左侧的测试开关。若指针停留于"BATT.GOOD"区域或此区域的右侧，表示电池状况良好。否则，请更换电池。

由于测试时产生的电流比测量绝缘电阻要大，所以不要长按或锁定测试开关，否则会造成电能消耗。

③ 绝缘电阻测量：将功能选择开关设置为"OFF"位置，并将被测设备的外壳接地。将仪器的接地端 E 和被测设备的接地端用测试线连接起来。将测试棒 L 与被测设备的导电部位接触。旋转功能选择开关选择电压后，按下测试开关，并将其锁定。

④ 如果绿色 LED 点亮，读取位于外圈的高量程刻度上的绝缘电阻值；如果红色 LED 点亮，读取位于内圈的低量程的刻度值。

⑤ 测试结束后，解除"PRESS TO TEST"测试开关的锁定，使该开关弹起来，等待几秒后，待被测设备上存储的电量释放完以后，再将测试棒与被测回路断开。

值得注意的是，按下"PRESS TO TEST"键时，仪器测试棒与接地端会存在高电压，操作时一定要小心，以防发生触电事故。

3）造成用兆欧表测量绝缘电阻数据不准确的因素

造成用兆欧表测量绝缘电阻数据不准确的因素如表 2-2 所示。

表 2-2　造成用兆欧表测量绝缘电阻数据不准确的因素

编　号	因　素	解　释
1	电池电压不足	电池电压欠压过低，造成电路不能正常工作，所以测出的读数是不准确的

续表

编　号	因　素	解　释
2	测试线接法不正确	① 误将 L、G、E 三端接线接错；② 误将 G、L 两端子接在被测电阻的两点；③ 误将 G、E 两端子接在被测电阻的两点
3	G 端连线未接	被测试品由于污染、潮湿等因素造成电流泄漏引起的误差，使测试不准确，此时必须接好 G 端连线
4	干扰过大	如果被测试品受环境电磁干扰过大，将造成仪表读数跳动，或指针晃动，造成读数不准确
5	人为读数错误	在用指针式兆欧表测量时，由于人为视角误差或标度尺误差造成示值不准确
6	仪表误差	仪表本身误差过大，需要重新校对

2.1.4　电能表

电能表也叫电度表，是电能计量装置的核心，用于计量负载消耗的电能或电源发出的电能。

（1）认识常见电能表

电能表面板示意图如图 2-29 所示。

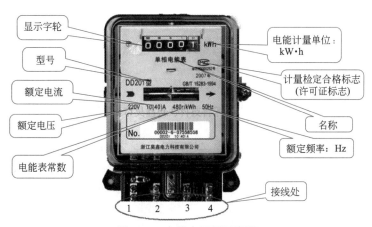

图 2-29　电能表面板示意图

图中电能表型号为 DD201，其中 DD 表示单相；另外，还有 DT 表示三相四线，如 DT862；DS 表示三相三线，如 DS862。在电能表铭牌数据中，220V 表示额定电压；10（40）A 表示额定电流为 10A，最大电流为 40A；50Hz 表示额定频率；电能表上标有 "480 r/kW·h" 意思是铝盘转 480 圈为 1 度电。

（2）电能表的接线

1）单相电能表的直接接线

电能表是一种测量电能的仪表。有电流线圈和电压线圈两个线圈，共四个接线柱，从左向右编号分别为 1、2、3、4，位于电能表下部，如图 2-30 所示。接线时，电流线圈和负载串联，电压线圈和负载并联。而两线圈的电源端在出厂前已经被短接，如图 2-31 所示。

一般 380V 或 220V 的低电压或 50A 以下的小电流可采用直接接法，其接线原理图如图 2-32 所示。接线时，电流线圈应串接于火线，而不要接零线。一般应符合 "火线 1 进

2 出""零线 3 进 4 出"的原则。而对于高电压和大电流，则需要加装电压互感器和电流互感器。

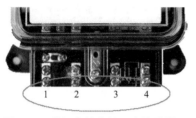

图 2-30 单相电能表的四个接线柱

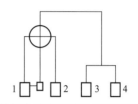

图 2-31 单相电能表的接线柱内部连线

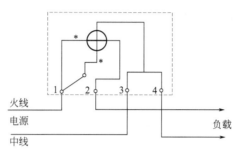

图 2-32 单相电能表的直接接线法

2）三相电能表的直接接线

三相电能表直接接入式也称为直通式接线，是在电能表允许的范围内可以直接接入，也就是电能表的电流规格能够满足用户的需求，就可以使用该方法。

① 三相四线电能表　接线原理图如图 2-33 所示，三个电流线圈分别串接于 L1、L2、L3 三根火线上，电压线圈接在三个相电压上。1、2 我们称之为 U，接到火线 L1 进线端，3 接到火线 L1 出线端；4、5 我们称之为 V，接到火线 L2 进线端，6 接到火线 L2 出线端；7、8 我们称之为 W，接到火线 L3 进线端，9 接到火线 L3 出线端；L1、L2、L3 三根火线出线端接负载；10 接零线 N 的进线端，11 接零线 N 的出线端。

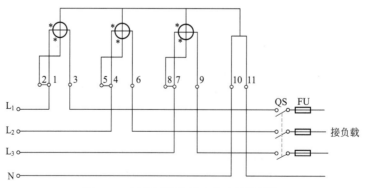

图 2-33 三相四线电能表的直接接线法

② 三相三线电能表　其接线原理图如图 2-34 所示，两个电流线圈分别串接于 L1、L3 两根火线上，电压线圈分别接在 L1、L2 和 L3、L2 之间的线电压上。

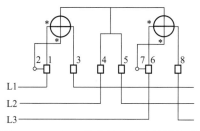

图 2-34　三相三线电能表的直接接线法

2.2 电气控制常用工具

2.2.1　通用电气工具

（1）试电笔（验电器）

1）使用方法

使用时，必须手指触及笔尾的金属部分，并使氖管小窗背光且朝向自己，以便观测氖管的亮暗程度，防止因光线太强造成误判断，其使用方法如图 2-35 所示。

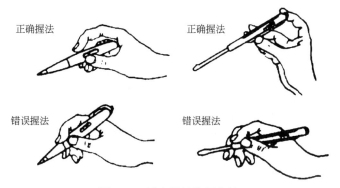

图 2-35　试电笔的使用方法

当用电笔测试带电体时，电流经带电体、电笔、人体及大地形成通电回路，只要带电体与大地之间的电位差超过 60V 时，电笔中的氖管就会发光。低压验电器检测的电压范围为 60 ～ 500V。

2）使用注意事项

① 使用前，必须在有电源处对验电器进行测试，以证明该验电器确实良好，方可使用。

② 验电时，应使验电器逐渐靠近被测物体，直至氖管发亮，不可直接接触被测体。

③ 验电时，手指必须触及笔尾的金属体，否则带电体也会误判为非带电体。

④ 验电时，要防止手指触及笔尖的金属部分，以免造成触电事故。

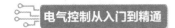

（2）螺丝旋具

螺钉旋具是一种用来拧转螺钉以使其就位的工具，通常有一个薄楔形头，可插入螺钉头的槽缝或凹口内，也称改锥、螺丝刀、起子、改刀、旋凿。

螺丝旋具主要有一字（负号）和十字（正号）两种。常见的还有六角螺丝旋具，包括内六角和外六角两种。

1）螺丝旋具的种类

① 普通螺丝旋具　如图 2-36（a）所示，就是头柄造在一起，容易准备，只要拿出来就可以使用，但由于螺钉有很多种不同长度和粗度，有时需要准备很多支不同的螺丝旋具。

② 组合型螺丝旋具　如图 2-36（b）所示，组合型螺丝旋具把螺钉批头和柄分开，要安装不同类型的螺钉时，只需把螺钉批头换掉就可以，不需要带备大量螺丝旋具。好处是可以节省空间，却容易遗失螺钉批头。

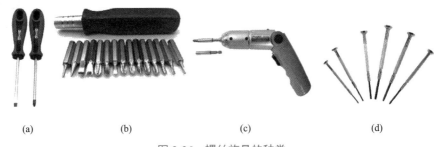

(a)　　　　　　(b)　　　　　　(c)　　　　　　(d)

图 2-36　螺丝旋具的种类

③ 电动螺丝旋具　如图 2-36（c）所示，顾名思义就是以电动马达代替人手安装和移除螺钉，通常是组合螺丝旋具。

④ 钟表起子　如图 2-36（d）所示，属于精密起子，常用于修理手带型钟表。

2）使用用法和维护措施

① 使用用法　将螺丝旋具的端头对准螺钉的顶部凹坑，固定，然后开始旋转手柄。根据规格标准，顺时针方向旋转为嵌紧；逆时针方向旋转则为松出（极少数情况下则相反）。

一字螺丝旋具可以应用于十字螺钉，十字螺钉拥有较强的抗变形能力。

② 维护措施

a. 螺丝旋具的刀刃必须正确地磨削，刀刃的两边要尽量平行。如果刀刃成锥形，当转动螺丝刀时，刀刃极易滑出螺钉槽口。

b. 螺丝旋具的头部不要磨得太薄。

c. 在砂轮上磨削螺丝刀时要特别小心，它会因为过热，而使螺丝旋具的锋口变软。在磨削时，要戴上护目镜。

（3）钢丝钳

如图 2-37 所示，钢丝钳也称为老虎钳、平口钳、综合钳，它可以用于掰弯及扭曲圆柱形金属零件及切断金属丝，其旁刃口也可用于切断细金属丝。它在工艺、工业、生活中都经常用到。长度有 160 mm、180 mm、200 mm 三个种类。

图 2-37　钢丝钳

一般市场上的钢丝钳根据制造钢丝钳的材质不同分中和高两个档次。一般钢丝钳可以用铬钒钢、镍铬钢、高碳钢和球墨铸铁 4 种材料制作。铬钒钢和镍铬钢的硬度高，质量好，一般用这种材质制造的钢丝钳可列为高档次钢丝钳，高碳钢制作的钢丝钳相对档次低了点，球墨铸铁制作的钢丝钳质量最次，价格最便宜。

① 尺寸选择　常用的钢丝钳以 6in、7in、8in 为主，1in 约等于 25mm。按照中国人平均身高 1.7m 左右计算，7in（175mm）的用起来比较合适；8in 的力量比较大，但是略显笨重；6in 的比较小巧，剪切稍微粗点的钢丝就比较费力；5in 的就是迷你的钢丝钳了。

② 使用注意事项

使用钢丝钳要量力而行，不可以超负荷的使用。不可在切不断的情况下扭动钢丝钳，否则容易崩牙与损坏，无论钢丝还是铁丝或者铜线，只要钢丝钳能留下咬痕，可以用钳子前口的齿夹紧钢丝，轻轻地上抬或下压钢丝，就可以掰断钢丝，不但省力，而且对钢丝钳没有损坏，可以有效地延长使用寿命。另外钢丝钳分绝缘和不绝缘的，在带电操作时应该注意区分，以免被强电伤到。

（4）扳手

1）活络扳手

如图 2-38 所示，活络扳手又叫活扳手，是一种旋紧或拧松有角螺钉或螺母的工具。电工常用的有 200mm、250mm、300mm 三种，使用时应根据螺母的大小选配。

图 2-38　活络扳手

使用时，右手握手柄。手越靠后，扳动起来越省力。

扳动小螺母时，因需要不断地转动蜗轮，调节扳口的大小，所以手应握在靠近呆扳唇的位置，并用大拇指调制蜗轮，以适应螺母的大小。

活络扳手的扳口夹持螺母时，呆扳唇在上，活扳唇在下。活扳手切不可反过来使用。

在扳动生锈的螺母时，可在螺母上滴几滴煤油或机油。在拧不动时，切不可采用钢管套在活络扳手的手柄上来增加扭力，因为这样极易损伤活络扳唇。不得把活络扳手当锤子用。

2）其他扳手

开口扳手也叫呆扳手，如图 2-39（a）所示。它有单头和双头两种，其开口是和螺钉头、螺母尺寸相适应的，并根据标准尺寸做成一套。

梅花扳手有正方形、六角形、十二角形之分，如图 2-39（b）所示。其中梅花扳手应用颇广，只要转过 30°，就可改变扳手的扳动方向，所以在狭窄的地方工作较为方便。

套筒扳手是由一套尺寸不等的梅花筒组成的，如图 2-39（c）所示。使用时用弓形的手柄连续转动，工作效率较高。

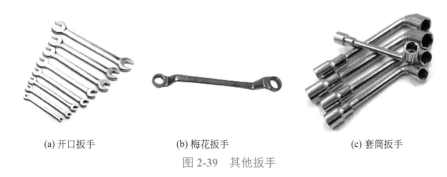

(a) 开口扳手   (b) 梅花扳手   (c) 套筒扳手

图 2-39   其他扳手

（5）电工刀

电工刀是电工常用的一种切削工具，如图 2-40 所示。普通的电工刀由刀片、刀刃、刀把、刀挂等构成。不用时，把刀片收缩到刀把内。电工刀的刀片汇集有多项功能，使用时只需一把电工刀便可完成连接导线的各项操作，无须携带其他工具，具有结构简单、使用方便、功能多样等有益效果。

用电工刀剖削电线绝缘层时，可把刀略微翘起一些，用刀刃的圆角抵住线芯。切忌把刀刃垂直对着导线切割绝缘层，因为这样容易割伤电线线芯。

（6）镊子

如图 2-41 所示，镊子是用于夹取块状药品、金属颗粒、毛发、细刺及其他细小东西的一种工具。也可用于手机维修，用它夹持导线、元件及集成电路引脚等。

图 2-40   电工刀

图 2-41   镊子

不同的场合需要不同的镊子，一般要准备直头、平头、弯头镊子各一把。

2.2.2 线路维修工具

（1）冲击电钻

如图 2-42 所示，冲击电钻以旋转切削为主，兼有依靠操作者推力生产冲击力的冲击机构，用于砖、砌块及轻质墙等材料上的钻孔。

图 2-42   冲击电钻

1）用途说明

主要适用于对混凝土地板、墙壁、砖块、石料、木板和多层材料上进行冲击打孔，另外还可以在木材、金属、陶瓷和塑料上进行钻孔。

冲击钻电机电压有 0 ～ 230V 与 0 ～ 115V 两种不同的电压，控制微动开关的离合，取得电机快慢二级不同的转速，配备了顺逆转向控制机构、松紧螺丝和攻牙等功能。

2）使用方法

① 操作前必须查看电源是否与电动工具上的常规额定 220V 电压相符，以免错接到 380V 的电源上。

② 使用冲击电钻前请仔细检查机体绝缘防护、辅助手柄及深度尺调节等情况，机器有无螺钉松动现象。

③ 冲击电钻必须按材料要求装入直径 6 ～ 25mm 之间允许范围的合金钢冲击钻头或打孔通用钻头，严禁使用超越范围的钻头。

④ 冲击电钻导线要保护好，严禁满地乱拖，防止轧坏、割破，更不准把电线拖到油水中，防止油水腐蚀电线。

⑤ 使用冲击电钻的电源插座必须配备漏电开关装置，并检查电源线有无破损现象，使用当中发现冲击电钻漏电、振动异常、高热或者有异声时，应立即停止工作，及时检查修理。

⑥ 冲击电钻更换钻头时，应用专用扳手及钻头锁紧钥匙，杜绝使用非专用工具敲打冲击钻。

⑦ 使用冲击电钻时切记不可用力过猛或出现歪斜操作，事前务必装紧合适钻头并调节好冲击电钻深度，垂直、平衡操作时要徐徐均匀地用力，不可强行使用超大钻头。

⑧ 熟练掌握和操作顺逆转向控制机构、松紧螺钉及打孔攻牙等功能 。

3）维护保养

① 由专业电工定期更换冲击钻的炭刷及检查弹簧压力。

② 保障冲击电钻机身整体完好，清除污垢，保证冲击电钻动转顺畅。

③ 由专业人员定期检查手电钻各部件是否损坏，对损伤严重而不能再用的应及时更换。

④ 及时增补作业中机身上丢失的机体螺钉紧固件。

⑤ 定期检查传动部分的轴承、齿轮及冷却风叶是否灵活完好，适时对转动部位加注润滑油，以延长手电钻的使用寿命。

（2）管子钳

管子钳是一种用来夹持和旋转钢管类的工件，如图 2-43 所示。其按照承载能力、重量、款式等可分为多种，广泛用于石油管道和民用管道安装。

图 2-43　管子钳

1）管子钳的规格

管子钳的规格如表 2-3 所示。

表 2-3　管子钳规格

规格	基本尺寸 /mm	偏差	最大夹持管径 /mm
6"	150	±3%	20
8"	200	±3%	25
10"	250	±3%	30
12"	300	±4%	40
14"	350	±4%	50
18"	450	±4%	60
24"	600	±5%	75
36"	900	±5%	85
48"	1200	±5%	110

2）管子钳使用注意事项

①　要选择合适的规格。

②　钳头开口要等于工件的直径。

③　钳头要卡紧工件后再用力扳，防止打滑伤人。

④　用加力杆时，长度要适当。搬动手柄时，注意承载转矩，不能用力过猛，防止过载损坏。

⑤　管子钳的钳牙和调节环要保持清洁。

⑥　一般管子钳不能作为锤头使用。

⑦　不能夹持温度超过 300℃的工件。

（3）剥线钳

剥线钳是内线电工、电动机修理、仪器仪表电工常用的工具之一，用来供电工剥除电线头部的表面绝缘层，如图 2-44 所示。剥线钳可以使得电线被切断的绝缘皮与电线分开，还可以防止触电。

图 2-44　剥线钳

剥线钳由刀口、压线口和钳柄组成。剥线钳的钳柄上套有额定工作电压 500V 的绝缘套管。其规格根据全长有 140mm、160mm、180mm 三种。

使用剥线钳的方法为：

① 根据导线直径，选用剥线钳刀片的孔径。

② 根据缆线的粗细型号，选择相应的剥线刀口。

③ 将准备好的电缆放在剥线工具的刀刃中间，选择好要剥线的长度。

④ 握住剥线工具手柄，将电缆夹住，缓缓用力使电缆外表皮慢慢剥落。

⑤ 松开工具手柄，取出电缆线，这时电缆金属整齐露出外面，其余绝缘塑料完好无损。

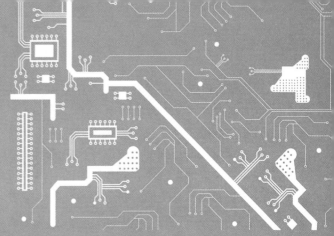

第3章
电气控制常用电力电子元件

 电阻

（1）认识电阻

1）电阻的阻值

电阻是导体对电流的阻碍作用，用字母 R 表示。对于由某种材料制成的柱形均匀导体，其电阻 R 与长度 L 成正比，与横截面积 S 成反比，即

$$R = \rho \frac{l}{s}$$

式中，ρ 为比例系数，由导体的材料和周围温度所决定，称为电阻率。

2）电阻的单位

电阻的单位为欧姆，简称欧（Ω）。常用的电阻单位还有千欧（kΩ）、兆欧（MΩ）。其中：

$$1kΩ = 10^3Ω，\quad 1MΩ = 10^3kΩ。$$

3）电阻的主要参数

① 标称阻值　标称阻值通常是指电阻器上标注的电阻值。

② 额定功率　额定功率是指电阻器在交流或直流电路中，在特定条件下（在一定大气压下和产品标准所规定的温度下）长期工作时所能承受的最大功率（即最高电压和最大电流的乘积）。电阻器的额定功率值也有标称值，一般分为 1/8W、1/4W、1/2W、1W、2W、3W、4W、5W、10W 等。

③ 允许偏差　一个电阻器的实际阻值不可能与标称阻值绝对相等，两者之间会存在一定的偏差，我们将该偏差的允许范围称为电阻器的允许偏差。通常，普通电阻器的允许偏差为 ±5%、±10%、±20%，而高精度电阻器的允许偏差则为 ±1%、±0.5%。

4）电路符号

常用的电阻在电路中的符号如图 3-1 所示。

固定电阻　　　可调电阻　　　电位器

图 3-1　电阻的电路符号

5）常见电阻

① 碳膜电阻和金属膜电阻　碳膜的厚度决定阻值的大小，如图 3-2（a）所示。碳膜电阻和金属膜电阻都属于色环电阻，如图 3-2（a）、（b）所示。

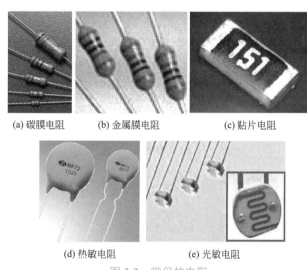

(a) 碳膜电阻　　(b) 金属膜电阻　　(c) 贴片电阻

(d) 热敏电阻　　　　(e) 光敏电阻

图 3-2　常见的电阻

② 贴片电阻　贴片电阻一般用三位数字表示其电阻值，基本单位是欧姆。元件表面通常为黑色，两边为白色，如图 3-2（c）所示。

③ 热敏电阻　热敏电阻由半导体陶瓷材料组成，是一种对温度极为敏感的电阻，分为正温度系数和负温度系数两种，其阻值随温度变化而变化，如图 3-2（d）所示。

④ 光敏电阻　光敏电阻又称光导管，其阻值随着周围环境光照强度的变化而变化。光敏电阻对光的敏感性与人眼对可见光的响应很接近，只要是人眼可感受的光，都会引起它的阻值变化，如图 3-2（e）所示。

⑤ 可调电阻　可调电阻通常有 3 个或更多的引脚，其中有 1 个可调的柄或螺钉用于调节阻值。常用的可调电阻如图 3-3 所示。

可调螺钉

图 3-3　可调电阻

6）电阻器的参数标注方法

电阻器的参数标注方法有直标法、文字符号法、数字法、色环法四种，如图 3-4 所示。

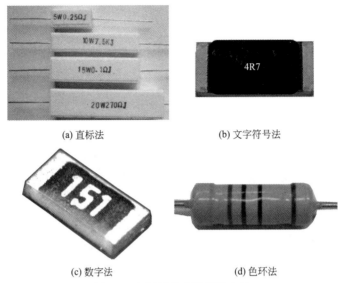

(a) 直标法   (b) 文字符号法

(c) 数字法   (d) 色环法

图 3-4　电阻器的参数标注方法

① 直标法　直标法是将电阻器的标称值用数字和文字符号直接标在电阻体上，其允许偏差用百分数表示，未标偏差值的为 ±20%，如图 3-4（a）所示。

② 文字符号法　文字符号法是用阿拉伯数字和文字符号两者有规律的组合来表示标称阻值，其允许偏差也用文字符号表示，如图 3-4（b）所示。例如：4R7J=4.7Ω±5%，4M7K=4.7MΩ±10%。

数值中含有的"R、M、K"等字母既相当于小数点又可以表示单位，其中：R=Ω；K=kΩ；M=MΩ。

数值最后的字母表示误差，其中，D：±0.5%；F：±1%；G：±2%；J：±5%；K：±10%；M：±20%。

③ 数字法　数字法主要用于贴片等小体积的电阻，贴片电阻一般用三或四位数字表示其电阻值，基本单位是欧姆，如图 3-4（c）所示。普通电阻一般用 3 位数字标示，其中前 2 位是有效值，第 3 位是 0 的个数；精密电阻一般用 4 位数字标示，其中，前 3 位是有效值，第 4 位是 0 的个数。其标示示意图如图 3-5 所示。

第一位和第二位为有效数字，第三位代表10的次方数，即10^n

1位　　2位　　3位

此电阻的阻值为$15×10^1=150Ω$

图 3-5　电阻阻值数字法

类似地，例如：472 表示 $47×10^2Ω$（即 4.7kΩ）；104 则表示 100kΩ。

④ 色环法　色环法最常用，是用不同颜色的带或点在电阻器表面标出标称阻值和允许

偏差。紧靠电阻体一端头的色环为第一环，露着电阻体本色较多的另一端头为末环。头端色环间距分布均匀，尾端色环间距大且色环稍宽，如图 3-4（d）所示。

普通电阻一般用 4 色环标注，其中，前 2 环是有效值，第 3 环是有效数字后 0 的个数，即 10 的倍幂，第 4 环是误差。精密电阻一般用 5 色环标注：前 3 环是有效值，第 4 环是有效数字后 0 的个数，即 10 的倍幂，第 5 环是误差。

色环法中，不同颜色表示不同的数值，具体如图 3-6 所示。

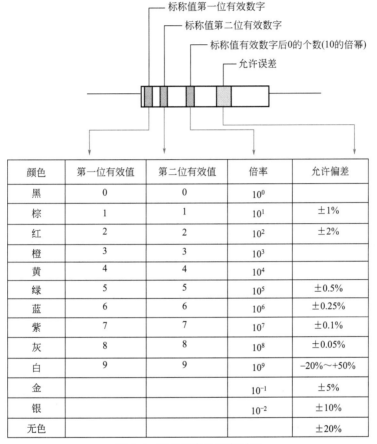

颜色	第一位有效值	第二位有效值	倍率	允许偏差
黑	0	0	10^0	
棕	1	1	10^1	±1%
红	2	2	10^2	±2%
橙	3	3	10^3	
黄	4	4	10^4	
绿	5	5	10^5	±0.5%
蓝	6	6	10^6	±0.25%
紫	7	7	10^7	±0.1%
灰	8	8	10^8	±0.05%
白	9	9	10^9	−20%～+50%
金			10^{-1}	±5%
银			10^{-2}	±10%
无色				±20%

图 3-6　颜色代表的数字对照

例如，有一四色环电阻，从头端开始颜色分别为"绿，棕，红，棕"，对照图 3-6，其阻值为：$51 \times 10^2 = 5.1k\Omega$；其误差为：±1%。

（2）欧姆定律

当导体两端的电压一定时，电阻愈大，通过的电流就愈小；反之，电阻愈小，通过的电流就愈大，电阻由导体两端的电压 U 与通过导体的电流 I 的比值来定义，即欧姆定律：

$$R = \frac{U}{I}$$

（3）电阻的串、并联计算

1）电阻的串联

① 定义　在一段电路上，将几个电阻的首尾依次相连所构成的一个没有分支的电路，叫作电阻的串联电路。如图 3-7（a）所示是电阻的串联电路，图 3-7（b）是图 3-7（a）的等

效电路。

② 电阻的串联电路的特点

a. 串联电路中流过各个电阻的电流都相等，即：

$$I=I_1=I_2=I_3=\cdots=I_n$$

b. 串联电路两端的总电压等于各个电阻两端的电压之和，即：

$$U=U_1+U_2+U_3+\cdots+U_n$$

c. 串联电路的总电阻（即等效电阻）等于各串联的电阻之和，即：

$$R=R_1+R_2+R_3+\cdots+R_n$$

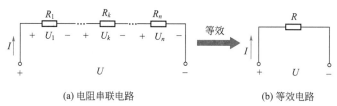

(a) 电阻串联电路　　　　　　　　　(b) 等效电路

图 3-7　电阻串联电路和等效电路

2）电阻的并联电路

① 定义　将两个或两个以上的电阻两端分别接在电路中相同的两个节点之间，这种连接方式叫作电阻的并联电路。如图 3-8（a）所示是电阻的并联电路，图 3-8（b）是图 3-8（a）的等效电路。

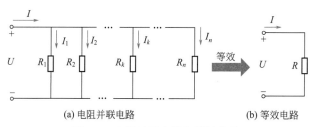

(a) 电阻并联电路　　　　　　　　　(b) 等效电路

图 3-8　电阻并联电路和等效电路

② 电阻的并联电路的特点

a. 并联电路中各个支路两端的电压相等，即：

$$U=U_1=U_2\cdots=U_n$$

b. 并联电路中总的电流等于各支路中的电流之和，即：

$$I=I_1+I_2+I_3+\cdots+I_n$$

c. 并联电路的总电阻（即等效电阻）的倒数等于各并联电阻的倒数之和，即：

$$\frac{1}{R}=\frac{1}{R_1}+\frac{1}{R_2}+\cdots+\frac{1}{R_n}$$

若是两个电阻并联，并联后的总电阻为：

$$R=\frac{R_1R_2}{R_1+R_2}$$

3.2　电容

（1）认识电容

电容器是一种容纳电荷的器件，通常简称其容纳电荷的本领为电容，用字母 C 表示。任何两个彼此绝缘且相隔很近的导体（包括导线）间都构成一个电容器。

1）电容的容量

平行板电容器专用公式为

$$C=Q/U$$

决定电容器电容量的表达式为：

$$C=\frac{\varepsilon S}{4\pi kd}$$

式中　ε——介电常数；

　　　k——静电力常量；

　　　S——两板正对面积；

　　　d——两板间距离。

2）电容的单位

电容的单位为法拉（F）。常用的电容单位有毫法（mF）、微法（μF）、纳法（nF）和皮法（pF）等。其中：$1F=10^6\mu F$，$1\mu F=10^3 nF$，$1nF=10^3 pF$。

3）电容的主要参数

① 标称电容量　就是电容器产品标出的电容量值。云母和陶瓷介质电容器的电容量较低（大约在 5000pF 以下）；纸、塑料和一些陶瓷介质形式的电容器居中（为 0.005 ～ 1.0μF）；通常电解电容的容量较大。

② 允许偏差　电容器实际电容量与标称电容量的误差称为偏差，允许的偏差范围称精度，精度等级与允许偏差对应关系如表 3-1 所示。

表 3-1　精度等级与允许偏差对应关系

精度等级	005 级（D）	01 级（F）	02 级（G）	Ⅰ级（J）	Ⅱ级（K）	Ⅲ级（M）
允许偏差	±0.5%	±1%	±2%	±5%	±10%	±20%

③ 额定电压　额定电压是在一定温度范围内，可以连续施加在电容器上的最大直流电压或最大交流电压的有效值或脉冲电压的峰值。对于所有的电容器，在使用中应保证直流电压与交流峰值电压之和不得超过电容器的额定电压。超过耐压，电容器很可能被击穿损坏。

4）电路符号

电容器的电路符号如图 3-9 所示。

固定电容器　　有极性的电容器　　可变电容器　　半可变电容器

图 3-9　电容器的电路符号

5）常见电容

① 电解电容　电解电容是有极性的电容，两脚中长脚为正极，短脚为负极，电容值和耐压值都直接印在电容上，可以直接读取。它在电路中的基本作用是通交流、隔直流，如图 3-10（a）所示。

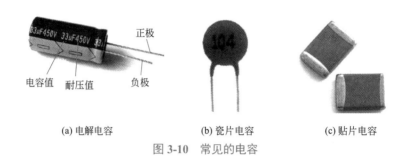

（a）电解电容　　　　　　（b）瓷片电容　　　　　　（c）贴片电容

图 3-10　常见的电容

② 瓷片电容　瓷片电容是无极性的电容，没有正负极之分。瓷片电容的基本单位是 pF（皮法），如图 3-10（b）所示。

③ 贴片电容　一般来说贴片电容是没有数值的，这是因为贴片电容是陶瓷材料，要经过均匀的高温煅烧，所以电容在生产过程中需要先切割出来再投入煅烧，没法做到整版印刷。如果单个印刷的话成本高，也不容易印上去，所以贴片电容一般是没有数值的，如图 3-10（c）所示。

6）电容的参数标注方法

电容的参数标注方法常用的有直标法、文字符号法、数字法、色环法。

① 直标法　直标法是直接把电容的标称值和误差印在电容表面，如图 3-11（a）所示。

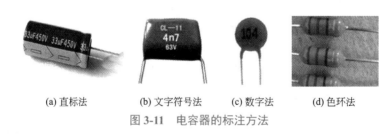

（a）直标法　　　（b）文字符号法　　（c）数字法　　（d）色环法

图 3-11　电容器的标注方法

② 文字符号法　文字符号法是用阿拉伯数字和文字符号两者有规律的组合来表示标称阻值，其允许偏差也用文字符号表示，如图 3-11（b）所示。当数值中含有字母时，此字母相当于小数点。其单位表示方法为：P=pF，N=nF，μ=μF。

例如，1P0=1pF，4μ7=4.7μF。

③ 数字法　数字法是在电容器上用数码表示标称值的标注方法，如图 3-11（c）所示。一般用三位数字表示，前 2 位是有效值，第 3 位是次方数，其单位为 pF。

例如，104 表示的电容值如图 3-12 所示。

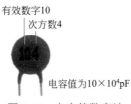

有效数字10

次方数4

电容值为10×10^4pF

图 3-12　电容值数字法

④ 色环法　色环法是用不同颜色的带或点在电容器表面标出标称容值和允许偏差，如图 3-11（d）所示。

普通电容为 4 色环，前 2 环是有效值，第 3 环是有效数字后 0 的个数，即 10 的倍幂，第 4 环是误差。

精密电容为 5 色环，前 3 环是有效值，第 4 环是有效数字后 0 的个数，即 10 的倍幂，第 5 环是误差。

色标法中，不同颜色表示不同的数值，具体如图 3-13 所示。

颜色	第一位有效值	第二位有效值	倍率	允许偏差
黑	0	0	10^0	
棕	1	1	10^1	±1%
红	2	2	10^2	±2%
橙	3	3	10^3	
黄	4	4	10^4	
绿	5	5	10^5	±0.5%
蓝	6	6	10^6	±0.25%
紫	7	7	10^7	±0.1%
灰	8	8	10^8	±0.05%
白	9	9	10^9	
金			10^{-1}	±5%
银			10^{-2}	±10%
无色				±20%

图 3-13　颜色代表的数字对照

（2）电容的串、并联计算

1）电容的串联

① 定义　与电阻串联类似，如图 3-14（a）所示是电容的串联电路。图 3-14（b）是图 3-14（a）的等效电路。

(a) 电容串联电路　　　　　　　(b) 等效电路

图 3-14　电容串联电路和等效电路

② 电容串联电路的特点

a. 串联电路中流过各个电容的电流都相等，即：

$$i=i_1=i_2=\cdots=i_n$$

b. 串联电路两端的总电压等于各个电容两端的电压之和，即：

$$u=u_1+u_2+\cdots+u_n$$

c. 串联电路总电容的倒数等于串联电容的倒数之和，即：

$$\frac{1}{C}=\frac{1}{C_1}+\frac{1}{C_2}+\cdots+\frac{1}{C_n}$$

d. 若串联的各电容容量相等，则所承受的电压也相等；若容量不等，则容量越大所承受的电压愈小，容量越小所承受的电压愈大。

2）电容的并联

① 定义　与电阻并联类似，如图 3-15（a）所示是电容的并联电路。图 3-15（b）是图 3-15（a）的等效电路。

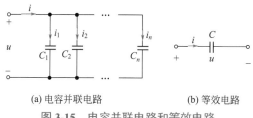

(a) 电容并联电路　　　　　　　(b) 等效电路

图 3-15　电容并联电路和等效电路

② 电容并联电路的特点

a. 并联电路中各个支路两端的电压相等，即：

$$u=u_1=u_2=\cdots=u_n$$

b. 并联电路中总的电流等于各支路中的电流之和，即：

$$i=i_1+i_2+\cdots+i_n$$

c. 并联电路的总电容（即等效电容）等于各并联的电容之和，即：

$$C=C_1+C_2+\cdots+C_n$$

d. 并联电容总耐压是最小的那个电容的耐压。

（3）电容的测量

1）采用数字式万用表测量容量

数字式万用表的电容挡有 200μF、2μF、200nF、20nF、2nF 五个量程。以标称值为 33μF 的电容器为例，选择 200μF 的量程，将电容插入电容器测量孔，然后读数，读数的单位和量程的单位一致，所以测量值为 27.9μF，这说明用万用表测电容存在误差。如图 3-16 所示。

图 3-16　数字式万用表测电容器的容量

有的数字式万用表没有设置电容器的插孔，而是在选择电容挡的量程后，将表笔插入测量孔，用两表笔接触电容器的两端，再读数。UT58A 型数字式万用表的表笔插孔如图 3-17 所示。

测 β 值的符号，在相邻的两　　　电容的符号，表示相邻
孔插上配套插座后可测 β 值　　　的两孔为电容测量插孔

图 3-17　UT58A 型数字式万用表的表笔插孔

2）采用指针式万用表检测好坏

① 在检测前，先将电容的两个引脚短接，放掉电容内残余的电荷。

② 采用万用表 $R \times 1K$ 挡，用表笔接触电容的两个电极。

③ 如果刚接通时，表针向右偏转一个角度，然后表针缓慢地向左回转到 ∞ 附近，说明电容是好的。其中，表针向右摆动的角度越大，说明这电容的电容量也越大，反之说明容量越小。表针向左回转直至停下来的位置所指示的阻值为该电容的漏电电阻，此阻值越大越好，最好接近无穷大处，否则说明电容漏电严重。

④ 如果测量时，表针根本不动，说明电容器已断路或失效。

⑤ 表针向右摆动，但不能回到起点，说明这电容的漏电量大，质量不佳或已经短路。

3.3　电感

（1）认识电感

1）电感量

电感量也称自感系数，是表示电感器产生自感应能力的一个物理量。电感量的大小，主

要取决于线圈的圈数（匝数）、绕制方式、有无磁芯及磁芯的材料等。

2）电感的单位

电感的单位是亨利，简称亨（H），常用的电感单位有毫亨（mH）、微亨（μH）。其中：$1H=10^3mH$，$1mH=10^3μH$。

3）电感的主要参数

①电感量 L 电感量 L 表示线圈本身的固有特性，与电流大小无关。除专门的电感线圈外，电感量一般不专门标注在线圈上，而以特定的名称标注。

②允许偏差 电感上标称的电感量与实际电感的允许误差值称允许偏差。电感精度等级与允许偏差对应关系如表 3-2 所示，

表 3-2 电感精度等级与允许偏差对应关系

精度等级	F	J（Ⅰ级）	K（Ⅱ级）	M（Ⅲ级）
允许偏差	±1%	±5%	±10%	±20%

③品质因数 品质因数也称 Q 值，是表示线圈质量的一个物理量。它是指电感器在某一频率的交流电压下工作时，所呈现的感抗与其等效损耗电阻之比。

$$Q = \frac{X_L}{R} = \frac{2\pi fL}{R}$$

线圈的 Q 值通常为几十到几百，电感器的 Q 值越高，其损耗越小，效率越高。线圈的 Q 值与导线的直流电阻、骨架的介质损耗、屏蔽罩或铁芯引起的损耗、高频趋肤效应的影响等因素有关。

④分布电容 分布电容是指线圈的匝与匝之间、线圈与磁芯之间、线圈与屏蔽罩之间存在的电容。分布电容的存在使线圈的 Q 值减小，稳定性变差，因而线圈的分布电容越小越好。

⑤额定电流 额定电流是指电感有正常工作时所允许通过的最大电流值。若工作电流超过额定电流，则电感器就会因发热而使性能参数发生改变，甚至还会因过流而烧毁。

4）电路符号

电感的电路符号如图 3-18 所示。

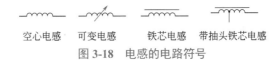

空心电感　可变电感　　铁芯电感　带抽头铁芯电感

图 3-18 电感的电路符号

5）常用电感

①电感线圈 电感线圈由导线一圈一圈地绕在绝缘管或铁芯上组成，导线之间彼此绝缘，如图 3-19（a）所示。电感线圈具有阻碍电流变化的作用，当电流减小时会产生感应电流阻碍电流减小，反之则阻碍电流增大。

②变压器 变压器是利用电磁感应原理来改变交流电压的装置，主要构件是初级线圈、次级线圈和铁芯，如图 3-19（b）所示。变压器主要用于变换交流电压。

(a) 电感线圈　　　　　　　　　(b) 变压器

图 3-19　常用电感

6）电感的参数标注方法

电感的参数标注方法常用的有直标法、文字符号法、数字法、色环法。

① 直标法　直标法是直接把电感的标称值和误差印在电感表面，如图 3-20（a）所示。

② 文字符号法　文字符号法是用阿拉伯数字和文字符号两者有规律的组合来表示标称值，其允许偏差也用文字符号表示。

(a) 直标法　　　　(b) 文字符号法　　(c) 数字法　　　　(d) 色环法

图 3-20　电感的参数标注方法

当数值中含有字母时，此字母相当于小数点。单位表示方法为：R=μH。例如，4R7J=4.7μH ±5%（误差）。

③ 数字法　数字法是在电感器上用数码表示标称值的标注方法。一般用三位数字表示，前 2 位是有效值（不能去掉的），第 3 位是 10 的次方数，其单位为 μH。例如，$331=33\times10^1=330$（μH）。

④ 色环法　色环法用不同颜色的带或点在电感器表面标出标称阻值和允许偏差。普通电感为 4 色环，前 2 环是有效值，第 3 环是有效数字后 0 的个数，即 10 的倍幂，第 4 环是误差。

色环法中，不同颜色表示不同的数值，具体如图 3-21 所示。

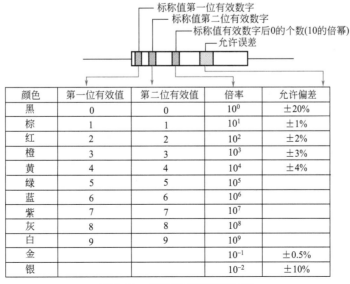

颜色	第一位有效值	第二位有效值	倍率	允许偏差
黑	0	0	10^0	±20%
棕	1	1	10^1	±1%
红	2	2	10^2	±2%
橙	3	3	10^3	±3%
黄	4	4	10^4	±4%
绿	5	5	10^5	
蓝	6	6	10^6	
紫	7	7	10^7	
灰	8	8	10^8	
白	9	9	10^9	
金			10^{-1}	±0.5%
银			10^{-2}	±10%

图 3-21　颜色代表的数字对照

（2）电感的串、并联计算

若干电感器连接成一个电路时，若电感器之间的磁场无相互作用，则它们的总电感和电阻串并联后的总电阻相似。

1）电感的串联

① 定义　与电阻串联类似，如图 3-22（a）所示是电感的串联电路。图 3-22（b）是图 3-22（a）的等效电路。

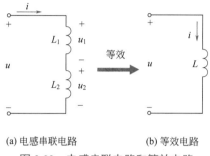

(a) 电感串联电路　　　　　(b) 等效电路

图 3-22　电感串联电路和等效电路

② 电感的串联电路的特点

a. 串联电路中流过各个电感的电流都相等，即：

$$i=i_1=i_2=\cdots=i_n$$

b. 串联电路两端的总电压等于各个电感两端的电压之和，即：

$$u=u_1+u_2+\cdots+u_n$$

c. 串联电路的总电感（即等效电感）等于各串联的电感之和：

$$L=L_1+L_2+\cdots+L_n$$

2）电感的并联

① 定义　与电阻并联类似，如图 3-23（a）所示是电感的并联电路。图 3-23（b）是图 3-23（a）的等效电路。

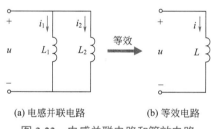

(a) 电感并联电路　　　　　(b) 等效电路

图 3-23　电感并联电路和等效电路

② 电感并联电路的特点

a. 并联电路中各个支路两端的电压相等，即：

$$u=u_1=u_2=\cdots=u_n$$

b. 并联电路中总的电流等于各支路中的电流之和，即：

$$i=i_1+i_2+\cdots+i_n$$

c. 并联电路的总电感的倒数等于并联电感的倒数之和，即：

$$\frac{1}{L} = \frac{1}{L_1} + \frac{1}{L_2} + \cdots + \frac{1}{L_n}$$

值得注意的是，对电感串并联的讨论是在电感器之间的磁场无相互作用的前提下成立，当电感器之间的磁场有相互作用时，计算比较复杂。需要的读者可以参考相关的资料。

（3）电感的检测方法

电感的质量检测包括外观和阻值测量。

① 外观检测　首先检测电感的外表有无完好，磁性有无缺损、裂缝，金属部分有无腐蚀氧化，标志有无完整清晰，接线有无断裂和拆伤等。

② 阻值检测　用万用表对电感作初步检测，测线圈的直流电阻，并与原已知的正常电阻值进行比较。如果检测值比正常值显著增大，或指针不动，可能是电感器本体断路或者线圈引脚氧化，清洗引脚再测试。若比正常值小许多，可判断电感器本体严重短路，线圈的局部短路需用专用仪器进行检测。

 3.4　二极管

（1）认识二极管

1）二极管的结构

二极管是由一个 PN 结组成，只往一个方向传送电流的半导体器件。其结构示意图如图 3-24 所示。图中，P 区和 N 区分别由 P 型半导体和 N 型半导体构成，N 型半导体自由电子为多数载流子，空穴为少数载流子，而 P 型半导体空穴为多数载流子，电子则成为少数载流子。当不存在外加电压时，由于 PN 结两边载流子浓度差引起的扩散电流和自建电场引起的漂移电流相等而处于电平衡状态，形成 PN 结。

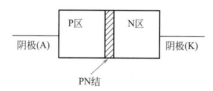

图 3-24　二极管结构示意图

对于常用的二极管，按照材质，可以分为硅二极管和锗二极管两种；按用途，可以分为整流（普通）二极管、稳压二极管、发光二极管、光电二极管、变容二极管等。

2）电路符号

常用的二极管电路符号如图 3-25 所示。

(a) 整流二极管　(b) 稳压二极管　(c) 发光二极管　(d) 光电二极管　(e) 变容二极管

图 3-25　常用的二极管电路符号

3）二极管的主要特性

二极管的主要特性是单向导电性。理想情况下，正向偏置时二极管导通，反向偏置时二极管截止。其中：正向偏置，如图 3-26（a）所示，就是二极管的阳极（A）接电源的正极（+），阴极（K）接电源的负极（-）；反向偏置，如图 3-26（b）所示，就是二极管的阴极（K）接电源的正极（+），阳极（A）接电源的负极（-）。

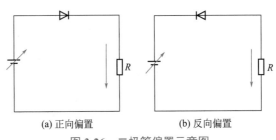

(a) 正向偏置　　　　(b) 反向偏置

图 3-26　二极管偏置示意图

4）二极管的主要参数

① 最大整流电流 I_{FM}　I_{FM} 是指管子长期运行时，允许通过的最大正向平均电流。因为电流通过 PN 结要引起管子发热，电流太大，发热量超过限度，就会使 PN 结烧坏。所以用二极管整流时，流过二极管的正向电流不允许超过最大整流电流。

② 反向击穿电压 $U_{(BR)}$　$U_{(BR)}$ 是指保证二极管不被击穿所允许施加的最大反向电压，若超过此值，PN 结就有被击穿的危险。对于交流电来说，最高反向击穿电压也就是二极管的最高工作电压。为了保证使用安全，一般手册上给出的最高反向工作电压约为反向击穿电压的一半，以确保管子安全运行。

③ 反向饱和电流 I_{RM}　I_{RM} 是指二极管在规定的温度和最高反向工作电压作用下，流过二极管的反向漏电流。反向电流越小，管子的单向导电性能越好。值得注意的是反向电流与温度有着密切的关系，大约温度每升高 10℃，反向电流增大一倍。

（2）常用的二极管

1）普通二极管

普通二极管由半导体材料制成，其外形和极性如图 3-27 所示。它有正负极两个引脚，外表用一圈色环表示负极。二极管的导电性很特殊，它只允许电流从正极流向负极，因此具有单向导电特性。如果在外观上看不出二极管的极性，可以借助万用表进行检测。另外，二极管的好坏也可以通过用万用表检测出来。

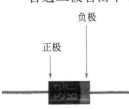

负极

正极

图 3-27　普通二极管

① 用指针式万用表检测二极管

a. 将万用表打到欧姆挡（R×100 或 R×1K），并将万用表的两表笔分别接到二极管的两个极上测量一次。

b. 将两个表笔对调再按同样的方式测量一次。

c. 总结两次测量的结果，如果测得的阻值一次是几十欧至几百欧，另一次是几千欧，说明管子是好的。

d. 如图 3-28（a）所示，当测得的阻值较小（几十欧至几百欧）时，黑表笔接的是二极管的正极，红表笔接的是二极管的负极。

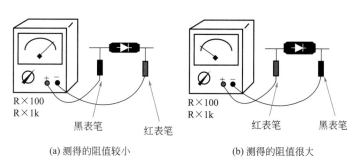

R×100　　　　　　　　　　　　　R×100
R×1k　　　　　　　　　　　　　　R×1k
　　黑表笔　　　红表笔　　　　　红表笔　　　黑表笔
(a) 测得的阻值较小　　　　　　　(b) 测得的阻值很大

图 3-28　二极管测量示意图

　　e. 如图 3-28（b）所示，当测得的阻值很大（几千欧）时，黑表笔接的是二极管的负极，红表笔接的是二极管的正极。

　　f. 如果两次测得的电阻值都很大，则此管子内部断路或被击穿；如果电阻值都很小，则此管子内部短路。

　　② 用数字式万用表检测二极管　数字式万用表电阻挡所提供的测试电流较小，测二极管正向电阻时要比用指针式万用表电阻挡的测量值高出几倍，甚至几十倍，所以不宜用电阻挡检测二极管和三极管的 PN 结。为了方便地测 PN 结的好坏，数字式万用表设置了二极管挡。该挡是通过测 PN 结的正向压降来鉴别 PN 结的好坏的。

　　a. 将数字式万用表打到二极管挡，此时，黑表笔插头插在 "COM" 孔内，红表笔插头插在 "V Ω" 孔内，如图 3-29（a）所示。

　　b. 红黑表笔接触被测二极管的两端，如图 2-29（b）所示。交换两表笔，重新接触被测二极管的两端，如图 3-29（c）所示。

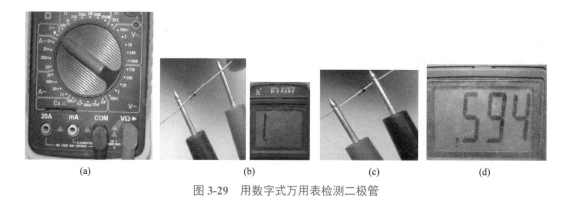

(a)　　　　　　(b)　　　　　　(c)　　　　　　(d)

图 3-29　用数字式万用表检测二极管

　　c. 如图 3-29（b）所示，示数只在最高位显示 "1"，说明此时二极管截止，红表笔接触的是二极管的阴极，黑表笔接触的是二极管的阳极。

　　d. 如图 3-29（d）所示读数，示数为 "0.594"，说明此时二极管导通，红表笔接触的是二极管的阳极，黑表笔接触的是二极管的阴极。"0.594" 为二极管的正向压降，其单位为 V。

　　e. 如果测量结果一次为 "1"，一次为 "0.6" 左右，说明该 PN 结满足单向导电性，说明是好的。否则，则此管子已经被损坏。

　　需要说明的是，红表笔接触二极管阳极，黑表笔接触二极管阴极时，此时的示数为 "0.6" 左右，说明二极管的正向压降为 0.6V 左右。另外，有的万用表会显示 600 左右，此时二极管的正向压降为 600mV 左右。

③ 普通二极管的应用　利用二极管单向导电性，常用二极管作整流器，把交流电变为脉动直流电，再用电容器滤波、稳压管稳压形成平滑的直流。一般的直流稳压电源都采用这种方法。二极管也用来作检波器，老式收音机中会有一个"检波二极管"，可以把高频信号中的有用信号"检出来"。

a. 半波整流电路。图 3-30（a）是一种最简单的整流电路。它由电源变压器 Tr、整流二极管 VD 和负载电阻 R 组成。变压器把市电电压（多为 220V）变换为所需要的交变电压，通过二极管再把交流电变换为脉动直流电。

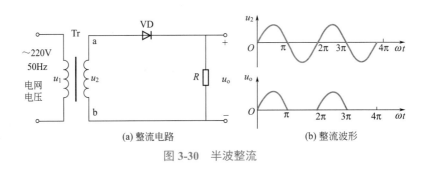

图 3-30　半波整流

其整流波形如图 3-30（b）所示，变压器二次侧电压 u_2，是一个方向和大小都随时间变化的正弦波电压。在 $0 \sim \pi$ 时间内，u_2 为正半周，即变压器次级上端为正、下端为负。此时二极管承受正向电压导通，类似于短路。负载电阻 R 上的电压约等同于 u_2 的正半周。在 $\pi \sim 2\pi$ 时间内，u_2 为负半周，变压器次级下端为正、上端为负。这时 VD 承受反向电压，不导通，R 上无电压。 如此反复，交流电的负半周就被"削"掉了，只有正半周通过 R，在 R 上获得了一个上正下负的电压，达到了整流的目的，但是，负载电压 u_o 以及负载电流的大小还随时间而变化，因此，通常称它为脉动直流。

这种只保留正半周的整流方法，叫半波整流。不难看出，半波整流是以"牺牲"一半交流为代价而换取整流效果的，电流利用率很低，因此常用在高电压、小电流的场合，在一般无线电装置中很少采用。

b. 桥式整流电路。图 3-31（a）是桥式整流电路。这种电路使用四个二极管连接成"桥"式结构，所以称为桥式整流。

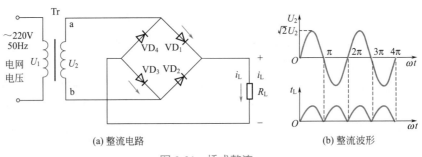

图 3-31　桥式整流

其整流波形如图 3-31（b）所示，u_2 为正半周时，VD_1、VD_3 承受正向电压，VD_1，VD_3 导通；对 VD_2、VD_4 加反向电压，VD_2、VD_4 截止。电流通过 u_2、VD_1、R_L、VD_3 形成回路，在 R_L

上形成上正下负的半波整流电压。u_2 为负半周时，对 VD$_2$、VD$_4$ 加正向电压，VD$_2$、VD$_4$ 导通；对 VD$_1$、VD$_3$ 加反向电压，VD$_1$、VD$_3$ 截止。电流通过 u_2、VD$_2$、R_L、VD$_4$ 形成回路，同样在 R_L 上形成上正下负的另外半波的整流电压。

2）稳压二极管

稳压二极管又叫齐纳二极管，如图 3-32 所示。它工作于反向击穿状态，当反向偏置电压大于稳压管的反向击穿电压时，稳压管被击穿导通，稳压二极管的电压基本不再变化，这样，当把稳压管接入电路以后，若由于电源电压发生波动，或其他原因造成电路中各点电压变动时，负载两端的电压将基本保持不变。

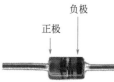

图 3-32　稳压二极管

① 稳压二极管的重要参数

a. 稳定电压。稳定电压指稳压二极管在起稳压作用范围内，其两端的反向电压值。

b. 最大工作电流。最大工作电流指稳压二极管在正常工作时，所允许通过的最大反向电流值。

② 稳压二极管的检测方法

a. 好坏判断。将数字万用表转动至二极管挡位，红、黑表笔接触稳压管两端，记录一次测量结果，对调两个表笔重新测量，再记录一次测量结果，如果两次测量结果，一个为"0.6"左右，另一个只在最高位显示"1"，则说明稳压管是好的。如果两次测量屏幕都只在最高位显示"1"，说明稳压管断路。如果两次测量都为数值 0 或接近 0，那说明二极管已经击穿短路了。

b. 极性判断。将数字万用表转动至二极管挡位，红、黑表笔接触稳压管两端，如果测量结果为"0.6"左右，说明现在红表笔接的是正极，黑表笔接的是负极。如果测量结果屏幕只在最高位显示"1"，说明现在红表笔接的是负极，黑表笔接的是正极。

c. 稳压值的判断。将一个 50kΩ 电位器调至最大值，串接稳压二极管后接入 50V 的直流稳压电源，注意稳压二极管正常工作时，承受反向电压。然后缓慢逐渐调小电位器阻值，同时，用电压表测量稳压管两端的电压值，当电压表示数稳定后，此时电压表的示数即为稳压管的稳压值。

③ 稳压二极管的应用　最简单的稳压电路由稳压二极管组成，如图 3-33 所示。稳压二极管稳压时，工作在反向击穿区，若能使稳压管始终工作在它的稳压区内，则 u_o 基本稳定在稳压值 U_z 左右。当电网电压升高时，负载电阻上的压降增大，使流过稳压管的电流急剧增大，从而使限流电阻的电流增大，电压增大，进而使负载电阻上的压降降低，达到稳压的效果。若负载电阻变小，负载电阻上的压降变小，使流过稳压管的电流急剧减小，从而使限流电阻的电流减小，电压减小，进而使负载电阻上的压降提高，保持输出电压不变，达到稳压的效果。所以可认为稳压管是利用调节自身的电流大小，将电流的变化转换为限流电阻电压的变化，以适应电网电压的变化。

3）发光二极管

通常发光二极管用来作电路工作状态的指示，它比小灯泡的耗电低得多，而且寿命也长得多。发光二极管也具有单向导电性，只有加正向电压时，才能发光。发光二极管的正负极可根据引脚长短来识别，一般，长脚为正，短脚为负。另外，用眼睛来观察发光二极管，可以发现内部的两个电极一大一小。一般来说，电极较小、个头较矮的一个是发光二极管的正极，电极较大的一个是它的负极，如图 3-34 所示。

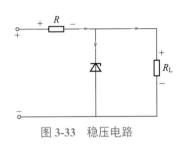

图 3-33 稳压电路

图 3-34 发光二极管

① 发光二极管的重要参数

a. LED 的颜色：显示的光颜色。

b. 最大正向直流电流 I_{FM}：允许加的最大的正向直流电流，超过此值可损坏二极管。

c. LED 的正向工作电压 U_F：指正向工作时，发光二极管两端的电压值。发光二极管的工作电压很低，其颜色和工作电压的有一定的对应关系，如表 3-3 所示。

表 3-3 颜色和工作电压的对应关系

颜色	红色	黄色	蓝色	绿色
工作电压	$1.8 \sim 1.9V$	$2.1 \sim 2.2V$	$3.0 \sim 3.6V$	$3.0 \sim 3.6V$

d. 最大反向电压 U_{RM}：所允许加的最大反向电压。超过此值，LED 发光二极管可能被击穿损坏。

② LED 限流电阻计算公式　发光二极管是一种电流型器件，工作电流根据型号不同一般为 $1 \sim 30mA$。在实际使用中一定要串接限流电阻 R，电路图如图 3-35 所示，电阻 R 的计算公式如式（3-1）所示。

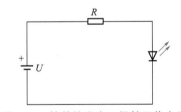

图 3-35 简单的发光二极管工作电路

$$R = \frac{(U - U_F)}{I_F} \tag{3-1}$$

式中　U——电源电压；

　　　U_F——LED 的导通电压；

　　　I_F——LED 的正向工作电流。

③ 发光二极管的检测方法

a. 好坏测试。将数字式万用表转动至二极管挡，红表笔接正极，黑表笔接负极，二极管会发光，说明发光二极管是好的。

b. 极性判别。将数字万用表转动至二极管挡，红黑表笔接二极管两个电极，二极管如果发光，证明红表笔接的是二极管正极，黑表笔接的是负极。

3.5 三极管

（1）认识三极管

三极管是由 2 个 PN 结组成，并且具有电流放大能力的半导体器件。三极管是电流控制器件，用字母"VT"表示。三极管主要起放大和开关作用。三极管按材质分，可以分为硅管、锗管两种。

1）三极管结构

如果按结构分，三极管可以分为 NPN 型和 PNP 型两种。

图 3-36（a）所示为 NPN 型三极管结构示意图，从图中可以看出，它由三块半导体组成，构成两个 PN 结，即集电结（集电极和基极之间的 PN 结）和发射结（发射极和基极之间的 PN 结）。共引出三个电极，分别为：B（基极）、C（集电极）、E（发射极）。

三极管中工作电流有集电极电流 I_C、基极电流 I_B、发射极电流 I_E；I_C、I_B 汇合后从发射极流出，电路符号中发射极箭头方向朝外形象地表明了电流的流动方向。I_E、I_C、I_B 三者的关系如式（3-2）所示。

$$I_E=I_C+I_B \tag{3-2}$$

图 3-36（b）所示是 PNP 型管结构示意图，不同之处是 P、N 型半导体的排列顺序不同。从 PNP 型管电路符号中发射极箭头所指方向看出，发射极电流 I_E 流向管子内，基极电流 I_B 和集电极 I_C 电流从管子流出。同样也满足式（3-2）。

2）半导体三极管的主要参数

① 电流放大系数 β　这里只说常用的共发射极电流放大系数，共发射极电流放大系数有直流电流放大系数和交流电流放大系数两种。通常，这两种电流放大系数数值近似相等。所以统称为电流放大系数。电流放大系数就是集电极电流 I_C 与基极电流 I_B 的比值，即

$$\beta=I_C/I_B$$

② 集电极 - 基极反向饱和电流 I_{CBO}　I_{CBO} 是指发射极开路，在集电极与基极之间加上一定的反向电压时所对应的反向电流。在一定温度下，I_{CBO} 是一个常量，随着温度的升高将增大，它是三极管工作不稳定的主要因素。在相同环境温度下，硅管的 I_{CBO} 比锗管的 I_{CBO} 小得多。

③ 集电极 - 发射极穿透电流 I_{CEO}　I_{CEO} 是指基极开路，集电极与发射极之间加一定电压时的集电极电流。该电流从集电极直通发射极，故称为穿透电流。I_{CEO} 和 I_{CBO} 一样，也是衡量三极管热稳定性的重要参数。

④ 反向击穿电压 $U_{(BR)CEO}$　基极 B 开路，集电极 C 与发射极 E 间的反向击穿电压，即为 $U_{(BR)CEO}$。

⑤ 集电极最大允许电流 I_{CM}　i_C 过大时，β 将下降。β 值下降到一定值时的 i_C 即为集电极最大允许电流 I_{CM}。

⑥ 集电极最大允许功耗 P_{CM}　集电极上允许消耗功率的最大值，即为 P_{CM}。

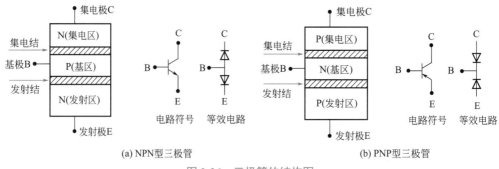

(a) NPN型三极管　　　　　　　　　　　(b) PNP型三极管

图 3-36　三极管的结构图

3）常用三极管的外形图

常用三极管的外形图如图 3-37 所示。

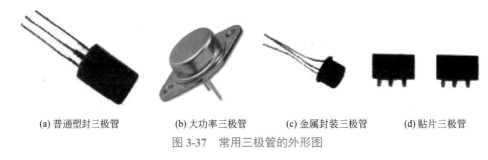

(a) 普通塑封三极管　　(b) 大功率三极管　　(c) 金属封装三极管　　(d) 贴片三极管

图 3-37　常用三极管的外形图

（2）三极管的检测方法

1）目测

常用晶体三极管可以根据三极管的外形与它的引脚排列规律来判断出它的三个电极，判别方法如图 3-38 所示。

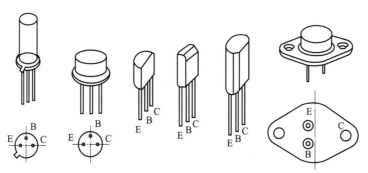

图 3-38　常用晶体三极管的外形及引脚排列

2）指针式万用表检测

① 选量程　选 R×100 或 R×1K 量程。

② 判别半导体三极管的类型　如果已知某个半导体三极管的基极，可以用红表笔接基极，黑表笔分别测量其另外两个电极引脚，如果测得的电阻值都很大，则该三极管是 NPN 型半导体三极管；如果测量的电阻值都很小，则该三极管是 PNP 型半导体三极管。

③ 判别半导体三极管基极　用万用表黑表笔固定三极管的某一个电极，红表笔分别接半导体三极管另外两个电极，观察指针偏转，若两次的测量阻值都很大或都很小，则该脚所

接就是基极。若两次测量阻值一大一小，则需要换一个电极，用黑表笔重新固定，继续测量，直到找到基极。

④ 判别半导体三极管的 C 极和 E 极

a. 第一种方法。确定基极后，对于 NPN 管，用万用表两表笔接三极管另外两极，交替测量两次，若两次测量的结果不相等，则其中测得阻值较小的一次黑笔接的是 E 极，红笔接得是 C 极，若是 PNP 型管，则黑红表笔所接电极相反。

b. 第二种方法。此方法适用于所有外形的三极管，先以 NPN 型三极管为例：

● 将表置于 R×1K 挡。

● 假设一个引脚 E 极，另一个引脚为 C 极。将红表笔接假设的 E 极，注意拿红表笔的手不要碰到表笔尖或引脚；黑表笔接假设的 C 极，同时用手指捏住表笔尖及这个引脚。

● 将管子拿起来，用舌尖舔一下 B 极，看表头指针的偏转情况。

● 重新假设 E、C 极两电极，用同样的方法重新测量一次，看表头指针的偏转情况。

● 比较两次测量结果，指针偏转大的那次，假设的电极便是实际的电极。

另外，对于 PNP 型三极管，要将黑表笔接假设的 E 极，红表笔接假设的 C 极，其他结论与 NPN 型三极管类似。

3）数字式万用表检测

① 判别半导体三极管的类型

a. 将数字式万用表调至二极管挡，红表笔接假设的 B 极（中间脚），黑表笔分别测其他两个引脚。

b. 如果测得两个引脚均有 "0.6" 左右的数值，说明现在红表笔接的是基极（B），中间脚为 P 型两边为 N 型，三极管即为 NPN 管。

c. 如果测得两个引脚，数字万用表最高位均显示为 "1"，则说明此管子是 PNP 型。

② 半导体三极管的极性判断　以 NPN 型三极管为例：

a. 将数字式万用表调至二极管挡，红表笔接假设的 B 极（中间脚），黑表笔分别测其他两个引脚。

b. 如果测量两个引脚所得的数值一个为 "0.5" 左右，另一个为 "0.6" 左右，那说明 "0.5" 数值的那个引脚是集电极（C），"0.6" 数值的那个引脚是发射极（E）。因为发射结材质浓度高所以阻值较大，如图 3-39（a）所示。

另外，对 PNP 型三极管黑表笔接基极（B），红表笔分别测其他两个引脚，其余结论与 NPN 型三极管类似，如图 3-39（b）所示。

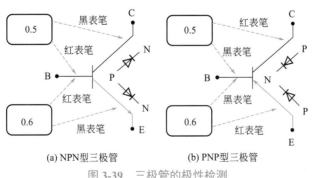

(a) NPN型三极管　　　(b) PNP型三极管

图 3-39　三极管的极性检测

③ 半导体三极管的好坏检测 以 NPN 型三极管为例：

a. 将数字万用表调至二极管挡；

b. 红表笔接三极管的基极（中间脚），黑表笔分别测其他两个引脚。测量两个引脚所得的数值应该为 "0.5" 或 "0.6" 左右；

c. 黑表笔接三极管的基极（中间脚），红表笔分别测其他两个引脚。测量两个引脚所得的数值应该为最高位显示 "1"。

d. 如果 b、c 条都成立，说明三极管是好的。

另外，对 PNP 型三极管，b、c 条中红、黑表笔对换，其余方法与 NPN 型三极管类似。

 3.6 **场效应晶体管**

场效应管是一种通过电场效应来控制电流流动的半导体器件，是电压控制器件。场效应管的英文缩写为"FET"。场效应管的三个电极分别为：G（栅极）、D（漏极）、S（源极），对应三极管的 B（基极）、C（集电极）、E（发射极）。

（1）场效应管的分类

场效应管的分类如图 3-40 所示。

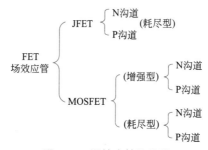

图 3-40 场效应管的分类

场效应管的主要类型有金属 - 氧化物 - 半导体场效应管（MOSFET）和结型场效应管（JFET）。其中结型场效应管只有耗尽型；MOS 管有增强型和耗尽型两种。其中，增强型是指当 $U_{GS}=0V$ 时，漏源极之间没有导电沟道，只有当 $U_{GS}>U_{GS}$（th）（N 沟道）或 $-U_{GS}>U_{GS}$（th）（P 沟道）时才能出现导电沟道，即 G、S 之间需要加一定的电压才有导电沟道。

耗尽型是指 $U_{GS}=0V$ 时，漏源极之间存在导电沟道，即场效应管在制造时就有原始导电沟道。

（2）场效应管的主要参数

1）直流参数

① 夹断电压 U_p 夹断电压是结型场效应管及耗尽型绝缘栅型场效应管特有的参数，就是让场效应管已有的导电沟道夹断而不能导电的电压值。当 $U_{GS}=U_p$ 时，漏极电流近似为零，场效应管导电沟道被夹断。

② 开启电压 U_T 开启电压是增强型绝缘栅型场效应管特有的参数，是让 D 极与 S 极之间形成初始导电沟道的一个栅源电压值。当 $U_{GS}=U_T$ 时，场效应管导电沟道刚开始形成，漏

极电流近似为零。

③ 饱和漏极电流 I_{DSS}　饱和漏极电流是结型场效应管及耗尽型绝缘栅型场效应管特有的参数。在 $U_{GS}=0$ 的条件下，漏极与源极之间所加电压大于夹断电压时的沟道电流称为饱和漏极电流。

④ 直流输入电阻 R_{GS}　在场效应管漏源短路的条件下，栅源之间所加的电压 U_{GS} 与流过的栅极电流之比，称作直流输入电阻。绝缘栅型场效应管的直流输入电阻比结型场效应管大两个数量级以上。结型场效应管的直流输入电阻 R_{GS} 为 $10^7\Omega$，而绝缘栅型场效应管的直流输入电阻 R_{GS} 为 $10^9 \sim 10^{15}\Omega$ 以上。

2）交流参数

① 输出电阻 r_{DS}　输出电阻 r_{DS} 说明了 u_{DS} 对 i_D 的影响，是输出特性某一点上切线斜率的倒数。一般在十千欧到几百千欧之间。

② 低频互导 g_m　低频互导反映了栅源电压对漏极电流控制作用，即 v_{DS} 为常数时，

$$g_m = \frac{\partial i_D}{\partial v_{GS}}\Big|_{v_{DS}=C}$$

3）极限参数

① 最大漏极电流 I_{DM}　I_{DM} 是管子正常工作时漏极电流允许的上限值。

② 最大漏极功耗 P_{DM}　P_{DM} 是指场效应管漏极上允许消耗功率的最大值。超过此值管子会烧毁。

③ 漏源击穿电压 $U_{(BR)DS}$　在增大漏源电压的过程中使 i_D 开始剧增的 u_{DS} 值，称为漏源击穿电压。$U_{(BR)DS}$ 确定了场效应管的使用电压。

④ 栅源击穿电压 $U_{(BR)GS}$　对结型场效应管来说，反向饱和电流开始剧增时的 U_{GS} 值，即为栅源击穿电压。对绝缘栅型场效应管来说，它是使 SiO_2 绝缘层击穿的电压。

（3）场效应管的常见外形

场效应管的常见外形如图 3-41 所示。

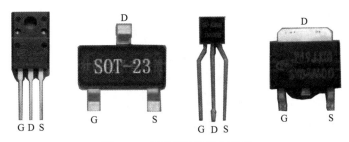

图 3-41　场效应管的常见外形

（4）场效应管的检测方法

通常场效应管源极和漏极存在一个反向并联的寄生二极管，当源、漏极接有电感性负载时，若管子截止，由于电感电流不能突变，用这个二极管进行续流可以防止高压击穿场效应管。其示意图如图 3-42 所示。

1）用指针式万用表进行极性检测

① 将万用表的量程选择在电阻 R×1K 挡。

② 分别测量场效应管三个引脚之间的电阻阻值，若某脚与其他两脚之间的电阻值均为

无穷大，并且再交换表笔后仍为无穷大时，则此脚为 G 极，其他两脚为 S 极和 D 极。

③ 然后再用万用表测量 S 极和 D 极之间的电阻值，交换表笔后再测量一次，对于 N 沟道 MOS 管来说，其中阻值较小的一次黑表笔接的是 S 极，红表笔接的是 D 极。P 沟道 MOS 管结论相反。

④ 如果测量结果不出现上述现象，说明场效应管已坏。

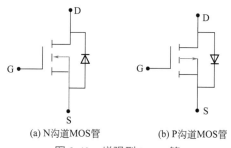

(a) N沟道MOS管　　　　　(b) P沟道MOS管

图 3-42　增强型 MOS 管

2）用数字式万用表检测场效应管

① N 沟道 MOS 管　如图 3-42（a）所示。

a. 将万用表调至二极管挡，将场效应管 3 个引脚短接充分放电。

b. 将红表笔接 S 极，黑表笔接 D 极，此时相当于测量寄生二极管的正向压降，应该显示"0.5"左右的数值。

c. 将黑表笔接 S 极，红表笔接 D 极，此时寄生二极管反偏，应显示超量程标志"1"。

d. 将红表笔接 S 极，黑表笔测 G 极，此时应显示超量程标志"1"。

e. 如果以上测量结果都符和，说明场效应管是好的。

② P 沟道 MOS 管　如图 3-42（b）所示。

a. 将万用表调至二极管挡，将场效应管 3 个引脚短接充分放电。

b. 将红表笔接 D 极，黑表笔接 S 极，此时相当于测量寄生二极管的正向压降，应该显示"0.5"左右的数值。

c. 将黑表笔接 D 极，红表笔接 S 极，此时寄生二极管反偏，应显示超量程标志"1"。

d. 将红表笔接 D 极，黑表笔测 G 极，此时应显示超量程标志"1"。

e. 如果以上测量结果都符和，说明场效应管是好的。

 3.7 晶闸管

晶闸管是一种能够像闸门一样控制电路中电流的接通或断开的半导体器件。晶闸管的英文缩写为"T"。电路中的表示字母为"VS"或"SCR"。晶闸管的用途主要是开关和可控整流。晶闸管的三个电极分别为：G（控制极）、A（阳极）、K（阴极）。

（1）晶闸管的结构

晶闸管有单向晶闸管和双向晶闸管两种。

① 单向晶闸管　单向晶闸管电流只能从 A 流向 B，由 P-N-P-N 四层半导体材料制成，存在三个 PN 结，将中间的 PN 结一分为二，则单向晶闸管可以等效为一个 PNP 和一个 NPN

三极管的连接，其结构图、等效电路、电路符号如图 3-43 所示。

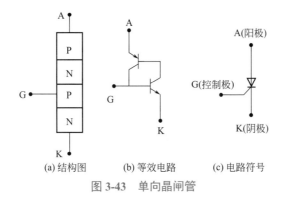

(a) 结构图　　(b) 等效电路　　(c) 电路符号

图 3-43 单向晶闸管

② 双向晶闸管　双向晶闸管电流可以从 A 流向 B，也可以从 B 流向 A，由 N-P-N-P-N 五层半导体材料制成，可以等效成两个晶闸管反向并联，其结构图、等效电路、电路符号如图 3-44 所示。

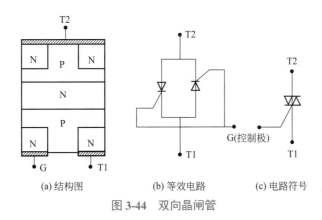

(a) 结构图　　　　(b) 等效电路　　　　(c) 电路符号

图 3-44 双向晶闸管

（2）晶闸管的主要参数

① 触发电压 U_{GT} 和触发电流 I_{GT}　触发电压和触发电流是指在规定环境温度下，能够使晶闸管触发导通，在控制极上所需的最小电压和电流。触发电压和触发电流值越小，晶闸管的触发灵敏度越高，一般地，$U_{GT} < 10V$，$I_{GT} < 1A$。

② 维持电流 I_H　维持电流是指在 G 极开路时，维持晶闸管继续导通的最小正向电流。

③ 断态重复峰值电压 U_{DRM}　断态重复峰值电压是指晶闸管的控制极开路而结温为额定值时，允许重复加在晶闸管上的正向断态最大脉冲电压。

④ 反向重复峰值电压 U_{RRM}　反向重复峰值电压是指晶闸管的控制极开路而结温为额定值时，允许重复加于晶闸管上的反向最大脉冲电压。

⑤ 正向转折电压 U_{BO}　单向晶闸管的正向转折电压是指在控制极开路的情况下，阳极和阴极之间所能承受的最大电压。双向晶闸管的正向转折电压是指在控制极开路的情况下，第一阳极和第二阳极之间所能承受的最大电压。

⑥ 额定电压 U_R　断态重复峰值电压 U_{DRM} 和反向重复峰值电压 U_{RRM} 两者中较小的一个电压值规定为额定电压 U_R。在选用晶闸管时，应该使额定电压 U_R 为正常工作电压峰值 U_M 的 2～3 倍。

⑦ 额定电流 I_F　单向晶闸管的额定电流是指在规定的环境温度和标准散热条件下，允许通过阳极和阴极之间的电流平均值。

⑧ 额定结温　额定结温是指晶闸管正常工作时，所能允许的最高温度。

（3）常见晶闸管的外形

常见晶闸管的外形和极性标注如图 3-45 所示，其中图 3-45（a）、（b）为单向晶闸管的外形图，图 3-45（c）～（f）为双向晶闸管的外形图。

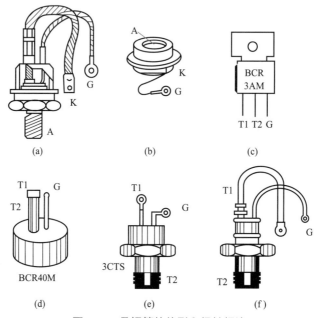

图 3-45　晶闸管的外形和极性标注

（4）晶闸管的检测方法

1）单向晶闸管的电极和好坏判断

对于单向晶闸管，由于它的 G 与 K 只有一个 PN 结，故其测量方法为：

① 将数字式万用表调至二极管挡，红表笔接其中一脚，黑表笔分别测其他两个脚；

② 如两次测试一次有阻值，一次最高位显示"1"，则红表笔接的是 G（控制极），有阻值的那次黑表笔接的是 K（阴极），第三脚为 A（阳极），如图 3-46 所示。

2）双向晶闸管的电极和好坏判断

从结构上看晶闸管 G 极和 T1 极比较靠近，所以阻值小，G 极与 T2 极较远，所以阻值大，如图 3-47 所示。

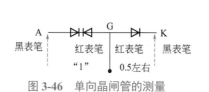

图 3-46　单向晶闸管的测量

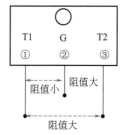

图 3-47　双向晶闸管的测量

①先找出 T2 ，再判断 G 极和 T1 极，假设晶闸管的的三个引脚为①、②、③：

a. 将万用表调至电阻挡，先测试①、②脚阻值，再测试②、③脚阻值，最后测试①、③脚阻值，记录测试的引脚号和测量结果；

b. 三次测量结果中，如果有一次结果为几十欧，另外两次结果为无穷大，则这一次测试的两个引脚为 T1 和 G 极，第三个引脚为 T2。

②判断出 T2 后，进一步确认 T1 和 G 极，假设测得③脚为 T2。

a. 将万用表调至电阻挡，先假设假定①脚为 T1 极，②脚为 G 极。

b. 红表笔接假设的 T1 极，即①脚，黑表笔接③脚并与②脚短接下，如阻值能从无穷大变为几十欧，说明能触发导通。

c. 调换红黑表笔，若阻值还能从无穷大变为几十欧，说明假设正确，①为 T1 极，②脚为 G 极 。

d. 如果不符合上两次测量的现象，则说明为②脚为 T1 极，①脚为 G 极或晶闸管已坏。

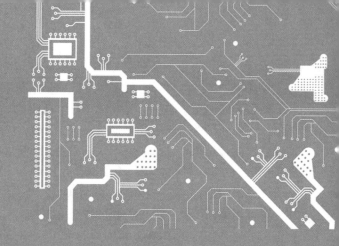

第4章
低压电气元件

低压电气元件通常是指工作在交流电压小于1200V、直流电压小于1500V的电路中起通、断、保护、控制或调节作用的各种电气元件。常用的低压电气元件主要有刀开关、按钮、熔断器、断路器等,学习识别与使用这些电气元件是掌握电气控制技术的基础。

 ## 4.1 刀开关

刀开关又称闸刀开关,刀极数目有单极、双极和三极三种,主要用于手动接通和切断电路或隔离电源,用在不频繁接通和分断电路的场合。

图4-1所示为瓷底胶盖刀开关。图4-2所示为瓷底胶盖刀开关结构。此种刀开关由操作手柄、熔丝、触刀、触刀座和瓷底座等部分组成,带有短路保护功能。

图4-1　瓷底胶盖刀开关

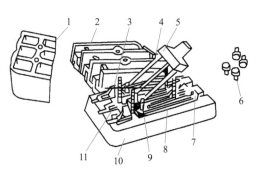

图4-2　瓷底胶盖刀开关结构图
1—上胶盖;2—下胶盖;3—插座;4—触刀;5—手柄;
6—胶盖紧固螺钉;7—出线座;8—熔丝;
9—触刀座;10—瓷底座;11—进线座

刀开关在安装时，手柄要向上，不得倒装或平装，避免由于重力自动下落，引起误动合闸。接线时，应将电源线接在上端，将负载线接在下端，这样断开后，刀开关的触刀与电源隔离，既便于更换熔丝，又可防止意外事故。另外，操作刀开关时不能动作迟缓、犹豫不决，动作越慢，越容易出现电弧，影响开关使用寿命，容易出现危险。

刀开关的图形符号及文字符号如图 4-3 所示。

(a) 单极　　　　　(b) 双极　　　　　(c) 三极

图 4-3　刀开关图形符号及文字符号

4.2 按钮

按钮是一种手动且可以自动复位的主令电器，常用于控制电动机或机床控制电路的接通或断开，其外形如图 4-4 所示。按钮由按钮帽、复位弹簧、桥式触点和外壳等组成，其结构如图 4-5 所示。触点采用桥式触点，触点额定电流在 5A 以下，分常开触点和常闭触点两种。在外力作用下，常闭触点先断开，然后常开触点再闭合；复位时，常开触点先断开，然后常闭触点再闭合。

图 4-4　LA19 系列按钮外形

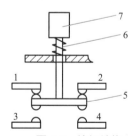

图 4-5　按钮结构
1，2—常闭触点；3，4—常开触点；5—桥式
触点；6—复位弹簧；7—按钮帽

按用途和结构的不同，按钮分为启动按钮、停止按钮和复合按钮等。按钮的图形符号和文字符号如图 4-6 所示。

常开触点　　　　常闭触点　　　　复合触点

图 4-6　按钮图形符号、文字符号

按钮一般通过按钮帽螺钉固定在操作面板上，使用时注意螺钉一旦松动应及时拧紧，防止按钮被按入面板内，导致失控及内部短路。

4.3 熔断器

熔断器是一种简单而有效的保护电器，主要用于保护电源免受短路的损害。熔断器串联在被保护的电路中，在正常情况下相当于一根导线。熔断器一般分成熔体座和熔体两部分。其外形如图4-7所示。

常用的熔断器为螺旋式，它的结构如图4-8所示。熔断器的图形符号和文字符号如图4-9所示。

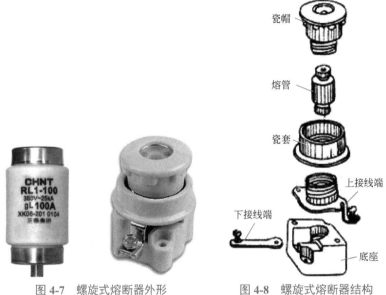

图4-7 螺旋式熔断器外形　　图4-8 螺旋式熔断器结构　　图4-9 熔断器图
　　　　　　　　　　　　　　　　　　　　　　　　　　　　　　　形符号、文字符号

RL1系列螺旋式熔断器的额定电压为500V，额定电流为2A、4A、6A、…、200A等，熔丝额定电流、熔断电流与线径有关。

选择熔断器的容量时，应根据电路的工作情况而定。对于工作电流稳定的电路，如照明、电热等电路，熔体额定电流应等于或稍大于负载工作电流。在异步电动机直接启动电路中，启动电流可达到额定电流的4～7倍，此时熔体额定电流应是电动机额定电流的2.5～4倍。

 注意　　　熔断器发生熔断时，尤其是熔丝爆断时，切忌不加分析直接更换熔丝，或更换更大容量的熔丝。熔丝的熔断主要是电路的故障导致的，应确认排除故障，才可通电继续工作。

低压断路器

低压断路器又称自动空气开关，在电气线路中起接通、分断和承载额定工作电流的作用，并能在线路和电动机发生过载、短路、欠电压的情况下进行可靠保护。它的功能相当于刀开关、过电流继电器、欠电压继电器、热继电器及漏电保护器等电气元件部分或全部的功能总和，是低压配电网中一种重要的保护电器。其外形如图 4-10 所示。

低压断路器的结构如图 4-11 所示。低压断路器主要由触点、灭弧系统、各种脱扣器和操作机构等组成。脱扣器又分电磁脱扣器、热脱扣器、复式脱扣器、欠压脱扣器和分励脱扣器 5 种。

图 4-10　DZ 系列低压断路器外形

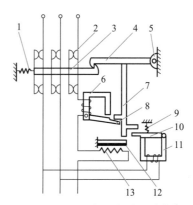

图 4-11　低压断路器结构
1—弹簧；2—主触点；3—传动杆；4—锁扣；5—轴；
6—电磁脱扣器；7—杠杆；8，10—衔铁；9—弹簧；
11—欠压脱扣器；12—双金属片；13—发热元件

图 4-11 所示断路器处于闭合状态，3 个主触点通过传动杆与锁扣保持闭合，锁扣可绕轴 5 转动。断路器的自动分断是由电磁脱扣器 6、欠压脱扣器 11 和双金属片 12 使锁扣 4 被杠杆 7 顶开而完成的。正常工作中，各脱扣器均不动作，而当电路发生短路时，由于电流过大使衔铁 8 推动杠杆 7 向上移动，造成锁扣 4 脱扣，传动杆在弹簧 1 的作用下向左移动，使断路器断开。同样，当发生欠压或过载故障时，分别由衔铁 10 或双金属片 12 推动杠杆 7 向上移动，使锁扣被杠杆顶开，实现保护作用。低压断路器的图形符号及文字符号如图 4-12 所示。

图 4-12　低压断路器图形符号、文字符号

使用低压断路器来实现短路保护比熔断器优越,因为当三相电路短路时,很可能只有一相的熔断器熔断,造成断相运行。对于低压断路器来说,只要造成短路都会使开关跳闸,将三相电路同时切断。但其结构复杂、操作频率低、价格较高,因此适用于要求较高的场合,如电源总配电盘。

 # 4.5 热继电器

电动机在运行过程中若长期负荷过大、频繁启动或者缺相运行等,都可能使电动机定子绕组的电流超过额定值,这种现象叫作过载。过载电流大,电动机绕组的温升就会超过允许值,使电动机绕组绝缘老化,缩短电动机的使用寿命,严重时甚至会使电动机绕组烧毁。因此,电动机在长期运行中,需要对其过载提供保护装置。热继电器是利用电流的热效应原理实现电动机的过载保护。图 4-13 为一种常用的热继电器外形。

热继电器主要由热元件、双金属片和触点 3 部分组成。图 4-14 是热继电器的结构。三个发热元件放在三个双金属片的周围,双金属片是由两层膨胀系数相差较大的金属碾压而成的。左边一层膨胀系数小,右边一层膨胀系数大。工作时,发热元件串联在电动机定子绕组中,电动机正常工作时,发热元件产生的热量虽然能使双金属片弯曲,但还不能使继电器动作。当电动机过载时,流过发热元件的电流增大,经过一定时间后,双金属片向左弯曲推动导板使继电器常闭动触点 9 断开,切断电动机的控制线路,负载停止工作。

图 4-13 JR16 系列热继电器外形

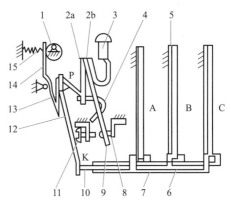

图 4-14 JR16 系列热继电器结构
1—电流调节凸轮;2a, 2b—簧片;3—手动复位按钮;
4—弓簧;5—双金属片;6—外导板;7—内导板;
8—常闭静触点;9—常闭动触点;10—杠杆;
11—调节螺钉;12—补偿双金属片;
13—推杆;14—连杆;15—压簧

由于双金属片有热惯性,因而热继电器不能做短路保护。当出现短路事故时,要求电路立即断开,而热继电器却不能马上动作。但是,热继电器的热惯性也有一定好处。例如,电动机启动或者短时过载,热继电器不会立即动作,这样就避免了不必要的停车。热继电器复位时,按下复位按钮 3 即可。热继电器的图形符号及文字符号如图 4-15所示。

(a) 热继电器的驱动器件　　　　　(b) 常闭触点

图 4-15　热继电器图形符号、文字符号

对于重复短时工作的电动机（如起重机电动机），由于电动机不断重复升温，热继电器双金属片的温升跟不上电动机绕组的温升，电动机将得不到可靠的过载保护。因此，不宜选用双金属片热继电器，而应选用过电流继电器或能反映绕组实际温度的温度继电器来进行保护。

4.6　接触器

接触器是一种自动的电磁式开关。它通过电磁力作用下的吸合和反向弹簧力作用下的释放使触点闭合和分断，导致电路的接通和断开。接触器是电力拖动中最主要的控制电器之一。接触器分为直流和交流两大类，结构大致相同，这里只简单介绍交流接触器。图 4-16 所示为几款接触器的外形。

(a) CZ0直流接触器　　　　(b) CJX1系列交流接触器　　　　(c) CJX2-N系列可逆交流接触器

图 4-16　接触器外形

图 4-17 所示为交流接触器的结构，它分别由电磁铁、触点、灭弧状置和其他部件组成。电磁铁包括铁芯、线圈和衔铁等，其中铁芯与线圈固定不动，衔铁可以移动。触点由动触点和静触点组成，动触点和电磁系统的衔铁通过绝缘支架固定在一起。

接触器的触点有主触点和辅助触点两种。通常主触点有三对，它的接触面积较大，有灭弧装置，能通过较大的电流。主触头在电路中控制用电器的启动与停止。接触器的常态是线圈没有通电时触点的工作状态。此时，处于断开的触点称为常开触点，处于闭合的触点称常闭触点。常态时，主触点是常开的，辅助触点有常开与常闭两种形式。

交流接触器工作时，一般当施加在线圈上的交流电压大于线圈额定电压值的 85% 时，铁芯中产生的磁通对衔铁产生的电磁吸力使衔铁带动触点向下移动。触点的动作使常闭触点先断开，常开触点后闭合。当线圈中的电压值为零时，铁芯的吸力消失，衔铁在复位弹簧的拉动下向上移动，触点复位，使常开触点先断开，常闭触点后闭合。另外，当线圈中的电压值降到某一数值时，铁芯的吸力小于复位弹簧的拉力，此时，也同样使触点复位。这个功能就是接触器的欠压保护功能。

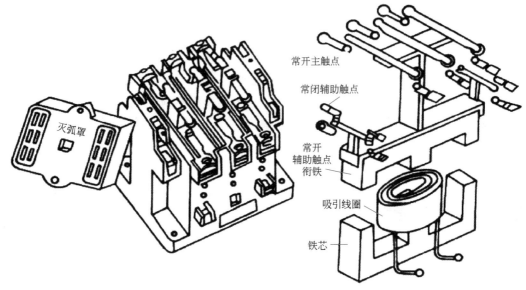

图 4-17　交流接触器结构

交、直流接触器的图形符号及文字符号如图 4-18 所示。

图 4-18　接触器图形符号、文字符号

接触器的电气寿命用其在不同使用条件下无须修理或更换零件的负载操作次数来表示。接触器的机械寿命用其在需要正常维修或更换机械零件前，包括更换触点所能承受的无载操作循环次数来表示。

4.7 电磁式继电器

继电器是根据某种输入信号的变化接通或断开控制电路，实现自动控制和保护电力装置的自动电气元件。

在低压控制系统中采用的继电器大部分是电磁式继电器，电磁式继电器的结构及工作原理与接触器基本相同。主要区别在于：继电器用于切换小电流电路的控制电路和保护电路，而接触器用来控制大电流电路；继电器没有灭弧装置，也无主触点和辅助触点之分等。图 4-19 为几种常用电磁式继电器的外形。

(a) 电流继电器

(b) 电压继电器

(c) 中间继电器

图 4-19 电磁式继电器外形

电磁式继电器的典型结构如图 4-20 所示，它由电磁机构和触点系统组成。电磁式继电器按吸引线圈电流的类型，可分为直流电磁式继电器和交流电磁式继电器；按其在电路中的连接方式，可分为电流继电器、电压继电器和中间继电器等。

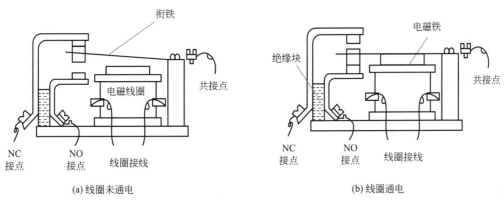

图 4-20 电磁式继电器结构

① 电流继电器。电流继电器的线圈与被测电路串联，以反映电路电流的变化，其线圈匝数少、导线粗、阻抗小。电流继电器除用于电流型保护的场合外，还经常用于按电流原则控制的场合。电流继电器有欠电流继电器和过电流继电器两种。

② 电压继电器。电压继电器反映的是电压信号。使用时，电压继电器的线圈并联在被测电路中，线圈的匝数多、导线细、阻抗大。继电器根据所接线路电压值的变化，处于吸合或释放状态。根据动作电压值不同，电压继电器可分为欠电压继电器和过电压继电器两种。

③ 中间继电器。中间继电器实质上是电压继电器，只是触点对数多，触点容量较大，其额定电流为 5 ~ 10A。当其他继电器的触点对数或触点容量不够时，可以借助中间继电器来扩展它们的触点数或触点容量，起到信号中继作用。

中间继电器体积小，动作灵敏度高，并在 10A 以下电路中可代替接触器起控制作用。

电磁式继电器的图形符号及文字符号如图 4-21 所示，电流继电器的文字符号为 KI，电压继电器的文字符号为 KV，中间继电器的文字符号为 KA。

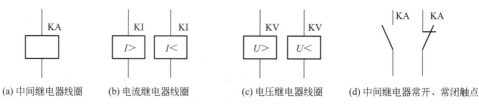

(a) 中间继电器线圈　　(b) 电流继电器线圈　　　(c) 电压继电器线圈　　(d) 中间继电器常开、常闭触点

图 4-21　电磁式继电器图形符号、文字符号

4.8　时间继电器

时间继电器经常用于以时间控制原则进行控制的场合。其种类主要有空气阻尼式、电磁阻尼式、电子式和电动式。

空气阻尼式时间继电器是利用空气阻尼原理获得延时的，其结构由电磁系统、延时机构和触点三部分组成。电磁机构为双正直动式，触点系统用 LX5 型微动开关，延时机构采用气囊式阻尼器。图 4-22 为 JS7 系列空气阻尼式时间继电器外形。

图 4-22　JS7 系列空气阻尼式
时间继电器外形

空气阻尼式时间继电器的电磁机构可以是直流的，也可以是交流的；既有通电延时型，也有断电延时型。只要改变电磁机构的安装方向，便可实现不同的延时方式：当衔铁位于铁芯和延时机构之间时为通电延时，线圈通电后需要延迟一定的时间，其触点才会动作。当线圈断电后，触点马上动作，其结构如图 4-23（a）所示。当铁芯位于衔铁和延时机构之间时为断电延时，线圈通电后，其触点马上动作。当线圈断电后需要延迟一定的时间，触点才发生动作，其结构如图 4-23（b）所示。

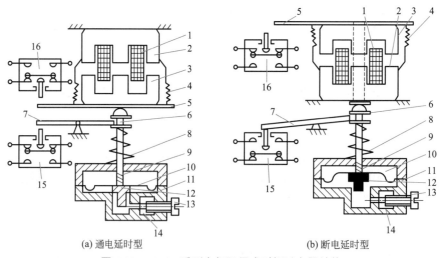

(a) 通电延时型　　　　　　　　　　　　(b) 断电延时型

图 4-23　JS7-A 系列空气阻尼式时间继电器结构

1—线圈；2—铁芯；3—衔铁；4—反力弹簧；5—推板；6—活塞杆；7—杠杆；8—塔形弹簧；9—弱弹簧；
10—橡皮膜；11—空气室壁；12—活塞；13—调节螺钉；14—进气孔；15，16—微动开关时间继电器的图形符号及文字符号如图 4-24 所示。

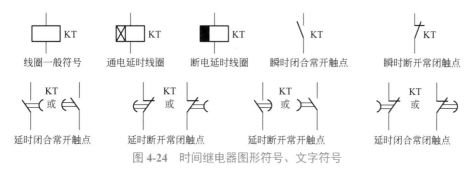

线圈一般符号　　通电延时线圈　　断电延时线圈　　瞬时闭合常开触点　　瞬时断开常闭触点

延时闭合常开触点　　延时断开常闭触点　　延时断开常开触点　　延时闭合常闭触点

图 4-24　时间继电器图形符号、文字符号

选用时间继电器除考虑延时方式外，还要根据使用场合、工作环境选择时间继电器的类型。如电源电压波动大的场合可选空气阻尼式或电动式时间继电器，电源频率不稳定的场合不宜选用电动式时间继电器，环境温度变化大的场合不宜选用空气阻尼式和电子式时间继电器。

 4.9　速度继电器

速度继电器是用来反映转速与转向变化的继电器。它可以按照被控电动机转速的大小使控制电路接通或断开。速度继电器通常与接触器配合，实现对电动机的反接制动。图 4-25 为速度继电器的结构。

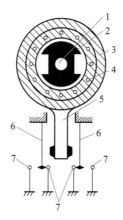

图 4-25　JY1 型速度继电器结构示意

1—转轴；2—转子；3—定子；4—绕组；5—胶木摆杆；6—动触点；7—静触点

速度继电器的转轴和电动机的轴通过联轴器相连，当电动机转动时，速度继电器的转子随之转动，其定子绕组便切割磁感线，产生感应电流，此电流与转子磁场作用产生转矩。电动机转速越快，转矩越大。电动机转速大于某一值时，速度继电器定子转到一定角度使摆杆推动常闭触点动作；当电动机转速低于某一值或停转时，定子产生的转矩会减小或消失，触点在弹簧的作用下复位。

速度继电器有两组触点（每组各有一对常开触点和常闭触点），可分别控制电动机正、反转的反接制动。速度继电器的图形符号及文字符号如图 4-26 所示。

(a) 转子　　　(b) 常开触点　　　(c) 常闭触点

图 4-26　速度继电器图形符号、文字符号

速度继电器主要根据电动机的额定转速来选择。使用时，速度继电器的转轴应与电动机同轴连接；安装接线时，正反向的触点不能接错，否则不能起到反接制动时接通和断开反向电源的作用。

4.10　行程开关

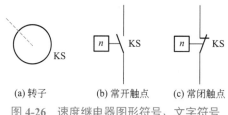

行程开关是一种利用生产机械的某些运动部件的碰撞来发出控制指令的主令电器，用于控制生产机械的运动方向、行程大小和位置保护等。当行程开关用于位置保护时，又称限位开关，其工作原理类似于按钮。

行程开关的种类很多，常用的行程开关有按钮式、单轮旋转式、双轮旋转式行程开关，它们的外形如图 4-27 所示。

(a) 按钮式　　　　　　(b) 单轮旋转式　　　　　　(c) 双轮旋转式

图 4-27　行程开关外形

各种系列的行程开关的基本结构大体相同，都是由操作头、触点系统和外壳组成的，其结构如图 4-28 所示。当压下顶杆到一定距离时，会带动触点动作，使常闭触点断开、常开触点闭合。反之，当外力除去后，顶杆在弹簧作用下复位，带动常闭触点闭合、常开触点断开。

行程开关的图形符号及文字符号如图 4-29 所示。

行程开关在选用时，应根据不同的使用场合，满足额定电压、额定电流、复位方式和触点数量等方面的要求。

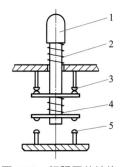

图 4-28 行程开关结构
1—顶杆；2—弹簧；3—常闭触点；
4—触点弹簧；5—常开触点

图 4-29 行程开关图形符号、文字符号

第5章
传感器及其接线方法

5.1 传感器概述

5.1.1 传感器简介

（1）传感器定义

传感器是一种能够感受规定的被测量并按照一定规律转换成可用输出信号的器件或装置。也可称为发送器、传送器、变送器等。

对定义的理解：

- 它是测量装置；
- 输入量是某一被测量（物理、化学、生物等）；
- 输出量是某种物理量（气、光、电等），主要是电物理量；
- 输出输入有对应关系，并应有一定的精度。

传感器作为测量与控制系统的首要环节，必须具有快速、准确、可靠、便捷实现信息转换的基本要求：

① 足够的容量——工作范围或量程足够大、有一定的过载能力；

② 与测量或控制系统匹配性好，转换灵敏度高；

③ 精度适当，且稳定性高；

④ 反应速度快、工作可靠性好；

⑤ 适用性和适应性强，对被测对象的状态影响小，不易受外界干扰的影响，使用安全；

⑥ 使用经济，成本低，寿命长，且易于使用、维修和校准。

（2）传感器的组成

传感器一般由三部分组成：敏感元件、转换元件、测量电路。

　　敏感元件是传感器预先将被测非电量变换为另一种易于变换成电量的非电量，然后再变换为电量，如弹性元件。并非所有传感器都包含这两部分，对于物性型传感器，一般就只有转换元件；而结构型传感器就包括敏感和转换的电路。传感器的测量电路经常采用电桥电路、高阻抗输入电路、脉冲调宽电路、振荡电路等特殊电路。

5.1.2　传感器分类

（1）按工作机理分类

①物理型　按构成原理分为结构型、物性型。

　　结构型：是以结构（如形状、尺寸等）为基础，利用物理学中场的定律构成的，如：动力场的运动定律、电磁场的电磁定律等。必须依靠精密设计的结构予以保证。如：磁隙型电感传感器、电动式传感器等。

　　物性型：是利用物质定律构成的，利用某些功能材料本身所具有的内在特性及效应把被测量直接转换为电量，如：虎克定律、欧姆定律等。主要依靠材料本身的效应来感应信息。如：光电管（外光电效应）、压电晶体（正压电效应）、光敏电阻、所有半导体传感器，以及所有利用各种环境变化而引起的金属、半导体、陶瓷、合金的性能变化的传感器。

　　按能量转换情况分为能量控制型和能量转换型。

　　能量控制型：在信息变化过程中，其能量需要外电源供给。如：电阻、电感、电容，原理是基于应变电阻效应、磁阻效应、热阻效应、光电效应、霍尔效应等。

　　能量转换型：主要由能量变换元件构成，它不需要外电源。如：压电效应、热电效应、光电动势效应等。

　　按物理原理分为电参量式（包括电阻式、电感式、电容式等三个基本形式）、磁电式（包括磁电感应式、霍尔式、磁栅式等）、压式、光电式（包括一般光电式、光栅式、激光式、光电码盘式、光导纤维式、红外式、摄像式等）、气电式、热电式、波式（包括超声波式、微波式等）、射线式、半导体式等。还可以是两种以上原理的复合形式。

②化学型　利用电化学反应原理，把无机和有机化学物质的成分、浓度等转换为电信号的传感器。最常用的是离子选择性电极，核心部分是离子选择性敏感膜。广泛应用于化学分析、化学工业的在线检测及环保中。

③生物型　利用生物活性物质选择性地识别和测定生物化学物质的传感器。由两大部分组成：功能识别物质，如：酶、抗体、抗原、微生物、细胞等；电、光信号转换装置，最常用的是电极。最大的特点是能在分子水平上识别物质，应用于化学工业检测和医学诊断中。

（2）按用途（输入信号）分类

　　几何量：长度、角度、位移、厚度、几何位置、几何形状、表面波度和粗糙度。

　　力学：力、力矩、振动、转速、加速度、质量、流量、硬度、真空度等。

　　温度：温度、热量、比容、热分布。

　　湿度：湿度、水分。

　　时间：频率、时间。

　　电量：电流、电压、电阻、电容、电感、电磁波。

磁性：磁通、磁场。

光学：照度、光度、颜色、图像、透明度。

声学：声压、噪声。

射线：射线剂量、剂量率。

化学：浓度、成分、pH 值、浊度。

（3）按输出信号分类

模拟式传感器输出量为模拟量。数字式传感器输出量为数字量，便于与计算机连接，而且抗干扰能力强，如：盘式角度传感器和光栅传感器等。

5.1.3 传感器的静特性与动特性

传感器的静特性是指传感器在输入量的各个值处于稳定状态时的输出与输入关系，即当输入量是常量或变化极慢时，输出与输入的关系。

衡量传感器静特性的主要技术指标有测量范围和量程、线性度、迟滞、重复性、灵敏度等。

（1）测量范围和量程

传感器所能测量的最大被测量（即输入量）的数值称为测量上限，最小的被测量则称为测量下限，而用测量下限和测量上限表示的测量区间，则称为测量范围，简称范围。测量上限和测量下限的代数差为量程。即：量程＝测量上限－测量下限。

（2）线性度

在采用直线拟合线性化时，输出输入的校正曲线与其拟合直线之间的最大偏差，就称为非线性误差或线性度，通常用相对误差来表示。非线性误差的大小是以一定的拟合直线为基准直线而得出来的，拟合直线不同，非线性误差也不同。所以，选择拟合直线的主要出发点应是获得最小的非线性误差。另外，还应考虑使用是否方便、计算是否简便。

（3）迟滞

传感器在正（输入量增大）反（输入量减小）行程中输出输入曲线不重合的现象称为迟滞。迟滞特性一般由实验方法测得。迟滞误差一般以正反行程中输出的最大偏差量与满量程输出之比的百分数表示。迟滞的影响因素包括传感器机械结构中的摩擦、游隙和结构材料受力变形的滞后现象等。

（4）重复性

重复性是指传感器在输入按同一方向作全量程连续多次变动时所得的特性曲线不一致的程度。重复性误差也常用绝对误差表示。

（5）灵敏度

传感器输出的变化量 Δy 与引起此变化量的输入变化量 Δx 之比即为其静态灵敏度 k，如式（5-1）所示。线性传感器的灵敏度就是其静态特性的斜率，而非线性传感器的灵敏度则是其静态特性曲线某点处切线的斜率。

$$k = \frac{\Delta y}{\Delta x} \tag{5-1}$$

（6）分辨力

分辨力是指传感器在规定测量范围内所能检测出被测输入量的最小变化值。有时对该值用相对满量程输入值的百分数表示，称为分辨率。

（7）稳定性

有长期稳定性和短期稳定性之分。通常用长期稳定性，它是指在室温条件下，经相当长的时间间隔，传感器的输出与起始标定时的输出之间的差异。

（8）漂移

传感器在长时间工作时、外界温度改变时或外界出现干扰（冲击、振动、潮湿、电磁等）时等情况下输出量发生的变化，包括零点漂移和灵敏度漂移。零点漂移和灵敏度漂移又可以分为时间漂移和温度漂移，时间漂移是指在规定的条件下，零点和灵敏度随时间的缓慢变化；温度漂移为环境温度变化而引起的零点或灵敏度的变化。

（9）静态误差

传感器在其全量程内任一点的输出值与其理论值（拟合曲线）的偏离程度，是一项综合性指标，包括：非线性误差、迟滞误差、重复性误差、灵敏度误差等。

5.2　常用传感器

5.2.1　接近开关

接近开关，是一种无需与运动部件进行机械直接接触操作的位置开关，当物体接近开关感应面，在一定距离范围内即可使开关动作，从而驱动直流电器或给计算机装置（PLC）提供控制指令。接近开关的实物图和图形符号如图 5-1 和图 5-2 所示。

图 5-1　接近开关实物图

图 5-2　接近开关的图形符号

（1）接近开关传感器的类型

常见的接近开关包括无源接近开关、涡流式接近开关、电容式接近开关、霍尔接近开关、光电式接近开关等。

（2）接近开关接线方法

接近开关有两线制和三线制的区别，三线制接近开关又分为 NPN 型和 PNP 型。

（3）注意事项

若所测对象是非金属（或金属）、液位高度、粉状物高度、塑料、烟草等，则应选用电容式接近开关。这种开关的响应频率低，但稳定性好。安装时应考虑环境因素的影响。

若被测物为导磁材料或为了区别和它在一同运动的物体而把磁钢埋在被测物体内时，应选用霍尔接近开关。

无论选用哪种接近开关，都应注意对工作电压、负载电流、响应频率、检测距离等各项指标的要求。

（4）应用领域

接近开关广泛应用于机床、冶金、化工、轻纺和印刷行业。在自动控制系统中可作为限位、计数、定位控制和自动保护环节等。

5.2.2 光电开关

光电开关（图 5-3）是光电接近开关的简称，它是利用被检测物对光束的遮挡或反射，由同步回路接通电路，从而检测物体的有无。物体不限于金属，所有能反射光线（或者对光线有遮挡作用）的物体均可以被检测。光电开关将输入电流在发射器上转换为光信号射出，接收器再根据接收到的光线的强弱或有无对目标物体进行探测。

图 5-3　光电开关实物图

（1）光电开关的类型

光电开关按结构可分为放大器分离型、放大器内藏型和电源内藏型三类。按检测方式可分为漫射式、对射式、镜面反射式、槽式光电开关和光纤式光电开关。

（2）光电开关接线方法

大体有两种，一种是开关量输出的，一共 5 线，除电源两线，其余三线是触点；另一种是电压输出的，一共 3 线，除电源两线，另一线为电压输出。

（3）注意事项

下列场所，一般有可能造成光电开关的误动作，应尽量避开。

① 灰尘较多的场所；

② 腐蚀性气体较多的场所；

③ 水、油、化学品有可能直接飞溅的场所；

④ 户外或太阳光等有强光直射而无遮光措施的场所；

⑤ 环境温度变化超出产品规定范围的场所；

⑥ 振动、冲击大，而未采取避震措施的场所。

（4）应用领域

光电开关广泛应用于物位检测、液位控制、产品计数、宽度判别、速度检测等诸多领域。此外，利用红外线的隐蔽性，还可在银行、仓库、商店、办公室以及其他需要的场合作为防盗警戒之用。

5.2.3 温度传感器

温度传感器是指能感受温度并转换成可用输出信号的传感器。温度传感器的基本原理是利用阻值随温度变化而改变的特性进行测量。在半导体技术的支持下，相继出现了半导体热电偶传感器、PN 结温度传感器和集成温度传感器等。基于波与物质的相互作用的原理，又出现了声学温度传感器、红外传感器和微波传感器等。温度传感器的实物图和图形符号如图 5-4 和图 5-5 所示。

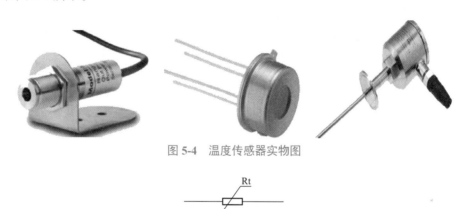

图 5-4 温度传感器实物图

图 5-5 温度传感器的图形符号

（1）温度传感器的类型

① 按测量方式分类

a. 接触式温度传感器

b. 非接触式温度传感器

② 按温度传感器输出信号的模式分类

a. 数字式温度传感器

b. 逻辑输出温度传感器

c. 模拟式温度传感器

（2）温度传感器接线方法（以PT100温度传感器为例）

① 松开接线部位螺丝，观察接线接头。

② 用万用表量取电阻传感器三条引线接头之间的阻值。其中两条引线之间的阻值应为 0，另一条与其他引线之间的阻值约为 100Ω。

③ 第一根线接在第一个接线端上，其他两根线分别接在另外接头上。

④ 紧固螺丝和内置电池。

⑤ 安装好外盖。

（3）注意事项

① 容易引入误差的操作

a.安装不当引入误差；

b.绝缘变差引入误差；

c.热惰性引入误差。

② 故障检测　温度传感器实际上是热电阻，一般分为两线式、三线式和四线式。使用万用表的电阻挡测试其引线之间的电阻，可以大致判断其好坏。

5.2.4　湿度传感器

湿度传感器是指检测外界环境湿度的传感器，它将所测环境湿度转换为便于处理、显示、记录的电（频率）信号等。温度传感器的实物图和图形符号见图5-6、图5-7。

图 5-6　湿度传感器实物图

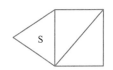

图 5-7　湿度传感器的图形符号

（1）湿度传感器的类型

湿度传感器种类很多，没有统一分类标准。按探测功能来分，可分为绝对湿度型、相对湿度型和结露型；按传感器的输出信号来分，可分为电阻型、电容型和电抗型，电阻型最多，电抗型最少；按湿敏元件工作机理来分，又分为水分子亲和力型和非水分子亲和力型两大类，其中水分子亲和力型应用更广泛；按材料来分，可分为陶瓷型、有机高分子型、半导体型和电解质型等。湿度传感器按其湿度量程可分为高湿型、低湿型及全湿型三大类。高湿型适用于相对湿度大于70%RH的场合；低湿型适用于相对湿度小于40%RH场合；而全湿型则适用于 0 ～ 100% RH 的场合。

（2）湿度传感器主要特性

① 感湿特性　感湿特性为湿度传感器的感湿特征量（如电阻、电容、频率等）随环境湿度变化的规律，常用感湿特征量和相对湿度的关系曲线来表示，如图5-8所示。

按曲线的变化规律，感湿特性曲线可分为正特性曲线和负特性曲线 。性能良好的湿度传感器，要求在所测相对湿度范围内，感湿特征量的变化为线性变化，其斜率大小要适中。

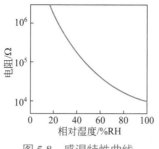

图 5-8 感湿特性曲线

② 湿度量程 湿度传感器能够比较精确测量相对湿度的最大范围称为湿度量程。一般来说，使用时不得超过湿度量程规定值。所以在应用中，希望湿度传感器的湿度量程越大越好，以 0 ~ 100% RH 为最佳。

③ 老化特性 老化特性为湿度传感器在一定温度、湿度环境下存放一定时间后，由于尘土、油污、有害气体等的影响，其感湿特性将发生变化的特性。

④ 互换性 湿度传感器的一致性和互换性差。当使用中湿度传感器被损坏，那么有时即使换上同一型号的传感器也需要再次进行调试。

湿度较难检测，原因在于湿度信息的传递较复杂。湿度信息必须靠其信息物质——水对湿敏元件直接接触来完成。因此，湿敏元件不能密封、隔离，必须直接暴露于待测的环境中，而水在自然环境中容易发生三态变化。当其液化或结冰时，往往使湿敏器件的高分子材料或电解质材料溶解、腐蚀或老化，给测量带来不利。湿度传感器目前最主要的技术性难点就是长期稳定性差及互换性差。

（3）应用领域

和测量重量、温度一样，选择湿度传感器首先要确定测量范围。除了气象、科研部门外，在湿度测控中一般不需要全湿程（0 ~ 100%RH）测量。在当今信息时代，传感器技术与计算机技术、自动控制技术紧密结合，测量的目的在于控制，测量范围与控制范围合称使用范围。在非测控系统的应用中，可直接选用通用型湿度仪。

5.2.5 压力传感器

压力传感器是工业实践中最常用的一种传感器。一般普通压力传感器的输出为模拟信号。压力传感器的表示符号为"BP"。压力传感器实物图和图形符号见图 5-9、图 5-10。

图 5-9 压力传感器实物图

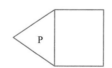

图 5-10 压力传感器的图形符号

（1）压力传感器的类型

压力传感器的类型繁多，如电阻应变片压力传感器、半导体应变片压力传感器、压阻式压力传感器、电感式压力传感器、电容式压力传感器、谐振式压力传感器等。

（2）压力传感器接线方法

压力传感器两线制比较简单，一根线连接电源正极，另一根线将信号线经过仪器连接到电源负极。压力传感器三线制是在两线制基础上增加一根线，这根线直接连接到电源的负极。四线制压力传感器有两个电源输入端，另外两个是信号输出端。四线制压力传感器多数是电压输出而不是 4 ～ 20mA 电流输出。4 ～ 20mA 电流输出的称为压力变送器，多数做成两线制。

（3）常见故障

① 压力上升，但变送器输出不上升。

② 加压变送器输出不变化，再加压变送器输出突然变化，泄压变送器零位回不去，很有可能是压力传感器密封圈的问题。

③ 变送器输出信号不稳，这种故障有可能是压力源的问题。

（4）应用领域

压力传感器是最为常用的一种传感器，被广泛应用于各种工业自控环境，涉及水利水电、铁路交通、智能建筑、生产自控、航空航天、军工、石化等众多行业。

5.2.6 电化学传感器

电化学传感器（图 5-11）通过与被测气体发生反应并产生与气体浓度成正比的电信号来工作。典型的电化学传感器由传感电极（或工作电极）和反电极组成，并由一个薄电解层隔开。

图 5-11 电化学传感器实物图

（1）电化学传感器的类型

电化学传感器是以离子导电为基础制成的，根据电特性的形成不同，电化学传感器可分为电位式传感器、电导式传感器、电量式传感器、极谱式传感器和电解式传感器等。

（2）注意事项

电化学传感器受压力变化的影响极小。然而，由于传感器内的压差可能损坏传感器，因此整个传感器必须保持相同的压力。电化学传感器对温度也非常敏感，因此通常需采取内部温度补偿，但最好尽量保持标准温度。

（3）应用领域

电化学传感器主要应用于分析气体、液体或溶于液体的固体成分、液体的酸碱度、电导率及氧化还原电位等参数的测量。

5.2.7　气体传感器

气体传感器是一种将某种气体体积分数转化成对应电信号的转换器。探测头通过气体传感器对气体样品进行调理，通常包括滤除杂质和干扰气体、干燥或制冷处理仪表显示部分。气体传感器实物图和图形符号见图 5-12、图 5-13。

图 5-12　气体传感器实物图

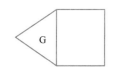

图 5-13　气体传感器的图形符号

（1）气体传感器的类型

在气体传感器中，半导体气体传感器约占 60%，根据其机理可分为电导型和非电导型，电导型中又分为表面型和容积控制型。其他的气体传感器有固体电解质气体传感器、接触燃烧式气体传感器、电化学气体传感器等。

（2）气体传感器特性

气体传感器的特性包括：稳定性、灵敏度、选择性和抗腐蚀性。

（3）常见问题

① 气体传感器是否能被持续暴露于目标气体：气体传感器能断续监测目标气体，一般不适合连续监测用，特别是涉及高气体浓度、高湿度或高温时。

② 气体传感器使用多久后需要再校准：最初校准和再校准的时间间隔长短取决于许多因素，通常包括传感器的使用温湿度、压力、被暴露于何种气体及被暴露时间长短。

③ 气体本身的温度与传感器的温度不同会怎样：传感器自身的温度决定了其最低显示电流，而被测量气体样本的温度对此有一定影响。气体分子通过细孔进入传感器电极的速率决定了传感器的信号。

（4）应用领域

气体传感器在有毒、可燃、易爆、二氧化碳等气体探测领域有着广泛的应用，因此，气体传感器可应用于环境物联网监测等领域。

5.2.8　电压传感器

电压传感器（图 5-14）是一种将被测电量参数转换成直流电流、直流电压并隔离输出模拟信号或数字信号的装置。电压传感器用于测量电网中波形畸变较严重的电压或电流信号，也可以测量方波、三角波等非正弦波形。

图 5-14　电压传感器实物图

（1）电压传感器的类型

电压传感器可分为直流电压传感器和交流电压传感器。

（2）注意事项

① 变送器为一体化结构时，不可拆卸，同时应避免碰撞和跌落。

② 变送器在有强磁干扰的环境中使用时，应注意输入线的屏蔽，输出信号线应尽可能短。集中安装时，最小安装间隔不应小于 10mm。

③ 在某些应用场合，变送器内部应设置防雷击电路。当变送器输入、输出馈线暴露于室外恶劣气候环境中时，应注意采取防雷措施。

④ 对于采用阻燃 ABS 塑料外壳封装的电压传感器，应考虑外壳的极限耐受温度（一般为 +85℃），这类电压传感器受到高温烘烤时会发生变形，影响产品性能。因此，此类传感器应避免在热源附近使用或保存，切忌将此类传感器放置于高温箱内烘烤。

（3）应用领域

电压传感器因具有精度高、响应快、线性好、频带宽、过载强和不损失测量能量等优点，已广泛应用于电力、电子、逆变装置、开关电源、交流变频调速等诸多领域。

5.2.9　电流传感器

电流传感器（图 5-15）是一种检测装置，能感受到被测电流的信息，并能将检测感受到的信息按一定规律变换成符合一定标准需要的电信号或其他所需形式的信息输出，以满足信息的传输、处理、存储、显示、记录和控制等要求。

图 5-15　电流传感器实物图

（1）电流传感器的类型

电流传感器依据测量原理不同，主要可分为分流器、电磁式电流互感器、电子式电流互感器等。

（2）接线方式

① 根据输入单元的数量来选择接线方式，需确保连接时不要弄错极性。弄错极性会导致测量电流的极性相反而无法正确测量。特别是连接钳式电流传感器时，比较容易出错。

② 在使用电压输出型外部传感器输入时，因为被测信号要接入到板卡的 BNC 端子，电流直接输入端子必须悬空不能连线。因为电流传感器输入接口和电流输入端内部是共地的，如果电流直接输入端子和传感器端子都同时接到用户系统中，若被测系统中两者存在电压，会引起测量误差或者损坏仪器。

（3）应用领域

电流传感器应用于电流的实际测量和保护系统中，比如：光伏、风电、冶金、电力、油田、智能电网、铁路机车、物联网等很多行业。

5.2.10 电阻式传感器

电阻式传感器是将被测量，如位移、形变、力、加速度、湿度、温度等物理量，转换成电阻值的一种器件。主要有电阻应变式、压阻式、热电阻、热敏、气敏、湿敏等电阻式传感器。电阻式传感器实物图和图形符号见图 5-16、图 5-17。

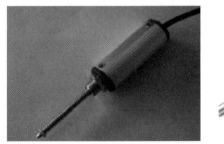

图 5-16　电阻式传感器实物图

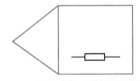

图 5-17　电阻式传感器的图形符号

（1）基本结构

由电阻元件及电刷（活动触点）两个基本部分组成。电刷相对于电阻元件的运动可以是直线运动、转动和螺旋运动，因而可以将直线位移或角位移转换为与其成一定函数关系的电阻或电压输出。

电位器的结构与材料：

① 电阻丝：康铜丝、铂铱合金及卡玛丝等。

② 电刷：常用银、铂铱、铂铑等金属。

③ 骨架：常用材料为陶瓷、酚醛树脂等绝缘材料，骨架的结构形式很多，常用矩形。

（2）常见问题

使用电阻式传感器时会遇到环境多尘、电阻未完全焊接，以及长期在极限状态下使用造成电阻元件损坏等一些常见问题。

（3）应用领域

电阻式传感器与相应的测量电路广泛应用于测力、测压、称重、测位移、测加速度、测扭矩等领域。

5.2.11 称重传感器

称重传感器（图 5-18）的原理是将作用在被测物体上的重力按一定比例转换成可计量的输出信号。不同使用地点的重力加速度和空气浮力对转换具有一定的影响。称重传感器的性能指标主要有线性误差、滞后误差、重复性误差、蠕变、零点温度特性和灵敏度温度特性等。称重传感器图形符号见图 5-19。

图 5-18 称重传感器实物图

图 5-19 称重传感器的图形符号

（1）称重传感器的类型

称重传感器按转换方法可分为光电式、液压式、电磁力式、电容式、磁极变形式、振动式、陀螺仪式、电阻应变式等。

（2）称重传感器接线方法

称重传感器可分为四线制和六线制两种接线方法。四线制接法的称重传感器对二次仪表无特殊要求，使用起来比较方便，但当电缆线较长时，容易受环境温度波动等因素的影响。六线制接法的称重传感器要求与之配套使用的二次仪表具备反馈输入接口，使用范围有一定的局限性，但不容易受环境温度波动等因素的影响，在精密测量及长距离测量时具有一定的优势。

（3）注意事项

① 传感器的信号电缆不与强电电源线或控制线并行布置（如不要把传感器信号线和强电电源线及控制线置于同一管道内）。

② 不管在何种情况下，电源线和控制线均应绞合起来，绞合程度 50 转 /m。若传感器信号线需要延长，则应采用特制的密封电缆接线盒。

③ 若信号电缆线很长，同时又要保证很高的测量精度，应考虑采用带有中继放大器的电缆补偿电路。

（4）应用领域

称重传感器常用于工农业生产中的自动化配料、称重，比如用来对货车进行称重的称重桥，只要货车行驶到称重桥上就可以对其称重。

5.2.12 角速度传感器

角速度传感器（图 5-20）也称为陀螺仪，是用高速回转体的动量矩敏感壳体相对惯性空间绕正交于自转轴的一个或两个轴的角运动检测装置。应用科里奥利力原理，内置特殊的陶瓷装置，大大地简化了设备结构和电路装置，从而具备优越的操作特性。主要应用于汽车导航、运动物体的位置控制和姿态控制，以及其它需要精确角度测量的场合。图形符号见图 5-21。

图 5-20 角速度传感器实物图

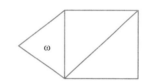

图 5-21 角速度传感器的图形符号

（1）角速度传感器的类型

角速度传感器可分为转角型和偏摆型两种。

（2）角速度传感器接线方法

以 CJSYS-A01 为例，接线如表 5-1 所示。

表 5-1 角速度传感器接线方法表

接点	引线颜色	功能
1	红	+15
2	黄	−15
3	绿	V_{out}
4	黑	电源地
5	蓝	GND

（3）角速度传感器的维护（以 CJSYS-A01 为例）

① 在使用 CJSYS-A01 接头时，应避免松动。

② 在 CJSYS-A01 设计中，应避免在雨水中使用或浸泡。

③ 数据电源线缆应定期检查，防止纠结。

（4）应用领域

作为稳定器，陀螺仪能使列车在单轨上行驶，能减小船舶在风浪中的摇摆，能使安装在飞机或卫星上的照相机相对地面稳定等。

作为精密测试仪器，陀螺仪能为地面设施、矿山隧道、地下铁路、石油钻探以及导弹发射井等提供准确的方位基准。

5.2.13　直线位移传感器

直线位移传感器（图 5-22）的功能在于把直线机械位移量转换成电信号。为了达到这一效果，通常将可变电阻滑轨定置在传感器的固定部位，通过滑片在滑轨上的位移来测量不同的阻值。传感器滑轨连接稳态直流电压，允许流过微安培的小电流，滑片和始端之间的电压与滑片移动的长度成正比。将传感器用作分压器可最大限度降低对滑轨总阻值精确性的要求，使由温度变化引起的阻值变化不会影响到测量结果。

图 5-22　直线位移传感器实物图

（1）直线位移传感器的类型

直线位移传感器大体可分为拉杆式直线位移传感器和滑块直线位移传感器。

（2）直线位移传感器接线方法

应注意直线位移传感器中三条线的接线顺序。1#、3# 线是电源线，2# 线是输出线。除 1#、3# 电源线可以调换外，2# 线只能是输出线。上述线一旦接错，将出现线性误差大、控制精度差、容易显示跳动等现象。如果出现控制非常困难的现象，应考虑是否接错线。

（3）注意事项

如果直线位移传感器的电子尺已使用很长时间、密封已老化、夹杂着很多杂质，由于水混合物和油会严重影响电刷的接触电阻，会使显示数字不停跳动。

调频干扰和静电干扰都有可能让直线位移传感器的电子尺的显示数字跳动。电子尺的信号线与设备的强电线路要分开线槽。

供电的电压一定要稳定，工业的电压需要符合 ±0.1% 的稳定性。

5.2.14　视觉传感器

视觉传感器（图 5-23）是指利用光学元件和成像装置获取外部环境图像信息的仪器，通常用图像分辨率来描述视觉传感器的性能。视觉传感器的精度不仅与分辨率有关，而且同被测物体的检测距离相关，被测物体距离越远，其绝对位置精度越差。

图 5-23　视觉传感器实物图

（1）视觉传感器的工作原理

视觉传感器可从一整幅图像捕获光线的数以千计的像素。图像的清晰和细腻程度通常用分辨率来衡量，以像素数量表示。在捕获图像之后，视觉传感器将其与内存中存储的基准图像进行比较，以做出分析。例如，若视觉传感器被设定为辨别正确地插有八颗螺栓的机器部件，则传感器知道应该拒收只有七颗螺栓的部件，或者螺栓未对准的部件。此外，无论该机器部件位于视场中的哪个位置，无论该部件是否在 360° 范围内旋转，视觉传感器都能做出判断。

（2）应用领域

视觉传感器的工业应用包括检验、计量、测量、定向、瑕疵检测和分拣。例如，在汽车组装厂，检验由机器人涂抹到车门边框的胶珠是否连续，是否有正确的宽度；在瓶装厂，校验瓶盖是否正确密封、装灌液位是否正确，以及在封盖之前没有异物掉入瓶中；在包装生产线，确保在正确的位置粘贴正确的包装标签；在药品包装生产线，检验药片的泡罩式包装中是否有破损或缺失的药片；在金属冲压公司，高速度检验冲压部件等。

5.2.15　智能传感器

智能传感器（图 5-24）是具有信息处理功能的传感器。智能传感器带有微处理机，具有采集、处理、交换信息的能力，是传感器集成化与微处理机相结合的产物。

图 5-24　智能传感器实物图

（1）智能传感器的特点

智能传感器是一个以微处理器为内核、扩展了外围部件的计算机检测系统。相比一般传感器，智能传感器有如下显著特点：

① 提高了传感器的精度；

② 提高了传感器的可靠性；

③ 提高了传感器的性能价格比；

④ 促成了传感器多功能化。

（2）智能传感器的主要功能

① 具有自校零、自标定、自校正功能。

② 具有自动补偿功能。

③ 能够自动采集数据，并对数据进行预处理。

④ 能够自动进行检验、自选量程、自寻故障。

⑤ 具有数据存储、记忆与信息处理功能。

⑥ 具有双向通讯、标准化数字输出或者符号输出功能。

⑦ 具有判断、决策处理功能。

（3）应用领域

智能传感器作为系统前端感知器件，既可以助推传统产业的升级，如：传统工业的升级、传统家电的智能化升级；又可以推动创新应用，如：机器人、VR/AR（虚拟现实/增强现实）、无人机、智慧家庭、智慧医疗和养老等领域。

5.3 二线制、三线制和四线制

这里以各种输出为模拟直流电流信号的变送器为例，讨论其工作原理和结构上的区别。几线制的称谓，是在两线制变送器诞生后才有的。这是电子放大器在仪表中广泛应用的结果，放大的本质就是一种能量转换过程，这就离不开供电。因此最先出现的是四线制的变送器，即两根线负责电源的供应，另外两根线负责输出被转换放大的信号（如电压、电流等）。DDZ-Ⅱ型电动单元组合仪表的出现，使供电为 220V·AC，输出信号为 0～10mA·DC 的四线制变送器得到了广泛的应用。

20 世纪 70 年代我国开始生产 DDZ-Ⅲ型电动单元组合仪表，并采用国际电工委员会（IEC）的过程控制系统用模拟信号标准，即仪表传输信号采用 4～20mA·DC，联络信号采用 1～5V·DC，即采用电流传输、电压接收的信号系统。采用 4～20mA·DC 信号，现场仪表就可实现两线制。但限于条件，当时两线制仅在压力、差压变送器上采用，温度变送器等仍采用四线制。现在国内两线制变送器的产品范围大大扩展，应用领域也越来越多。同时国外的变送器也是两线制的居多。

要实现两线制变送器必须同时满足以下条件：

① 变送器的输出端电压 V 等于规定的最低电源电压减去电流在负载电阻和传输导线电阻上的压降。

$$V \leqslant E_{min} - I_{max}R_{max}$$

② 变送器的正常工作电流 I 必须小于或等于变送器的输出电流。

$$I \leqslant I_{min}$$

③ 变送器的最小消耗功率 P 不能超过下式，通常小于 90mW。

$$P < I_{min}(E_{min} - I_{min}R_{max})$$

式中，E_{min}= 最低电源电压，对多数仪表而言 E_{min}=24(1-5%)=22.8V，5% 为 24V 电源允许的负向变化量；I_{max}=20mA；I_{min}=4mA；R_{max}=250Ω+ 传输导线电阻。

如果变送器在设计上满足了上述的三个条件，就可实现两线制传输。所谓两线制即电源、负载串联在一起，有一个公共点，而现场变送器与控制室仪表之间的信号联络及供电仅用两根电线，这两根电线既是电源线又是信号线。两线制变送器由于信号起点电流为 4mA·DC，为变送器提供了静态工作电流，同时仪表电气零点为 4mA·DC，不与机械零点重合，这种"活零点"有利于识别断电和断线等故障。

两线制变送器如图 5-25 所示，其供电为 24V·DC，输出信号为 4～20mA·DC，负载电阻为 250Ω，24V 电源的负线电位最低，它就是信号公共线，对于智能变送器还可在

4 ～ 20mA·DC 信号上加载 HART 协议的 FSK 键控信号。

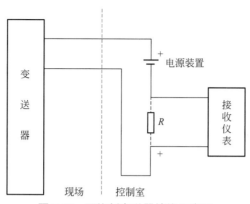

图 5-25　两线制变送器接线示意图

　　由于 4 ～ 20mA·DC（1 ～ 5V·DC）信号制的普及和应用，在控制系统应用中为了便于连接，就要求信号制的统一，为此要求一些非电动单元组合的仪表，如在线分析、机械量、电量等仪表，能采用输出为 4 ～ 20mA·DC 信号制，但是由于其转换电路复杂、功耗大等原因，难于全部满足上述的三个条件，而无法做到两线制，就只能采用外接电源的方法来做输出为 4 ～ 20mA·DC 的四线制变送器了。

　　四线制变送器如图 5-26 所示，其供电大多为 220V·AC，也有供电为 24V·DC 的。输出信号有 4 ～ 20mA·DC，负载电阻为 250Ω，或者 0 ～ 10mA·DC，负载电阻为 0 ～ 1.5kΩ；有的还有 mA 和 mV 信号，但负载电阻或输入电阻，因输出电路形式不同而数值有所不同。

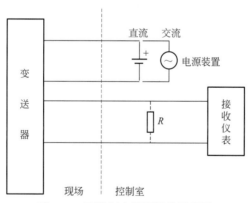

图 5-26　四线制变送器接线示意图

　　有的仪表厂为了减小变送器的体积和重量并提高抗干扰性能、简化接线，而把变送器的供电由 220V·AC 改为低压直流供电，如电源从 24V·DC 电源箱取用，由于低压供电就为负线共用创造了条件，这样就有了三线制的变送器产品。

　　三线制变送器如图 5-27 所示，所谓三线制就是电源正端用一根线，信号输出正端用一根线，电源负端和信号负端共用一根线。其供电大多为 24V·DC，输出信号有 4 ～ 20mA·DC，负载电阻为 250Ω 或者 0 ～ 10mA·DC，负载电阻为 0 ～ 1.5kΩ；有的还有 mA 和 mV 信号，但负载电阻或输入电阻，因输出电路形式不同而数值有所不同。

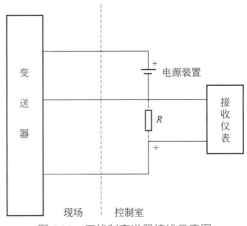

图 5-27　三线制变送器接线示意图

图 5-25～图 5-27 中，输入接收仪表的是电流信号，如将电阻 R 并联接入时，则接收的就是电压信号了。

由于各种变送器的工作原理和结构不同，从而出现了不同的产品，也就决定了变送器的两线制、三线制、四线制接线形式。对于用户而言，选型时应根据控制系统的实际情况，如信号制的统一、防爆要求、接收设备的要求等问题来综合考虑选择。

5.4　PLC 与传感器的接线方法

5.4.1　PLC 的输入端口

PLC 的数字量输入端口并不复杂，为了提高抗干扰能力，PLC 的输入端口都采用光电耦合器来隔离输入信号与内部处理电路的传输。因此，输入端的信号只要驱动光电耦合器的内部 LED 导通，被光电耦合器的光电管接收，即可使外部输入信号可靠传输。

目前 PLC 数字量输入端口一般分单端共点和双端输入，单端共点（Com）的接口有光电耦合器正极共点与负极共点之分，日系 PLC 通常采用正极共点，欧系 PLC 习惯采用负极共点；日系 PLC 为了能灵活使用又发展了单端共点（S/S）可选型，根据需要单端共点可以接负极也可以接正极。

由于这些区别，在选配外部传感器时，区分与了解不同产品的接法才能正确使用传感器与 PLC，为后期编程奠定基础。

5.4.2　输入电路传感器接线

（1）输入类型的分类

PLC 的数字量输入端子，按电源分直流与交流，按输入接口分有单端共点输入与双端输入，单端共点接电源正极为 SINK，单端共点接电源负极为 SRCE。

（2）相关术语的解释

① SINK 漏型　SINK 漏型为电流从输入端流出，那么输入端与电源负极相连即可，说明接口内部的光电耦合器为单端共点，是电源正极，可接 NPN 型传感器。

② SOURCE 源型　SOURCE 源型为电流从输入端流进，那么输入端与电源正极相连即可，说明接口内部的光电耦合器为单端共点，是电源负极，可接 PNP 型传感器。

对这两种方式的说法有各种表达：

a. 根据 TI 的定义，sink Current 为拉电流，source Current 为灌电流

b. 按接口的单端共点的极性，共正极与共负极。这样的表述比较容易分清楚。

c. SINK 为 NPN 接法，SOURCE 为 PNP 接法（按传感器的输出形式的表述）。

d. SINK 为负逻辑接法，SOURCE 为正逻辑接法（按传感器的输出形式的表述）。

e. SINK 为传感器的低电平有效，SOURCE 为传感器的高电平有效（按传感器的输出状态的表述）。

接近开关与光电开关三、四线输出分 NPN 与 PNP 输出。无检测信号时，NPN 的接近开关与光电开关输出为高电平（对内部有上拉电阻而言）；当有检测信号时，内部 NPN 管导通，开关输出为低电平。

无检测信号时，PNP 的接近开关与光电开关输出为低电平（对内部有下拉电阻而言）；当有检测信号时，内部 PNP 管导通，开关输出为高电平。

以上的情况只是针对传感器是属于常开的状态下。目前各厂商生产的传感器有常开与常闭之分。常闭型 NPN 输出为低电平，常闭型 PNP 输出为高电平。

用户也会遇到 SINK 接 PNP 型传感器，SOURCE 接 NPN 型传感器的情况，也能驱动 PLC 接口，对于 PLC 输入信号状态则由 PLC 程序修改。原因是传感器输出有上拉电阻与下拉电阻的缘故，对于集电极开路的传感器，这样的接法是无效的；另外输出的上拉电阻与下拉电阻阻值与 PLC 接口漏电流参数有很大关系，并非所有的传感器与 PLC 都可以通用。

（3）按电源配置类型

① 直流输入电路　如图 5-28，直流输入电路要求外部输入信号的元件为无源的干接点或直流有源的无触点开关接点，当外部输入元件与电源正极导通，电流通过 R1、光电耦合器内部 LED、VD1（接口指示）到 COM 端形成回路，光电耦合器内部接收管接受外部元件导通的信号，传输到内部处理。这种由直流电提供电源的接口方式，叫直流输入电路。直流电可以由 PLC 内部提供也可以外接直流电源提供给外部输入信号的元件。R2 在电路中的作用是旁路光电耦合器内部 LED 的电流，保证光电耦合器 LED 不被两线制接近开关的静态泄漏电流导通。

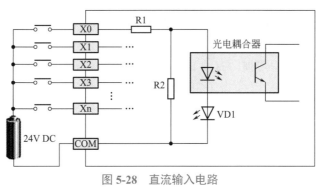

图 5-28　直流输入电路

② 交流输入电路　如图 5-29，交流输入电路要求外部输入信号的元件为无源的干接点或交流有源的无触点开关接点，它与直流接口的区分在于光电耦合器前加一级降压电路与桥式整流电路。外部元件与交流电接通后，电流通过 R1、C2 经过桥式整流，变成降压后的直流电，后续电路的原理与直流的一致。交流 PLC 主要适用环境相对恶劣、布线技改变动不大的场合，如接近开关就用交流两线直接替代原来行程开关。

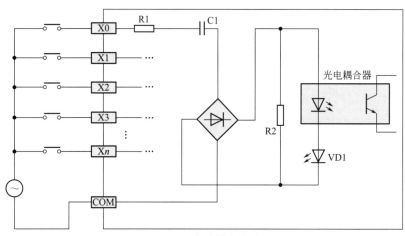

图 5-29　交流输入电路

（4）按端口类型

① 单端共点数字量输入方式　为了节省输入端子，单端共点输入的结构是在 PLC 内部将所有输入电路（光电耦合器）的一端连接在一起接到标示为 COM 的内部公共端子，各输入电路的另一端接到其对应的输入端子 X0、X1、X2、…，COM 共点与 n 个单端输入就可以做 n 个数字量的输入（$n+1$ 个端子），因此我们称此结构为"单端共点"输入。

用户在做外部数字量输入组件的接线时也需要同样的作法，需要将所有输入组件的一端连接在一起，称为输入组件的外部共线；输入组件的另一端接到 PLC 的输入端子 X0、X1、X2、…。

如果 COM 为电源 24V+（正极），外部共线就要接 24V-（负极），此接法称 SINK（sink Current 拉电流）输入方式，也称之为 PLC 接口共电源正极。

如果 COM 为电源 24V-（负极），外部共线就要接 24V+（正极），此接法称 SRCE（source Current 灌电流）输入方式，也称之为 PLC 接口共电源负极。

SINK 输入方式，可接 NPN 型传感器，即 X 端口与负极相连。SRCE 输入方式，可接 PNP 型传感器，即 X 端口与正极相连。

为了适应各地区的使用习惯，有的 PLC 的内部公共端子采用 S/S 端子，此端子可以与电源的 24V+（正极）或 24V-（负极）相连，结合外部共线接线变化使 PLC 可以采用 SINK（sink Current 拉电流）输入方式（可接 NPN 型传感器）和 SRCE（source Current 灌电流）输入方式（可接 PNP 型传感器），较采用 COM 端的 PLC 更灵活。S/S 端子的发展对日系与欧系 PLC 混合使用工控场合起到了通用作用，S/S 端子也被称为 SINK/SRCE 可切换型，外部输入组件可为按钮开关、行程开关、舌簧开关、霍尔开关、接近开关、光电开关、光幕传感器、继电器触点、接触器触点等开关量的元件。

　　a. SINK（sink Current 拉电流）输入方式。单端共点 SINK 输入接线（内部共点端子 COM → 24V+，外部共线→ 24V-），如图 5-30 所示。

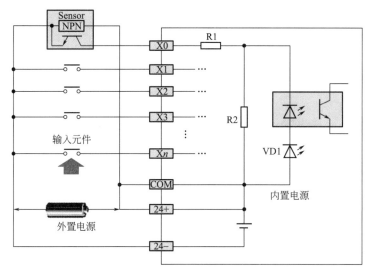

图 5-30　单端共点 SINK 输入接线（一）

　　b. SRCE（source Current 灌电流）输入方式。单端共点 SRCE 输入接线（内部共点端子 COM → 24V-，外部共线→ 24V+），如图 5-31 所示。

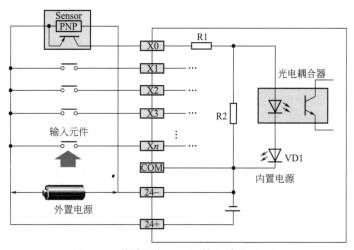

图 5-31　单端共点 SRCE 输入接线（一）

　　c. SINK/SRCE 可切换输入方式。S/S 端子与 COM 端不同的是，COM 是与内部电源正极或负极固定相连，S/S 端子是非固定相连的，根据需要才与内部电源或外部电源的正极或者负极相连。

　　单端共点 SINK 输入接线（内部共点端子 S/S → 24V+，外部共线→ 24V-），如图 5-32 所示。

　　单端共点 SRCE 输入接线（内部共点端子 S/S → 24V-，外部共线→ 24V+），如图 5-33 所示。

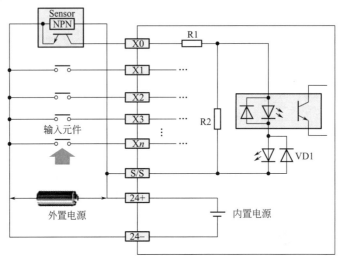

图 5-32　单端共点 SINK 输入接线（二）

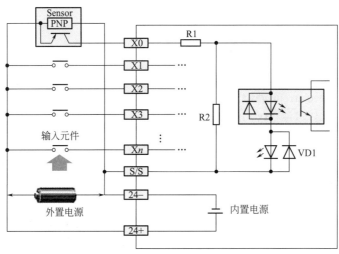

图 5-33　单端共点 SRCE 输入接线（二）

　　d. 当有源输入元件（霍尔开关、接近开关、光电开关、光幕传感器等）数量比较多，消耗功率比较大，PLC 内置电源不能满足时，需要配置外置电源。根据需求可以配 24VDC、一定功率的开关电源。外置电源原则上不能与内置电源并联，根据 COM 与外部共线的特点，SINK 输入方式时，外置电源与内置电源正极相连接；SRCE 输入方式时，外置电源与内置电源负极相连接。

　　e. 简单判断 SINK 输入方式，只需要 Xn 端与负极短路，如果接口指示灯亮就说明是SINK 输入方式。共正极的光电耦合器，可接 NPN 型的传感器。判断 SRCE 输入方式，将Xn 端与正极短路，如果接口指示灯亮就说明是 SRCE 输入方式。共负极的光电耦合器，可接 PNP 型的传感器。

　　f. 对于二线式的开关量输入，如果是无源触点，SINK 与 SRCE 按图 5-32、图 5-33 的输入元件接法，对于二线式的接近开关，需要判断接近开关的极性，正确接入。

　　② 超高速双端输入电路　主要用于硬件高速计数器的输入使用，接口电压为 5VDC，在应用上为确保高速及高噪音抗性通常采用双线驱动方式。如果工作频率不高，噪音低也可

以采用 5VDC 的单端 SINK 或者 SRCE 接法，串联一个限流电阻转换成 24VDC 的单端 SINK 或者 SRCE 接法。

a. 双输入端双线驱动方式，如图 5-34。

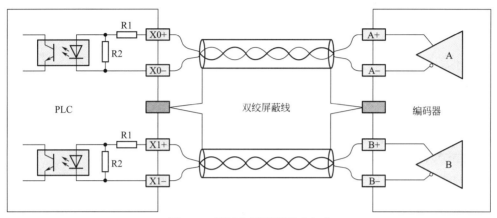

图 5-34　双输入端双线驱动方式

b. 5VDC 的单端 SINK 或者 SRCE 接法，如图 5-35 所示。

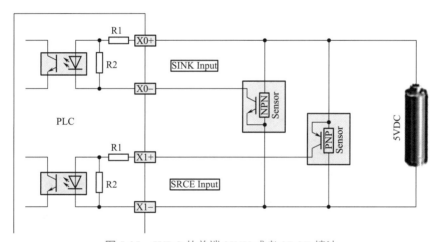

图 5-35　5VDC 的单端 SINK 或者 SRCE 接法

c. 24VDC 的单端 SINK 或者 SRCE 接法，如图 5-36。

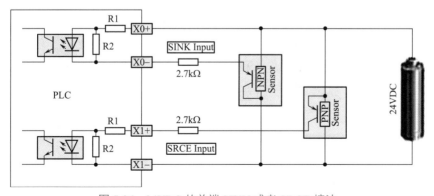

图 5-36　24VDC 的单端 SINK 或者 SRCE 接法

> **注意** 　24VDC 供电的传感器，在输入回路上需要串联限流电阻，R1 为 10Ω，R2 为 2kΩ。不串联限流电阻，将烧毁接口回路，限流电阻取值 2.7kΩ。

5.4.3 按外部输入元件进行接线

（1）无源干接点

无源干接点（按钮开关、行程开关、舌簧磁性开关、继电器触点等）比较简单，接线容易。不存在电源的极性，压降等因素。

（2）有源两线制传感器

有源两线制传感器（图 5-37）接近开关分直流与交流，此传感器的特点就是两根线，传感器输出端导通后，为了保证电路正常工作，需要一个保持电压来维持，通常在 3.5 ～ 5V 的压降，静态泄漏电流要小于 1mA，这个指标很重要，如果过大，在接近开关没有检测信号时，就使 PLC 的输入端的光电耦合器导通。

直流两线制接近开关分二极管极性保护与桥整流极性保护，前者在接 PLC 时需要注意极性，后者无需注意极性。有源舌簧磁性开关主要用在汽缸上做位置检测，由于需要信号指示，内部有双向二极管回路，因此也不需要注意极性；交流两线制接近开关也无需注意极性。

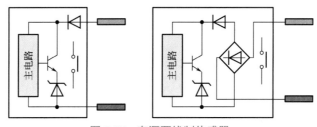

图 5-37　有源两线制传感器

① 单端共点 SINK 输入接线（内部共点端子 COM → 24V+，外部共线 → 24V-），如图 5-38 所示。

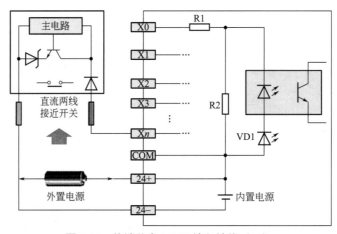

图 5-38　单端共点 SINK 输入接线（一）

② 单端共点 SRCE 输入接线（内部共点端子 COM → 24V-，外部共线→ 24V+）。如图 5-39 所示。

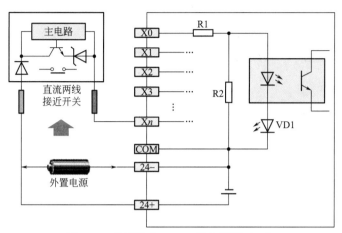

图 5-39 单端共点 SRCE 输入接线（一）

（3）有源三线制传感器

直流有源三制线接近开关与光电开关输出管使用三极管输出，因此传感器分 NPN 和 PNP 输出，有的产品是四线制，有双 NPN 或双 PNP，只是状态刚好相反，也有 NPN 和 PNP 结合的四线输出。

NPN 型：当传感器有检测信号时，VT 导通，输出端 OUT 的电流流向负极，输出端 OUT 电位接近负极，通常说的高电平翻转成低电平。

PNP 型：当传感器有检测信号时，VT 导通，正极的电流流向输出端 OUT，输出端 OUT 电位接近正极，通常说的低电平翻转成高电平。

电路中三极管发射极上的电阻为短路保护采样电阻（2 ~ 3Ω）不影响输出电流。三极管的集电极的电阻为上拉与下拉电阻，提供输出电位，方便电平接口的电路；另一种输出的三极管集电极开路输出不接上拉与下拉电阻。

简单说当三极管 VT 导通，相当于一个接点导通，如图 5-40 所示。

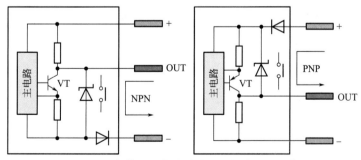

图 5-40 三极管 VT 导通时的三线制传感器示意图

① 单端共点 SINK 输入接线（内部共点端子 COM → 24V+，外部共线→ 24V-）。如图 5-41 所示。

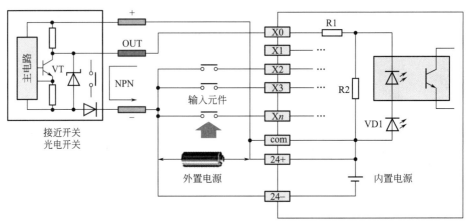

图 5-41　单端共点 SINK 输入接线（二）

② 单端共点 SRCE 输入接线（内部共点端子 COM → 24V-，外部共线→ 24V+）。如图 5-52 所示。

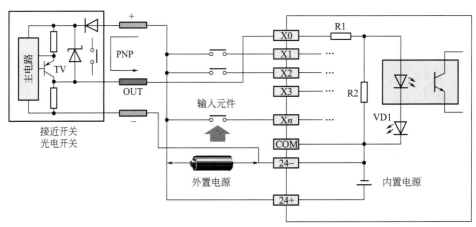

图 5-42　单端共点 SRCE 输入接线（二）

由于 PLC 输入接口电路形式和外接元件（传感器）输出信号形式的多样性，在 PLC 输入模块接线前必须了解 PLC 输入电路形式和传感器输出信号的形式，才能确保 PLC 输入模块接线正确无误，在实际应用中才能一反三，为后期的编程工作做好准备。

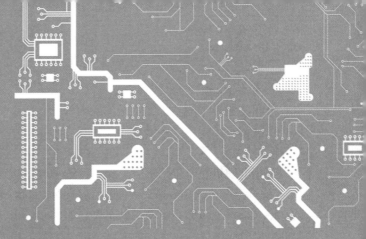

第 6 章
电动机与变压器

三相异步电动机

实现电能与机械能相互转换的电工设备总称为电机,电机是利用电磁感应原理实现电能与机械能的相互转换。通常,我们把将机械能转换成电能的设备称为发电机,而把将电能转换成机械能的设备叫作电动机。

在工业生产中,主要使用的是交流电动机,尤其是三相交流异步电动机。它具有结构简单、坚固耐用、运行可靠、价格低廉、维护方便等优点,因此被广泛地用于驱动各种金属切削机床、起重机、锻压机、传送带、铸造机械、功率不大的通风机及水泵等。

6.1.1 三相交流异步电动机的结构

三相交流异步电动机主要由定子(固定部分)和转子(旋转部分)两个基本组成部分构成,还有端盖、轴承、轴承端盖、风扇等附属部分,其结构示意图如图 6-1 所示。

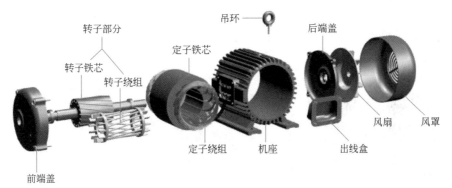

图 6-1 三相交流异步电动机的结构示意图

（1）定子部分

三相交流异步电动机的定子一般由外壳、定子铁芯、定子绕组等部分组成，其作用是用来产生旋转磁场。

1）外壳

三相电动机外壳包括机座、端盖、轴承盖、接线盒及吊环等部件。

① 机座　机座由铸铁或铸钢浇铸成型，其作用是保护和固定三相异步电动机的定子绕组。中、小型三相异步电动机的机座还有两个端盖支承着转子，它是三相异步电动机机械结构的重要组成部分。通常，要求机座的外表散热性能好，所以一般都铸有散热片。

② 端盖　端盖是用铸铁或铸钢浇铸成型的，它的作用是把转子固定在定子内腔中心，使转子能够在定子中均匀地旋转。

③ 轴承盖　轴承盖也是用铸铁或铸钢浇铸成型的，它的作用是固定转子，使转子不能轴向移动，另外还起到存放润滑油和保护轴承的作用。

④ 接线盒　接线盒一般是用铸铁浇铸，其作用是保护和固定绕组的引出线端子。

⑤ 吊环　吊环一般是用铸钢制造，安装在机座的上端，用来起吊、搬抬三相电动机。

2）定子铁芯

异步电动机定子铁芯是电动机磁路的一部分，由 0.35 ～ 0.5mm 厚表面涂有绝缘漆的薄硅钢片叠压而成，如图 6-2 所示。由于硅钢片较薄而且片与片之间是绝缘的，所以减少了由于交变磁通通过而引起的铁芯涡流损耗。铁芯内圆有均匀分布的槽口，用来嵌放定子绕组。

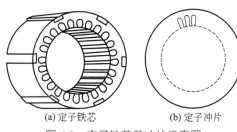

(a) 定子铁芯　　　　　　　　(b) 定子冲片

图 6-2　定子铁芯及冲片示意图

3）定子绕组

定子绕组是三相异步电动机的电路部分，共有三相绕组，通入三相对称电流时，就会产生旋转磁场。三相绕组相互独立，且在空间彼此相差 120°。每相绕组又由若干线圈连接而成，线圈由绝缘铜导线或绝缘铝导线绕制而成。其中，中、小型三相异步电动机多采用圆漆包线，大、中型三相异步电动机的定子线圈则用较大截面的绝缘扁铜线或扁铝线绕制后，再按一定规律嵌入定子铁芯槽内，其定子绕组如图 6-3 所示。

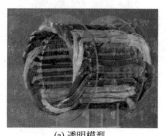  

(a) 透明模型　　　　　　　(b) 仿真模型　　　　　　(c) 实物侧视图

图 6-3　定子绕组示意图

定子每相绕组都有首端和尾端之分，三相绕组共有六个出线端子，将这六个出线端子都引至接线盒上，首端分别标为 U_1、V_1、W_1，末端分别标为 U_2、V_2、W_2。其排列方式如图 6-4 所示，可以很方便地接成星形或三角形。

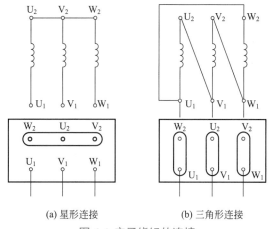

(a) 星形连接　　　　(b) 三角形连接

图 6-4　定子绕组的连接

（2）转子部分

三相异步电动机的转子由转子铁芯、转子绕组和转轴组成。

1）转子铁芯

转子铁芯是电动机磁路的一部分，它由 0.5mm 厚的硅钢片叠压而成。铁芯固定在转轴或转子支架上，整个转子的外表呈圆柱形。

2）转子绕组

转子绕组分为笼型和绕线型两类，其示意图如图 6-5 所示。

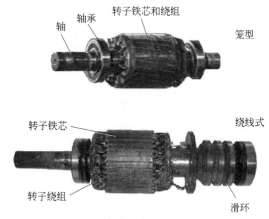

图 6-5　笼型和绕线型转子绕组

① 笼型转子　在转子的每个槽里放上一根导体，在铁芯的两端用端环连接起来，形成一个短路的绕组。如果把转子铁芯拿掉，剩下来的绕组形状像个松鼠笼子，因此称为笼型转子，如图 6-6（a）所示。

如果导条的材料用的是铜，就需要把事先做好的裸铜条插入转子铁芯上的槽里，再用铜端环套在伸出两端的铜条上，最后焊在一起，如图 6-6（b）所示。

如果用的是铸铝，就连同端环、风扇一次铸成，如图 6-6（c）所示。

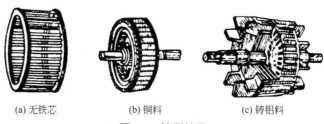

(a) 无铁芯   (b) 铜料   (c) 铸铝料

图 6-6　笼型转子

② 绕线型转子　绕线型转子绕组是铜线绕制的线圈，与定子绕组相似，也是一个对称的三相绕组，一般接成星形，其出线端分别与转轴上的三个集电环（滑环）连接。然后通过电刷把电流引出，在外部形成短路，并且可以接入附加电阻，如图 6-7 所示。

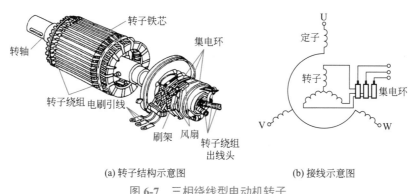

(a) 转子结构示意图   (b) 接线示意图

图 6-7　三相绕线型电动机转子

笼型电动机启动电流大且不能控制，启动转矩偏小。相比而言，绕线型电动机具有启动电流小、可以控制、启动转矩大等特性，因此，绕线型电动机多用于重负荷启动的场所。绕线型电动机通过转子上的滑环外接电阻器来改变转子回路电阻，在不同的转速接入不同的电阻来获得最大的转矩。通常用于需要全负荷启动的设备，也用于频繁启动的设备。

（3）其他部分

其他部分包括端盖、风扇等。端盖除了起防护作用外，在端盖上还装有轴承，用以支撑转子轴。风扇则用来通风冷却电动机。

三相异步电动机的定子与转子之间存在空气隙，空气隙一般仅为 0.2～1.5mm。气隙太大，电动机运行时的功率因数降低；气隙太小，使装配困难，运行不可靠，高次谐波磁场增强，从而使附加损耗增加以及使启动性能变差。

6.1.2　三相交流异步电动机的启动与调速

（1）笼型异步电动机的启动方法

1）直接启动

直接启动又称为全压启动，就是利用闸刀开关或接触器将电动机的定子绕组直接加到额定电压下启动。在电动机启动瞬间，定子绕组中要出现很大的启动电流。

当电动机不频繁启动时，直接启动时间很短，一般只有 1～3s，虽然电流很大，但对电动机影响不大。

如果电动机启动频繁，频繁的大电流造成热量积累，可使电动机过热，容易造成绝缘材料老化，缩短电动机的使用寿命。另外，电动机启动电流过大时，在短时间内造成供电线路电压降增大，使负载两端电压短时间下降。这样不但降低电动机本身启动转矩，容易造成启动失败，还会影响同一供电线路上其他负载的正常运行。

一般说来，笼型异步电动机额定功率小于 7.5kW，或者额定功率大于 7.5kW 且小于供电电源容量的 20%，都可以采用全压启动。

2）降压启动

如果线路不允许电动机全压启动，则采用降压启动的方式来限制启动电流。降压启动是利用启动设备将电压适当降低后，加到电动机定子绕组上进行启动，待电动机启动以后，再使电压恢复到额定值。降压启动适用于空载或轻载下进行。

① 定子绕组中串联电阻（或电抗器）的降压启动　如图 6-8 所示，启动时，先把开关扳到"启动"位置，定子电路因串接电阻使定子电压降低，当转速接近额定值时，将开关扳向"运行"位置，切除电阻，电动机在额定电压下运转。

由于启动时定子绕组上的电压降低，使启动电流降低，当然，也降低了启动转矩。

此种方法适用于中等容量的笼型异步电动机并要求启动平稳的场合。由于启动电阻要消耗一定的功率，所以不宜频繁启动。

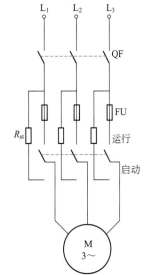

图 6-8　定子绕组串联电阻启动

② 星形 - 三角形（Y- △）换接启动　如图 6-9 所示，启动时，先把开关 Q_2 扳到"Y"位置，电动机在星形接法下启动，当转速接近额定值时，将开关扳向"△"位置，电动机接成三角形，电动机在额定电压下运转。

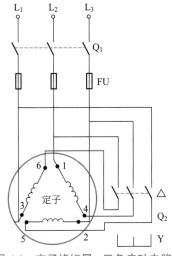

图 6-9　定子绕组星 - 三角启动电路

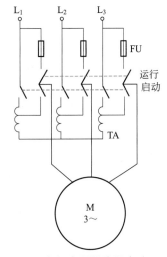

图 6-10　自耦变压器降压启动

三相定子绕组接成星形，定子每相绕组上的电压降到正常工作电压的 $1/\sqrt{3}$，而电动机的启动转矩与端电压的平方成正比，于是采用星形连接启动的转矩相应地降低了 1/3，启动电流也相应地降低了 1/3 。

此方法只能用于正常工作时定子绕组为三角形连接的电动机。这种换接启动可采用星-三角启动器来实现。

③ 自耦变压器降压启动　自耦变压器降压启动是利用三相自耦变压器将电动机在启动过程中的端电压降低。如图 6-10 所示，启动时，先把开关扳到"启动"位置，当转速接近额定值时，将开关扳向"运行"位置，切除自耦变压器。

正常运行作星形联结或容量较大的笼型异步电动机，常用自耦变压器降压启动。

④ 延边三角形降压启动　采用延边三角形启动的电动机，定子绕组共有九个抽头，如图 6-11 （a）所示。

启动时 4 与 8、5 与 9、7 与 6 分别连接，组成延边三角形，如图 6-11（b）所示。启动时，电动机定子每相绕组所承受的电压，比全星形接法时大，所以启动转矩也较大。比全三角形接法时电压小，所以启动电流也比全压启动小。

正常运行时 1 与 6、2 与 4、3 与 5 分别连接，形成三角形连接方式，电动机在额定电压下运行。

当每相两段绕组（如 1 与 7 和 7 与 4）的匝数比是 1：1 时，启动时每相绕组所承受的电压约为 264V，改变每相两段绕组的匝数比可以得到不同的启动电流和启动转矩。

采用不同的抽头比例，可以改变延边三角形连接的相电压，其值比 Y-△启动时星形连接高，能用于较重负载启动。

另外，由于采用延边三角形启动的笼型异步电动机三相定子绕组比一般的电动机多了三个中间抽头，因此绕组结构较为复杂，电动机必须专门生产，从而限制了本方法的实际应用范围。

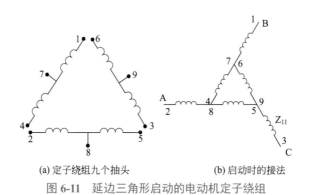

(a) 定子绕组九个抽头　　　　(b) 启动时的接法

图 6-11　延边三角形启动的电动机定子绕组

（2）三相异步电动机的调速

调速就是在同一负载下能得到不同的转速，以满足生产过程的要求。

根据公式：

$$\because \qquad s = \frac{n_0 - n}{n_0}$$

$$\therefore \qquad n = (1-s)n_0 = (1-s)\frac{60f}{p}$$

可见，可以通过三个途径进行调速：改变电源频率 f，改变磁极对数 p，改变转差率 s。

前两者是笼型电动机的调速方法，后者是绕线电动机的调速方法。

① 变频调速 异步电动机的转速正比于定子电源的频率 f，连续地调节定子电源频率，即可连续地改变电动机的转速。

此方法可获得平滑且范围较大的调速效果，且具有硬的机械特性，可用于一般笼型异步电动机。但须有专门的变频装置，设备复杂，成本较高。

② 变极调速 同步转速 n_0 与磁极对数 p 成反比，故改变磁极对数 p 也可改变电动机的转速。

此方法虽然不能实现无级调速，但因结构简单、效率高、特性好，且调速时所需附加设备少，因此，广泛用于机电联合调速的场合，特别是中、小型机床上用得较多。

③ 转子电路串电阻调速 在绕线型异步电动机的转子电路中，串入一个三相调速变阻器进行调速。

转子电路串电阻调速是有级调速。此方法能较平滑地调节绕线式电动机的转速，且设备简单、投资少，但变阻器增加了损耗，故常用于短时调速或调速范围不太大的场合。当然，这种调速方法只适用于线绕型异步电动机，其启动电阻可兼作调速电阻用，不过此时要考虑稳定运行时的发热，应适当增大电阻的容量。

（3）三相异步电动机的制动

当机械设备需要快速减速或停止时，需要对电动机进行制动。制动是给电动机一个与转动方向相反的转矩，促使它在断开电源后很快地减速或停转。这时的转矩称为制动转矩。三相异步电动机的制动方法有机械制动和电气制动两类。

1）机械制动

机械制动是利用机械装置，使电动机在切断电源后，达到迅速停转的方法。使用较普遍的是电磁抱闸，如图6-12所示。

当接通电源后，电磁抱闸的线圈得电而吸引衔铁，使衔铁克服弹簧的拉力，使杠杆向上移动，分开闸瓦和闸轮，此时电动机启动，正常运转。一旦电动机的电源被切断，电磁抱闸的线圈也同时失电。于是释放衔铁，使衔铁在弹簧拉力的作用下向下移动，闸瓦紧紧抱住闸轮，电动机被迅速制动而停车。在起重机械中，经常采用电磁抱闸方法进行制动，这种制动方法不但可以准确定位，而且在电动机突然断电时，还可以避免重物自行掉落而产生事故。

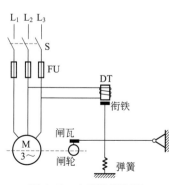

图 6-12　电磁抱闸制动

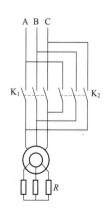

图 6-13　电源反接制动

2）电气制动

电气制动是使异步电动机所产生的电磁转矩和电动机的旋转方向相反。

① 电源反接制动 如图 6-13 所示，当电动机快速转动时，K_1 接通，K_2 断开。如果需要停转时，断开 K_1，接通 K_2，使电动机定子绕组与电源的连接相序发生改变。此时，转子受一个与原转动方向相反的转矩而迅速停转，称为电源反接制动。当转子转速接近零时，应及时切断电源，以免电动机反向启动运转。

为了限制电流，对功率较大的电动机进行制动时必须在定子电路（笼型）或转子电路（绕线型）中接入电阻。

这种方法比较简单，制动力强，效果较好，但制动过程中的冲击也强烈，易损坏传动器件，且能量消耗较大，频繁反接制动会使电动机过热。有些中型车床和铣床的主轴制动采用这种方法。

② 能耗制动 如图 6-14 所示，当电动机正常转动时，K_1 接通，K_2 断开。如果需要停转时，断开 K_1，同时接通 K_2，使电动机脱离三相电源，同时给定子绕组接入一直流电源，使直流电流通入定子绕组。在电动机中将产生一个恒定磁场。转子因机械惯性继续旋转时，转子导体切割恒定磁场，在转子绕组中产生感应电动势和电流，转子电流和恒定磁场作用产生电磁转矩，根据右手定则可以判断电磁转矩的方向与转子转动的方向相反，形成制动转矩，实现制动。

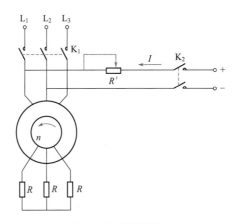

图 6-14 能耗制动

直流电流的大小一般为电动机额定电流的 0.5 ～ 1 倍。由于这种方法是用消耗转子的动能（转换为电能）来进行制动的，所以称为能耗制动。这种制动能量消耗小，制动准确而平稳，无冲击，但需要直流电流。在有些机床中采用这种制动方法。

③ 回馈制动 当起重机快速下放重物时，重物拖着转子，使电动机的转速超过旋转磁场的同步转速，即 $n>n_0$，此时转子中感应电势、电流和转矩的方向都发生了变化，转矩方向与转子转向相反，成为制动转矩。此时电动机将机械能转化为电能馈送给电网，所以称为回馈制动。

6.1.3 三相异步电动机故障处理

（1）三相异步电动机断相运行

① 星形接法断一相电源 当电动机正在运行时，由于某种原因，有一相断路。例如，A

相电源断路或 A 相绕组断路，如图 6-15（a）、（b）所示，则 A 相绕组中就无电流，绕组成为串联关系，接在 380V 线电压上，这时两个绕组中流过同一电流，这就是缺相运行。

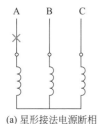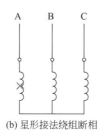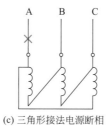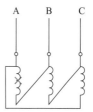

(a) 星形接法电源断相　(b) 星形接法绕组断相　(c) 三角形接法电源断相　(d) 三角形接法绕组断相

图 6-15　三相异步电动机星形接法断相

此时电动机仍可继续运转，但 B、C 两相绕组，每相两端电压只有 190V，低于其正常工作时相电压 220V。但是负载不变，电动机的输出转矩也不变，因此 B、C 两相定子电流将增大。

此外，从功率角度来分析，电动机正常工作时，三相绕组平均分担额定功率，缺相运行时，断电相不再做功，另外两相绕组分担的功率必然增大，绕组电流也必须增加。总之，一相绕组断电后，其余两相绕组的负担明显增加。此时绕组内电流值比电动机过载时电流大，但比短路电流小。

② 三角形接法断一相电源　如图 6-15（c）所示，如果电源 A 相断开，则 A 绕组便接在 B、C 两相之间，这也叫缺相运行。此时，三相绕组已不是对称绕组，而是 A 相绕组与 C 相绕组串联，然后与 B 相绕组并联。此时，A、C 两相绕组，每相两端电压只有 190V，低于其正常工作时的电压 380V，B 相绕组仍承受 380V 的电压。故绕组中的电流、功率不仅与正常工作时的电流、功率不同，两支路电流也不均衡。理论和实践都证明，绕组为三角形接线时，一旦断一相电源，在电动机绕组内部就会形成巨大的环流，很短时间就会烧坏电动机绕组，其危害比星形接法的电动机缺相运行更严重。

③ 三角形接线的绕组内部一相断路　如图 6-15（d）所示，如果 A 相绕组断开，B、C 两相绕组，每相两端电压仍为 380V。但这种连接，启动转矩过小，对于原来静止的电动机难以启动；对于正在运行中的电动机，其 A 相相电流为 0，不再做功，其余 B、C 两相绕组负载加重，电流增大，绕组温升增高。

（2）定子绕组故障

绕组是电动机的重要组成部分，老化、受潮、受热、受侵蚀、异物侵入、外力的冲击都会造成对绕组的伤害；电动机过载、欠电压、过电压、缺相运行也能引起绕组故障。

绕组故障一般分为绕组接地、短路、开路、接线错误四种情况。

1）绕组接地故障

绕组接地是指绕组与铁芯或与机壳绝缘破坏而造成的接地。其现象是机壳带电、控制线路失控、绕组短路发热，致使电动机无法正常运行。

① 产生原因　绕组接地故障产生原因主要有以下几种情况。

a. 绕组受潮使绝缘电阻下降；　　　　　　　e. 绕组端部碰端盖机座；

b. 电动机长期过载运行；　　　　　　　　　f. 定、转子摩擦引起绝缘灼伤；

c. 有害气体腐蚀电动机；　　　　　　　　　g. 引出线绝缘损坏与壳体相碰；

d. 金属异物侵入绕组内部损坏绝缘；　　　　h. 过电压（如雷击）使绝缘击穿。

② 检查方法

a. 观察法。一般而言，对地短路点最易发生在线圈端部与铁芯槽口接近的地方，并且绝缘外表常有破裂、烧焦的痕迹，易于观察，有时也会发生在引线端，一般损伤和焦黑的地方就是接地点。

b. 仪表法。常用万用表或绝缘电阻表检查绕组接地故障。将仪表的测试笔一支接在电动机外壳上，另一支接绕组的一端。将万用表拨到电阻挡（或用绝缘电阻表慢摇），如果万用表指针指零或绝缘电阻表指示最小或"0"位时，表明该相有接地故障存在。如果所测电阻值很大，则说明此相绕组无接地故障。

c. 试灯法。首先将各相绕组的接头拆开，使相间断开，然后将灯泡与电源串联，其线路的一端接到电动机的外壳上，另一端接到某一相绕组的引出线上。如果测到灯泡发亮，说明该相绕组对地短路。若发现某处伴有火花或冒烟，则该处为绕组接地故障点。若灯微亮则绝缘有接地击穿现象。

有时，绕组不是直接接地，而只是因为受潮等原因使绕组与铁芯之间漏电。这时因为绕组与铁芯之间存在较高的漏电电阻，所以灯泡不亮，此时的故障用试灯法可能检测不出来。可用一节干电池与一耳机或喇叭串联成一个电路，按上述方法测试。如发现有"嚓嚓"的声音，说明该相绕组对地漏电，没有声音，则说明绕组是好的。

按同样的方法测试其他两相绕组是否接地。

d. 电流穿烧法。用一台调压变压器，输出的一端接到电动机的外壳上，另一端接到某一相绕组的引出线上。接上电源后，接地点很快发热，绝缘物冒烟处即为接地点。应特别注意小型电动机不得超过额定电流的两倍，时间不超过半分钟；大电动机为额定电流的20% ～ 50% 或逐步增大电流，到接地点刚冒烟时立即断电。

e. 分组淘汰法。对于接地点在铁芯里面且烧灼得比较厉害，烧损的铜线与铁芯熔在一起的情况，采用的方法是把接地的一相绕组分成两半，依此类推，最后找出接地点。

③ 处理方法

a. 绕组受潮引起接地的应先进行烘干，当冷却到60℃～ 70℃左右时，浇上绝缘漆后再烘干。

b. 如果接地点在端部槽口地方，而且又没有严重烧伤时，只要在接地处垫好绝缘纸后再涂绝缘漆即可，线圈不必拆除。

c. 如果接地点在铁芯槽中，可将线圈拆除，重绕绕组或更换部分绕组元件。

2）绕组短路

绕组短路是由于电动机电流过大、电源电压变动过大、单相运行、机械碰伤、制造不良等原因造成的绝缘损坏，分为绕组匝间短路、绕组间短路、绕组极间短路和绕组相间短路。

发生故障后，由于定子的磁场分布不均，三相电流不平衡而使电动机运行时振动和噪声加剧，严重时电动机不能启动，而在短路线圈中产生很大的短路电流，导致线圈迅速发热而烧毁。

① 产生原因

绕组短路的产生主要有以下几点原因。

a. 电动机长期过载，使绝缘老化失去绝缘作用；

b. 嵌线时造成绝缘损坏；

c. 绕组受潮使绝缘电阻下降造成绝缘击穿；

d. 端部和层间绝缘材料没垫好或整形时损坏；

e. 端部连接线绝缘损坏；

f. 过电压或遭雷击使绝缘击穿；

g. 转子与定子绕组端部相互摩擦造成绝缘损坏；

h. 金属异物落入电动机内部或者油污过多。

② 检查方法

a. 外部观察法。观察接线盒、绕组端部有无烧焦，绕组过热后会留下深褐色痕迹，并有臭味。

b. 探温检查法。让电动机空载运行 20min，用手背摸绕组各部分是否超过正常温度，超过正常温度，说明有故障存在。值得注意的是，在电动机空载运行期间，如果发现异常时应马上停止。

c. 通电实验法。将电动机通电，用电流表分别测量三相绕组电流，若发现某相电流过大，则说明该相有短路之处。

d. 电桥检查。采用电桥测量各绕组直流电阻，一般三相绕组的电阻相差不应超过 5% 以上，如超过，则电阻小的一相有短路故障。

e. 仪表法。用万用表或兆欧表测量任意两相绕组相间的绝缘电阻，若读数极小或为零，说明该两相绕组相间有短路故障。

f. 电压降法。把三绕组串联后通入低压安全交流电，分别测量各相绕组的电压，测得读数小的一组有短路故障。

③ 短路处理方法

a. 短路点在端部。可用绝缘材料将短路点隔开，也可重包绝缘线，再上漆重烘干。

b. 短路在线槽内。将其软化后，找出短路点修复，重新放入线槽后，再上漆烘干。

c. 对短路线匝少于 1/12 的每相绕组，串联匝数时切断全部短路线，将导通部分连接，形成闭合回路，供应急使用。

d. 绕组短路点匝数超过 1/12 时，要全部拆除重绕。

3）绕组开路

绕组开路一般分为一相绕组端部断线、匝间断路、并联支路处断路等。

发生故障后，会造成电动机不能启动，或由于三相电流不平衡，有异常噪声或振动大，温升超过允许值或冒烟等。

① 产生原因

a. 在检修和维护保养时碰断绕组或有制造质量问题。

b. 绕组各元件、极（相）组和绕组与引接线等接线头焊接不良，长期运行过热脱焊。

c. 由于机械力和电磁场力使绕组损伤或拉断。

d. 匝间或相间短路及接地造成绕组严重烧焦或熔断等。

② 检查方法

a. 观察法。绕组开路的断点大多数发生在绕组端部，观察有无碰折、接头处有无脱焊现象。

b. 仪表法。利用万用表的欧姆挡（或使用兆欧表缓慢摇动），对"Y"形接法的电动机绕组，将一支表笔接在"Y"形的中心点上，另一支表笔依次接在三相绕组的首端，电阻为无穷大的一相为断点；对"△"形接法的电动机绕组，先断开各绕组的连接，然后分别测每组绕组电阻，阻值为无穷大的则为断路点。

c. 试灯法。首先将各相绕组的接头拆开，使相间断开，然后将灯泡与电源串联，其线路的一端接到某相绕组的一端，另一端接到某一相绕组的另一端引出线上。如果测到灯泡不亮，说明该相绕组有断路故障。

d. 电流表法。电动机在运行时，用电流表测三相电流，若三相电流不平衡，又无短路现象，则电流较小的一相绕组有部分断路故障。

e. 电桥法。用电桥测量三相绕组的直流电阻，当某一相电阻比其他两相电阻大时，说明该相绕组有部分断路故障。

f. 电流平衡法。对于"Y"形接法的，可将三相绕组并联后，通入低电压大电流的交流电，如果三相绕组中的电流相差大于10%时，电流小的一端为断路；对于"△"形接法的，先将定子绕组的连接点拆开，再逐相通入低压大电流，其中电流小的一相为断路。

③ 断路处理方法

a. 断路出现在端部时，连接好后焊牢，包上绝缘材料，套上绝缘管，绑扎好，再烘干。

b. 绕组由于匝间、相间短路和接地等原因而造成绕组严重烧焦的一般应更换新绕组。

c. 对断路点在槽内的，属少量断点的做应急处理，采用分组淘汰法找出断点，并在绕组断部将其连接好并绝缘合格后使用。

d. 笼型转子断笼的可采用焊接法、冷接法或换条法修复。

6.2 单相异步电动机

单相异步电动机是指由220V交流单相电源供电而运转的异步电动机。因为220V电源供电非常方便经济，所以单相异步电动机不但在生产上用量大，而且也与人们日常生活密切相关。在生产方面应用的有微型水泵、粉碎机、木工机械、小型车床等，在生活方面，有电风扇、洗衣机、电冰箱等。单相异步电动机种类较多，但功率较小，容量一般在几瓦到几百瓦之间。

根据获得启动转矩的方法不同，单相异步电动机的结构也存在较大差异，主要分为罩极式单相异步电动机和分相式单相异步电动机两大类。

6.2.1 分相式单相异步电动机

分相式单项异步电动机常在定子上安装两套绕组，一套是工作绕组（或称主绕组），长期接通电源工作；另一套是启动绕组（或称为副绕组、辅助绕组），以产生启动转矩和固定电动机转向，两套绕组的空间位置相差90°电角度。根据启动方式的不同，可分为电阻启动、电容运行电容启动和双值电容单相异步电动机。

（1）电阻启动单相异步电动机

① 结构。电路图如图6-16(a)所示，电阻启动单相异步电动机定子铁芯上嵌放两套绕组，空间位置上互差90°电角度。

工作绕组LZ匝数多、导线较粗，可近似看成纯电感负载，其电流滞后电压接近

90°；启动绕组 LF 导线较细，又串有启动电阻 R，可近似看成纯电阻性负载，其电流与电压近似同相。因此工作绕组 LZ 的电流滞后启动绕组 LF 的电流约 90°。因此，可以产生旋转磁场。

② 工作特点。启动时工作绕组、启动绕组同时工作，当转速达到额定值的 80% 左右时，启动开关断开，启动绕组从电源上切断。它具有中等启动转矩（一般为额定转矩的 1.2 ~ 2.2 倍），但启动电流较大。

实际上许多电动机的启动绕组没有串联电阻 R，而是设法增加导线电阻，从而使启动绕组本身就有较大的电阻。

单相电阻启动的电动机，正常运转时，只有工作绕组 LZ 工作，它在电冰箱压缩机中得到了广泛的应用。

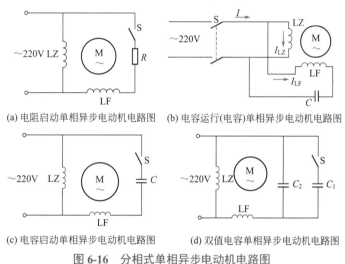

(a) 电阻启动单相异步电动机电路图   (b) 电容运行(电容)单相异步电动机电路图

(c) 电容启动单相异步电动机电路图   (d) 双值电容单相异步电动机电路图

图 6-16 分相式单相异步电动机电路图

（2）电容运行（电容）异步电动机

① 结构。电路图如图 6-16（b）所示，电容运行（电容）单相异步电动机定子铁芯上嵌放两套绕组，绕组的结构基本相同，空间位置上互差 90° 电角度。

工作绕组 LZ 接近纯电感负载，其电流 I_{LZ} 相位落后电压接近 90°；启动绕组 LF 上串接电容器，合理选择电容值，使串联支路电流 I_{LF} 超前 I_{LZ} 的相位约 90°，两绕组产生的磁动势基本相等。因此，可以产生旋转磁场。

② 工作特点。启动时工作绕组、启动绕组同时工作，启动完毕后，启动绕组继续参与工作。

电容运行单相（电容）异步电动机结构简单，使用维护方便，堵转电流小，有较高的效率和功率因数，但启动转矩较小，多用于电风扇、吸尘器等。

（3）电容启动单相异步电动机

① 电路。如图 6-16（c）所示，电容启动单相异步电动机的结构与电容运行（电容）单相异步电动机相类似，但电容启动单相异步电动机的启动绕组中串联了一个启动开关 S。

② 工作特点。当电动机转子静止或转速较低时，启动开关 S 处于接通位置，启动绕组和工作绕组一起接在单相电源上，获得启动转矩。当电动机转速达到额定转速的 80% 左右时，启动开关 S 断开，启动绕组从电源上切断，此时单靠工作绕组已有较大转矩，驱动负

载运行。

电容启动单相异步电动机具有较大启动转矩（一般为额定转矩的1.5～3.5倍），但启动电流相应增大，适用于重载启动的机械，例如，小型空压机、洗衣机、空调器等。

（4）双值电容单相异步电动机

① 电路。如图6-16（d）所示，双值电容单相异步电动机具有两个电容，其中，C_1为启动电容，容量较大；C_2为工作电容，容量较小，两个电容并联后与启动绕组串联。

② 工作特点。启动时两个电容都工作，电动机有较大启动转矩，转速上升到额定转速的80%左右时，启动开关S将启动电容C_1断开，启动绕组上只串联工作电容C_2，电容量减少，降低运行电流。

双值电容单相异步电动机既有较大的启动转矩（为额定转矩的2～2.5倍），又有较高的效率和功率因数，广泛地应用于小型机床设备。

6.2.2　罩极式单相异步电动机

罩极式单相异步电动机具有结构简单、制造方便、成本低、运行时噪声小、维护方便等特点，按磁极形式的不同，可分为凸极式和隐极式两种，其中凸极式结构较为常见。罩极式单相异步电动机的主要缺点是启动性能及运行性能较差，效率和功率因数都较低，方向不能改变等，主要应用于小功率空载启动的场合，如计算机后面的散热风扇、各种仪表风扇等。

如图6-17（a）所示，罩极式单相异步电动机定子铁芯通常由0.5mm厚的硅钢片叠压而成，每个磁极极面的1/3处开有小槽，在极柱上套上铜制的短路环，就好像把这部分磁极罩起来一样，所以称罩极式电动机。励磁绕组套在整个磁极上，必须正确连接，以使其上下刚好产生一对磁极。如果是四极电动机，则磁极极性应按N、S、N、S的顺序排列，如图6-17（b）所示。

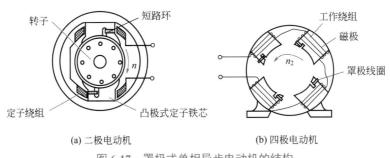

(a) 二极电动机　　　　　　　　(b) 四极电动机

图6-17　罩极式单相异步电动机的结构

6.2.3　单相异步电动机故障处理

① 电动机通电后不转，发出"嗡嗡"声，用外力推动后可正常旋转。

a. 用万用表检查启动绕组是否断开。如在槽口处断开，则只需一根相同规格的绝缘线把断开处焊接，加以绝缘处理。如内部断线，则要更换绕组。

b. 对单相电容异步电动机，检查电容器是否损坏。如损坏，更换同规格的电容。

c. 对单相电阻异步电动机，用万用表检查电阻元件是否损坏。如损坏，更换同规格的电阻。

d. 对单相启动式异步电动机，要检查离心开关（或继电器）。如触点闭合不上，可能是有杂物进入，使铜触片卡住而无法动作，也可能是弹簧拉力太松或损坏。处理方法是清除杂物或更换离心开关（或继电器）。

e. 对罩极电动机，检查短路环是否断开或脱焊，焊接或更换短路环。

② 电动机通电后不转，发出"嗡嗡"声，外力推动也不能使之旋转。

a. 检查电动机是否过载，若过载应减轻负载。

b. 检查轴承是否损坏或卡住，修理或更换轴承。

c. 检查定子、转子铁芯是否相擦，若是轴承松动造成，应更换轴承，否则应锉去相擦部位，校正转子轴线。

d. 检查主绕组和副绕组接线，若接线错误，重新接线。

③ 电动机通电后不转，没有"嗡嗡"声，外力也不能使之旋转。

a. 检查电源是否断线，如果有断相，则恢复供电。

b. 检查进线线头是否松动，若松动应重新接线。

c. 检查工作绕组是否断路、短路，如有，找出故障点，修复或更换断路或短路绕组。

④ 空载能启动，或借助外力能启动，但启动慢且转向不定。

a. 检查副绕组是否开路，如有开路，重新连线。

b. 检查离心开关触点是否接触不良，如有，则需修复触点。

c. 检查启动电容是否开路或损坏，如有损坏，修复或更换电容。

⑤ 电动机启动后很快发热甚至烧毁绕组。

a. 检查主绕组匝间是否短路或接地，如有，则排除故障。

b. 检查主、副绕组之间是否短路，如有，则排除故障。

c. 检查启动后离心开关触点是否断不开，如有，则修复或更换离心开关。

d. 检查主、副绕组是否相互接错，如有，则需正确接线。

e. 检查 定子与转子是否摩擦，如有，则排除故障。

⑥ 电动机转速低，运转无力。

a. 检查主绕组匝间是否轻微短路，如有，则排除短路故障。

b. 检查运转电容是否开路或容量降低，如有，则需更换电容。

c. 检查轴承是否太紧，如有，则排除故障。

d. 检查电源电压是否低，如有，则需检查原因，恢复额定电压。

⑦ 烧熔丝。

a. 检查绕组是否严重短路或接地，如有，则排除短路或接地故障。

b. 检查引出线是否接地或相碰，如有，则排除故障。

c. 检查电容是否击穿短路，如有，则需更换电容。

⑧ 电机运转时噪声太大。

a. 检查绕组是否漏电，如有，则找出漏电点，排除漏电故障。

b. 检查离心开关是否损坏，如有，则需更换离心开关。

c. 检查轴承是否损坏或间隙太大，如有，则需排除故障。

d. 检查电动机内是否进入异物，如有，则排除故障。

6.3 伺服电动机

伺服电动机又称执行电动机，其功能是将输入的电压控制信号转换为轴上输出的角位移和角速度，驱动控制对象。

伺服电动机可控性好，反应迅速，是自动控制系统和计算机外围设备中常用的执行元件。

伺服电动机可分为两类：直流伺服电动机、交流伺服电动机。

直流伺服电动机的结构与直流电动机基本相同。只是为减小转动惯量，电动机做得细长一些。直流伺服电动机的工作原理也与直流电动机相同。直流伺服电动机的特性较交流伺服电动机硬，通常应用于功率稍大的系统中，如随动系统中的位置控制等。直流伺服电动机输出功率一般为 1～600W。

交流伺服电动机的特点：不仅要求它在静止状态下能服从控制信号的命令而转动，而且要求在电动机运行时如果控制电压变为零，电动机立即停转。交流伺服电动机的输出功率一般为 0.1～100 W，电源频率分 50Hz、400Hz 等多种。它的应用很广泛，如用在各种自动控制、自动记录等系统中。

6.3.1 直流伺服电动机

（1）直流伺服电动机的结构

直流伺服电动机就是微型的他励直流电动机，其结构与原理都与他励直流电动机相同。直流伺服电动机按磁极的种类分为两种：一种是永磁式直流伺服电动机，它的磁极是永久磁铁；另一种是电磁式直流伺服电动机，它的磁极是电磁铁，磁极外面套着励磁绕组。

直流伺服电动机就其用途来讲，既可作为驱动电动机（例如一些便携式电子设备中使用的永磁式直流电动机），也可作为伺服电动机（例如录像机、精密机床中的电动机）。

（2）控制方式

一般用电压信号控制直流伺服电动机的转向与转速大小。改变电枢绕组电压 U_a 的大小与方向的控制方式叫作电枢控制；改变直流伺服电动机励磁绕组电压 U_f 的大小与方向的控制方式叫作磁场控制。后者性能不如前者，很少采用。下面只介绍电枢控制时的特性。

（3）运行特性

采用电枢控制时，电枢绕组也就是控制绕组，控制电压为 $U_k=U_a$。对于电磁式直流伺服电动机，励磁电压 U_f 为常数；另外，不考虑电枢反应的影响，$\Phi=C$（常数），在这些前提下，电枢控制的直流伺服电动机的机械特性表达式为

$$n = \frac{U_a}{C_e\Phi} - \frac{R_a}{C_e C_T \Phi^2} T_{em} = \frac{U_k}{K_e} - \frac{R_a}{K_e K_T} T_{em} = n_0 - \beta T_{em} \qquad （6\text{-}1）$$

式中，$K_e = C_e\Phi$；$K_T = C_T\Phi$。

当 U_a 大小不同时，机械特性为一组平行的直线，如图 6-18（a）所示。当 U_a 大小一定时，转矩 T 大时转速 n 低，转矩的增加与转速的下降成正比，这是十分理想的特性。

另一个重要的特性是调节特性。所谓调节特性,是指在一定的转矩下,转速 n 与控制电压 U_k 的关系,即 $n=f(Uk)$。调节特性可以由机械特性得到。直流伺服电动机的调节特性是一组平行直线,如图 6-18(b)所示。

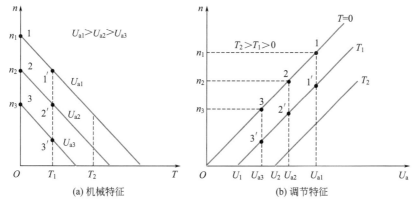

(a) 机械特征　　　　　　　　　　(b) 调节特征

图 6-18　直流伺服电动机的特性

从直流伺服电动机的调节特性可以看出,T_{em} 一定时,控制电压 U_k 高时转速 n 也高,控制电压增加与转速增加成正比。另外,当 $n=0$ 时,不同的转矩所需要的控制电压 U_a 也不同。由式(6-1)可知,当 $n=0$ 时,有

$$U_{a0}\mid_{n=0} = \frac{R_a}{K_T}T_{em} \tag{6-2}$$

如图 6-18(b)所示,$T=T_1$,$U_{a0}=U_1$,表示只有在控制电压 $U_a > U_1$ 的条件下,电动机才能转起来,而在 $U_k=U_a=0 \sim U_1$ 区间,电动机不转。我们称 $0 \sim U_1$ 区间为死区或失灵区,称 U_{a0} 为始动电压。T 不同,始动电压也不同,T 大的始动电压也大,$T=0$,即电动机理想空载时,$U_{a0}=0$,只要有信号电压 U_a 电动机就转动。直流伺服电动机的调节特性也是很理想的。为了提高直流伺服电动机控制的灵敏性,应尽力减小失灵区。减小失灵区的办法是:

① 减小直流伺服电动机电枢回路的电阻 R;

② 减小直流伺服电动机的空载转矩。

6.3.2　交流伺服电动机

交流伺服电动机实质上就是一个两相感应电动机,它的定子上有空间上互差 90° 电角度的两相分布绕组,一相为励磁绕组 N_f,一相为控制绕组 N_k。电动机工作时,励磁绕组 N_f 接单相交流电压 U_f,控制绕组接控制信号电压 U_k。U_f 与 U_k 二者同频率,一般采用 50Hz 或 400Hz 的电源供电。

转子的结构通常有两种形式:一种为笼型转子,另一种为非磁性空心杯转子。交流伺服电动机的笼型转子的外形和普通笼型转子一样,但是为了减小交流伺服电动机的转动惯量,提高灵敏度,转子通常做成细而长的形式。为了使交流伺服电动机的特性(机械特性、调节特性)为线性,改善控制特性,同时也为了防止"自转现象"($U_k=0 \rightarrow n \neq 0$)的发生,转子电阻通常比较大,转子导体一般采用高电阻率的材料(如黄铜或青铜)制成。

非磁性空心杯转子伺服电动机如图 6-19 所示。它采用内、外定子结构，外定子上放置定子绕组；内定子相当于普通感应电动机的转子铁芯，作为电动机磁路的一部分，不装绕组。转子采用非磁性材料（铝或铜）制成杯形，杯的厚度一般为 0.3mm 左右。这种结构的交流伺服电动机的优点是转动惯量小，阻转矩小，响应速度快，运行平稳，无抖动现象；缺点是气隙大，励磁电流大，功率因数小，同时体积也大。

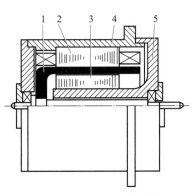

图 6-19　非磁性空心杯子伺服电动机
1—空心杯转子；2—外定子；3—内定子；4—机壳；5—端盖

6.3.3　伺服电动机故障处理

在很多工业企业中，三相交流伺服电动机应用最为广泛，但通过长期运行后，会发生各种故障，及时分析故障原因并进行相应处理，是防止故障扩大、保证设备正常运行的一项重要的工作。这里给出伺服电机在使用过程中的常见故障原因及处理措施，希望对读者学习和使用伺服电机有所帮助。

首先在启动伺服电机前，需要对其做一些测试工作：
① 测量绝缘电阻（对低电压电机不应低于 0.5MΩ）；
② 测量电源电压，检查电机接线是否正确，电源电压是否符合要求；
③ 检查启动设备是否良好；
④ 检查熔断器是否合适；
⑤ 检查电机接地、接零是否良好；
⑥ 检查传动装置是否有缺陷；
⑦ 检查电机环境是否合适，清除易燃品和其他杂物。
当伺服电机测试完毕后，再打开电源，如果电机出现下列所示的故障，应及时处理。
（1）通电后电动机不能转动，但无异响，也无异味和冒烟

故障原因	故障处理
a. 电源未通（至少两相未通）；	a. 检查电源回路开关，熔丝、接线盒处是否有断点；
b. 熔丝熔断（至少两相熔断）；	b. 检查熔丝型号、熔断原因，换新熔丝；
c. 过流继电器调得过小；	c. 调节继电器整定值与电动机配合；
d. 控制设备接线错误。	d. 改正接线。

（2）通电后电动机不转，有嗡嗡声

故障原因	故障处理
a. 转子绕组有断路（一相断线）或电源一相失电；	a. 查明断点予以修复；
b. 绕组引出线始末端接错或绕组内部接反；	b. 检查绕组极性，判断绕组末端是否正确；
c. 电源回路接点松动，接触电阻大；	c. 紧固松动的接线螺丝，用万用表判断各接头是否接触良好，有问题予以修复；
d. 电动机负载过大或转子卡住；	d. 减载或查出并消除机械故障；
e. 电源电压过低；	e. 检查是否接法有误，是否由于电源导线过细使压降过大，并予以纠正；
f. 小型电动机装配太紧或轴承内油脂过硬；	f. 新装配使之灵活并更换合格油脂；
g. 轴承卡住。	g. 修复轴承。

（3）电动机启动困难，额定负载时，电动机转速低于额定转速较多

故障原因	故障处理
a. 电源电压过低；	a. 测量电源电压，设法改善；
b. 电机误接；	b. 纠正接法；
c. 转子开焊或断裂；	c. 检查开焊和断点并修复；
d. 转子局部线圈错接、接反；	d. 查出误接处予以改正；
e. 修复电机绕组时增加匝数过多；	e. 恢复正确匝数；
f. 电机过载。	f. 减载。

（4）电动机空载电流不平衡，三相相差大

故障原因	故障处理
a. 绕组首尾端接错；	a. 检查并纠正；
b. 电源电压不平衡；	b. 测量电源电压，设法消除不平衡；
c. 绕组存在匝间短路、线圈反接等故障。	c. 消除绕组故障。

（5）电动机运行时响声不正常，有异响

故障原因	故障处理
a. 轴承磨损或油内有砂粒等异物；	a. 更换轴承或清洗轴承；
b. 转子铁芯松动；	b. 检修转子铁芯；
c. 轴承缺油；	c. 加油；
d. 电源电压过高或不平衡。	d. 检查并调整电源电压。

（6）运行中电动机振动较大

故障原因	故障处理
a. 磨损轴承间隙过大；	a. 检修轴承，必要时更换；
b. 气隙不均匀；	b. 调整气隙，使之均匀；
c. 转子不平衡；	c. 校正转子动平衡；
d. 转轴弯曲；	d. 校直转轴；
e. 联轴器（皮带轮）同轴度过低。	e. 重新校正，使之符合规定。

（7）轴承过热

故障原因	故障处理
a. 滑脂过多或过少；	a. 按规定加润滑脂（容积的 1/3 ～ 2/3）；
b. 油质不好，含有杂质；	b. 更换清洁的润滑滑脂；
c. 轴承与轴颈或端盖配合不当（过松或过紧）；	c. 过松可用黏结剂修复，过紧应车、磨轴颈或端盖内孔，使之适合；
d. 轴承内孔偏心，与轴相擦；	d. 修理轴承盖，消除擦点；
e. 电动机端盖或轴承盖未装平；	e. 重新装配；
f. 电动机与负载间联轴器未校正，或皮带过紧；	f. 重新校正，调整皮带张力；
g. 轴承间隙过大或过小；	g. 更换新轴承；
h. 电动机轴弯曲。	h. 校正电机轴或更换转子。

（8）电动机过热甚至冒烟

故障原因	故障处理
a. 电源电压过高；	a. 降低电源电压（如调整供电变压器分接头）；
b. 电源电压过低，电动机又带额定负载运行，电流过大使绕组发热；	b. 提高电源电压或换粗供电导线；
c. 修理拆除绕组时，采用热拆法不当，烧伤铁芯；	c. 检修铁芯，排除故障；
d. 电动机过载或频繁启动；	d. 减载，按规定次数控制启动；
e. 电动机缺相，两相运行；	e. 恢复三相运行；
f. 重绕后定子绕组浸漆不充分。	f. 采用二次浸漆及真空浸漆工艺；
g. 环境温度高电动机表面污垢多，或通风道堵塞。	g. 清洗电动机，改善环境温度，采用降温措施。

（9）电机出现外壳带电现象

故障原因	故障处理
绕组受潮，绝缘老化，或引出线与接线盒壳碰；	将绕组干燥或者更换绕组；

（10）绝缘电阻降低

故障原因	故障处理
a. 定子进水受潮； b. 灰尘过多； c. 绝缘电阻损坏或者老化。	a. 排水除潮； b. 清理积灰； c. 修复或者更换绝缘电阻。

（11）电机编码器报警

故障原因	故障处理
a. 接线错误； b. 电磁干扰； c. 机械振动导致的编码器硬件损坏； d. 现场环境导致的污染。	a. 检查接线并排除错误； b. 检查屏蔽是否到位，检查布线是否合理并解决，必要时增加滤波器加以改善； c. 检查机械结构，并加以改进； d. 检查编码器内部是否受到污染、腐蚀（粉尘、油污等），加强防护。

安装及接线标准如下：

a. 尽量使用原装电缆；

b. 分离电缆使其尽量远离污染接线，特别是高污染接线；

c. 尽可能始终使用内部电源，如果使用开关电源，则应使用滤波器，确保电源达到洁净等级；

d. 始终将公共端接地；

e. 将编码器外壳与机器结构保持绝缘并连接到电缆屏蔽层；

f. 如果无法使编码器绝缘，则可将电缆屏蔽层连接到编码器外壳和驱动器框架上的接地 (或专用端子)。

（12）电机断轴

故障原因	故障处理
a. 机械设计不合理导致径向负载力过大； b. 负载端卡死或者严重的瞬间过载； c. 电机和减速机装配时不同心。	a. 核对电机样本中可承受的最大径向负载力，改进机械设计； b. 检查负载端的运行情况，确认实际的工艺要求并加以改进； c. 检查负载运行是否稳定，是否存在震动，并加以改进机械装配精度。

（13）其他常见故障及处理

1）电机上电，机械振荡 (加 / 减速时)

引发此类故障的常见原因有：a. 脉冲编码器出现故障。此时应检查伺服系统是否稳定，电路板维修检测电流是否稳定，同时，速度检测单元反馈线端子上的电压是否在某几点电压下降，如有下降表明脉冲编码器不良，更换编码器；b. 脉冲编码器十字联轴节可能损坏，导致轴转速与检测到的速度不同步，更换联轴节；c. 测速发电机出现故障。修复，更换测速机。维修实践中，测速机电刷磨损、卡阻故障较多，此时应拆下测速机的电刷，用纲砂纸打磨几

下，同时清扫换向器的污垢，再重新装好。

2）电机上电，机械运动异常快速（飞车）

出现这种伺服整机系统故障，在检查位置控制单元和速度控制单元的同时，还应检查：a. 脉冲编码器接线是否错误；b. 脉冲编码器联轴节是否损坏；c. 检查测速发电机端子是否接反和励磁信号线是否接错。一般这类现象应由专业的电路板维修技术人员处理，否则可能会造成更严重的后果。

3）主轴不能定向移动或定向移动不到位

出现这种伺服整机系统故障，应在检查定向控制电路的设置调整、检查定向板、检查主轴控制印刷电路板调整的同时，检查位置检测器（编码器）的输出波形是否正常来判断编码器的好坏（应注意在设备正常时测录编码器的正常输出波形，以便故障时查对）。

4）坐标轴进给时振动

应检查电机线圈、机械进给丝杠同电机的连接、伺服系统、脉冲编码器、联轴节、测速机。

以上就是伺服电机使用过程中常见的故障原因及排除措施，及时发现伺服电机的故障并及时排除故障，才能让伺服电机使用更长久。

6.4 步进电动机

6.4.1 步进电动机概述

步进电动机是一种将输入的数字脉冲信号转换成机械角位移或线位移的执行元件，是一种多相同步电动机。其由专用的脉冲电源供电，每输入一个脉冲，就转过一个角度（即步距角）或前进一步，故称步进电动机。因输入既不是正弦交流，也不是恒定直流，而是脉冲电流，故又称脉冲电动机。步进电动机主要用于开环系统，也可用于闭环系统，广泛应用于数控机床、绘图机、自动记录仪、钟表、打印机走纸机构、机械手、机器人、遥控、航天等领域。

（1）步进电动机的分类

按工作原理分为：反应式、永磁式和永磁感应式。按运动方式有：旋转运动、直线运动和平面运动。按结构分：单段式（又称为径向分相式）和多段式（又称轴向分相式）。

（2）步进电动机的机座号

主要有 35、39、42、57、86、110 等。图 6-20 为步进电机型号说明。

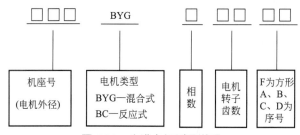

图 6-20 步进电机型号说明

（3）步进电动机的构造

步进电动机由转子（转子铁芯、永磁体、转轴、滚珠轴承）、定子（绕组、定子铁芯）、前后端盖等组成，如图 6-21 所示。

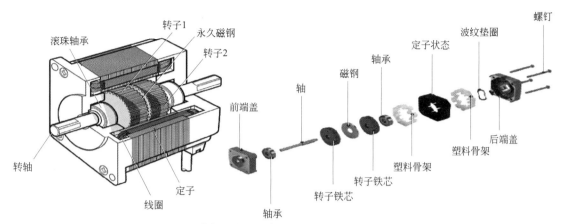

图 6-21　步进电机结构示意图及转轴成平行方向的断面图

（4）步进电动机主要参数

① 步进电动机的相数：是指电动机内部的线圈组数，常用的有两相、三相、五相步进电机。

② 拍数：完成一个磁场周期性变化所需的脉冲数或导电状态，用 m 表示，或指电动机转过一个齿距角所需的脉冲数。

③ 保持转矩：是指步进电动机通电但没有转动时，定子锁住转子的力矩。

④ 步距角：对应一个脉冲信号，电动机转子转过的角位移。

⑤ 定位转矩：电动机在不通电状态下，电动机转子自身的锁定力矩。

⑥ 失步：电动机运转时运转的步数，不等于理论上的步数。

⑦ 失调角：转子齿轴线偏移定子齿轴线的角度，电动机运转必存在失调角，由失调角产生的误差，采用细分驱动是不能解决的。

⑧ 运行矩频特性：电动机在某种测试条件下测得运行中输出力矩与频率关系的曲线。

给一个电脉冲信号，电动机就转过一个角度或前进一步，其角位移量 θ（或线位移 S）与脉冲数 k 成正比，如图 6-22（a）所示。它的转速 n（或线速度 v）与脉冲频率 f 成正比，如图 6-22（b）所示。这些关系在负载能力范围内不因电源电压与负载大小以及环境条件的波动而变化。步进电动机可以在宽广的频率范围内通过改变脉冲频率来实现调速，如快速、启 - 停、正 - 反转控制及制动等，这是步进电动机最突出的优点。

步进电动机既可以在某一固定频率脉冲源作用下作为驱动电动机恒速运行，也可以在某一受控脉冲源作用下作为伺服电动机运行。当它作为自控系统中的执行元件时，系统对它的基本要求是：

① 步进电动机在脉冲信号作用下要能快速启动、停转、正反转及在很宽的范围内调速；

② 要求步进电动机步距精度高，不得丢步或越步；

③ 快速响应，即启动、停转、正反转要迅速；

④ 能直接带负载，输出一定的转矩。

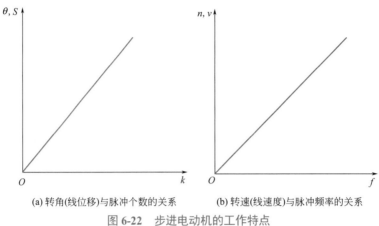

(a) 转角(线位移)与脉冲个数的关系　　(b) 转速(线速度)与脉冲频率的关系

图 6-22　步进电动机的工作特点

6.4.2　步进电动机主要数据和性能指标

（1）额定电压

额定电压是指加在步进电动机各相绕组主回路的电压。它一般不等于加在绕组两端的电压，而是绕组两端电压、限流电阻压降和晶体管上电压的总和。该电压的纹波系数不宜过大，应小于 5%。为了步进电动机及其配套电源的标准化，国家标准规定步进电动机的额定电压为：

① 单电压驱动：6V，12V，27V，48V，60V，80V；

② 双电压驱动：60V/12V，80V/12V。

（2）额定电流

在额定电压作用下，电动机不转时一相绕组允许通过的电流定为额定电流。电动机连续运行时电流表测出的是脉冲电流的平均值，这个平均电流小于额定电流。

（3）步距角 θ_b

每输入一个电脉冲信号转子转过的机械角度称为步距角。步距角的大小会直接影响启动和运行频率。

（4）静态步距角误差 $\Delta\theta_b$

静态步距角误差即实际的步距角与理论的步距角之间的差值，通常用理论步距角的百分数或绝对值来衡量，可用来表示电动机精度。静态步距角误差小表示电动机精度高。

（5）最大静转矩 T_{max}

最大静转矩是指步进电动机在规定的通电相数下矩角特性上的最大转矩值。绕组电流越大，最大静转矩也越大。最大静转矩随绕组电流变化的曲线叫作步进电动机的转矩特性，通常技术数据中给出的最大静转矩是指每相绕组通入额定电流时的最大静转矩。一般来讲，最大静转矩大的电动机，负载能力强。负载转矩与最大静转矩的比值通常取为 0.3～0.5，即：

$$T_L = （0.3～0.5）T_{max}$$

（6）启动频率 f_q

启动频率又称突跳频率，是指步进电动机能够不失步启动的最高脉冲频率。启动频率分空载启动频率和负载启动频率两种，负载启动频率与负载转矩的大小有关。

（7）连续运行频率 f

步进电动机启动后，脉冲频率连续上升能不失步运行的最高脉冲频率称为连续运行频率。连续运行频率比启动频率高得多。

（8）启动矩频特性

在一定的负载惯量下，启动频率与负载转矩的关系称为启动矩频特性。

（9）运行矩频特性

在负载惯量不变的情况下，运行频率与负载转矩的关系称为运行矩频特性。

6.4.3 步进电动机故障处理

步进电机属于特殊的电动机种类，控制其转速的因素主要有转子齿数、脉冲频率和拍数，而与负载、电压、温度等因素没有关系。步进电机工作时转速和步数不受负载变化和电压波动的影响，也不受环境条件（温度、冲击和振动等）变化的影响，只与控制脉冲同步，但它仍由转子和定子构成，而转子和定子是由铁芯和绕组构成。所以在转动过程会出现各种故障。

（1）步进电动机及常见故障

步进电机是一种感应电机，它的工作原理是利用电子电路，将直流电变成分时供电的、多相时序控制电流，用这种电流为步进电机供电，步进电机才能正常工作，驱动器就是为步进电机分时供电的多相时序控制器。

步进电动机的最大缺点在于其容易失步。特别是在大负载和速度较高的情况下，失步容易发生，同时功率也不太大。目前，步进电动机主要应用于经济型数控机床的进给驱动，一般采用开环的控制结构。也有的在采用步进电动机驱动的数控机床同时采用了位置检测元件，构成了反馈补偿型的驱动控制结构。在数控系统中，会发生启动及运行速度慢、失步现象严重、控制绕组接线错误及绕组短路、开路或击穿等故障。

（2）常见故障原因

① 驱动步进电机的脉冲频率太高，使步进电动机不能响应，发生失步或堵转；

② 驱动电源不佳而造成步进电机失步；

③ 步进电机控制及驱动电路常见的故障有停转、摆动和不能紧锁；

④ 工作台负载过重会造成步进电机失步甚至停转；

⑤ 步进电机本身问题或绕组烧坏造成失步或停转；

⑥ 步进电机发热带来的影响。

（3）常用检修方法

① 直观检查法（目测法）：就是用眼睛和其他感觉器官发现故障部位的方法，通过观察便能及时排除许多故障。

② 万用表法：就是用万用表测量步进电动机绕组的电阻、工作电压、工作电流，与正常值相比较从而确定故障原因的方法。

③ 摇表法（兆欧表法）：就是用摇表测量步进电动机的各项绝缘指标，与正常值相比较来确定故障原因的方法。

④ 波形图法：用示波器观测各主要电路的波形，通过对波形分析来判断故障的方法。

（4）典型故障分析与处理

1）启动和运行速度慢，影响系统同步

检修步进电动机时，常要将定子各相控制绕组中串联的小电阻摘下，进行绕组检测和修理，如果检修后未再接入串联电阻、小电阻损坏或失效未更换，都会造成难启动，运行速度减慢。小电阻失效或未接入，则回路时间常数加大，使脉冲电流上升沿和下降沿由陡变为平坦，恶化了频率特性，也即恶化了步进电动机运行特性。所以，修完步进电动机后，一定要接入小电阻。检修过程也必须用万用表检测小电阻有无断路、短路或击穿故障，如有则应同时更换合格的同规格小电阻，不要使之失效仍接入线路，不然影响抑制绕组中电感，使系统不同步，又为查找故障增加麻烦。

定转子气隙不均，使定转子相擦，造成启动困难或运行速度减慢。由于气隙不均造成定转子相擦，加大了步进电动机静态力矩，阻力加大使动态特性变坏，导致启动和运行速度减慢。当发生此类故障时，应仔细检查定转子相擦的原因。根据造成的具体原因，采取有效措施，排除故障，使气隙均匀。

检查中如发现因轴承损坏或端盖止口与定子外壳不同心所至，应更换新的合格轴承，及新配端盖，新端盖止口车削要按外壳止口公差尺寸配车。

如检查出属转轴变弯，可采取调直方法调直弯曲端或更换新轴。

测量转子外径如发现椭圆度超差，将转子进行精车一刀或磨削加工，消除不圆度。应注意车削或磨削加工时，加工量不宜过大，仅需将椭圆大直径车去或磨去，否则气隙加大，会导致电机其他性能变坏。

2）步进电动机运行中失步

当步进电动机改变负载运行时，如带大惯量负载则会产生振荡，使电机在某一运行频率下启动丢步或停转滑步，造成步进电动机运行中失步。为了消除大惯性负载引起失步，可以采用机械阻尼的方法，用以消除或吸收振荡能量；也可以通过加大负载的摩擦力矩的方法，从而改善运行特性，消除失步。因为步进电动机受控于电脉冲而产生步进运动，采取如上措施能使电脉冲正常，不受干扰，从而消除电机运行中失步。

另一种失步的原因可能是原采用双电源供电的后改为单电源供电，又未采取相应补救措施，使启动频率和运行频率降低，矩频特性恶化而失步。如果是此种原因所致，应重新恢复双电源供电。有些操作者为简化电路采用单电源供电造成电动机运行失步，这种做法不当，需要注意的是采用双电源是为了提高启动和运行两种频率，改善矩频特性，从而改善输入步进电动机绕组中脉冲电流的上升沿和下降沿。用单电源供电，脉冲稳定电流得不到维持，步进电动机功率相应减小，所以在驱动中相当于容量减小而过载，效率降低而失步。采用双电源，用高低两套电路，即在步进电动机绕组脉冲电流通入瞬间，对其施以高压，强迫电流上升加速；电流达到一定值后，再施以低压，使电机正常运行。这种措施不仅使驱动电源容量大大减小，同时也提高了运行效率，改善运行特性，电动机不会失步运行。

3）控制绕组一相反绕，影响正常运行

当步进电动机不能正常运行时，除上述两种原因影响速度或失步外，还可能是定子控制绕组有一相反接。当一相绕组反接时，相当于通电电流方向相反，电流相互抵消，电动机在此相内无脉冲电流，运行失常或根本不能运行。在通电情况下，检测三相电流就能发现。检测出反接相后，将该相绕组首末引出线对调，按正确接法接好，再通电运行进行电流的检测。

4）开路故障

定子控制绕组开路故障，表现为一种是引线接头处断或焊接处全脱焊，或从某一匝中导线折断；另一种情况是导线将断未断，如假焊、虚焊，或有裂纹。

此故障可采用检测普通三相电动机断路方法来检测，较方便的是用万用表电阻挡来检测，若指针不动或电阻很大，说明所检测一相绕组为开路。

修理方法是找到故障处，将断开两头漆皮刮掉后拧紧再焊牢，包上绝缘。

5）短路故障

步进电动机定子控制绕组一般为单根导线绕制的多匝绕组，短路也是匝间短路。检测方法主要分以下两步。

目测法：凡短路的绕组因短路电流大而过热，绕组导线绝缘层有发黑变脆的糊焦状，凡有此种情况的为故障相；

用在通电运行状况下，测量各相电流，凡电流大的相为故障相。

故障相找到后，如果短路在端部外层，采用加热绕组后，轻轻撬起短路匝，用薄绝缘纸垫好，再压实，线圈局部加热，再刷上绝缘漆后烘干即可；如短路严重不能局部修理，只有重绕线圈换上。

6）击穿故障

击穿故障的绕组可目测出，也可用兆欧表摇测其绝缘电阻，一般击穿后绕组将接地，若相绝缘电阻为零，说明既击穿又接地。

7）电源装置故障使步进电动机不能运行

功率放大失灵，门电路中电子开关损坏及计数器失灵是常发生的。可采用万用表及示波器等仪表，对照线路逐段检测。如测出放大程序逻辑部分无信号或信号弱，说明功率驱动器有问题，应对其进一步检测和排除故障；若电子开关未在启动位置，门电路就开通，说明启动开关已经损坏，必须更换合格的开关；如反馈信号没有，即反馈没有电压值，说明反馈环节有故障，应检测脉冲数选器及整形反相环节等，找出毛病调整至有正常反馈电压为止。

门电路不关闭，步进电动机不停机，说明计数器有故障，应检测计数器，找出毛病，调整和修理使齿轮灵活，使计数准确，达到在规定的脉冲数后电动机就停转的效果。

若发现电动机通电顺序不对，不符合设定顺序，说明环形分配器失灵，因它的级数应等于电动机的相数，在此情况下，它才按规定逻辑给电动机各相绕组依次通电，使之顺转或逆转。总之，对电源装置应经常检测和调试，防止故障出现，影响电动机正常运行。

8）步进电机发热故障

① 步进电机发热原因分析

对于所有的电机而言，其内部都是由绕组和铁芯组成的，绕组存在电阻，一般会产生一定的损耗，损耗的大小由电流的大小决定，也就是常说的铜损，如果通过的电流不是标准的正弦波或电流，还会产生谐波损耗；铁芯有磁滞涡流效应，交变磁场中依然会产生一定的损耗，其大小主要跟电流、频率、材料及电压等因素相关，称为铁损。不管是铁损或者是铜损，其表现的形式都是发热，发热就会影响电机的效率。步进电机一般追求的是力矩输出和精确定位，要求的电流较大，效率相对较低，并且有谐波损耗，电流交变的频率随着转速而变化，产生一定的损耗，因此，步进电机存在一个普遍的问题就是发热现象，而且比普通的电机发热现象更为严重。

② 步进电机发热的合理范围

电机发热允许到什么程度，主要取决电机内部绝缘等级。内部绝缘性能在高温下（130℃以上）才会被破坏。所以只要内部不超过130℃，电机便不会损坏，而这时表面温度会在90℃以下。所以步进电机表面温度在70～80℃都是正常的。简单的温度测量方法有用温度计的，也可以粗略判断：可以用手触摸12s以上，说明温度不超过60℃；用手只能碰一下，说明温度大约在70～80℃；滴几滴水迅速气化，则意味着温度达90℃以上了。

③ 速度对步进电机发热的影响

在对步进电机采用恒流驱动技术时，在低速或静态时，步进电机的电流维持在恒定状态，输出的力矩也保持恒定，当速度提高到一定程度时，电机反电动势逐渐升高，电流逐渐降低。所以，由于铜损导致的发热现象和速度就有关系了。低速和静态时，发热率较高，高速时，发热率低。但是铁损对发热情况的影响不大，由于发热现象是由二者共同作用的，所以上述情况属于常见情况。

④ 发热带来的影响

发热一般会影响电机的使用寿命，一般而言，不需要在意，因为电机的设计使用寿命在理论范围内。但是由于发热会出现一些负面的影响，例如，电机内部由于发热会导致内部元件膨胀系数的变化，直接影响电机的动态效应，速度一旦提高，容易出现失步故障。

⑤ 如何减少电机的发热

如果要降低电机的发热，就必须减少铁损和铜损。减少铜损，就需要降低电流和电阻，因此在选型时，要尽量选择电流小和电阻小的电机。对于已经选定电机，应充分利用驱动器的自动半流控制功能和脱机功能，前者在电机处于静态时自动减少电流，后者干脆将电流切断，另外细分驱动器由于电流波形接近正弦波，谐波少，电机发热也会较少。减少铁损的办法不变，电压等级与之有关，高压驱动的电机虽然会带来高速特性的提升，但也会带来发热的增加。所以应当选择合适的驱动电压等级，兼顾平稳性、高速性和噪声、发热等指标。

综上所述，针对步进电机的使用，应注意以下问题：

① 步进电机尽量应用于低速转动场合；

② 应用于较高转速的场合时，应适当设定电机的匀加速过程和匀减速过程参数，充分利用步进电机低速时的大输出力矩，顺利启动，避免高速启停，以免烧毁步进电机组件。

 6.5　变压器

在电力系统的送变电过程中，变压器是一种不可缺少的电气设备。它能改变交流电压而保持频率不变。因为输送一定功率的电能，电压越高，电流就越小，输送导线上的电能损耗越小，而且，可以选用截面积小的输电导线，能节约大量的金属材料，所以，远程供电时，通常使用变压器把发电机的端电压升高。用电时，为适应用电器的额定电压并保证人身安全和减少用电器绝缘材料的消耗，常常需要利用变压器将输电导线上的高电压降低。

6.5.1　单相变压器

（1）变压器的基本结构

单相变压器即一次绕组和二次绕组均为单相绕组的变压器。单相变压器结构简单、体积小、损耗低，主要是铁损小，适宜在负荷密度较小的低压配电网中应用和推广。如图 6-23 所示为单相变压器的实物图。

图 6-23　单相变压器实物

虽然变压器种类繁多，用途各异，电压等级和容量不同，但变压器的基本结构大致相同。最简单的变压器由一个闭合的软磁铁芯和两个套在铁芯上又相互绝缘的绕组构成，根据绕组和铁芯的相对位置，变压器有壳式结构和芯式结构两种，如图 6-24 所示。

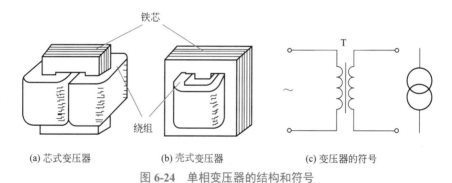

(a) 芯式变压器　　　　　(b) 壳式变压器　　　　　(c) 变压器的符号

图 6-24　单相变压器的结构和符号

① 绕组　绕组又称线圈，是变压器的电路部分，分为一次绕组和二次绕组两种。其中，与交流电源相接的绕组叫作一次绕组，简称一次；与负载相接的绕组叫作二次绕组，简称二次，如图 6-25 所示。

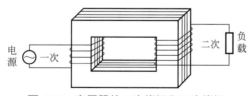

图 6-25　变压器的一次绕组和二次绕组

② 铁芯　铁芯是变压器的磁路部分，为了提高导磁性能和减少铁损，变压器的主磁路用厚为 0.35 ～ 0.5mm、表面涂有绝缘漆的热轧或冷轧硅钢片叠成。变压器的铁芯中，每片硅钢片为拼接片。在叠片时，采用叠接式，即将上下两层叠片的接缝错开，可缩小接缝间隙，以减小励磁电流。

（2）变压器的外特性与电压调整率

① 外特性　变压器在负载运行中，随着负载的增加，负载电流随之增加，一、二次绕

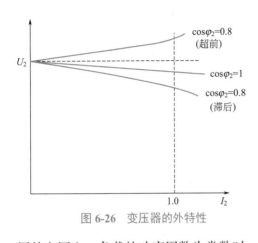

图 6-26　变压器的外特性

组上的压降及漏磁电动势都随之增加，二次绕组的端电压 U_2 将会降低。

当电源电压及负载功率因数一定时，反映副边端电压随副边电流变化而变化的曲线，称为变压器的外特性，如图 6-26 所示。外特性直观反映了变压器输出电压随负载电流变化的趋势。

由图 6-26 可知，对于电容性负载，由于容性负载减小了无功电流分量，所以，U_2 随 I_2 的增大而增大。而对于电阻和电感性负载，U_2 随 I_2 的增大而减小。

② 电压调整率　是指当一次侧接在额定电压的电网上，负载的功率因数为常数时，空载与负载时二次侧端电压变化的相对值，用 ΔU 表示。其定义如下：

$$\Delta U = \frac{U_{20} - U_2}{U_2} \times 100\% \tag{6-3}$$

式中　U_{20}——空载时二次侧端电压；

U_2——负载时二次侧端电压。

电压调整率是表征变压器运行性能的重要指标之一，它的大小反映了供电电压的稳定性。一般情况下，在 $\cos\varphi_2=0.8$（感性）左右时，额定负载的电压变化率约为 4% ~ 5.5%。

（3）变压器的损耗

变压器的损耗主要是铁损耗和铜损耗两种，每一种又包括基本损耗和附加损耗。

1）铁损耗

铁损耗与外加电压大小有关，而与负载大小基本无关，故也称为不变损耗。

① 基本铁损　基本铁损是铁损耗的主要部分，分为磁滞损耗和涡流损耗两种。

a. 磁滞损耗。磁滞指铁磁材料的磁性状态变化时，磁化强度滞后于磁场强度，它的磁感应强度（磁通密度）B 与磁场强度 H 之间呈现磁滞回线关系。

b. 涡流损耗。当线圈中有交变的电流时，在线圈中的铁芯里会产生交变的磁场，该交变磁场也会在铁芯中产生交变的感应电势，进而产生感应电流，即涡流。由涡流现象引起的能量损耗称为涡流损耗。

如果铁芯是一整个大块，其涡流就大，如果是许多互相绝缘的薄片，涡流的路径就是在片内了，路径加长了，其电阻加大了，涡流变小了，涡流的损耗变小了。

② 附加铁损　附加铁损是指铁芯叠片间绝缘损伤引起的局部涡流损耗、主磁通在结构部件中引起的涡流损耗等。

2）铜损耗

铜损的大小与负载电流的平方成正比，是可变损耗。

① 基本铜损　基本铜损是指电流在一、二次绕组直流电阻上的损耗。

② 附加铜损　漏磁通在原、副绕组中产生集肤效应，使其电阻增大而增加的铜损，通常很小。

（4）变压器的效率

1）效率

效率是指变压器的输出功率与输入功率之比，即

$$\eta = \frac{P_2}{P_1} \times 100\% = \frac{P_1 - \sum p}{P_1} \times 100\% \qquad (6\text{-}4)$$

式中　P_1——电源输入的功率；

　　　P_2——电源输出的功率；

　　　$\sum p$——变压器的损耗，包括铜损耗和铁损耗。

2）效率特性

在功率因数一定时，变压器的效率与负载电流之间的关系 $\eta = f(I_2)$，称为变压器的效率特性。

变压器的效率特性如图 6-27 所示。

① 空载时输出功率为零，所以 $\eta=0$。

② 负载较小时，损耗相对较大，效率 η 较低。

③ 负载增加，效率 η 也随之增加。超过某一负载时，因铜耗与负载电流的平方成正比增大，效率 η 反而降低，

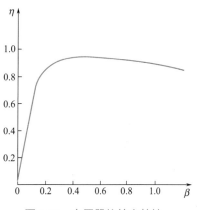

图 6-27　变压器的效率特性

最大效率 η_{max} 不一定出现在额定负载处，当变压器的不变损耗等于可变损耗时，可取得最大效率 η_{max}。图 6-27 中，$\beta = \dfrac{I_2}{I_{2N}}$ 称为负载系数。通常变压器的最高效率位于 $\beta=0.5 \sim 0.6$ 之间。

6.5.2　几种常见变压器

（1）单相照明变压器

单相照明变压器由铁芯和两个相互绝缘的线圈组成，一般为壳式。单相照明变压器经常为工厂内部的局部照明灯具提供安全电压，以确保人身安全。

（2）自耦变压器

如图 6-28 所示是自耦变压器示意图。自耦变压器有一个环形铁芯，线圈绕在铁芯上，即只有一个绕组。高压绕组的一部分兼作低压绕组。它与一般变压器一样，一、二次的电压比等于一、二次的匝数比。二次电压的引出点是一个能沿着线圈的裸露表面自由滑动的电刷触点，改变触点的位置，就能得到需要的输出电压。

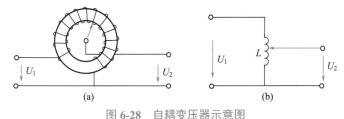

图 6-28　自耦变压器示意图

自耦变压器常用于实验室和交流异步电动机的降压启动设备中，它的最大特点是可以通过"调压"来获得所需要的电压。

① 自耦变压器在使用时，一定要注意正确接线，否则容易发生触电事故。

② 接通电压前，要将手柄转到零位。接通电源后，渐渐转动手柄，调节出所需要的电压。

（3）小型电源变压器

小型电源变压器广泛应用于电子仪器中。它一般有 1 ~ 2 个一次绕组和几个不同的二次绕组，可以根据实际需要连接组合，以获得不同的输出电压。

（4）互感器

互感器是一种专供测量仪表、控制设备和保护设备中有高电压或大电流时使用的变压器，可分为电压互感器和电流互感器两种。

1）电压互感器

使用时，电压互感器的高压绕组跨接在需要测量的供电线路上，低压绕组则与电压表相连，如图 6-29 所示。可见，高压线路的电压 U_1 等于所测量电压 U_2 和变压比 n 的乘积，即 $U_1=nU_2$。

① 次级绕组不能短路，防止烧坏次级绕组。
② 铁芯和次级绕组一端必须可靠地接地，防止高压绕组绝缘被破坏而造成设备的破坏和人身伤亡。

2）电流互感器

使用时，电流互感器的初级绕组与待测电流的负载相串联，次级绕组则与电流表串联成闭合回路，如图 6-30 所示。

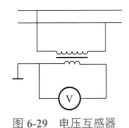

图 6-29　电压互感器　　　　图 6-30　电流互感器

通过负载的电流就等于所测电流和变压比倒数的乘积。

① 绝对不能让电流互感器的次级开路，否则会造成危险。
② 铁芯和次级绕组一端均应可靠接地。

常用的钳形电流表也是一种电流互感器。它由一个电流表接成闭合回路的次级绕组和一个铁芯构成，其铁芯可开可合。测量时，把待测电流的一根导线放入钳口中，电流表上可直接读出被测电流的大小。

（5）三相变压器

三相变压器就是三个相同的单相变压器的组合，如图 6-31 所示。三相变压器用于供电系统中。根据三相电源和负载的不同，三相变压器初级和次级线圈可接成星形或三角形，如图 6-32 所示。

三相变压器的每一相，就相当于一个独立的单相变压器。单相变压器的基本公式和分析方法，适用于三相变压器中的任意一相。

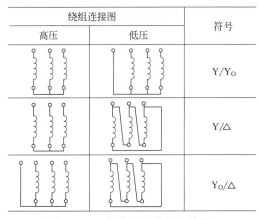

绕组连接图		符号
高压	低压	
		Y/Y_0
		$Y/\triangle$
		$Y_0/\triangle$

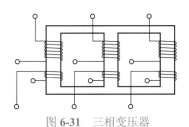

图 6-31　三相变压器　　　　　　　　图 6-32　三相变压器绕组连接图

6.5.3　变压器型号与额定值

（1）型号

变压器型号示意图如图 6-33 所示。

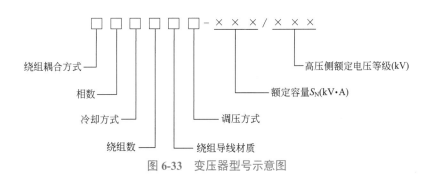

图 6-33　变压器型号示意图

绕组耦合方式：0 表示自耦。

相数：D 为单相；S 为三相。

冷却方式：不标或者 J 为油浸自冷；G 为干式空气自冷；C 为干式浇注式绝缘；F 为油浸风冷；S 为油浸水冷；FP 为强迫油循环风冷；SP 为强迫油循环水冷。

绕组数：不标为双绕组；S 为三绕组。

绕组导线材质：不标为铜；L 为铝。

调压方式：不标为无励磁调压；Z 为有载调压。

例如，变压器型号 SL9-200/10 的含义为：三相铝线额定容量为 200kV·A，高压额定电压为 10kV 的电力变压器，9 表示设计序号。

如 0SFPSZ-250000/220 表示自耦三相强迫油循环风冷三绕组铜线有载调压，额定容量为 250000kV·A，高压额定电压为 220kV 的电力变压器。

中小型变压器的容量等级为：10kV·A、20kV·A、30kV·A、50kV·A、63kV·A、80kV·A、100kV·A、125kV·A、160kV·A、200kV·A、250kV·A、315kV·A、400kV·A、500kV·A、630kV·A、800kV·A、1000kV·A、1250kV·A、1600kV·A、2000kV·A、

2500kV·A、3150kV·A、4000kV·A、5000kV·A、6300kV·A。

（2）额定值

额定运行情况：制造厂根据国家标准和设计、试验数据规定变压器的正常运行状态。

额定值：额定运行情况下各物理量的数值。额定值通常标注在变压器的铭牌上，主要参数如下。

① 额定容量 S_N：铭牌规定在额定使用条件下所输出的视在功率，单位为 V·A、kV·A、MV·A。

② 原边额定电压 U_{1N}：正常运行时规定加在一次侧的端电压。对于三相变压器，额定电压为线电压，单位为 V、kV。

③ 副边额定电压 U_{2N}：一次侧加额定电压，二次侧空载时的端电压。对于三相变压器，额定电压为线电压，单位为 V、kV。

④ 原边额定电流 I_{1N}：变压器额定容量下原边绕组允许长期通过的电流。对于三相变压器，为原边额定线电流，单位为 A、kA。

⑤ 副边额定电流 I_{2N}：变压器额定容量下副边绕组允许长期通过的电流。对于三相变压器，为副边额定线电流，单位为 A、kA。

⑥ 额定频率 f_N：我国工频为 50Hz。

除上述额定值外，铭牌上还标明了温升、连接组别、阻抗电压等。

单相变压器额定值的关系式：$S_N = U_{1N} I_{1N} = U_{2N} I_{2N}$。

三相变压器额定值的关系式：$S_N = \sqrt{3}\, U_{1N} I_{1N} = \sqrt{3}\, U_{2N} I_{2N}$。

6.5.4 变压器的故障检修及一般试验

为了保证变压器的安全运行，应经常维护和定期检查。

（1）检查和清洁变压器

① 检查瓷套管是否清洁，有无裂纹与放电痕迹，螺纹有无损坏及其他异常现象，若发现应尽快停电更换。

② 检查各密封处有无渗油和漏油现象，严重的应及时处理。

③ 检查储油柜的油位高度及油色是否正常，若发现油面过低应加油。

④ 检查箱顶油面温度计的温度与室温之差是否低于 55℃。

⑤ 定期进行油样化验及观察硅胶是否吸潮变色，需要时进行更换。

⑥ 注意变压器的声响与原来相比是否正常。

⑦ 查看防爆管的玻璃膜是否完整，或压力释放阀的膜盘是否顶开。

⑧ 检查油箱接地情况。

⑨ 观察瓷管引出端子及电缆头接头处有无发热变色，火花放电及异状停电检查，找出原因后修复。

⑩ 查看高、低压侧电压及电流是否正常。

⑪ 检查冷却装置是否正常，油循环是否破坏。

另外，要注意变电所门窗和通道的封闭情况，以防小动物进入变压器室，造成电气事故。

（2）故障检查

1）观察法

变压器的故障如过载、短路、接触不良、打火等通常都反映在发热上，变压器油温上升，有气体、油冲出，有焦味，有爆裂声、打火声等，可以观察变压器上的保护装置是否动作；防爆膜是否冲破；喷出油的颜色是否变黑或有焦味（变黑、有焦味说明故障严重）；上层油温是否超过85℃；液面是否正常；各连接部位是否漏油；箱内有无不正常声音。总之，通过看、闻、听就可大致判断变压器是否有问题。

2）测试法

①用2500V兆欧表测相间和每相对地的绝缘电阻，可以发现绝缘电阻破坏的情况。

②测量绕组的直流电阻。

（3）检修后的一般试验

①绝缘电阻和吸收比的测量　吸收比是兆欧表摇动60s时测得的绝缘电阻R''_{60}与摇动15s时测得的绝缘电阻R''_{15}的比值。用2500V兆欧表分别测相间及每相对地的吸收比R''_{60}/R''_{15}，只要这个值大于1.3（电压等级60kV及其以上的变压器要大于1.5）就可认为变压器绕组是干燥的，没有受潮。测量时其他非被测部位和油箱要一起接地。

②测绕组的直流电阻。

③测量各分接头上变压比，高压侧应接电压互感器测量，要求各相在相同分接头位置上测出变压比应与铭牌值相符，相差不应超过1%。

④测定三相变压器的连接组别。

⑤测定额定电压下的空载电流I_0，I_0应在I_N的5%左右。

⑥耐压试验　耐压试验是检验绕组对地及对另一绕组之间的绝缘。接线如图6-34所示。当试验高压绕组时，将高压各相端线连在一起，接到高压试验变压器T_2，低压各相端线、中线和油箱一起接地，即可加电试验。如要测试低压绕组，则要把高压各相端线、中线和油箱一起接地。

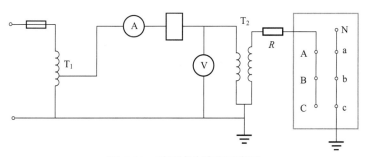

图 6-34　耐压试验接线示意图

（4）变压器绕组、绝缘故障原因分析及解决方法

变压器绕组及绝缘故障主要表现为：绕组绝缘电阻低，绕组接地，绕组对铁芯放电，绕组相间短路，匝间或排间短路，原、副边绕组之间短路；绕组断路，绕组绝缘击穿或烧毁；油浸式变压器的绝缘油故障；绕组之间、绕组与铁芯之间绝缘距离不符合要求，绕组变形等。这些故障均会使变压器不能正常运行，而且这类故障是变压器的常见故障，如果不及时发现和处理，其后果十分严重。

1）变压器绕组及绝缘故障的原因分析

变压器绕组及绝缘电阻不符合规范主要有以下几种原因：

①变压器绕组受潮，接地绝缘电阻不合格；

② 变压器内部混入金属异物，造成绝缘电阻不合格；

③ 变压器直流电阻不合格及开、短路故障；

④ 绕组放电、击穿或烧毁故障；

⑤ 变压器油含有水分。

2）变压器绕组及绝缘故障的解决方法

① 变压器绝缘电阻测量用仪表 由于变压器一、二次绕组额定电压等级较多，差别较大，因此不能用一个电压级别的绝缘电阻表去测量，否则不是测量值错误，就是将变压器绕组绝缘击穿。表 6-1 为绝缘电阻表的分类使用数据。

表 6-1 绕组额定电压与测量用绝缘电阻表电压等级之间的关系

绕组额定电压 /V	< 100	100 ~ 1000	1000 ~ 3000	3000 ~ 6000	> 6000
绝缘电阻表等级	100	500	1000	2500	5000

② 变压器绕组受潮、接地绝缘电阻不合格的分析处理 运行、备用或修理的变压器均有受潮的可能，所以一定要防止潮气和水分侵入，以免绕组、铁芯和变压器油（油浸式）受潮，引起绝缘电阻低而造成变压器的各种故障。

a. 对需要吊心检修的变压器，要保持检修场所干净无潮气，吊心检修超过 24h 的，器身一定要烘烤，在检修中如发现变压器已受潮，必须先烘干后再套装。

b. 受潮的油要过滤。

c. 变压器密封处要密封好。

d. 要定期检查储油柜、净油器及去湿器完好，定期更换硅胶等吸湿剂。

e. 库存备用变压器应放置在干燥的库房或场地，变压器油要定期进行化验。

f. 要定期检查防雷装置，尤其是雷雨季节更要检查。

g. 非专业人员不可随意打开变压器零部件。

总之，使用、维修、保管变压器均要采取防止变压器受潮、受腐蚀的措施。

③ 变压器内部混入金属异物，造成绝缘电阻不合格的分析处理。

例如：一台电炉变压器 B 相对地的绝缘电阻为零。分析处理如下：该变压器在运行中二段母线接地信号铃响，电压表指示一相电压降低、两相电压升高。经拉闸检查 6kV 开关、母线和变压器高压套管均无异常，用兆欧表测变压器绝缘，一次侧 B 相绝缘电阻为零，其余正常，判定 B 相接地。经吊芯检查发现一、二次绕组之间有一只顶丝，使一次对二次短路放电，引起不完全的接地，同时还发现二次绕组裸扁铜排外层有轻度电弧烧伤。取出顶丝检查，发现是上方电抗器线圈上的顶丝因松脱落入变压器内。将顶丝重新拧入电抗器线圈上，再合闸，变压器运行正常，B 相绝缘电阻达 120MΩ。

④ 变压器直流电阻不合格、断路和短路故障 三相变压器一次或二次绕组出现三相直流电阻不平衡，或某一相（或两相）大，另外两相（或一相）小，说明变压器绕组有开路、引线脱焊或虚接，绕组匝数错误或有匝间、层间短路等故障；还可能是同一绕组用不同规格导线绕制以及绕向反或连接错误等。而这些原因均会造成变压器三相直流电阻不平衡、变压器送电跳闸、不运行或带负载能力下降等。为防止断路故障，应从下述几方面做好预防工作。

a. 绕组绕制时用力不宜过猛，换位时换位处 S 弯不要弯折过度。

b. 接头焊接要牢，不应有虚焊、假焊，焊口不应有毛刺或飞边。

c. 绕制的线圈层间、排间绝缘距离要符合规范，以防放电时灼伤导线而断路。

d. 防止变压器过载运行。

e. 母排和一次绕组瓷套管导杆连接要牢，一、二次绕组引线与本相套管引接头焊接要牢，如螺栓连接的螺母要拧紧。

f. 应加强变压器的日常维护保养工作。

⑤ 绕组放电、击穿或烧毁故障　在变压器内部如果存在局部放电，表明变压器绝缘有薄弱环节，或绝缘距离不符合要求，放电时间一长或放电严重，将会使绝缘击穿，绕组击穿或烧毁是较大故障。只有提高产品质量、按规程操作、加强维护保养，才能防止放电或击穿变压器。

a. 加强日常维护保养，对大中型及重要供电区域的变压器应有监视设备。

b. 修理变压器应选用优质的绝缘材料，绝缘距离应符合要求，修复后密封要严。

c. 保持吸湿器有效，应有防雷措施。

d. 大型高压变压器要装有接地屏，防止放电。

⑥ 变压器油不合格的原因、防止措施和判定方法　变压器油如果保管存放不当、在运行中油受潮或过热，都会逐渐变质、老化和劣化，使绝缘性能下降，必须及时更换，或采取滤油方式，使不合格的绝缘油合格，从而保证油浸变压器及互感器正常运行，减少变压器故障。

a. 运行中的变压器油受潮原因及防止方法。

● 变压器油注入油箱后，在运行中油会受潮或进入水分，其主要原因是：在吊芯检修时或向变压器中注油时，油本身接触了空气，虽时间不长，但已吸收了少量潮气和水分；安装或检修变压器时密封不严、外界潮气和水分进入了变压器油箱。

● 防止方法如下：修理人员必须将变压器严格密封，既防止油漏出，又防止外界潮气入侵；吊芯检修必须在晴天进行，超过 24h 的，变压器身必须烘干处理；注油、滤油应采取真空滤油为好；防止变压器过热和温升超限，减少油氧化发生。

b. 变压器油质的判定方法。打开油箱盖（或放出一器皿油），用肉眼观察变压器油的颜色，如果油的颜色发暗、变成深褐色，或油黏度、沉淀物增大，闻到有酸的气味，油中有水滴等，均说明该变压器油已经老化和劣化，已经不合格，必须采取措施，提高其性能。

c. 运行中变压器油的质量标准。要判定变压器油的质量，应进行多项测定和化验，所测数值应与标准值对比，这样从量的角度来判定其超标的程度，因此掌握运行油的质量标准，对维修人员十分重要。运行油的质量标准可参见相关标准。

（5）变压器铁芯过热故障的原因分析及解决方法

导致变压器铁芯过热的主要原因是铁芯多点接地和铁芯片间绝缘不好造成铁耗增加所致。因此必须加强对变压器铁芯多点接地的检测和预防。

1）铁芯多点接地的检测

① 交流法　给变压器二次（低压）绕组通以 220 ～ 380V 交流电压，则铁芯中将产生磁通。打开铁芯和夹件的连接片，用万用表的毫安挡检测，当两表笔在逐级检测各级铁轭时，正常接地时表中有指示，当接触到某级上表中指示为零时，则被测处因无电流通过，该处叠片为接地点。

② 直流法　打开铁芯与夹件的连接，在铁轭两侧的硅钢片上施加 6V 直流电压，再用万用表直流电压挡，依次测量各级铁芯叠片间的电压。当表指针指示为零或指针指示相反时，

则被测处有故障接地点。

③ 电流表法　变压器出现局部过热，怀疑是铁芯有多点接地，可用电流表测接地线电流。因为铁芯接地导线和外接地线导管相接，利用其外引接地套管，接入电流表，如测出有电流存在，说明铁芯有多点接地处；如果只有一点正常接地，测量时电流表应无电流值或仅有微小电流值。

2）变压器铁芯多点接地的预防措施

制造或大修变压器而需要更换铁芯时，要选好材质；裁剪时，勿压坏叠片两面绝缘层，裁剪毛刺要小；保持叠片干净，污物、金属粉粒不可落在叠片上；叠压合理，接地片和铁芯要搭接牢固，和地线要焊牢。接地片离铁轭、旁柱符合规定距离，防止器身受潮使铁芯锈蚀，总装变压器时铁芯与外壳或油箱的距离应符合规定；其他金属组件、部件不可触及铁芯，加强维护，防止过载运行，一旦出现多点接地应及时排除。

（6）变压器铁芯接地、短路故障的检测

检测方法如下。

① 电流表法　用钳式电流表分别测量夹件接地回路中电流 I_1 和铁芯接地回路中电流 I_2。若测得回路中电流相等，判定为上铁轭有多点接地；若所测 $I_2 \gg I_1$，则说明下铁轭有多点接地；若所测 $I_1 \gg I_2$，根据多年测试经验判定为铁芯轭部与外壳或油箱相碰。

② 用绝缘电阻表测量绝缘电阻　用绝缘电阻表检测铁芯、夹件、穿心螺杆等件的绝缘电阻时，判定其标准如下：对运行的大中型变压器，一般采用 1000V 绝缘电阻表测量穿心螺杆对铁芯和对夹件的绝缘电阻。对 10kV 及以下变压器，绝缘电阻应不小于 2MΩ 为合格；20 ～ 35kV 级的绝缘电阻应不小于 5MΩ；40 ～ 66kV 级的，应不小于 7.5MΩ；66kV 以上至 220kV 高压变压器绝缘电阻应不小于 20MΩ。所测阻值小于上述规定时，说明有短路故障存在，应进一步打开接地片，分别测夹件、铁芯、穿心螺杆、钢压环件对地的绝缘电阻，找出短路故障并及时排除。

③ 直流电压法　用 12 ～ 24V 直流电压施加在铁芯上铁轭两侧，再用万用表毫伏挡分别测量各级铁芯段的电压降，对称级铁芯段的电压降应相等。在测量时若发现某一级电压降非常小，可能该级叠片间有局部短路故障，应进一步检查排除。

④ 双电压表法　给变压器内、外铁芯施加一定的励磁电压，来测量铁芯内外磁路电压值。具体方法是：用两块电压表，电压表 V_1 两表笔接内铁芯，电压表 V_2 接外铁芯，如果磁路有故障，则电压表指示为零；当表 V_1 为零而 V_2 不为零，则外磁路有短路处；当表 V_2 为零而 V_1 不为零，是内磁路有故障。

第 2 篇

继电控制技术

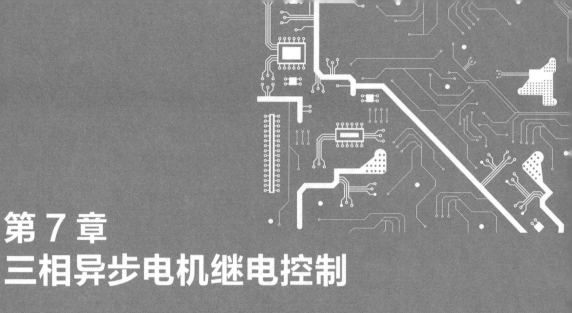

第7章
三相异步电机继电控制

7.1 点动与连续控制

7.1.1 点动控制

（1）电路

电动葫芦的起重电动机控制、车床拖板箱快速移动的电动机控制等，常常需要采用点动控制。其控制要求是：按下按钮，电动机就转动；松开按钮，电动机就停转，所以叫作点动控制。接触器点动控制线路如图7-1所示。

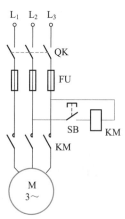

图 7-1　点动控制线路

图7-1所示的电气线路可分为主电路和辅助电路两部分，一部分为动力电路，是由三相电源 L_1、L_2 和 L_3 经熔断器 FU 和接触器的三对主触点 KM 到三相异步电动机的电路，又称

主电路；另一部分为控制电路，是由按钮 SB 和接触器线圈 KM 组成的。熔断器在线路中起短路保护作用。

（2）工作原理

① 准备工作　合上刀开关 QK。

② 启动与运行

按下 SB →线圈 KM 得电→三对主触点 KM 闭合（电源与负载接通）→电动机 M 启动、运行。

③ 停止

松开 SB →线圈 KM 失电→三对主触点 KM 断开（电源与负载断开）→电动机 M 停转。

7.1.2　连续控制

（1）电路

在点动控制中，电动机运行时操作人员的手必须始终按下按钮，否则电动机就要停转。若要求电动机长时间连续运转，采用点动控制是不适宜的。此时可采用如图 7-2 所示的接触器自锁控制线路，也称为长动控制电路，即启保停电路。这种线路的主电路与图 7-1 所示的点动控制线路相同，不再重述。区别是在控制电路中增加一个常闭停止按钮 SB_1，在常开启动按钮 SB_2 的两端并联了接触器的一对常开辅助触头 KM。

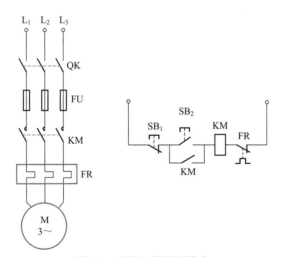

图 7-2　连续运行控制线路

（2）工作原理

① 准备　使用时先合上刀开关 QK。

② 启动

按下 SB_2，使其常开触点闭合→线圈 KM 得电→主触点 KM 闭合→电动机接通电源启动

辅助常开触点 KM 闭合→实现自锁

当松开 SB_2，其常开触点恢复分断后，因为接触器的常开辅助触点 KM 仍然闭合，将 SB_2 短接，控制电路仍保持接通状态，所以接触器线圈 KM 继续得电，电动机能持续运转。

这种松开启动按钮后接触器能够自己保持得电的作用叫作自锁，与启动按钮并联的接触器一对常开辅助触点叫作自锁触点。

③ 停止

按下 SB₁ 使其常闭触点立即分断→线圈 KM 失电→主触点 KM 断开→电动机断开电源停转辅助常开触点 KM 断开→解除自锁。

当松开 SB₁，其常闭触点恢复闭合后，因接触器的自锁触点 KM 在切断控制电路时已经分断，停止了自锁，这时接触器线圈 KM 不可能得电。要使电动机重新运行，必须进行重新启动。

（3）保护功能

① 短路保护　短路时熔断器 FU 的熔体熔断，切断电路，起短路保护的作用。

② 过载保护　采用热继电器 FR。由于热继电器的热惯性比较大，电动机启动时，虽然启动电流很大，但由于启动时间短，积蓄的热量不足以使热继电器发生动作。当电动机长期过载时，发热元件的热量积蓄过多，此时，热继电器发生动作，使它的常闭触点断开，从而断开控制电路。

③ 欠电压与失电压保护　是依靠接触器 KM 的自锁环节来实现的。当电源电压低到一定程度或失电压时，接触器电磁铁的吸力将减弱或消失，接触器的触点将恢复常态，电动机停转，采用这种接触器自锁控制线路，由于自锁触点与主触点在欠压或失压时同时断开，即使供电恢复正常，控制电路也不能接通，电动机不会自行启动。例如，在机床上，当电动机欠电压或失电压停转时，机床的运动部件停止运行，此时车削刀具被卡在工件上，若没有自锁保护，一旦恢复正常供电，电动机自行启动，将会造成设备损坏和人身伤害事故。有自锁保护时，电动机则不会自行启动，此时，操作人员可以从容地将卡住的刀具退出，重新启动机床。

7.1.3　点动与连续控制

在生产实践中，有的生产机械需要点动控制，有的生产机械既需要点动控制，又需要连续控制。图 7-3 示出了几种既能实现点动又能实现连续运动的控制线路。

几种控制线路的主电路如图 7-3（a）所示。

（1）带手动开关的点动、连续混合控制

如图 7-3（b）所示是带手动开关 SA 的点动控制线路。

① 点动　当需要点动时，断开开关 SA，辅助常开触点 KM 线路被断开，相当于将自锁环节破坏，由按钮 SB₂ 来进行点动控制。

② 连续　当需要连续工作时合上开关 SA，将接触器 KM 的自锁触点接入，即可实现连续控制。

（2）按钮实现的点动、连续混合控制

如图 7-3（c）所示是增加了一个复合按钮 SB₃ 来实现点动、连续混合控制的电路。

① 点动　按下按钮 SB₃，SB₃ 的常闭触点先断开自锁电路，再闭合常开触点，电动机 M 启动运行，当松开按钮 SB₃ 时，其常开触点先断开，电动机停止运行，常闭触点再闭合，电动机保持停止状态。

② 连续　若需要电动机连续运行，由于常开触点 KM 串联 SB₃ 的常闭触点构成自锁环节，因此按下按钮 SB₂ 即可使电动机连续运行，按下停止按钮 SB₁ 电动机停止运行。

（3）利用中间继电器实现点动、连续混合控制

图 7-3（d）所示是利用中间继电器实现点动、连续混合的控制线路。

① 点动　按下按钮 SB₂，线圈 KA 得电，常闭触点 KA 断开，辅助常开触点 KM 线路被断开，相当于将自锁环节破坏。常开触点 KA 闭合，电动机 M 启动运行，当松开按钮 SB₂ 时，电动机停止运行。

② 连续　若需要电动机连续运行，由于常开触点 KM 串联 KA 的常闭触点构成自锁环节，因此按下按钮 SB₃ 即可使电动机连续运行，按下停止按钮 SB₁ 电动机停止运行。

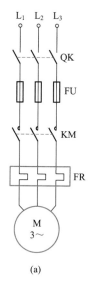

(a)

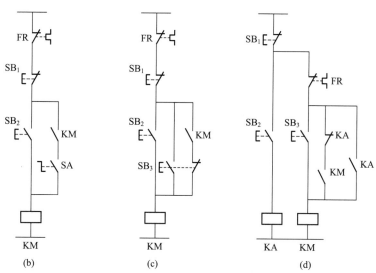

(b)　　　　　　(c)　　　　　　(d)

图 7-3　实现点动和连续的几种控制线路

7.2 顺序控制

车床主轴转动时，要求油泵先给润滑油，主轴停止后油泵方可停止润滑，即要求油泵电动机先启动、主轴电动机后启动，主轴电动机停止后才允许油泵电动机停止，实现这种控制

功能的电路就是顺序控制电路。在生产实践中，经常要求各种运动部件之间或生产机械之间能够按顺序工作。

7.2.1 顺序启动、同时停止控制

（1）电路

电气控制线路如图 7-4 所示。电路中含有两台电动机 M_1 和 M_2，从主电路来看，电动机 M_2 主电路的交流接触器 KM_2 接在接触器 KM_1 之后，只有 KM_1 的主触点闭合后，KM_2 才可能闭合，这样就保证了 M_1 启动后 M_2 才能启动的顺序控制要求。

（2）工作原理

① 准备　使用时先合上刀开关 QK。

② 启动

按下 SB_1 使其常开触点闭合→线圈 KM_1 得电→

$\begin{cases} \text{主触点}KM_1\text{闭合} \rightarrow \begin{cases} \text{电动机}M_1\text{接通电源启动} \\ \text{为电动机}M_2\text{启动做好准备} \end{cases} \\ \text{辅助常开触点}KM_1\text{闭合} \rightarrow \text{实现自锁} \end{cases}$

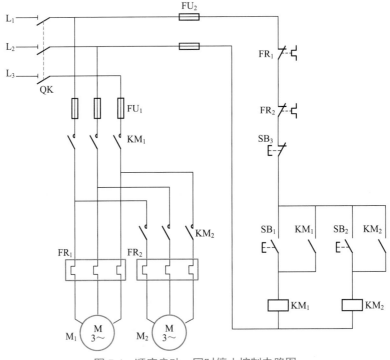

图 7-4　顺序启动、同时停止控制电路图

按下 SB_2 使其常开触点闭合→线圈 KM_2 得电→

$\begin{cases} \text{主触点}KM_2\text{闭合} \rightarrow \text{电动机}M_2\text{接通电源启动} \\ \text{辅助常开触点}KM_2\text{闭合} \rightarrow \text{实现自锁} \end{cases}$

值得注意的是：如果先按下 SB_2，由于常开主触点 KM_1 是断开的，因此电动机 M_2 不能启动。

③ 停止

按下 SB₃ 使其常闭触点断开→

$\begin{cases} \text{线圈KM}_1\text{失电} \rightarrow \text{主触点KM}_1\text{断开} \rightarrow \text{电动机M}_1\text{断开电源停转} \\ \text{线圈KM}_2\text{失电} \rightarrow \text{主触点KM}_2\text{断开} \rightarrow \text{电动机M}_2\text{断开电源停转} \end{cases}$

7.2.2　顺序启动、逆序停止控制

（1）电路

电气控制线路如图 7-5 所示。电路中含有两台电动机 M_1 和 M_2，电动机 M_2 的控制电路先与接触器常开触点 KM_1 串接，这样就保证了 M_1 启动后 M_2 才能启动；而 KM_2 的常开触点与 SB_1 并联，这样就保证了只有电动机 M_2 停车后 M_1 才能停车的顺序控制要求。

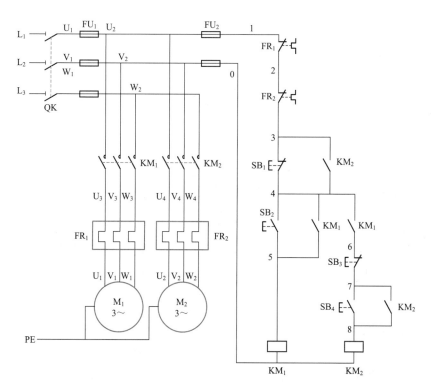

图 7-5　顺序启动、逆序停止控制电路图

（2）工作原理

① 准备　使用时先合上刀开关 QK。

② 启动

按下 SB_2 使其常开触点闭合→线圈 KM_1 得电→

$\begin{cases} \text{主触点KM}_1\text{闭合} \rightarrow \text{电动机M}_1\text{接通电源启动} \\ 4\text{与5之间的辅助常开触点KM}_1\text{闭合} \rightarrow \text{实现自锁} \\ 5\text{与6之间的辅助常开触点KM}_1\text{闭合} \rightarrow \text{为M}_2\text{启动做好准备} \rightarrow \text{实现顺序启动} \end{cases}$

按下 SB$_4$ 使其常开触点闭合→线圈 KM$_2$ 得电→

$\begin{cases} 主触点KM_2闭合 \to 电动机M_2接通电源启动 \\ 7与8之间的辅助常开触点KM_2闭合 \to 实现自锁 \\ 3与4之间的辅助常开触点KM_2闭合 \to 使停止按钮SB_1失去作用 \to 实现逆序停止 \end{cases}$

值得注意的是：如果先按下 SB$_4$，由于 4 与 6 之间的常开主触点 KM$_1$ 是断开的，因此电动机 M$_2$ 不能启动。

③ 停止

按下 SB3 使其常闭触点断开→线圈 KM$_2$ 失电→

$\begin{cases} 主触点KM_2断开 \to 电动机M_2断开电源停止 \\ 辅助常开触点KM_2断开 \to 解除自锁 \\ 辅助常开触点KM_2断开 \to 使停止按钮SB_1起作用 \end{cases}$

按下 SB$_1$ 使其常闭触点断开→线圈 KM$_1$ 失电→

$\begin{cases} 主触点KM_1断开 \to 电动机M_1断开电源停止 \\ 辅助常开触点KM_1断开 \to 解除自锁 \\ 辅助常开触点KM_1断开 \to 断开M_2控制电路，为顺序启动功能做准备 \end{cases}$

值得注意的是：如果先按下 SB$_1$，由于 3 与 4 之间的常开触点 KM$_2$ 是闭合的，无法断开控制线路，故电动机不能停止运行。

<table>
<tr><td>

7.3　多地控制
</td><td></td></tr>
</table>

为了操作方便，需要在两地或多地控制一台电动机，例如普通铣床的控制电路，就是一种多地控制电路。这种能在两地或多地控制一台电动机的控制方式，称为电动机的多地控制。在实际应用中，大多为两地控制。

7.3.1　两地控制

（1）电路

如图 7-6 所示为两地控制的具有过载保护的控制电路。其中 SB$_{12}$、SB$_{11}$ 为安装在甲地的启动按钮和停止按钮；SB$_{22}$、SB$_{21}$ 为安装在乙地的启动按钮和停止按钮。线路的特点是：两地的启动按钮 SB$_{12}$、SB$_{22}$ 要并联接在一起；停止按钮 SB$_{11}$、SB$_{21}$ 要串联接在一起。这样就可以分别在甲、乙两地启动和停止同一台电动机，达到操作方便的目的。对三地或多地控制，只要把各地的启动按钮并接、停止按钮串接就可以实现。

（2）两地控制线路的工作原理

① 准备　使用时先合上刀开关 QK。

② 启动

按下 SB$_{12}$ 使其常开触点闭合→线圈 KM 得电→

$\begin{cases} 主触点KM闭合 \to 电动机接通电源启动 \\ 辅助常开触点KM闭合 \to 实现自锁 \end{cases}$

按下 SB_{22} 使其常开触点闭合→线圈 KM 得电→

$\begin{cases}\text{主触点KM闭合} \to \text{电动机接通电源启动} \\ \text{辅助常开触点KM闭合} \to \text{实现自锁}\end{cases}$

③ 停止

按下 SB_{11} 使其常闭触点立即分断→线圈 KM 失电→

$\begin{cases}\text{主触点KM断开} \to \text{电动机断开电源停转} \\ \text{辅助常开触点KM断开} \to \text{解除自锁}\end{cases}$

按下 SB_{21} 使其常闭触点立即分断→线圈 KM 失电→

$\begin{cases}\text{主触点KM断开} \to \text{电动机断开电源停转} \\ \text{辅助常开触点KM断开} \to \text{自锁解除}\end{cases}$

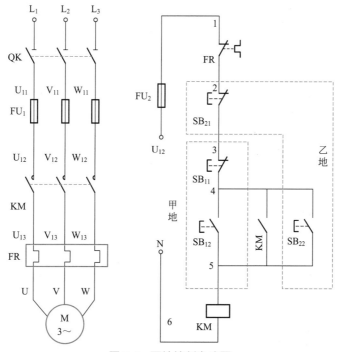

图 7-6　两地控制电路图

由此可以看出，甲地启动按钮 SB_{12} 和乙地启动按钮 SB_{22} 具有相同的功能，都可以单独启动电动机，同理甲地停车按钮 SB_{11} 和乙地停车按钮 SB_{21} 都可以单独停止电动机，只是安装地点不同，因此可以实现甲乙两地控制。

7.3.2　三地控制

三地控制线路如图 7-7 所示。把一个启动按钮和一个停止按钮组成一组，并把三组启动、停止按钮分别设置三地，即能实现三地控制。

由两地控制和三地控制的原理，可以推广到多地控制。多地控制的原则是：启动按钮应并联连接，停止按钮要串联连接。

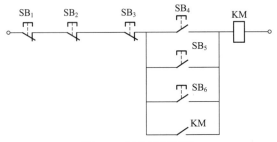

图 7-7　三地控制线路

7.4　正反转控制

大多数生产机械的运动部件，往往要求正反两个方向运动。如铣床主轴正转和反转、起重机的提升或下降、磨床砂轮架的起落等，往往需要电动机正反转来实现。由三相异步电动机转动原理可知，若将接至电动机的三相电源进线中的任意两相对调，即可使电动机反转，所以正反转控制线路实质上是两个方向相反的单向运行线路。

7.4.1　接触器联锁的正反转控制

（1）电路

接触器联锁的正反转控制线路如图 7-8 所示，使用了两个接触器 KM_1、KM_2 分别控制电动机的正转和反转。从主电路可以看出，两个接触器主触点所接通的电源相序不同，KM_1 按 L_1-L_2-L_3 接线；KM_2 按 L_3-L_2-L_1 接线，所以能改变电动机的转向。相应地有两个控制电路，由按钮 SB_2 和线圈 KM_1 等组成正转控制电路，由按钮 SB_3 和线圈 KM_2 组成反转控制电路。

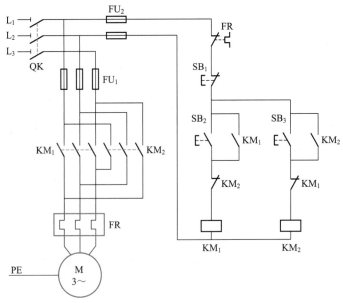

图 7-8　接触器联锁的正反转控制线路

（2）工作原理

① 准备　使用时先合上刀开关 QK。

② 正转控制

按下 SB_2 →线圈 KM_1 得电→

$\begin{cases} \text{主触点}KM_1\text{闭合} \rightarrow \text{电动机接通电源正转启动} \\ \text{辅助常开触点}KM_1\text{闭合} \rightarrow \text{实现自锁} \\ \text{辅助常闭触点}KM_1\text{断开} \rightarrow \text{切断反转控制电路，使线圈}KM_2\text{不能得电，实现互锁} \end{cases}$

③ 停止

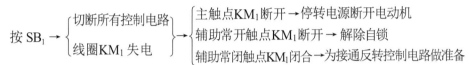

④ 反转控制

按下 SB_3 →线圈 KM_2 得电→

$\begin{cases} \text{主触点}KM_2\text{闭合} \rightarrow \text{电动机接通电源反转启动} \\ \text{辅助常开触点}KM_2\text{闭合} \rightarrow \text{实现自锁} \\ \text{辅助常闭触点}KM_2\text{断开} \rightarrow \text{切断正转控制电路，使线圈}KM_1\text{不能得电，实现互锁} \end{cases}$

从上面分析中可以看到，当正转控制电路工作时，反转控制电路中串接的常闭辅助触点 KM_1 是断开的，使接触器 KM_2 不能得电。同样，在反转控制电路工作时，正转控制电路中串接的常闭辅助触点 KM_2 是断开的，使接触器 KM_1 不能得电。也就是说，正转控制电路与反转控制电路不能同时得电，主触点 KM_1 和 KM_2 不能同时闭合，否则将造成电源两相短路事故。只有接触器 KM_1 失电复位后，接触器 KM_2 才能得电；同样，只有接触器 KM_2 失电复位后，接触器 KM_1 才能得电。这种相互制约的作用称为联锁（或互锁），所有的常闭辅助触点称为联锁触点（或互锁触点）。由于联锁双方是接触器，因此把这种控制方式叫作接触器联锁。

7.4.2　按钮、接触器双重联锁的正反转控制

接触器联锁的正反转控制线路只能实现"正 - 停 - 反"或者"反 - 停 - 正"控制，即电动机在正转或反转时必须按下停止按钮后，再反向或正向启动。在生产实际中，为了提高劳动生产率，减少辅助工时，往往要求直接实现正反转的变换控制。因此除采用接触器联锁外，还利用复合按钮组成"正 - 反 - 停"的互锁控制。复合按钮的常闭触点同样起到互锁的作用，这种互锁称为"机械互锁"或"机械联锁"，因此，这种控制线路也称为按钮接触器双重联锁的正反转控制线路。

（1）电路

图 7-9 所示为双重联锁的正反转控制线路。它采用复合按钮，将正转启动按钮 SB_2 的常闭触点串接在反转控制电路中，同样将反转控制电路中的启动按钮 SB_3 的常闭触点串接在正转控制电路中。图 7-9 中所示虚线相连的为同一按钮的另外一对触点。这样便可以保证正、反转两条控制电路不会同时被接通。

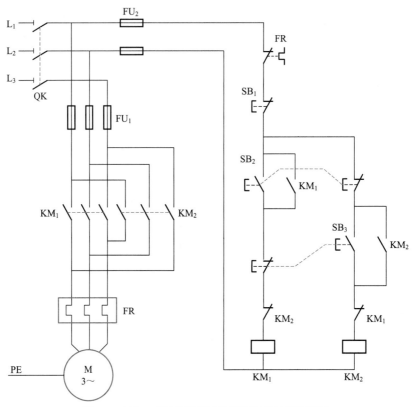

图 7-9　按钮、接触器双重联锁的正反转控制线路

（2）控制原理

① 准备　使用时先合上刀开关 QK。

② 正转控制

按下 SB$_2$ → SB$_2$ 常闭触点先行断开→确保接触器线圈 KM$_2$ 为失电状态。

然后，SB$_2$ 常开触点闭合→线圈 KM$_1$ 得电→

$\begin{cases} \text{主触点KM}_1\text{闭合 → 电动机接通电源正转启动} \\ \text{辅助常开触点KM}_1\text{闭合 → 实现自锁} \\ \text{辅助常闭触点KM}_1\text{断开 → 切断反转控制电路，使线圈KM}_2\text{不能得电，实现互锁} \end{cases}$

③ 反转控制

按下 SB$_3$ → SB$_3$ 常闭触点先行断开→接触器线圈 KM$_1$ 失电释放，电动机停转。

然后，SB$_3$ 常开触点闭合→线圈 KM$_2$ 得电→

$\begin{cases} \text{主触点KM}_2\text{闭合 → 电动机接通电源反转启动} \\ \text{辅助常开触点KM}_2\text{闭合 → 实现自锁} \\ \text{辅助常闭触点KM}_2\text{断开 → 切断正转控制电路，使线圈KM}_1\text{不能得电，实现互锁} \end{cases}$

④ 停止

按 SB$_1$ →切断所有控制线路，电动机停转。

在这个线路中，当需要改变电动机运转方向时，就不必按 SB$_1$ 停止按钮了，直接操作正反转按钮即能实现电动机正反转的改变。该线路既有接触器常闭触点的"电气互锁"，又有复合按钮常闭触点的"机械互锁"，即具有双重互锁。该线路操作方便，安全可靠，故应用广泛。

7.5　降压启动控制

三相笼型异步电动机全压启动控制线路简单、经济、操作方便。但对于容量较大的笼型异步电动机来说，由于启动电流大，会引起较大的电网压降，因此一般采用降压启动的方法，以限制启动电流。所谓降压启动，是借助启动设备将电源电压适当降低后加在定子绕组上进行启动，待电动机转速升高到接近稳定时，再使电压恢复到额定值，转入正常运行。降压启动虽可以减小启动电流，但也降低了启动转矩，因此降压启动适用于空载或轻载启动。

三相笼型异步电动机的降压启动方法有定子绕组回路串电阻或电抗器降压启动、定子绕组串自耦变压器降压启动、Y - △降压启动、延边三角形降压启动四种方法，这里重点介绍定子绕组回路串电阻或电抗器降压启动、Y - △降压启动，其他两种请参考相关资料。

7.5.1　手动控制的定子绕组串电阻降压启动

（1）电路

定子回路串电阻降压启动是指在电动机启动时，把电阻串接在电动机定子绕组与电源之间，通过电阻的分压作用来降低定子绕组上的启动电压，待电动机启动后，再将电阻短接，使电动机在额定电压下正常运行。串电阻降压启动的缺点是减小了电动机的启动转矩，同时启动时在电阻上功率消耗也较大，如果启动频繁，则电阻的温度很高，对于精密的机床会产生一定影响，故这种降压启动方法在生产实际中的应用正逐步减少。手动控制定子绕组串电阻降压启动控制电路如图 7-10 所示。

（2）工作原理

① 准备　使用时先合上刀开关 QK。

② 降压启动

按下 SB_2 使其常开触点闭合→ KM_1 线圈得电→

$\begin{cases} \text{主触点} KM_1 \text{闭合} \rightarrow \text{电动机接通电源降压启动} \\ \text{辅助常开触点} KM_1 \text{闭合} \rightarrow \text{实现自锁} \end{cases}$

③ 全压运行

待笼型电动机启动好后，按下按钮 SB_3 → KM_2 线圈得电→

$\begin{cases} \text{主触点} KM_2 \text{闭合} \rightarrow \text{电动机接通电源全压启动} \\ \text{辅助常开触点} KM_2 \text{闭合} \rightarrow \text{实现自锁} \\ \text{辅助常闭触点} KM_2 \text{断开} \rightarrow \text{线圈} KM_1 \text{失电} \rightarrow \begin{cases} \text{主触点} KM_1 \text{断开} \rightarrow \text{切除串联的电阻} \\ \text{辅助常开触点} KM_1 \text{断开} \rightarrow \text{解除自锁} \end{cases} \end{cases}$

④ 停止

按停止按钮 SB_1 →整个控制电路失电→ KM_2（或 KM_1）主触点和辅助触点分断→电动机 M 失电停转。

从电路的工作原理看，电路待电动机启动后，通过手动控制将电阻短接，使电动机在额定电压下正常运行。

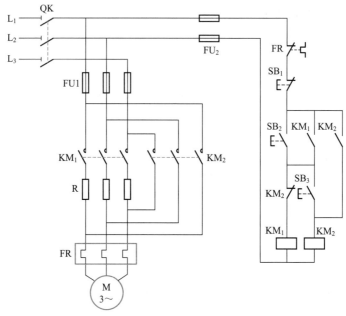

图 7-10　手动控制的定子绕组串电阻降压启动控制电路

7.5.2　时间继电器控制的串电阻降压启动

（1）电路

时间继电器控制串电阻降压启动电路如图 7-11 所示。首先，电动机串电阻启动，待延时一定时间后，启动过程结束，自动切换为全压运行。

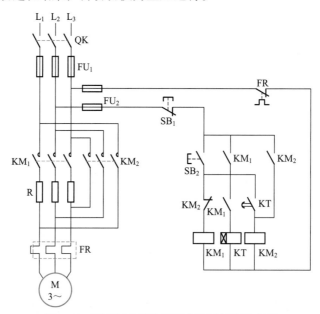

图 7-11　时间继电器控制串电阻降压启动电路

（2）工作原理

① 准备　使用时先合上刀开关 QK。

② 降压启动

按下 SB$_2$ 使其常开触点闭合→ KM$_1$ 线圈得电→

{
主触点KM$_1$闭合 → 电动机接通电源降压启动
辅助常开触点KM$_1$闭合 → 实现自锁
辅助常开触点KM$_1$闭合 → 线圈KT得电，开始计时
}

KT 计时时间到→常开触点 KT 闭合→线圈 KM$_2$ 得电→

→ {
主触点KM$_2$闭合 → 电动机接通电源全压运行
辅助常开触点KM$_2$闭合 → 实现自锁
辅助常闭触点KM$_2$断开 → 线圈KM$_1$失电→ {
主触点KM$_1$断开 → 切除电阻
辅助常开触点KM$_1$断开 → 解除自锁
辅助常开触点KM$_1$断开 → 线圈KT失电
}
}

③ 停止

按停止按钮 SB$_1$ →整个控制电路失电→ KM$_2$（或 KM$_1$）主触点和辅助常开触点分断→电动机 M 失电停转。

接触器 KM$_2$ 得电后，将主回路 R 短接，即将已完成工作任务的电阻从控制线路中切除，其优点是节省电能和延长电阻的使用寿命。启动电阻一般采用由电阻丝绕制的板式电阻或铸铁电阻，电阻功率大，能够通过较大电流，但电能损耗较大，为了节省电能，可采用电抗器代替电阻，但其价格较贵，成本较高。

7.5.3　手动切换的 Y-△降压启动

（1）电动机接线

三相交流异步电动机的定子绕组共有六个引线端，分别固定在接线盒内的接线柱上，各相绕组的始端分别用 U$_1$、V$_1$、W$_1$ 表示，末端用 U$_2$、V$_2$、W$_2$ 表示。定子绕组的始末端在机座接线盒内的排列次序如图 7-12 所示。

定子绕组有星形和三角形两种接法。若将 U$_2$、V$_2$、W$_2$ 接在一起，U$_1$、V$_1$、W$_1$ 分别接到 A、B、C 三相电源上，则电动机为星形接法，实际接线与原理接线如图 7-13 所示。

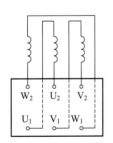

图 7-12　电动机绕组接线图

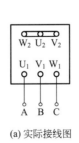

(a) 实际接线图

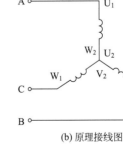

(b) 原理接线图

图 7-13　电动机 Y 绕组接线图

如果将 U$_1$ 接 W$_2$，V$_1$ 接 U$_2$，W$_1$ 接 V$_2$，然后分别接到三相电源 A、B、C 上，电动机就是三角形接法，如图 7-14 所示。

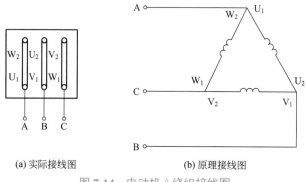

(a) 实际接线图　　　　　　　(b) 原理接线图

图 7-14　电动机△绕组接线图

（2）电路

电动机绕组接成三角形时,每相绕组承受的电压是电源的线电压（380V）,而接成星形时,每相绕组承受的电压是电源的相电压（220V）。因此,对于正常运行时定子绕组接成三角形的笼型异步电动机,启动时将电动机定子绕组接成星形,从而可以减小启动电流。待启动后按预先整定的时间换接成三角形接法,使电动机在额定电压下正常运行。采用 Y-△降压启动,其启动转矩也相应下降为原来三角形接法的 1/3,转矩特性差,因而本线路适用于轻载启动的场合。

从主电路上看,当常开触点 KM$_1$ 闭合时,电动机为星形接法;而如果闭合 KM$_2$,电动机则为三角形接法。

Y-△降压启动控制线路如图 7-15 所示。

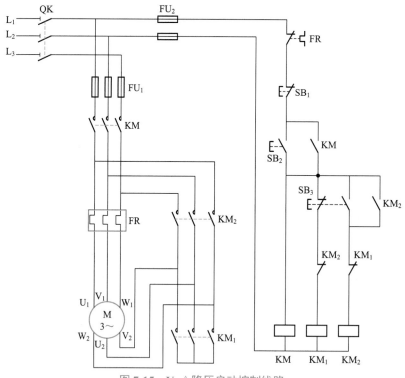

图 7-15　Y-△降压启动控制线路

（3）工作原理

① 准备 使用时先合上刀开关 QK。

② 星形连接降压启动

按下 SB_2 使其常开触点闭合→

$$\left\{\begin{array}{l}\text{线圈KM得电}\rightarrow\left\{\begin{array}{l}\text{常开触点KM闭合}\rightarrow\text{实现自锁}\\\text{主触点KM闭合}\rightarrow\text{为电动机接通电做好准备}\end{array}\right.\\\text{线圈}KM_1\text{得电}\rightarrow\left\{\begin{array}{l}\text{主触点}KM_1\text{闭合}\rightarrow\text{电动机星形接法启动}\\\text{常闭触点}KM_1\text{断开}\rightarrow\text{实现互锁，防止线圈}KM_2\text{得电}\end{array}\right.\end{array}\right.$$

③ 三角形连接全压运行

按下 SB_3 使其常闭触点断开→线圈 KM_1 失电→

$$\left\{\begin{array}{l}\text{主触点}KM_1\text{断开}\rightarrow\text{电动机取消星形接法}\\\text{常闭触点}KM_1\text{闭合}\rightarrow\text{解除互锁}\end{array}\right.$$

SB_3 常闭触点断开后常开触点闭合→线圈 KM_2 得电→

$$\left\{\begin{array}{l}\text{主触点}KM_2\text{闭合}\rightarrow\text{电动机三角形接法全压运行}\\\text{常闭触点}KM_2\text{断开}\rightarrow\text{实现互锁，使星形接法线路无法得电}\\\text{常开触点}KM_2\text{闭合}\rightarrow\text{实现自锁}\end{array}\right.$$

④ 停止

按下 SB_1 使其常闭触点断开→

$$\left\{\begin{array}{l}\text{线圈KM失电}\rightarrow\left\{\begin{array}{l}\text{常开触点KM断开}\rightarrow\text{解除自锁}\\\text{主触点KM断开}\rightarrow\text{电动机断电}\end{array}\right.\\\text{线圈}KM_2\text{失电}\rightarrow\left\{\begin{array}{l}\text{主触点}KM_2\text{断开}\rightarrow\text{电动机解除三角形接法}\\\text{常闭触点}KM_2\text{闭合}\rightarrow\text{解除互锁}\\\text{常开触点}KM_2\text{断开}\rightarrow\text{解除自锁}\end{array}\right.\end{array}\right.$$

从电路的工作原理看，电路待电动机星形接法启动后，再通过手动控制将电动机变成三角形接法，使电动机在三角形接法下全压运行。

7.5.4 时间继电器自动控制的 Y-△降压启动

（1）电路

时间继电器自动控制的 Y-△降压启动电路如图 7-16 所示。首先，电动机星形接法启动，待延时一定时间后，启动过程结束，自动切换为三角形接法全压运行。图 7-16 中所示主电路由 3 只接触器 KM_1、KM_2、KM_3 主触点的通断配合，分别将电动机的定子绕组接成星形或三角形。当 KM_1、KM_3 线圈通电吸合时，其主触点闭合，定子绕组接成星形；当 KM_1、KM_2 线圈通电吸合时，其主触点闭合，定子绕组接成三角形。两种接线方式的切换由控制电路中的时间继电器定时自动完成。

（2）工作原理

① 准备 使用时先合上刀开关 QK。

② 星形连接降压启动，三角形连接全压运行

按下 SB$_2$ 使其常开触头闭合→

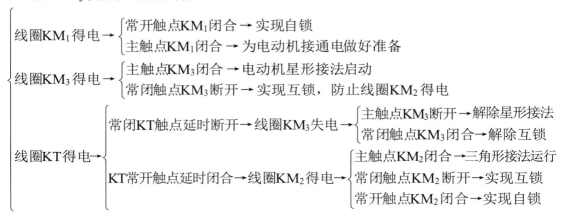

③ 停止 按下 SB$_1$ 使其常闭触点断开

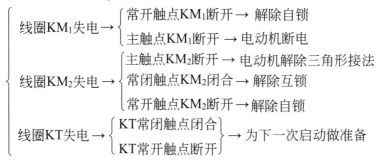

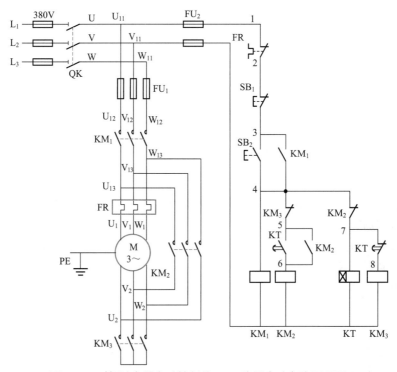

图 7-16 时间继电器自动控制的 Y-△降压启动电路原理图

7.6 反接制动控制

三相笼型异步电动机切断电源后，由于惯性，总要经过一段时间才能完全停止。为缩短时间，提高生产效率和加工精度，要求生产机械能迅速准确地停车。采取一定措施使三相笼型异步电动机在切断电源后迅速准确地停车的过程，称为三相笼型异步电动机的制动。

其中，反接制动是一种常用的电气制动方法。

反接制动是利用改变电动机电源相序，使定子绕组产生的旋转磁场与转子旋转方向相反，因而产生制动力矩的一种制动方法。应当注意的是，当电动机转速接近零时，必须立即断开电源，否则电动机将反向旋转。

另外，由于反接制动电流较大，制动时需在定子回路中串入电阻以限制制动电流。反接制动电阻的接法分对称电阻和不对称电阻两种，如图 7-17 所示。

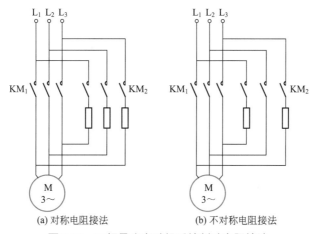

(a) 对称电阻接法　　　(b) 不对称电阻接法

图 7-17　三相异步电动机反接制动电阻接法

（1）电路

反接制动原理图如图 7-18 所示，反接制动电阻的接法采用对称电阻接法，正常运转时主触点 KM_1 闭合，制动时主触点 KM_2 闭合，采用速度继电器，当制动到转速小于120r/min 时，自动将反接电源切除，防止电动机反向启动。

（2）工作原理

① 准备　使用时先合上刀开关 QK。

② 单向启动

按下 SB_1 使其常开触点闭合→线圈 KM_1 得电→

辅助常开触点 KM_1 闭合 → 实现自锁
辅助常闭触点 KM_1 断开 → 实现互锁
主触点 KM_1 闭合→电动机接通电源启动 $\xrightarrow[]{\text{速度大于}~120r/min}$ 速度继电器KS常开触点闭合 (为制动做准备)

③ 反接制动

按下 SB$_2$ →

常闭触头SB$_2$断开 → 线圈KM$_1$失电 → {
辅助常开触点KM$_1$断开 → 解除自锁
辅助常闭触点KM$_1$闭合 → 解除互锁
主触点KM$_1$断开 → 电动机电源断开
}

常开触头SB$_2$闭合
由于惯性，KS触点闭合
} → 线圈KM$_2$得电 → {
辅助常开触点KM$_2$闭合 → 实现自锁
辅助常闭触点KM$_2$断开 → 实现互锁
主触点KM$_2$闭合 → 电动机串电阻反接制动
}

电动机制动时 $\xrightarrow[\quad]{\text{速度小于}\atop 120\text{r/min}}$ 速度继电器KS常开触点断开

→ 线圈KM$_2$失电 → {
辅助常开触点KM$_2$断开 → 解除自锁
辅助常闭触点KM$_2$闭合 → 解除互锁
主触点KM$_2$断开 → 电动机电源断开，制动结束
}

这种方法适用于要求制动迅速、制动不频繁（如各种机床的主轴制动）的场合。

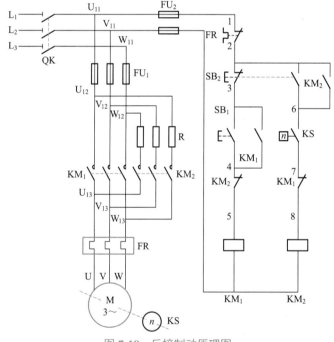

图 7-18　反接制动原理图

7.7　行程控制

　　根据生产机械的运动部件的位置或行程进行控制称为行程控制。生产机械的某个运动部件，如机床的工作台，需要在一定的范围内往复循环运动，以便连续加工。这种情况要求拖

动运动部件的电动机必须能自动地实现正、反转控制。

（1）电路

行程开关控制的三相交流异步电动机正、反转自动循环控制线路如图 7-19 所示。利用行程开关可以实现电动机正、反转循环。为了使电动机的正、反转控制与工作台的左右运动相配合，在控制线路中设置了四个位置开关 SQ_1、SQ_2、SQ_3 和 SQ_4，并把它们安装在工作台需限位的地方。其中 SQ_1、SQ_2 被用来自动换接电动机正、反转控制电路，实现工作台的自动往返行程控制；SQ_3、SQ_4 被用来做终端保护，以防止 SQ_1、SQ_2 失灵，工作台越过限定位置而造成事故。在工作台边的 T 形槽中装有两块挡铁，挡铁 1 只能和 SQ_1、SQ_3 相碰撞，挡铁 2 只能和 SQ_2、SQ_4 相碰撞。当工作台运动到所限位置时，挡铁碰撞位置开关，使其触点动作，自动换接电动机正、反转控制电路，通过机械传动机构使工作台自动往返运动。工作台行程可通过移动挡铁位置来调节，拉开两块挡铁间的距离，行程就短，反之则长。

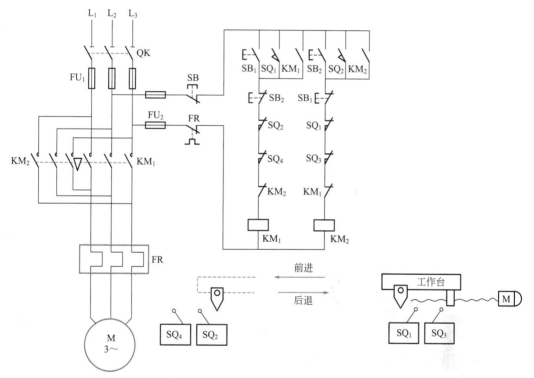

图 7-19　行程开关控制的三相交流异步电动机自动循环控制线路

（2）工作原理

① 准备　使用时先合上刀开关 QK。

② 启动

按下前进启动按钮 SB_1 →线圈 KM_1 得电→

$\begin{cases} 主触点 KM_1 闭合 → 电动机接通电源正转启动 \\ 辅助常开触点 KM_1 闭合 → 实现自锁 \\ 辅助常闭触点 KM_1 断开 → 切断反转控制电路，使线圈 KM_2 不能得电，实现互锁 \end{cases}$

电动机 M 正转→带动工作台前进→当工作台运行到 SQ_2 位置时→撞块压下 SQ_2 →

$$\left\{\begin{array}{l}\text{常闭触点SQ}_2\text{ 断开→线圈KM}_1\text{失电→}\left\{\begin{array}{l}\text{主触点KM}_1\text{断开→电动机断开电源}\\\text{辅助常开触点KM}_1\text{断开→解除自锁}\\\text{辅助常闭触点KM}_1\text{闭合→解除互锁}\end{array}\right.\\\text{常开触点SQ}_2\text{ 闭合→线圈KM}_2\text{得电→}\left\{\begin{array}{l}\text{主触点KM}_2\text{闭合→电动机反转，拖动工作台后退}\\\text{辅助常开触点KM}_2\text{闭合→实现自锁}\\\text{辅助常闭触点KM}_2\text{断开→实现互锁}\end{array}\right.\end{array}\right.$$

当撞块又压下 SQ_1 时→KM_2 断电→KM_1 又得电动作→电动机 M 正转→带动工作台前进，如此循环往复。

③ 停止　按下停车按钮 SB，KM_1 或 KM_2 接触器断电释放，电动机停止转动，工作台停止。SQ_3、SQ_4 为极限位置保护的限位开关，不管 SQ_3 和 SQ_4 哪个被压下，都能使相应的线圈失电，致使电动机停转，这样就可以防止 SQ_1 或 SQ_2 失灵时，工作台超出运动的允许位置而产生事故。

7.8 三相交流异步电动机控制电路的装接

7.8.1 装接步骤和工艺要求

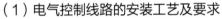

（1）电气控制线路的安装工艺及要求

① 安装前应检查各元件是否良好。

② 安装元件不能超出规定范围。

③ 导线连接可用单股线（硬线）或多股线（软线）连接。用单股线连接时，要求连线横平竖直，沿安装板走线，尽量少出现交叉线，拐角处应为直角。布线要美观、整洁、便于检查。用多股线连接时，安装板上应搭配有行线槽，所有连线沿线槽内走线。

④ 导线线头裸露部分不能超过 2mm。

⑤ 每个接线柱不允许超过两根导线，导线与元件连接要接触良好，以减小接触电阻。

⑥ 导线与元件连接处有螺纹的，导线线头要沿顺时针方向绕线。

（2）安装电气控制线路的方法和步骤

安装电动机控制线路时，必须按照有关技术文件执行。电动机控制线路安装步骤和方法如下。

① 阅读原理图。明确原理图中各种元器件的名称、符号、作用，理清电路图的工作原理及其控制过程。

② 选择元器件。根据电路原理图选择组件并进行检验，包括组件的型号、容量、尺寸、规格、数量等。

③ 配齐需要的工具、仪表和合适的导线。按控制电路的要求配齐工具、仪表，按照控制对象选择合适的导线，包括类型、颜色、截面积等。电路 U、V、W 三相分别用黄色、绿色、红色导线，中性线（N）用黑色导线，保护接地线（PE）必须采用黄绿双色导线。

④ 安装电气控制线路。根据电路原理图、接线图和平面布置图，对所选组件（包括接线端子）进行安装接线。要注意组件上的相关触点的选择，区分常开、常闭、主触点、辅助触点。控制板的尺寸应根据电器的安排情况决定。导线线号的标志应与原理图和接线图相符合。在每一根连接导线的线头上必须套上标有线号的套管，位置应接近端子处。

⑤ 连接电动机及保护接地线、电源线及控制电路板外部连接线。

⑥ 线路静电检测。

⑦ 通电试车。

⑧ 结果评价。

（3）电气控制线路安装时的注意事项

① 不触摸带电部件，严格遵守"先接线后通电，先接电路部分后接电源部分；先接主电路，后接控制电路，再接其他电路；先断电源后拆线"的操作程序。

② 接线时，必须先接负载端，后接电源端；先接接地端，后接三相电源相线。

③ 发现异常现象（如发响、发热、焦臭），应立即切断电源，寻找故障所在。

④ 注意仪器设备的规格、量程和操作程序，做到不了解性能和用法时不随意使用设备。

（4）通电前检查

控制线路安装好后，在接电前应进行如下项目的检查。

① 各个元件的代号、标记是否与原理图上的一致和齐全。

② 各种安全保护措施是否可靠。

③ 控制电路是否满足原理图所要求的各种功能。

④ 各个电气元件安装是否正确和牢靠。

⑤ 各个接线端子是否连接牢固。

⑥ 布线是否符合要求、整齐。

⑦ 各个按钮、信号灯罩和各种电路绝缘导线的颜色是否符合要求。

⑧ 电动机的安装是否符合要求。

⑨ 保护电路导线连接是否正确、牢固可靠。

⑩ 检查电气线路的绝缘电阻是否符合要求。

（5）空载例行试验

通电前应检查所接电源是否符合要求。通电后应先点动，然后验证电气设备各个部分的工作是否正确和操作顺序是否正常。特别要注意验证急停器件的动作是否正确。验证时，如有异常情况，必须立即切断电源查明原因。

（6）负载形式试验

在正常负载下连续运行，验证电气设备所有部分运行的正确性，特别要验证电源中断和恢复时是否会危及人身安全、损坏设备。同时要验证全部器件的温升不得超过规定的允许温升和在有载情况下验证急停器件是否仍然安全有效。

7.8.2 连续控制电路的装接

（1）使用的主要工具、仪表及器材

① 电气元件　元件明细见表 7-1。

表 7-1　元件明细表

代号	名称	推荐型号	推荐规格	数量
M	三相交流异步电动机	Y112M-4	4kW、380V、三角形接法、8.8A、1440r/min	1
QS	组合开关	HZ10-25/3	三相、额定电流25A	1
FU1	螺旋式熔断器	RL1-60/25	380V、60A、配熔体额定电流25A	3
FU2	螺旋式熔断器	RL1-15/2	380V、1.5A、配熔体额定电流2A	2
KM	交流接触器	CJ10-20	20A、线圈电压380V	1
FR	热继电器	JR16-20/3	三极、20A、整定电流8.8A	1
SB	按钮	LA10-3H	保护式、500V、5A、按钮数3、复合按钮	1
XT1	端子排	JX2-1015	10A、15节、380V	1
XT2	端子排	JX2-1010	10A、10节、380V	1

② 工具　测电笔、螺丝刀（螺钉旋具）、尖嘴钳、斜口钳、剥线钳、电工刀等。

③ 仪表　ZC7（500V）型兆欧表、DT-9700型钳形电流表、MF500型万用表（或数字式万用表DT980）。

④ 器材

a. 控制板一块（600mm×500mm×20mm）。

b. 导线规格：主电路采用BV1.5mm^2（红色、绿色、黄色）；控制电路采用BV 1mm^2（黑色）；按钮线采用BVR 0.75mm^2（红色）；接地线采用BVR 1.5mm^2（黄绿双色）。导线数量根据实际情况确定。

c. 紧固体和编码套管按实际需要准备，简单线路可不用编码套管。

（2）项目实施步骤及工艺要求

① 读懂过载保护连续正转控制线路电路图，明确线路所用元件及作用。

② 按表 7-1 配置所用电气元件并检验型号及性能。

③ 在控制板上按布置图（图 7-20）安装电气元件，并标注上醒目的文字符号。

④ 按接线图（图 7-21 和图 7-22）进行板前明线布线和套编码套管。

⑤ 检查控制板布线的正确性。

⑥ 安装电动机。

⑦ 连接电动机和按钮金属外壳的保护接地线。

⑧ 连接电源、电动机等控制板外部的导线。

⑨ 自检。

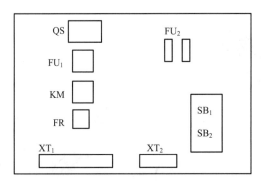

图 7-20　连续控制元器件平面布置图

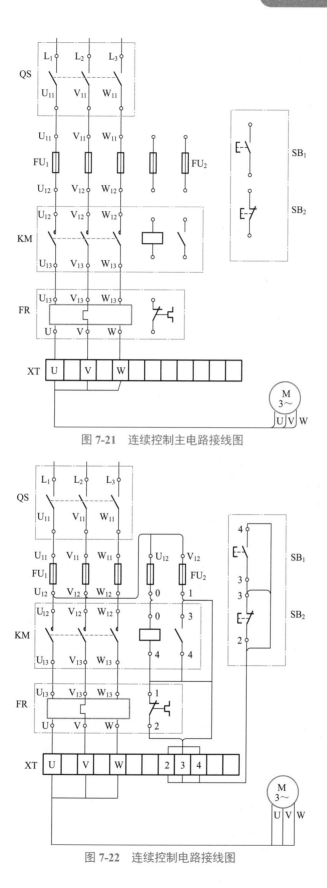

图 7-21 连续控制主电路接线图

图 7-22 连续控制电路接线图

a. 用查线号法分别对主电路和控制电路进行常规检查，按控制原理图和接线图逐一查对线号有无错接、漏接。按电路原理图或电气接线图从电源端开始，逐段核对接线及接线端子处连接是否正确，有无漏接、错接之处。检查导线接点是否符合要求，压接是否牢固。

b. 用万用表分别对主电路和控制电路进行通路、断路检查。

● 主电路检查。断开控制电路，分别测 U_{11}、V_{11}、W_{11} 任意两端电阻应为∞。将万用表调至 R×1 挡，并调零，按下交流接触器的触点架，测量 U_{11}、V_{11}、W_{11} 任意两端电阻，此电阻便是电动机两相绕组的串联直流电阻值，此时的电阻如果为零，则可能是出现了短路现象。应排除故障，再进行下一步检查。

● 控制电路检查。将表笔跨接在控制电路两端，测得阻值为∞，说明启动、停止控制回路安装正确；按下 SB_2 或按下接触器 KM 触点架，测得接触器 KM 线圈电阻值，说明自锁控制安装正确（将万用表调至 R×10 挡或 R×100 挡，调零）。

c. 检查电动机和按钮外壳的接地保护。

d. 检查过载保护。检查热继电器的额定电流值是否与被保护的电动机额定电流相符，若不符，则调整旋钮的刻度值，使热继电器的额定电流值与电动机额定电流相符；检查常闭触点是否动作，其机构是否正常可靠；检查复位按钮是否灵活。

⑩ 通电试车

a. 电源测试。合上电源开关 QS，用测电笔测 FU_1、三相电源。

b. 控制电路试运行。断开电源开关 QS，断开电动机接线。然后，合上开关 QS，按下按钮 SB_1，接触器主触点立即吸合，松开 SB_1，接触器主触点仍保持吸合。按下 SB_2，接触器触点立即复位。

c. 带电动机试运行。断开电源开关 QS，接上电动机接线。再合上开关 QS，按下按钮 SB_1，电动机运转；按下 SB_2，电动机停转。

（3）常见故障及维修

三相交流异步电动机具有过载保护的接触器自锁正转控制线路常见故障及维修方法见表 7-2。

表 7-2　三相交流异步电动机具有过载保护的接触器自锁正转控制线路常见故障及维修方法

常见故障	故障原因	维修方法
电动机不启动	①熔断器熔体熔断 ②自锁触点和启动按钮串联 ③交流接触器不动作 ④热继电器未复位	①查明原因排除后更换熔体 ②改为并联 ③检查线圈或控制回路 ④手动复位
发出嗡嗡声，缺相	动、静触点接触不良	对动静触点进行修复
跳闸	①电动机绕阻烧毁 ②线路或端子板绝缘击穿	①更换电动机 ②查清故障点排除
电动机不停车	①触点烧损粘连 ②停止按钮接点粘连	①拆开修复 ②更换按钮
电动机时通时断	①自锁触点错接成常闭触点 ②触点接触不良	①改为常开 ②检查触点接触情况
只能点动	①自锁触点未接上 ②并接到停止按钮上	①检查自锁触点 ②并接到启动按钮两侧

第 8 章
变频器调速电动机继电控制

 ## 8.1　变频调速电动机正转控制

8.1.1　旋转开关控制变频调速电动机正转

（1）电路构成

旋转开关控制变频调速电动机正转电路由主电路和控制电路组成，如图 8-1 所示。主电

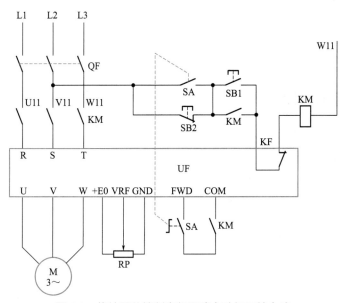

图 8-1　旋转开关控制变频调速电动机正转电路

路包括电源开关 QF、接触器 KM 的主触头、变频器内置的 AC/DC/AC 转换电路以及三相交流电动机 M 等。控制电路包括按钮开关 SB1、SB2，交流接触器 KM 的线圈和辅助接点以及旋转开关 SA 等。

（2）电路工作原理

旋转开关控制变频调速电动机正转电路巧妙地利用接触器 KM 的辅助常开触点，将其串联在 FWD 端与 COM 端之间，利用旋转开关的常开接点并将其接在停止按钮 SB2 上。只有接触器 KM 接通，电动机才能启动；只有 SA 旋转开关断开，才能切断变频器电源。从 KF 端引出的变频器内置常闭接点串接在控制电路中，以便在变频器发出跳闸信号时断开接触器线圈工作电源，确保系统停止工作。

合上电源开关 QF，按下 SB1，电流依次经过 V11 → SB2 → SB1 → KF → KM 线圈 → W11，接触器 KM 的线圈得电动作并自锁，FWD 端与 COM 端之间的接点同时闭合，为变频器投入工作做好准备。接通 SA 旋转开关（SB2 的停止功能暂时失效），R、S、T 端与 U、V、W 端之间的变频电路工作，电动机启动运行。可通过调节 RP 确定变频器的工作频率。

需要停机时，首先断开旋转开关 SA，恢复 SB2 的停止功能，变频器内置的 AC/DC/AC 转换电路停止工作，电动机失电停止运行。按下 SB2 后，接触器 KM 的线圈失电复位，其主触头、辅助接点同时断开，交流电源与变频器 R、S、T 端之间的通路被切断，变频器退出热备用状态。

8.1.2 继电器控制的变频调速电动机正转

8.1.2.1 控制方案一

（1）电路构成

该变频调速电动机正转控制电路由主电路和控制电路等组成，如图 8-2 所示。主电路包括自动空气开关 QF、交流接触器 KM 的主触头、变频器内置的 AC/DC/AC 转换电路以及三相交流电动机 M 等。控制电路包括控制按钮 SA、SB1、SB2，交流接触器 KM 的线圈和辅助接点以及频率给定电路等。

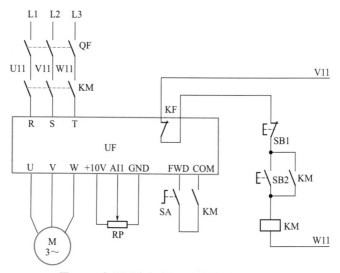

图 8-2　变频调速电动机正转控制电路（一）

（2）电路工作原理

在控制电路中，变频器的过热保护接点用 KF 表示。+10V 电压由变频器 UF 提供；RP 为频率给定信号电位器，频率给定信号通过调节其滑动触点得到。

合上电源开关 QF，电路输入端得电进入备用状态。按下控制按钮 SB2 后，电流依次经过 V11 → KF → SB1 → SB2 → KM 线圈→ W11，接触器的线圈得电吸合，它的一组动合接点闭合自锁，另一组动合接点也闭合，为 SA 按钮操作做好准备。同时，接触器主触头闭合，变频器进入热备用状态。

操作旋转开关 SA，闭合 FWD（正转控制端子）-COM（公共端）端子，变频器启动运行，电动机工作在变频调速状态。变频器可按厂方设定的参数值运行，也可按用户给定的参数条件运行。

（3）注意事项

① 变频器的接线必须严格按产品上标注的符号对号入座，R、S、T 是变频器的电源线输入端，接电源线；U、V、W 是变频器的输出端，接交流电动机。一旦将电源进线误接到 U、V、W 端上，将电动机误接到 R、S、T 端上，必将引起相间短路而烧坏变频管。

② 变频器有一个接地端，用户应将这个端子与大地相接。如果多台变频器一起使用，则每台设备必须分别与大地相接，不得串联后再与大地相接。

③ 模拟量的控制线所用的屏蔽线，应接到变频器的公共端（COM），但不要接到变频器的地端或大地端。

④ 控制线不要与主电路的导线交叉，无法回避时可采取垂直交叉方式布线。控制线与主电路的导线的间距应大于 100mm。

8.1.2.2 控制方案二

（1）电路构成

该变频调速电动机正转控制电路由主电路和控制电路等组成，如图 8-3 所示。主电路由

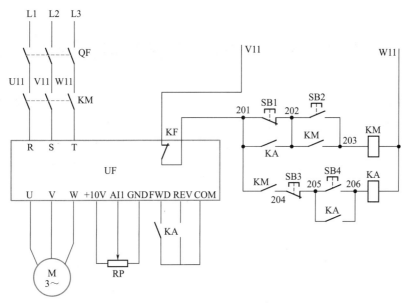

图 8-3 变频调速电动机正转控制电路（二）

自动空气开关 QF、交流接触器 KM 的主触头、变频器内置的 AC/DC/AC 转换电路以及三相交流电动机 M 等组成。控制电路包括控制按钮 SB1 ～ SB4、中间继电器 KA、交流接触器的线圈和辅助接点以及频率给定电路等。

（2）电路工作原理

在控制电路中，变频器的过热保护接点用 KF 表示，+10V 电压由变频器提供，RP 为频率给定信号电位器，频率给定信号通过调节其滑动触点得到。

控制电路中的接触器与中间继电器之间有联锁关系：一方面，只有在接触器 KM 动作使变频器接通电源后，中间继电器 KA 才能动作；另一方面，只有在中间继电器 KA 断开，电动机减速并停机时，接触器 KM 才能断开变频器的电源。

图 8-3 中 SB1、SB2 用于控制接触器 KM 的线圈，从而控制变频器的电源通断。按钮开关 SB3、SB4 用于控制继电器 KA，从而控制电动机的启动和停止。当电动机工作过程中出现异常而使接点 KF 断开时，KM、KA 线圈失电，电动机停止运行。

合上电源开关 QF，控制电路得电。按下启动按钮 SB2 后，电流依次经过 V11 → KF → SB1 → SB2 → KM 线圈→ W11，KM 线圈得电动作并自锁；KM 的接点（201-204）闭合，为中间继电器运行作好准备；KM 主触头闭合，主电路进入热备用状态。

按下开关 SB4 后，电流依次经过 V11 → KF → KM 的接点（201-204）→ SB3 → SB4 → KA 线圈→ W11，KA 线圈得电动作，其接点（205-206）闭合自锁；KA 的接点（201-202）闭合，防止操作 SB1 时断电；KA 的接点（FWD—COM）闭合，变频器内置的 AC/DC/AC 电路工作，电动机 M 得电运行。

停机时，按下 SB3 开关，中间继电器 KA 的线圈失电复位，KA 的接点（FWD-COM）断开，变频器内置的 AC/DC/AC 电路停止工作，电动机 M 失电停机。同时，KA 的接点（201-202）解锁，为 KM 线圈停止工作做好准备。如果设备暂停使用，就按下开关 SB1，KM 线圈失电复位，其主触头断开，变频器的 R、S、T 端脱离电源。如果设备长时间不用，应断开电源开关 QF。

8.2 点动、连续运行变频调速电动机控制

（1）电路构成

点动、连续运行变频调速电动机控制电路由以下两部分组成：主电路和控制电路，如图 8-4 所示。主电路包括电源开关 QF、变频器内置的 AC/DC/AC 转换电路以及三相交流电动机 M 等。控制电路包括控制按钮 SB1 ～ SB3，继电器 K1、K2，电阻器 R1 以及选频电位器 RP1、RP2 等。

（2）电路工作原理

① 点动工作方式

合上电源开关 QF，变频器输入端 R、S、T 得电，控制电路也得电进入热备用状态。

按下按钮开关 SB1，继电器 K2 的线圈得电，K2 在变频器的 3DF 端与电位器 RP1 的可动触点间的接点闭合。同时，K2 在变频器的 FR 端与 COM 端间的接点也闭合，变频器的 U、V、W 端有变频电源输出，电动机得电运行。

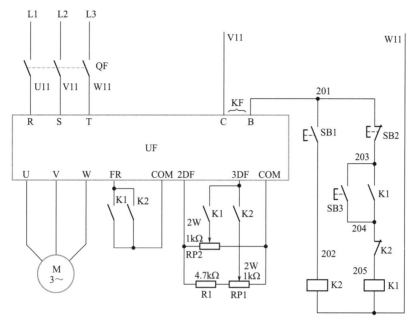

图 8-4 点动、连续运行变频调速电动机控制电路

调节电位器 RP1，可获得电动机点动操作所需要的工作频率。松开按钮开关 SB1 后，继电器 K2 的线圈失电，变频器的 3DF 端与 RP1 的可动触点间的联系中断。同时，K2 在 FR 端与 COM 端间的接点断开，于是变频器内置的 AC/DC/AC 转换电路停止工作，电动机失电而停机。

② 连续运行工作方式

如果电路已进入热备用状态，可按下按钮开关 SB3，电流依次经过 V11 → KF → SB2 → SB3 → K2 的接点（204-205）→ K1 线圈→ W11。K1 线圈得电后动作并自锁，它在变频器的 3DF 端与 RP2 的可动触点间的接点闭合，同时它在变频器的 FR 端与 COM 端间的接点也闭合，变频器内置的 AC/DC/AC 转换电路开始工作，电动机得电运行。调节电位器 RP2，可获得电动机连续运行所需要的工作频率。

需要停机时，按下 SB2，K1 线圈失电，于是变频器的 3DF 端与 RP2 的可动触点间的联系切断。同时，FR 端与 COM 端间的联系也断开，于是变频器内置的 AC/DC/AC 转换电路退出运行，电动机失电而停止工作。

8.3 变频调速电动机正反转控制

8.3.1 常见变频调速电动机正反转控制

8.3.1.1 控制方案一

（1）电路构成

该变频调速电动机正反转控制电路由以下两部分组成：负载工作主电路和控制电路，如

图 8-5 所示。负载工作主电路包括电源开关 QF、交流接触器 KM 的主触头、变频器内置的 AC/DC/AC 转换电路以及笼形三相异步交流电动机 M 等。控制电路包括变频器内置的辅助电路、控制按钮开关 SB2、停止按钮开关 SB1、交流接触器 KM 的线圈以及选择开关 SA 等。

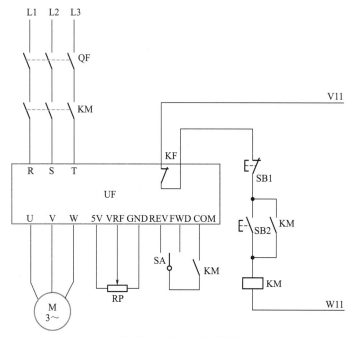

图 8-5 变频调速电动机正反转控制电路（一）

（2）电路工作原理

合上电源开关 QF，控制电路得电。

按下 SB2 后，交流接触器 KM 的线圈得电吸合并自锁，其主触头闭合，SA 端与 COM 端之间的辅助接点接通，为变频器工作做好准备。

操作选择开关 SA，当 SA 接通 FWD 端时，电动机正转；当 SA 接通 REV 端时，电动机反转。

需要停机时，使 SA 开关位于断开位置，变频器首先停止工作。再按下 SB1 按钮，交流接触器 KM 的线圈失电复位，其主触头断开三相交流电源。

8.3.1.2 控制方案二

（1）电路构成

该变频调速电动机正反转控制电路由以下两部分组成：电动机工作主电路和实现电动机正反转的控制电路，如图 8-6 所示。主电路包括交流接触器 KM 的主触头、变频器内置的正相序和反相序 AD/DC/AC 变换器以及三相交流电动机 M 等。控制电路包括变频器 UF 的内置辅助电路，控制按钮 SB1、SB2，停止按钮 SB3，正反转控制按钮 SF、SR，接触器 KM 的线圈，继电器 KA1、KA2 以及电位器 RP 等。

图 8-6 中 TA-TB 为变频器内置的输出常闭接点，TC-TB 为变频器内置的输出常开接点。+10V 电源由变频器提供，RP 为频率给定信号电位器，频率给定信号通过调节其滑动触点得到。

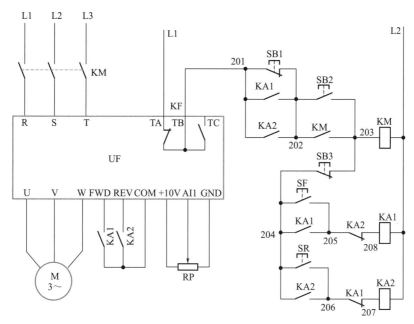

图 8-6　变频调速电动机正反转控制电路（二）

（2）电路工作原理

变频器电源的接通与否由接触器的主触头控制。本电路与变频调速电动机正转控制电路不同的是：在电路中增加了 REV 端与 COM 端之间的控制开关 KA2。当 KA1 接通时，电动机正转；当 KA2 接通时，电动机反转。

按下 SB2，接触器 KM 的线圈得电动作并自锁，主回路中 KM 的主触头接通，变频器输入端（R、S、T）获得工作电源，系统进入热备用状态。

① 电动机正转操作

按下 SF 开关，KA1 得电动作，其接点（204-205）闭合自锁；KA1 的接点（206-207）断开，禁止 KA2 线圈参与工作；KA1 的接点（201-202）闭合，SB1 退出运行；KA1 的接点（FWD-COM）闭合，变频器内置的 AC/DC/AC 转换电路工作，电动机正转。

如果需要停机，可按下 SB3 按钮开关，KA1 线圈失电，其接点（FWD-COM）断开，变频器内置的电子线路停止工作，电动机停止运转。如果在操作过程中欲使电动机反转，则必须先按下 SB3，使继电器 KA1 的线圈失电复位，然后再进行换向操作。

② 电动机反转操作

按下 SR 开关，KA2 线圈得电动作，其接点（204-206）闭合自锁；KA2 的接点（205-208）断开，禁止 KA1 线圈参与工作；KA2 的接点（201-202）闭合，SB1 退出运行；KA2 的接点（REV-COM）闭合，变频器内置的电子线路工作，电动机得电反转。如果需要停机，可按下按钮开关 SB3，KA2 线圈失电，其接点（REV-COM）断开，变频器内置的电子线路停止工作，电动机停止运转。

为了保证电动机正转启动与反转启动互不影响，应分别在 KA1 的线圈回路中串联 KA2 的常闭接点（205-208），在 KA2 的线圈回路中串联 KA1 的常闭接点（206-207），这样的电路结构称为电气联锁。在电动机正、反向运行都未进行时，若要断开变频器供电电源，只要按下 SB1 即可。

电动机的正、反转运行操作，必须在接触器 KM 的线圈已得电动作且变频器（R、S、T 端）已得电的状态下进行。与按钮 SB1 并联的 KA1、KA2 的触点，主要用于防止电动机在运行状态下切断接触器 KM 的线圈工作电源而直接停机。只有电动机正、反转工作都停止，变频器退出运行的情况下，才能操作开关 SB1，通过切断接触器 KM 的线圈工作电源而停止对电路的供电。

8.3.2 变频调速联锁控制电动机正反转

（1）电路构成

变频调速联锁控制电动机正反转电路如图 8-7 所示，电路由以下两部分组成。

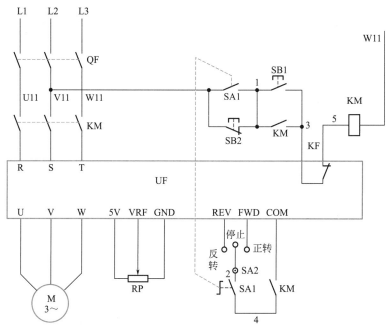

图 8-7　变频调速联锁控制电动机正反转电路

① 以电动机为负载的主电路。

② 以选择开关为转换要素的控制电路。主电路包括三相交流电源开关 QF、交流接触器 KM 的主触头、变频器 UF 内置的 AC/DC/AC 转换电路以及三相交流电动机 M 等。控制电路包括控制按钮开关 SA1、SA2、SB1、SB2，交流接触器 KM 的线圈及其辅助接点，变频器内置的保护接点 KF 以及选频电位器 RP 等。

图 8-7 中 SA2 为三位（正转、反转、停止）开关，旋转开关 SA1 为机械联锁开关，接触器 KM 为电气联锁触头。SA1 接通时，SB2 退出；若 SA1 断开，接触器的辅助接点（4-COM）接通时，只有 SA1、SA2 都接通才有效；接触器的接点（4-COM）断开时，SA1、SA2 接通无效。

（2）电路工作原理

如果要使电动机正向运行，可按下按钮开关 SB1，KM 线圈得电动作，其辅助接点（1-3）、（4-COM）同时闭合，变频器的 R、S、T 端得电进入热备用状态。将 SA1 开关旋转到接通位置，然后将 SA2 拨到"正转"位置，变频器内置的 AC/DC/AC 转换电路开通，电动机启动并正向运行。

如果要使电动机反向运行，应先将 SA2 拨到"停止"位置，然后再将开关 SA2 转到"反转"位置，电动机于是反向运行。

如果一开始就要电动机反向运行，则先将旋转开关 SA1 转到接通位置（SB2 退出），然后按下 SB1，接触器 KM 的线圈得电动作，其辅助触点（1-3）、（4-COM）同时闭合，变频器的 R、S、T 端得电，进入热备用状态。将 SA2 转到"反转"位置时，变频器内置的电路换相，电动机反向运行。

同样，如果在反向运行过程中要使电动机正向运行，则先将 SA2 拨到"停止"位置，然后再将开关 SA2 转到"正转"位置，电动机正向运行。

需要停机时，将 SA1 转到"停止"位置，断开 SA1 对 SB2 的联锁，作好变频器输入端（R、S、T）脱电准备。按下 SB2，KM 线圈失电复位，切断交流电源与变频器（R、S、T 端）之间的联系。

8.3.3 无反转控制功能变频器实现电动机正反转控制

（1）电路构成

无反转控制功能变频器实现电动机正反转控制电路如图 8-8 所示，由以下两部分组成：

① 以电动机为负载的主电路；

② 以交流接触器和中间继电器等为主的控制电路。

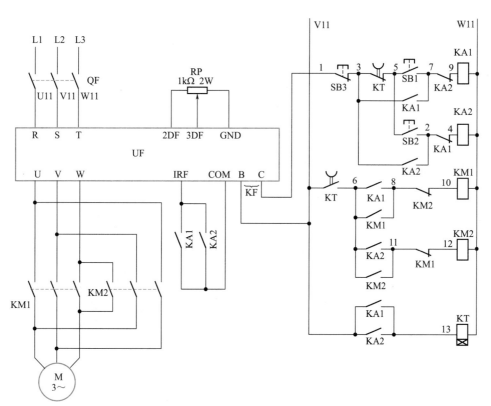

图 8-8　无反转控制功能变频器实现电动机正反转控制电路

主电路包括电源开关 QF，变频器内置的 AC/DC/AC 转换电路，交流接触器 KM1、KM2 的主触头以及三相交流异步电动机 M 等。控制电路包括启动按钮开关 SB1、SB2，停止按钮开关 SB3，交流接触器 KM1、KM2 的线圈和辅助接点，中间继电器 KA1、KA2，时间继电器 KT 以及频率给定电位器 RP 等。

（2）电路工作原理

① 电动机正转

合上电源开关 QF，按下 SB1，电流依次经过 V11 → KF 的接点（B-C）→ SB3 → KT 的接点（3-5）→ SB1 → KA2 的接点（7-9）→ KA1 线圈→ W11。KA1 线圈得电后动作，其接点（3-7）闭合并自锁；KA1 的接点（IRF-COM）闭合，变频器内置电路开通，并将变频电源送达变频器的输出端（U、V、W）；KA1 的接点（2-4）断开，禁止 KA2 线圈工作；KA1 的接点（6-8）闭合，为 KM1 接触器投入运行作好准备；KA1 的接点（V11-13）闭合，时间继电器 KT 的线圈得电动作。这时时间继电器的接点（3-5）瞬时断开，防止 SB2 被误操作；时间继电器的接点（V11-6）瞬时闭合，电流依次经过 V11 → KT 的接点（V11-6）→ KA1 的接点（6-8）→ KM2 的接点（8-10）→ KM1 线圈→ W11。KM1 线圈得电后动作，其接点（6-8）闭合自锁；KM1 的接点（11-12）断开，禁止 KM2 线圈工作；KM1 的主触头闭合，电动机获得正相序电源而正向旋转。

② 电动机反转

需要电动机反转时，首先按下停止按钮 SB3，KA1 线圈失电复位，时间继电器 KT 的线圈也失电复位。

按下反向启动按钮 SB2 后，电流依次经过 V11 → KF 的接点（B-C）→ SB3 → KT 的接点（3-5）→ SB2 → KA1 的接点（2-4）→ KA2 线圈→ W11。KA2 的线圈得电后动作，其接点（3-2）闭合自锁；KA2 的接点（7-9）断开，禁止 KA1 线圈工作；KA2 的接点（1RF-COM）闭合，变频器内置电路开通，将变频电源送达 U、V、W 端；KA2 的接点（6-11）闭合，为 KM2 接触器线圈投入运行作好准备；KA2 的接点（V11-13）闭合，时间继电器 KT 的线圈得电动作。时间继电器 KT 的接点（3-5）瞬时断开，防止 SB1 被误操作；KT 的接点（V11-6）瞬时闭合，电流依次经过 V11 → KT 的接点（V11-6）→ KA2 的接点（6-11）→ KM1 的接点（11-12）→ KM2 线圈→ W11。KM2 的线圈得电后动作其接点（6-11）闭合自锁；KM2 的接点（8-10）断开，禁止 KM1 线圈工作；KM2 的主触头闭合，电动机 M 获得反相序电源而反向旋转。

8.4 两地控制变频调速电动机

（1）电路构成

如图 8-9 所示，两地控制变频调速电动机电路由以下三部分所组成：主电路、电源控制电路和分组升降控制电路。主电路包括电源开关 QF、交流接触器 KM 的主触头、变频器内置的 AC/DC/AC 转换电路以及三相交流异步电动机 M 等。

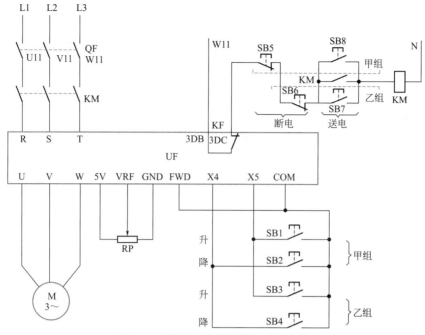

图 8-9　两地控制变频调速电动机电路

电源控制电路包括甲组控制按钮 SB5、SB8，乙组控制按钮 SB6、SB7 以及交流接触器 KM 的线圈等。分组升降控制电路包括甲组控制按钮 SB1、SB2 以及乙组控制按钮 SB3、SB4 等。

（2）电路工作原理

合上电源开关 QF，电源控制电路得电。如果是甲组操作，则按下 SB8，KM 线圈得电动作并自锁，其主触头闭合，三相交流电源送达 R、S、T 端。如果是乙组操作，则按下 SB7，KM 线圈得电动作并自锁，其主触头闭合，三相交流电源送达 R、S、T 端，变频器进入热备用状态。

如果是甲组操作，上升时按 SB1，下降时按 SB2。如果是乙组操作，上升时按 SB3，下降时按 SB4。

如果要停止对变频器的 R、S、T 端送电，可按下 SB5 或 SB6，交流接触器的线圈失电，其主触头断开交流电源。

 8.5 继电器控制工频 / 变频调速电动机

（1）电路构成

继电器控制工频 / 变频调速电动机电路由工频 / 变频可变主电路和工频 / 变频转换控制电路等组成，如图 8-10 所示。主电路包括三相交流电源开关 QF、交流接触器 KM1 ～ KM3、变频器内置的变频电路（AC/DC/AC）、热继电器 KH 元件以及三相交流电动机 M 等。控制电路包括控制按钮 SF1、SF2，停止按钮 ST1、ST2，选择开关 SA，交流接触器 KM1 ～ KM3 的线圈，中间继电器 KA1、KA2，时间继电器 KT，变频器内置的保护接点

KF，选频电位器 RP，蜂鸣器 HA 以及信号指示灯 HL 等。

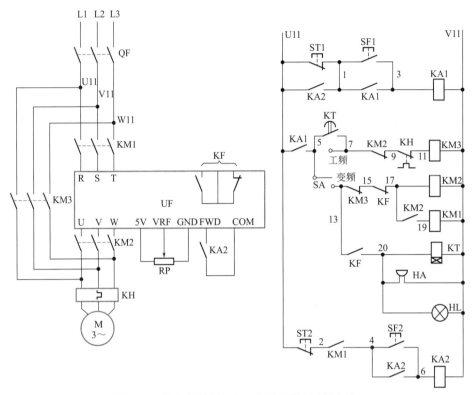

图 8-10　继电器控制工频 / 变频调速电动机电路

（2）电路工作原理

继电器控制工频 / 变频调速电动机电路有两种工作方式，即工频工作方式和变频工作方式。

① 工频工作方式

将开关 SA 拨到"工频"位置，按下启动按钮 SF1，电流依次经过 U11 → ST1 → SF1 → KA1 线圈→ V11。继电器 KA1 得电后吸合并自锁，其接点（U11-5）闭合，电流依次经过 U11 → KA1 的接点（U11-5）→ SA → KM2 的接点（7-9）→ KH 的接点（9-11）→ KM3 线圈→ V11。KM3 线圈得电后动作，断开接点（13-15），禁止 KM1、KM2 参与工作；KM3 的主触头闭合，电动机按工频条件运行。按下停止按钮 ST1 后，中间继电器 KA1 和接触器 KM3 的线圈均失电，电动机停止运行。

② 变频工作方式

将 SA 拨到"变频"位置，接触器 KM2、KM1 以及时间继电器 KT 等参与工作。按下启动按钮 SF1 后，电流依次经过 U11 → ST1 → SF1 → KA1 线圈→ V11，继电器 KA1 的线圈得电吸合并自锁；KA1 的接点（U11-5）闭合，电流依次经过 U11 → KA1 的接点（U11-5）→ SA → KM3 的接点（13-15）→ KF 的接点（15-17）→ KM2 线圈→ V11，接触器 KM2 的线圈得电动作，主触头闭合；其接点（7-9）断开，禁止 KM3 线圈工作；KM2 的接点（17-19）闭合，KM1 线圈得电吸合，其主触头闭合，交流电源送达变频器的输入端（R、S、T）；KM1 的接点（2-4）闭合，为变频器投入工作做好先期准备。

按下 SF2 后，电流依次经过 U11 → ST2 → KM1 的接点（2-4）→ SF2 → KA2 线圈 → V11，KA2 线圈得电动作，变频器的 FWD 端与 COM 端之间的接点接通，电动机启动并按变频条件运行。KA2 工作后，其接点（U11-1）闭合，停止按钮 ST1 被短接而不起作用，防止操作按钮开关 ST1 切断变频器工作电源。

在变频器正常调速运行时，若要停机，可按 ST2 按钮，则 KA2 线圈失电，变频器的 FWD 端与 COM 端之间的联系断开，U、V、W 端与 R、S、T 端之间的 AC/DC/AC 转换电路停止工作，电动机失电而停止运行。但交流接触器 KM1、KM2 仍然闭合待命。同时，KA2 与 ST1 并联的接点也释放，为下一步操作做好准备。

如果变频器在运行过程中发生故障，则变频器内置保护元件 KF 的常闭接点（15-17）将断开，电源与变频器之间以及变频器与电动机之间的联系由于 KM1、KM2 线圈失电跳闸而被切断。与此同时，变频器内置保护开关 KF 的常开接点（13-20）接通，蜂鸣器 HA 和指示灯发出声光报警。时间继电器 KT 的线圈同时得电，延时约 3s 后，其速断延时闭合接点（5-7）接通，KM3 线圈得电动作，主电路中的 KM3 触点闭合，电动机进入工频运行状态。操作人员听到警报后，可将选择开关 SA 旋至"工频"位置或"停止"位置（图中未画出），声光报警停止，时间继电器因失电也停止工作。如果不是变频器故障引起保护开关 KF 动作，则当 KM1、KM2 接触器跳闸转为工频状态运行后，热继电器仍将动作，其接点（9-11）断开，接触器 KM3 的线圈失电跳闸，电动机停止工作。待线路故障处理完毕后，再将选择开关 SA 旋转至所需位置。

8.6 　风机变频调速控制

（1）电路构成

风机变频调速控制电路由四部分组成，即主电路、电源控制电路、变频器运行控制电路以及报警信号电路，如图 8-11 所示。主电路包括电源开关 QF，交流接触器 KM 的主触头、变频器内置的 AC/DC/AC 转换电路以及三相交流异步电动机 M 等。电源控制电路包括控制按钮 SB1、SB2，交流接触器 KM 的线圈以及电源信号指示灯 HL1 等。变频器运行控制电路包括正转按钮开关 SF、停止按钮开关 ST、继电器 KA、信号指示灯 HL2、复位按钮开关 SB5 以及变速按钮开关 SB3、SB4 等。报警信号电路包括变频器内置的常开接点 KF、信号指示灯 HL3 以及蜂鸣器 HA 等。图中"Hz"是频率指示仪表。

（2）电路工作原理

合上电源开关 QF 后，控制电路得电进入热备用状态。

按下开关 SB2 后，电流依次经过 V11 → SB1 → SB2 → KM 线圈 → KF → W11，KM 线圈得电吸合并自锁，信号指示灯 HL1 点亮，接触器主触头闭合，交流电压送达变频器的 R、S、T 输入端。同时，接触器的辅助接点（2-4）闭合，为继电器 KA 投入运行做好准备。

按下 SF 按钮开关后，电流依次经过 V11 → ST → KM 的接点（2-4）→ SF 的接点（4-5）→ KA 线圈 → KF → W11，继电器 KA 的线圈得电吸合并自锁，信号指示灯 HL2 点亮，变频器上的 FWD 端与 COM 端接通，变频器内置的 AC/DC/AC 转换电路正常工作，变频电源送达 U、

V、W 端，电动机得电运行。与此同时，继电器 KA 的接点（V11-1）闭合，SB1 按钮开关被封锁，从而防止变频器运行中主电路工作电源被随意切断。需要升速时，按下 SB3 按钮；需要降速时，按下 SB4 按钮。

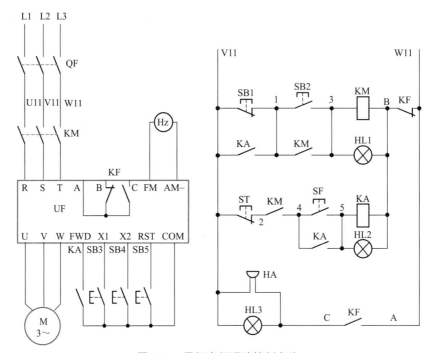

图 8-11　风机变频调速控制电路

如果运行中电动机出现过载等故障，KF 将发出故障信号，其接点（A-B）断开，继电器 KA 的线圈与接触器 KM 的线圈同时失电，交流电源将停止对变频器和电动机供电，系统停止工作。与此同时，KF 的接点（C-A）闭合，信号指示灯 HL3 点亮，蜂鸣器 HA 发出警报声。

正常工作中需要停机时，首先按下 ST 按钮开关，继电器 KA 的线圈失电复位，信号指示灯 HL2 熄灭，变频器内置电路停止工作，KA 的接点（V11-1）释放，恢复 SB1 开关的功能。

如果长时间不使用设备，可按下 SB1 按钮，接触器 KM 的线圈失电复位，信号指示灯 HL1 熄灭，接触器 KM 的主触头断开三相交流电源。

（3）使用注意

图 8-11 中与按钮开关 SB2 并联的交流接触器 KM 的接点（1-3）为接触器 KM 的自锁接点，当按钮 SB2 复位时，它可以保持 KM 线圈继续得电工作。与按钮 SF 并联的 KA 的接点（4-5）为继电器 KA 的自锁接点，当按钮 SF 复位时，它可以保持 KA 线圈继续得电工作。

变频器的升速时间可预置为 30s，降速时间可预置为 60s，上限频率可预置为额定频率，下限频率可预置为 20Hz 以上，X1 功能预置为 "10"，X2 功能预置为 "11"，或按设备使用说明书进行预置。

变频器工作频率的给定方式有数字量增减给定、电位器调节给定以及程序预置给定等多种。不同型号的变频器，其工作频率的给定方式会有所不同，使用中可根据变频器的具体条件酌情给定。

8.7 FR-241E 系列变频器控制起升机构

（1）电路构成

FR-241E 系列变频器控制起升机构电路由以下三部分组成：主电路、电源控制电路和变频器运行控制电路，如图 8-12 所示。

主电路包括电源开关 QF、交流接触器 KM 的主触头、变频器内置的 AC/DC/AC 转换电路、三相交流异步电动机 M、负荷开关 QT、制动接触器 KMB 的主触头以及制动电磁铁 YB 等。

控制电路包括控制按钮 SB1、SB2，交流接触器 KM 的线圈及其辅助接点等。变频器运行控制电路包括 24V 直流电源，多挡选择开关 SA，限位开关 SQ1、SQ2，正反转变速继电器 K2 ～ K6，"0" 位保护继电器 K1，制动继电器 K7 的线圈以及制动接触器 KMB 的线圈等。

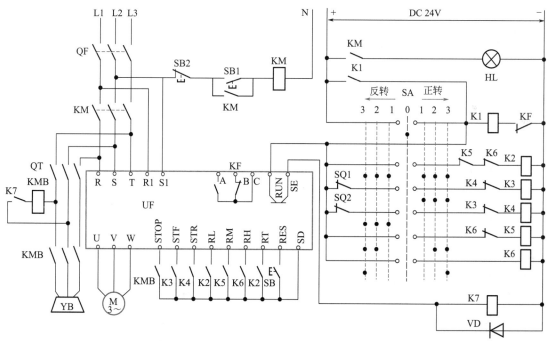

图 8-12　FR-241E 系列变频器控制起升机构电路

（2）电路工作原理

① 变频器各端子的作用

STOP 端与 SD 端之间接通时，变频器保持原运行状态被自锁；当接触器 KMB 失电时，自锁功能随之消失。

STF 端、STR 端由继电器 K3 和 K4 分别进行正、反转控制。

RL 端、RM 端、RH 端由主令控制器 SA 通过继电器 K2、K5、K6 进行低、中、高三挡转速控制。RT 端为第二加减速控制端，它与低速挡端子 RL 同受继电器 K2 控制以设定低速挡的升、降速时间。

RES 端为复位端，用于变频器出现故障并修复后的复位。

RUN 端在变频器预置为升降机运行模式时，其功能为：当变频器从停止转为运行，其输出频率到达预置频率时，内部的晶体管导通，从而使继电器 K7 的线圈得电动作，接触器 KMB 得电吸合，STOP 与 SD 之间接通，变频器保持运行状态，制动电磁铁 YB 得电并释放；当变频器输出频率到达另一预置频率时，内置晶体管截止，继电器 K7 失电，KMB 也失电，制动电磁铁 YB 失电并开始抱闸。

B 端、C 端为变频器内置的动断接点，在控制电路中用 "KF" 表示。当变频器发生故障时，通过动断接点（B-C）将控制电路断开，使电动机停止工作。

② 工作过程

使用设备时，合上电源开关 QF，电源控制电路得电，同时通过 R1、S1 端子为变频器内置电路送电。合上负荷开关 QT，为制动电路工作做好准备。

按下 SB1 后，接触器 KM 的线圈得电并自锁，其辅助接点闭合，信号指示灯 H1 点亮。与此同时，接触器 KM 的主触头闭合，变频器的 R、S、T 端得电。

将主令控制器 SA 的手柄置于 "0" 位，继电器 K1 的线圈得电吸合并自锁，为电动机不同方向的运行作好准备。然后，再根据需要操作主令控制器 SA。

正转 1 挡：K2、K3 继电器工作，SQ1 起作用；

正转 2 挡：K2、K3、K5 继电器工作，SQ1 起作用；

正转 3 挡：K2、K3、K5、K6 继电器工作，SQ1 起作用；

反转 1 挡：K2、K4 继电器工作，SQ2 起作用；

反转 2 挡：K2、K4、K5 继电器工作，SQ2 起作用；

反转 3 挡：K2、K4、K5、K6 继电器工作，SQ2 起作用。

需要暂时停止使用时，将 SA 回到 "0" 位，电动机暂时停止工作。

不再使用设备时，按下停止按钮 SB2，接触器 KM 的线圈失电复位，主电路电源被切断。

 8.8 变极变频调速电动机控制

（1）电路构成

变极变频调速电动机控制电路由主电路和控制电路两部分所组成，如图 8-13 所示。主电路包括电源开关 QF、变频器内置的 AC/DC/AC 转换电路、交流接触器 KM1 ～ KM3 的主触头以及热继电器 FR1、FR2 的元件等。控制电路包括控制按钮 SB1 ～ SB3，交流接触器 KM1 ～ KM3 的线圈和辅助接点、时间继电器 KT 以及热继电器 FR1、FR2 的接点等。

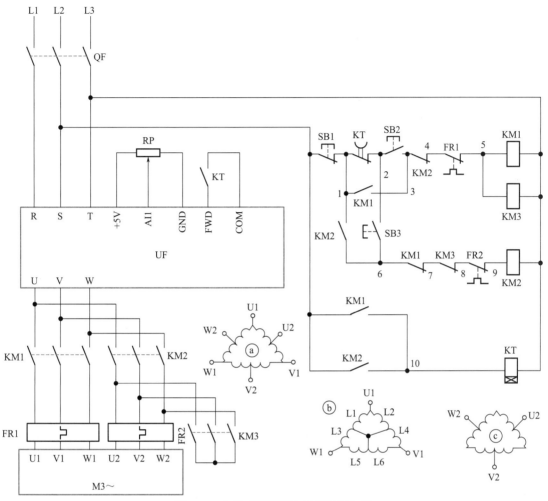

图 8-13 变极变频调速电动机控制电路

（2）电路工作原理

① 高速运行

合上电源开关 QF，变频器的 R、S、T 端与控制电路同时得电。按下开关 SB2 后，交流电流依次经过 S 端→ SB1 → KT 的接点（1-2）→ SB2 → KM2 的接点（3-4）→ FR1 的接点（4-5）→ KM1 线圈（KM3 线圈）→ T 端。接触器 KM1、KM3 的线圈得电后吸合，KM1 的接点（1-3）闭合自锁，KM1 的接点（6-7）和 KM3 的接点（7-8）断开，禁止 KM2 线圈参与工作；KM1 的接点（S-10）闭合，时间继电器 KT 的线圈得电动作，其接点（1-2）瞬时断开，时间继电器在变频器上的接点（FWD-COM）闭合，变频器内置的 AC/DC/AC 转换电路工作，50Hz 的三相交流电变换成一定范围内频率可调的三相交流电并送达变频器的 U、V、W 端。KM1、KM3 接触器的主触头闭合后，使图 8-13 中电动机绕组由 a 型连接变为 b 型连接，电动机按星形高速运行。

② 低速运行

合上电源开关 QF，变频器的输入端 R、S、T 与控制电路同时得电。按下开关 SB3，交流电流依次经过 S 端→ SB1 → KT 的接点（1-2）→ SB3 → KM1 的接点（6-7）→ KM3 的接

点（7-8）→ FR2的接点（8-9）→ KM2线圈→ T端，接触器KM2的线圈得电吸合，其接点（1-6）闭合自锁；KM2的接点（3-4）断开，禁止KM1、KM3线圈投入工作；KM2的接点（S-10）闭合，时间继电器KT的线圈得电动作，其接点（1-2）瞬时断开，时间继电器在变频器上的接点（FWD-COM）闭合，变频器内置的AC/DC/AC转换电路工作，三相交流电压送达变频器的U、V、W输出端。接触器KM2的主触头闭合后，电动机绕组按图8-13中的C型接法低速运行。

（3）注意事项

① 时间继电器KT的给定时间应大于电动机从高速降速到自由停止的时间。

② 从高速到低速或从低速到高速的转换，必须在电动机停止后再操作。这种安全保证是由时间继电器延时闭合接点（1-2）来实现的。

8.9 一台变频器控制多台并联电动机

（1）电路构成

一台变频器控制多台并联电动机电路由主电路和控制电路等所组成，如图8-14所示。

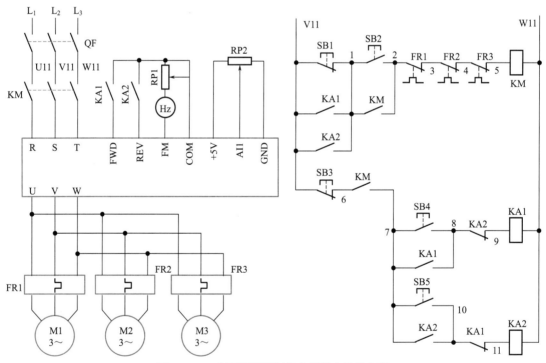

图 8-14　一台变频器控制多台并联电动机电路

主电路包括电源开关QF、交流接触器KM的主触头、变频器内置的AC/DC/AC转换电路、热继电器FR1～FR3以及三相交流电动机M1～M3等。控制电路包括按钮开关SB1～SB5、交流接触器KM的线圈以及继电器KA1、KA2等。

（2）电路工作原理

合上电源开关 QF 后，控制电路得电。

按下开关 SB2 后，交流电流依次经过 V11 → SB1 → SB2 → FR1 的接点（2-3）→ FR2 的接点（3-4）→ FR3 的接点（4-5）→ KM 线圈→ W11，KM 线圈得电吸合并自锁，其接点（6-7）闭合，为 KA1 或 KA2 继电器工作做好准备。接触器 KM 的主触头闭合，三相交流电压送达变频器的输入端 R、S、T。

按下按钮开关 SB4 后，交流电流依次经过 V11 → SB3 → KM 的接点（6-7）→ SB4 → KA2 的接点（8-9）→ KA1 线圈→ W11，KA1 线圈得电吸合并自锁；KA1 的常闭接点（10-11）断开，禁止继电器 KA2 参与工作；继电器 KA1 的常开接点（V11-1）闭合，封锁 SB1 按钮开关的停机功能；变频器上的 KA1 接点（FWD-COM）闭合，变频器内置的 AC/DC/AC 转换器工作，从 U、V、W 端输出正相序三相交流电，电动机 M1 ～ M3 同时正向启动运行。

当电动机需要反向运行时，先按下 SB3 按钮开关，于是继电器 KA1 的线圈失电复位，变频器处于热备用状态。

按下 SB5 按钮开关，交流电流依次经过 V11 → SB3 → KM 的接点（6-7）→ SB5 → KA1 的接点（10-11）→ KA2 线圈→ W11，继电器 KA2 的线圈得电吸合并自锁；KA2 的常闭接点（8-9）断开，禁止继电器 KA1 的线圈参与工作；KA2 的常开接点（V11-1）闭合，迫使 SB1 按钮开关暂时退出；变频器上的 KA2 接点（REV-COM）闭合，变频器内置的 AC/DC/AC 转换电路工作，从 U、V、W 接线端输出逆相序三相交流电，电动机 M1 ～ M3 同时反向启动运行。

如果需要让电动机正向运行，同样必须先按下 SB3 按钮，于是 KA2 线圈失电复位，变频器重新处于热备用状态。

如果需要长时间停机，可按下 SB1 按钮，接触器 KM 的线圈失电复位，其主触头断开三相交流电源，然后再关断电源开关 QF。

（3）注意事项

由于并联使用的单台电动机的功率较小，某台电动机发生过载故障时，不能直接启动变频器的内置过载保护开关，因此，每台电动机必须单设热继电器。只要其中一台电动机过载，都将通过热继电器常闭接点的动作，将接触器 KM 的线圈的工作条件中断，由交流接触器断开设备的工作电源，从而实现过载保护。

8.10　多台电动机变频调速恒压供水控制

（1）电路构成

多台电动机变频调速恒压供水电路由主电路、控制电路和信号指示电路等组成，如图8-15所示。

主电路包括电源开关 QF1、QF2，变频器内置的 AC/DC/AC 转换电路，交流接触器 KM0、KM2、KM4、KM6 的主触头，KM1、KM3、KM5、KM7 的主触头，热继电器 FR1 ～ FR4 的元件以及三相交流电动机 M1 ～ M4 等。

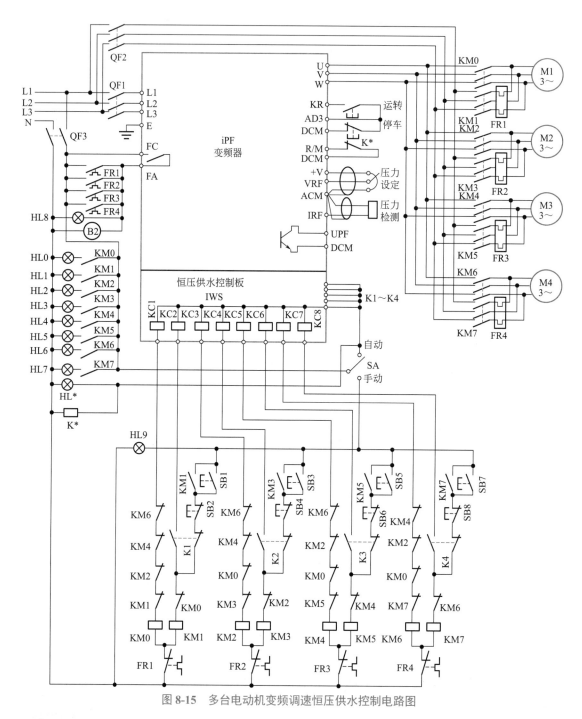

图 8-15　多台电动机变频调速恒压供水控制电路图

控制电路包括恒压供水控制板（内含 KC1 ～ KC8）、交流接触器 KM0 ～ KM7 的线圈和辅助接点，热继电器 FR1 ～ FR4 的接点、中间继电器 K1 ～ K4（由于它们的技术参数和接法相同，图中采用了 K* 省略表示法），变频器的导通与截止按钮（运转、停车）及其外围配置（如压力设定、压力检测等器件）。

信号指示电路包括 HL0 ～ HL9 以及 HL01 ～ HL04（由于它们的技术参数和接法相同，图中采用了 HL* 省略表示法）。HL9 点亮，表示电路处于手动工作状态；HL* 点亮，表示电动机处于自动工况下的工频运行状态。HL0 ～ HL7 反映电动机是否在运行，如电动机 M3 在运行，则 HL4 或 HL5 被点亮；HL8 点亮，表示有电动机过载等。

（2）电路工作原理

该系统选用三垦 IPF 系列变频器，配置四台 7.5kW 的离心式水泵。该变频器内置 PID 调节器，具有恒压供水控制扩展口，只要装上恒压供水控制板（IWS），就可以直接控制多个电磁接触器，实现功能强大且成本较低的恒压供水控制。该系统可以选择变频泵循环（自动）和变频固定（手动）两种控制方式。变频循环方式最多可以控制四台泵，系统以"先开先关"的顺序来关闭水泵。

① 手动工作方式

当开关 SA 位于"手动"挡位时，开关 SB1、SB3、SB5、SB7 各支路进入热备用状态。只要按下其中任意一只按钮开关，被操作支路中的线圈将得电动作，与其相关的接触器主触头将闭合，电动机按工频方式运行。例如，若要让 M1 电动机按工频方式运行，则按下 SB1，电流依次经过 L1 → QF3 → SA → SB1 → SB2 → K1 接点→ KM0 接点→ KM1 线圈→ FR1 接点→ QF3 → N，KM1 线圈得电动作，其动合接点接通自锁，动断接点闭合，禁止 KM0 线圈工作。这时，KM1 主触头闭合，电动机 M1 投入运行。需要停机时，按下按钮 SB2，KM1 线圈失电复位，电动机停止工作。

② 自动工作方式

合上 Qn，使变频器接通电源，按下"运转"按钮，将开关 SA 选择"自动"挡，中间继电器 K1 动作，作好 KC2 输出继电器支路投入工作的准备；恒压供水控制板 IWS 的输出继电器 KC1 接通，KM0 线圈得电，其四个动断接点打开，禁止手动控制的 KM0 线圈和自动控制的 KM2、KM4、KM6 各线圈支路投入运行；KM0 的主触头闭合，启动电动机 M1 按给定的压力在上、下限频率之间运转。如果电动机 M1 达到满速后，经上限频率持续时间 t 后压力仍达不到设定值，则 IWS 的 KC1 断开，KC2 接通，K1 闭合，KM1 线圈得电，将电动机 M1 由变频电源切换至工频电源运行。

IWS 的 KC3 接通，KM2 线圈得电，断开 KM0 线圈支路的动断接点，禁止 KM0 线圈参与工作；断开 KM3、KM4、KM6 各线圈支路，禁止它们参与工作；KM2 的主触头闭合，启动电动机 M2 泵水，依此类推。当用水量减小时，变频器运行于下限频率。如果压力仍高于设定值，则经下限频率持续时间 t_1 后，IWS 的 KC2 动作，将最先投入工频运行方式的电动机 M1 停下。依此类推，直至变频器拖动最后投入的电动机在上、下限频率之间运转。

③ 自锁、互锁及防锈保护

电路中采用了四个自锁接点 KM1、KM3、KM5、KM7，它们分别与 SB1、SB3、SB5、SB7 并联。每一路变频自动控制接触器（KM0、KM2、KM4、KM6）都设有四个互锁接点，保证只有一台电动机在变频器控制下工作。电路中采用了四只中间继电器 K1 ～ K4，通过它们完成由变频到工频的自动切换。

此电路保证最先启动的电动机最先停止，设备依次循环启动、停止，不会出现某台设备长期工作，而其他设备闲置的现象，而且所有的电动机均可以通过变频器软启动，减少了电动机启动时对电网的冲击。

系统的压力可以用电位器设定，整个压力闭环控制可全部由系统软件实现，变频器的大多数参数可以在线修改。当变频器出现故障报警时，系统能自动地切换到工频运行状态，避免断水。

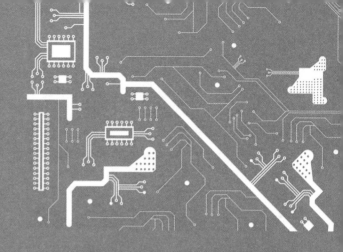

第 9 章
机床电气控制

 车床电气控制

C650 卧式车床是机械加工中广泛使用的一种机床，可以用来加工各种回转表面、螺纹和端面。通常由一台主电动机拖动，经由机械传动链，实现切削主运动和刀具进给运动的输出，其运动速度由变速齿轮箱通过手柄操作进行切换。刀具的快速移动、冷却泵和液压泵等，常采用单独电动机驱动。不同型号的卧式车床，其主电动机的工作要求不同，因而由不同的控制电路构成，但是由于卧式车床运动变速是由机械系统完成的，且机床运动形式比较简单，相应的控制电路也比较简单。

9.1.1　车床主要结构及运动

C650-2 卧式车床属于中型车床，车床的结构形式如图 9-1（a）所示，图 9-1（b）所示为加工示意图。车床加工时，安装在床身上的主轴箱中的主轴转动，带动夹在其端头的工件转动。刀具安装在刀架上，与滑板一起随溜板箱沿主轴轴线方向实现进给移动。

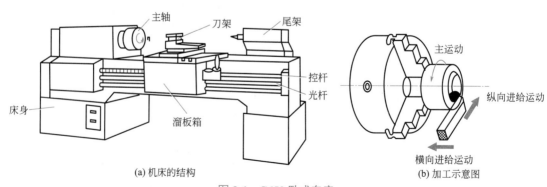

(a) 机床的结构　　　　　　　　　　(b) 加工示意图

图 9-1　C650 卧式车床

① 主运动　车床的主运动为主轴通过卡盘带动工件的旋转运动。

② 进给运动　进给运动是溜板箱带动刀架的纵向和横向直线运动，其中纵向运动是指相对操作者向左或向右的运动，横向运动是指相对于操作者向前或向后的运动。

③ 辅助运动　辅助运动包括刀架的快速移动、工件的夹紧与松开等。

9.1.2　控制电路

电路图如图 9-2 所示，M_1 为主电动机，一般电动机不需反转，但在加工螺纹时，M_1 需反转退刀，且工件旋转速度与刀具的进给速度要保持严格的比例关系，因此主轴的转动和溜板箱的移动都由主电动机 M_1 拖动。主电动机采用直接启动的方式，由 KM_1 和 KM_2 分别控制电动机 M_1 的正转和反转。为加工调整方便，还具有点动功能。交流接触器 KM_3 的主触点控制限流电阻 R 的接入和切除，在进行点动调整时，为防止连续的启动电流造成电动机过载，串入限流电阻 R，保证电路设备正常工作。另外，由于加工的工件比较大，加工时其转动惯量也比较大，停车时必须有停车制动的功能，速度继电器 KS 的速度检测部分与电动机的主轴同轴相连，当主电动机转速接近零时，其常开触点可将控制电路中反接制动相应电路切断，完成制动停车。

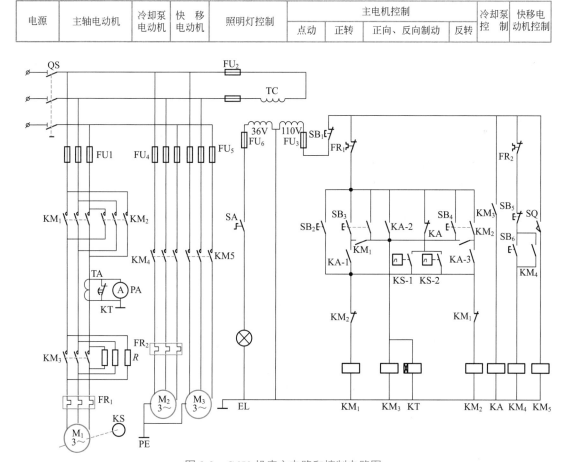

图 9-2　C650 机床主电路和控制电路图

M_2 为冷却泵电动机，车削加工时，刀具与工件的温度较高，因此需要一冷却泵电动机对刀具与工件进行冷却。冷却泵电动机 M_2 单向旋转，采用直接启动、停止方式。

M_3 为快速移动电动机。利用 M_3 可以带动刀架和溜板箱快速移动，以减轻工人的劳动强度和节省辅助工作时间。电动机可根据使用需要，随时手动控制启停，启停由接触器 KM_5 控制。

电流表 PA 接入电流互感器 TA 回路，用来监视主电动机的绕组电流。由于主电动机功率很大，为防止电流表被启动电流冲击损坏，当主电动机启动时，电流表 PA 被短接，只有当正常工作时，电流表 PA 才指示绕组电流。

另外，电路中，FR_1 为 M_1 的过载保护用热继电器，FR_2 为 M_2 的过载保护用热继电器。由于 M_3 点动短时运转，故不设置热继电器。

车削加工时，因被加工的工件材料、性质、形状、大小及工艺要求不同，且刀具种类也不同，所以要求切削速度也不同，这就要求主轴有较大的调速范围。车床大多采用机械方法调速，变换主轴箱外的手柄位置，可以改变主轴的转速。

主要电气元件表如表 9-1 所示。

表 9-1 主要电气元件表

符号	名称	符号	名称	符号	名称
M_1	主轴电动机	KM_4	冷却泵电动机接触器	SB_1	总停按钮
M_2	冷却泵电动机	KM_5	快移电动机接触器	SB_2	主电动机正向点动按钮
M_3	快移电动机	KA	中间继电器	SB_3	主轴电动机正转按钮
KM_1	主轴电动机正转接触器	KT	时间继电器	SB_4	主轴电动机反转按钮
KM_2	主轴电动机反转接触器	KS	速度继电器	SB_5	冷却泵电动机停止按钮
KM_3	短接限流电阻接触器	SA	开关	SB_6	冷却泵电动机启动按钮

9.1.3 工作原理

（1）准备
使用时先合上隔离开关 QS。
（2）主电动机的 M_1 控制
① 点动

按下 SB_2 →线圈 KM_1 得电→ 主触点 KM_1 闭合→主电动机 M_1 串电阻启动
辅助常开触点 KM_1 闭合→由于常开触点 KA-1 和 KA-2 断开，故不起作用，无法实现自锁
辅助常闭触点 KM_1 断开→防止 KM_2 得电，实现互锁

松开 SB_2→线圈 KM_1 失电→ {
主触点 KM_1 断开 → 主电动机 M_1 停止
辅助常开触点 KM_1 断开
辅助常闭触点 KM_1 闭合→解除互锁
}

② 长动

a. 正转控制：按下 SB_3 →

{
线圈 KM_3 得电 {
主触点 KM_3 闭合→短接电阻
辅助常开触点 KM_3 闭合→线圈 KA 得电
}

线圈 KT 得电→延时时间到→常闭触点 KT 断开→接入电流表 PA
}

线圈 KA 得电 {
常开触点 KA-1 闭合→线圈 KM_1 得电→

 {
主触点 KM_1 闭合→ M_1 正转，速度继电器触点 KS-2 闭合
辅助常开触点 KM_1 闭合→自锁
辅助常闭触点 KM_1 断开→互锁
}

常开触点 KA-2 闭合→配合辅助常开触点 KM1 实现自锁
常闭触点 KA 断开→防止接入反接电源
常开触点 KA-3 闭合→为反转做准备
}

b. 停止：按下 SB_1 → {
线圈 KM_3 失电 {
主触点 KM_3 断开→主电动机和电阻串联
辅助常开触点 KM_3 断开→线圈 KA 失电
}

线圈 KT 失电→常闭触点 KT 闭合→短接电流表 PA
}

线圈 KA 失电 {
常开触点 KA-1 断开→线圈 KM_1 失电→

 {
主触点 KM_1 断开→ M_1 断电
辅助常开触点 KM_1 断开→解除自锁
辅助常闭触点 KM_1 闭合→解除互锁
}

常开触点 KA-2 断开→解除配合辅助常开触点 KM_1 实现的自锁
常闭触点 KA 闭合 $\xrightarrow{M_1 转速较大时，触点 KS-2 闭合}$ 线圈 KM_2 得电，M_1 反接制动
常开触点 KA-3 闭合→为反转做准备
}

M_1 反接制动 $\xrightarrow{电动机速度接近 0 时，速度继电器 KS-2 断开}$ 反接电源切除，制动结束

c. 反转：反转分析与正转相同，只是需要按下 SB_4，线圈 KM_2 得电，达到一定速度后，速度继电器常开触点 KS-1 闭合，进行反接制动。

（3）冷却泵电动机 M_2 的控制

① 启动　按下 SB_6 使其常开触点闭合→线圈 KM_4 得电

→ {
主触点 KM_4 闭合→电动机 M_2 接通电源启动
辅助常开触点 KM_4 闭合→实现自锁
}

② 停止　按下 SB_5 使其常闭触点立即分断→线圈 KM_4 失电

→ {
主触点 KM_4 断开→电动机断开电源停转
辅助常开触点 KM_4 断开→解除自锁
}

（4）快移电动机 M₃ 的控制

转动刀架快速移动手柄→压动限位开关 SQ 闭合→接触器 KM₅ 得电→ KM₅ 主触点闭合→ M₃ 接通电源启动。

（5）其他辅助环节

控制电路的电源通过控制变压器 TC 供电，使之更安全。此外，为便于工作，设置了工作照明灯。照明灯的电压为安全电压 36V。

9.2 铣床电气控制

9.2.1 XA6132 卧式万能铣床的结构及运动

XA6132 卧式万能铣床的结构图如图 9-3 所示，在底座上固定着箱形的床身，在床身内装有主轴传动机构和主轴变速机构。在床身的顶部有水平导轨，其上装着带有一个或两个刀杆支架的悬梁。铣刀心轴一端安装在刀杆支架上，另一端安装在主轴上，主轴电动机带动铣刀做旋转运动。升降台上装有工作台，工件夹持在工作台上可做上下、前后、左右三个相互垂直方向的进给运动，另外，工作台还能在主轴轴线倾斜方向运动，从而完成铣螺旋槽的加工。为扩大铣削能力在工作台上还安装有圆工作台。工作台还可以在上下、前后及左右三个相互垂直方向上做快速直线运动和工作台的回转运动，以调整工件与铣刀相对位置。

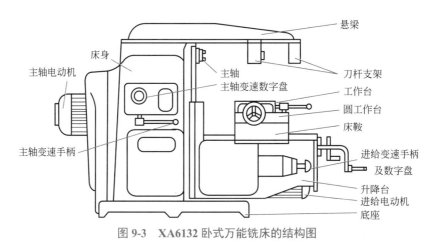

图 9-3　XA6132 卧式万能铣床的结构图

9.2.2 控制电路

XA6132 卧式万能铣床的主电路图如图 9-4 所示。三相电源经断路器 QF₁ 引入给整个主电路供电。主电路共有 3 个电动机分别完成主运动、进给运动、辅助运动和冷却泵拖动。主运动与进给运动之间没有速度比例协调的要求，故采用单独传动，其控制电路图如图 9-5 所示。

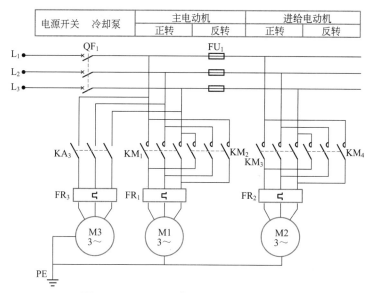

图 9-4　XA6132 卧式万能铣床的主电路图

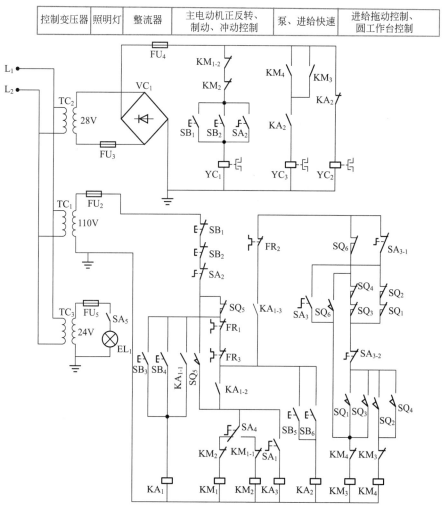

图 9-5　XA6132 卧式万能铣床的电气控制电路

① 主轴电机运动

a. M_1 是主轴拖动电动机,空载启动,能进行顺铣和逆铣,用正、反转来实现,由 KM_1 和 KM_2 来控制,在加工前需手动预选方向,在加工过程中方向不改变。

b. 在主轴传动系统中加入飞轮,可以减轻负载波动,但会使其转动惯量加大,故为实现主轴快速停车,对主轴电动机应设有停车制动。主轴在上刀时,应使主轴不能旋转,也应使主轴有制动功能。XA6132 卧式万能铣床采用电磁离合器控制主轴停车制动和上刀制动。YC_1 便是主轴制动电磁摩擦离合器,装在主轴传动轴上,制动时,YC_1 得电,利用摩擦可以快速制动。

② 进给电动机运动

a. M_2 是工作台进给拖动电动机,工件夹持在工作台上在垂直于铣刀轴线方向做上下、前后、左右三个相互垂直方向上的进给运动,运动方向由操纵手柄 SQ_1、SQ_2、SQ_3、SQ_4 改变传动链来实现,每个方向又有正、反转,由 KM_3 和 KM_4 来控制,且同一时间只允许有一个方向移动,故应有联锁保护。

b. 使用圆工作台时,工作台不得移动,即圆工作台的旋转运动与工作台的上下、左右、前后六个方向的运动之间有联锁控制。

③ 主轴电机和进给电机运动的配合

a. 主轴旋转和工作台进给应有先后顺序,进给运动要在铣刀旋转(主轴旋转)之后进行,加工结束后必须先停止进给运动再使铣刀停转。

b. 为适应铣削加工需要,主轴转速与进给速度应有较宽的调节范围。XA6132 卧式万能铣床采用机械变速,通过改变变速箱的传动比来实现较宽的调整区间,为保证变速时齿轮易于啮合,减少齿轮端面的冲击,要求变速时电动机有冲动控制,即电动机瞬时转动一下,带动齿轮系统抖动,使变速齿轮顺利啮合。

④ 其他运动

a. M_3 是冷却泵拖动电动机,由 KA_3 来直接启动,用于拖动冷却泵,提供加工切削液。

b. 具有两地操作功能,可以用 SB_1、SB_2 两地控制机床的停止,用 SB_3、SB_4 两地控制主轴电动机的启动,用 SB_5、SB_6 两地控制进给电动机的快速移动。

c. 工作台快速移动控制。

d. 工作台上下、左右、前后六个方向的运动应具有限位保护。

e. 设有局部照明电路。

⑤ 控制电路部分的工作电压 有交流 110V、28V 和 24V,分别经 $TC_1 \sim TC_3$ 转换过来,24V 供给照明灯使用,28V 供给整流器电磁离合器使用,110V 供给主轴、冷却泵、进给等控制电路使用。

主要电气元件表如表 9-2 所示。

9.2.3 工作原理

XA6132 卧式万能铣床的控制电路较为复杂,为分析方便起见,将控制电路分成块来进行分析。为描述方便,对于同一元件,有多个常开或常闭触点,统一将其编号,如图 9-5 中,中间继电器 KA_1 的常开触点有三个,分别编号为 KA_{1-1}、KA_{1-2}、KA_{1-3}。

表 9-2　主要电气元件表

符号	名称	符号	名称	符号	名称
M_1	主轴电动机	YC_3	快速进给方向移动电磁离合器	SQ_6	工作台进给变速冲动开关
M_2	进给电动机	KA_1	主轴电动机继电器	SA_1	主轴正 - 停 - 反转换开关
M_3	冷却泵电动机	KA_2	进给快速移动继电器	SA_2	主轴换刀制动转换开关
KM_1	主轴电动机正转接触器	KA_3	冷却泵电动机继电器	SA_3	冷却泵控制开关
KM_2	主轴电动机反转接触器	SQ_1	工作台向右进给行程开关	SA_4	主轴换向开关
KM_3	进给电动机正转接触器	SQ_2	工作台向左进给行程开关	SA_5	照明灯开关
KM_4	进给电动机反转接触器	SQ_3	工作台向前、向上进给行程开关	SB_1、SB_2	主轴电动机两地停止按钮
YC_1	主轴电磁摩擦离合器线圈	SQ_4	工作台向后、向下进给行程开关	SB_3、SB_4	主轴电动机两地启动按钮
YC_2	进给移动电磁离合器	SQ_5	主轴变速冲动行程开关	SB_5、SB_6	工作台两地快速进给按钮

（1）准备

使用时先合上断路器 QF_1。

（2）主电动机的 M_1 控制

主电动机的控制电路如图 9-6 所示。

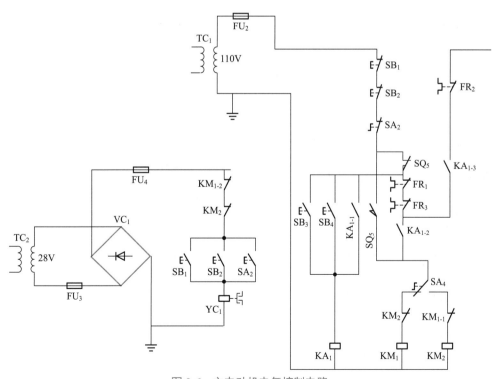

图 9-6　主电动机电气控制电路

a. 正转。

转动主轴换向开关 SA_4 打到正转位置，按下 SB_3 或 SB_4 → KA_1 线圈得电→

    常开触点 KA_{1-1} 闭合→自锁

    常开触点 KA_{1-2} 闭合→线圈 KM_1 得电→

        主触点 KM_1 闭合→主轴电动机正向启动

        → 辅助常开触点 KM_{1-1} 断开→互锁

        辅助常闭触点 KM_{1-2} 断开→线圈 YC_1 失电，解除制动

    常开触点 KA_{1-3} 闭合→为 KM_3、KM_4 得电，即工作台进给与快速移动做好准备

b. 停止。

按下停止按钮 SB_1 或 SB_2

  线圈 KA_1 失电

    常开触点 KA_{1-1} 断开→解除自锁

    常开触点 KA_{1-2} 断开→进一步断开 KM_1，防止其启动

    常开触点 KA_{1-3} 断开→断开 KM_3、KM_4 通路

  线圈 KM_1 失电→

    主触点 KM_1 断开→主轴电动机断电

    辅助常闭触点 KM_{1-1} 闭合→解除互锁

    辅助常闭触点 KM_{1-2} 闭合→线圈 YC_1 得电，开始摩擦制动

  其常开触点 SB_1 或 SB_2 闭合→为线圈 YC_1 得电做准备

c. 反转。

与正转类似，转动主轴换向开关 SA_4 打到反转位置，按下 SB_3 或 SB_4 → KA_1 线圈得电→线圈 KM_2 得电，主轴电动机反转。

d. 主轴上刀或换刀时的制动控制。

转换开关 SA_2 打到接通→

    常闭触点 SA_2 断开→ KM_1 或 KM_2 不能得电→实现停机换刀

    常开触点 SA_2 闭合→线圈 YC_1 得电，摩擦制动

换刀结束后：

转换开关 SA_2 打到断开→

    常闭触点 SA_2 闭合→为 KM_1 或 KM_2 得电做准备

    常开触点 SA_2 断开→线圈 YC_1 失电，解除摩擦制动

e. 主轴变速冲动控制。变速冲动是利用变速手柄与冲动行程开关 SQ_5 通过机械上的联动机构进行控制的。

主轴变速冲动行程开关 SQ_5 是专门为主轴旋转时进行变速而设计的，它相当于一个半离合器，其动作特点是：

● 当主轴变速手柄拉出时，常闭触点 SQ_5 断开；

● 当手柄推回原位置时，常开触点 SQ_5 闭合；

● 当手柄落入槽内后，常开触点 SQ_5 断开。

主轴变速冲动控制的工作原理为：

● 当主轴变速手柄拉出时→压下 SQ_5 →常闭触点 SQ_5 断开→使 KM_1 或 KM_2 失电，主轴电动机停转。

- 转动变速盘，选新速度，进行变速操作。
- 当手柄推回原位置时→常开触点 SQ_5 闭合→ KM_1 或 KM_2 得电吸合，电动机点动。
- 当手柄落入槽内后→ SQ_5 不再受压→常开触点 SQ_5 断开→ KM_1 或 KM_2 失电，主轴变速冲动结束。

注意，手柄从推回原位置到手柄落入槽内是一个瞬间的过程，所以主轴电动机的点动都是瞬时完成的，瞬时进行主轴变速冲动，完成齿轮的啮合。

（3）工作台进给电动机 M_2 的控制

① 机械控制　工作台的进给运动的方向是通过纵向和垂直与横向两个机械操作手柄压下行程开关 $SQ_1 \sim SQ_4$ 来控制的。

a. 纵向机械操作手柄有左、中、右三个位置，用来控制 SQ_1、SQ_2；

b. 垂直与横向操作手柄，有上、下、前、后、中五个位置，用来控制 SQ_3、SQ_4；

c. 当两个机械手柄都处于中间位置时，$SQ_1 \sim SQ_4$ 处于未压下的状态；

d. 当扳动机械操作手柄在不同位置时，将压合相应的 SQ，同时通过机械机构将工作台与对应方向移动的机械装置相连接。

② 工作台的进给运动　工作台进给方向的左右纵向运动、前后横向运动、上下垂直运动都由 M_2 的正反转来实现。进给电动机的控制电路如图 9-7 所示。

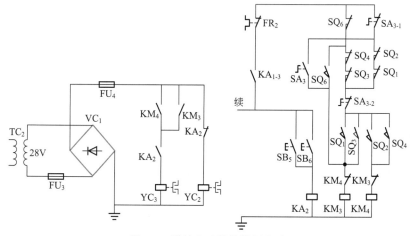

图 9-7　进给电动机的控制电路

a. 前提。由于进给运动要在铣刀旋转之后进行，所以，在进给启动之前，应先启动主轴电动机，即 KA_1、KM_1 或 KM_2 已通电，常开触点 KA_{1-3} 已闭合。快速移动继电器 KA_2 处于断电状态，其常闭触点 KA_2 闭合，进给移动电磁离合器 YC_2 得电，通过机械上的联动机构连接进给离合器。

b. 工作台向右纵向运动工作。纵向进给操作手柄扳向右。压下工作台右进给行程开关

$$SQ_1 \rightarrow \begin{cases} \text{常开触点} SQ_1 \text{闭合} \rightarrow \text{线圈} KM_3 \text{得电} \rightarrow \begin{cases} \text{主触点} KM_3 \text{闭合} \rightarrow M_2 \text{正转，工作台向右进给} \\ \text{辅助常闭触点} KM_3 \text{断开} \rightarrow \text{互锁，防止} KM_4 \text{得电造成短路} \\ \text{辅助常开触点} KM_3 \text{闭合} \rightarrow \text{为} YC_3 \text{得电，为快速进给做准备} \end{cases} \\ \text{常闭触点} SQ_1 \text{断开} \rightarrow \text{与圆工作台控制形成互锁} \end{cases}$$

其中，线圈 KM_3 得电通路为：KA_{1-3}—FR_2—SQ_6—SQ_4—SQ_3—SA_{3-2}—SQ_1—KM_4—KM_3。

工作台右进给到位，纵向操作手柄扳到中间→常开触点 SQ_1 断开→线圈 KM_3 失电，电动机 M_2 停止，解除互锁，工作台右进给结束。

其他方向的运动原理与此类似，以下不再详细表述。

c. 工作台向左纵向运动工作。纵向进给操作手柄扳向左，压下工作台左进给限位开关 SQ_2 →常开触点 SQ_2 闭合→线圈 KM_4 得电→进给电动机 M_2 反转，工作台左进给到位。

其中，线圈 KM_4 得电通路为：KA_{1-3}—FR_2—SQ_6—SQ_4—SQ_3—SA_{3-2}—SQ_2—KM_3—KM_4。

纵向操作手柄扳到中间→常开触点 SQ_2 断开→线圈 KM_4 失电，电动机 M_2 停止，工作台左进给结束。

d. 工作台向前、向下进给运动控制。垂直与横向进给操作手柄扳到前，压下工作台向前进给限位开关 SQ_3 →常开触点 SQ_3 闭合→线圈 KM_3 得电→电动机 M_2 正转，工作台向前进给到位。

由于常闭触点 SQ_3 断开，所以，线圈 KM_3 得电通路为：KA_{1-3}—FR_2—SA_{3-1}—SQ_2—SQ_1—SA_{3-2}—SQ_3—KM_4—KM_3。

垂直与横向进给操作手柄扳回中间→常开触点 SQ_3 断开→线圈 KM_3 失电→电动机 M_2 停止，工作台向前进给结束。

向下进给时，将手柄扳到下，其余与向前进给完全相同。

e. 工作台向后、向上进给运动控制。垂直与横向进给操作手柄扳到后，压下工作台向后进给限位开关 SQ_4 →常开触点 SQ_4 闭合→线圈 KM_4 得电→电动机 M_2 反转，工作台向后进给到位。

由于常闭触点 SQ_4 断开，所以线圈 KM_4 得电通路为：KA_{1-3}—FR_2—SA_{3-1}—SQ_2—SQ_1—SA_{3-2}—SQ_4—KM_3—KM_4。

垂直与横向进给操作手柄扳回中间→常开触点 SQ_4 断开→线圈 KM_4 失电→电动机 M_2 停止，工作台向后进给结束。

向上进给时，将手柄扳到上，其余与向后进给完全相同。

③ 工作台进给变速冲动

a. 前提。进给变速冲动要在主轴启动后，即线圈 KA_1、KM_1 或 KM_2 得电。纵向和垂直与横向两个机械操作手柄扳到中间，此时工作台无进给。

b. 电气控制。将蘑菇手柄拉出转动手柄，选定所需速度→将蘑菇手柄向前拉到极限位置，同时压下工作台进给变速冲动开关，SQ_6 闭合→ 线圈 KM_3 瞬时通电，进给电机瞬间点动正转，获得变速冲动。

其中，线圈 KM_3 得电通路为：KA_{1-3}—FR_2—SA_{3-1}—SQ_2—SQ_1—SQ_3—SQ_4—SQ_6—KM_4—KM_3。

将蘑菇手推回原位，常开触点 SQ_6 断开，工作台变速冲动结束。

④ 圆工作台控制

a. 前提。主轴先启动旋转，即线圈 KA_1、KM_1 或 KM_2 得电，常开触点 KA_{1-3} 闭合。工作台的进给操作手柄都应处于中间位置。

b. 电气控制。圆工作台转换开关 SA_3 扳到"接通"位置

$$\rightarrow \begin{cases} \text{常开触点SA}_3\text{闭合} \rightarrow \text{线圈KM}_3\text{得电} \begin{cases} \text{主触点KM}_3\text{闭合} \rightarrow \text{M}_2\text{旋转，只拖动圆工作台转动} \\ \text{辅助常闭触点KM}_3\text{断开} \rightarrow \text{互锁，防止得电KM}_4\text{造成短路} \\ \text{辅助常开触点KM}_3\text{闭合} \rightarrow \text{为YC}_3\text{得电，即快速进给做准备} \end{cases} \\ \text{常闭触点SA}_{3\text{-}1}\text{、SA}_{3\text{-}2}\text{断开} \rightarrow \text{与工作台进给运动形成互锁} \end{cases}$$

其中，线圈 KM_3 得电通路为：$KA_{1\text{-}3}$—FR_2—SQ_6—SQ_4—SQ_3—SQ_1—SQ_2—SA_3—KM_4—KM_3。

⑤ 工作台进给快速移动控制

a. 前提。主轴先启动旋转，即线圈 KA_1、KM_1 或 KM_2 得电。工作台进给正在进行，即线圈 YC_2、KM_3 或 KM_4 得电。

b. 电气控制。

$$\text{按下 SB}_5 \text{ 或 SB}_6 \rightarrow \text{线圈 KA}_2 \text{ 得电} \begin{cases} \text{常开触点 KA}_2 \text{闭合} \rightarrow \text{电磁离合器 YC}_3 \text{得电，工作台快速移动} \\ \text{常闭触点 KA}_2 \text{断开} \rightarrow \text{电磁离合器 YC}_2 \text{失电，停止原来速度进给} \end{cases}$$

$$\text{松开 SB}_5 \text{ 或 SB}_6 \rightarrow \text{线圈 KA}_2 \text{ 失电} \begin{cases} \text{常开触点 KA}_2 \text{断开} \rightarrow \text{电磁离合器 YC}_3 \text{得电，工作台快速移动结束} \\ \text{常闭触点 KA}_2 \text{闭合} \rightarrow \text{电磁离合器 YC}_2 \text{得电，继续原来速度进给} \end{cases}$$

（4）冷却泵拖动电动机 M_3

冷却泵拖动电动机的控制电路图如图 9-8 所示。

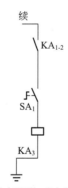

图 9-8　冷却泵拖动电机控制电路

① 前提　主轴先启动旋转，即线圈 KA_1、KM_1 或 KM_2 得电，常开触点 $KA_{1\text{-}2}$ 闭合。

② 电气控制　冷却泵控制开关 SA_1 扳到"接通"→开关 SA_1 闭合→线圈 KA_3 得电→主触点 KA_3 闭合→电动机 M_3 启动。

9.3 镗床电气控制

镗床是普遍使用的冷加工设备，它分为卧式、坐标式两种，以卧式镗床使用较多。使用

镗床，除了能够镗孔外，还可以进行钻、扩、铰孔、车削内外螺纹，用丝锥攻螺纹，车外圆柱面和端面，用端铣刀与圆柱铣刀铣削平面等多种工作。

9.3.1 卧式镗床的主要结构及运动

T68 卧式镗床的结构图如图 9-9 所示，床身由整体的铸件制成，在它的一端固定着前立柱，在前立柱的垂直导轨上装有可上下移动的主轴箱，在主轴箱上集中了主轴部件、变速箱、进给箱与操纵机构等部件。切削刀具安装在主轴前端的锥孔里，或装在平旋盘的径向刀架上。

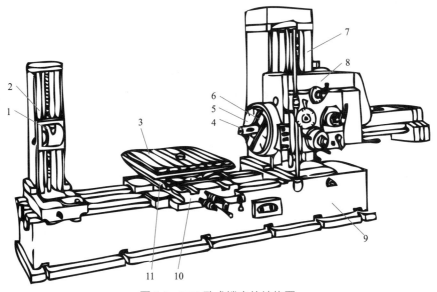

图 9-9　T68 卧式镗床的结构图

1—支承架；2—后立柱；3—工作台；4—主轴；5—平旋盘；6—径向刀架；7—前立柱；
8—主轴箱；9—床身；10—下滑座；11—上滑座

在工作过程中，主轴一面旋转，一面沿轴向做进给运动。平旋盘只能旋转，装在它上面的径向刀架可以在垂直于主轴轴线方向的径向做进给运动。

在主轴上装有主轴杆，后立柱上的支承架用来夹持主轴杆的末端，支承架可以随主轴箱同时升降，因而两者的轴心线始终在同一直线上，后立柱可沿床身导轨在主轴轴线方向上调整位置。

安装工件的工作台安放在床身中部的导轨上，它有下滑座、上滑座，工作台相对于上滑座可回转。这样，配合主轴箱的垂直移动，工作台的横向、纵向移动和回转，就可加工工件上一系列与轴心线相互平行或垂直的孔。

T68 卧式镗床主要电气元件表如表 9-3 所示。

9.3.2 控制电路

图 9-10 是 T68 卧式镗床的电路图，主电路由主轴驱动电动机 M_1 和快速移动电动机 M_2 两台电动机组成，主轴电动机装有停车制动装置，停车时，在电磁抱闸作用下，电动

机迅速制动。

表 9-3　T68 卧式镗床主要电气元件表

符号	名称	符号	名称
M_1	主电动机（拖动主运动和进给运动）	SB_1	主电动机停止按钮
M_2	快速移动电机	SB_2	主电动机反转连续启动控制按钮
KM_1	主电动机正转接触器	SB_3	主电动机正转连续启动控制按钮
KM_2	主电动机反转接触器	SB_4	主电动机正转点动控制按钮
KM_3	主电动机低速接触器	SB_5	主电动机反转点动控制按钮
KM_4、KM_5	主电动机高速接触器	SQ_1	高低速行程开关
KM_6	快速移动电动机正转接触器	SQ_2	主轴变速限位开关
KM_7	快速移动电动机反转接触器	SQ_3	主轴及平旋盘进给联动行程开关
KT	时间继电器	SQ_4	工作台及主轴箱进给联动行程开关
YB	主轴制动电磁铁	SQ_5	快速电动机反转限位开关
SA	照明灯开关	SQ_6	快速电动机正转限位开关

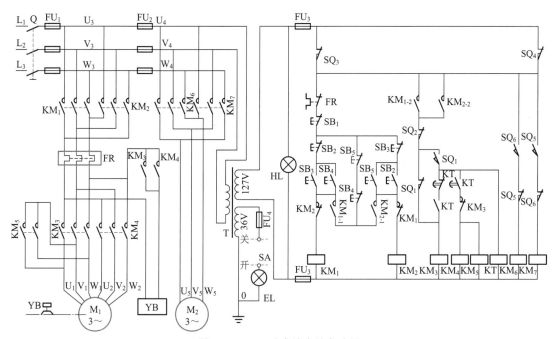

图 9-10　T68 卧式镗床的电路图

① 主轴驱动电动机 M_1　主轴驱动电动机 M_1 是一台 4/2 极的双速电动机，绕组接法为 △/YY。具有点动正反转、连续运转正反转、调速等功能，其中 KM_1、KM_2 为电动机正、反转接触器，KM_3 为低速运转接触器，KM_4、KM_5 为高速运转接触器，另外还设有短路保护和过载保护。FR 为 M_1 长期过载热继电器。

② 主轴制动电磁铁 YB　在主电动机正转或反转时，制动电磁铁线圈 YB 均得电吸合，松开电动机轴上的制动轮，电动机能自由启动旋转。当 YB 线圈断电时，在强力弹簧作用下，杠杆将制动带紧箍在制动轮上，使电动机迅速制动停转。

③ 快速移动电动机 M_2　快速移动电动机 M_2 具有正反转、直接启动等功能。电动机 M_2 由接触器 KM_6、KM_7 实现正反转控制，设有短路保护，因快速移动为点动控制，所以 M_2 为短时运行，无须过载保护。

9.3.3　工作原理

（1）主电动机点动控制

① 点动正转

$$按下SB_4 \rightarrow \begin{cases} 常开触点闭合 \rightarrow 线圈KM_1得电 \rightarrow \begin{cases} 主触点KM_1闭合 \rightarrow 为电动机M_1正转做准备 \\ 辅助常开触点KM_{1\text{-}1}闭合 \rightarrow 因常闭SB_4断开，无法自锁 \\ 辅助常开触点KM_{1\text{-}2}闭合 \rightarrow 线圈KM_3得电 \\ 辅助常闭触点KM_1断开 \rightarrow 互锁 \end{cases} \\ 常闭触点断开 \rightarrow 切断自锁电路 \end{cases}$$

$$线圈 KM_3 得电 \rightarrow \begin{cases} 主触点 KM_3 闭合 \rightarrow 线圈 YB 得电，M_1 低速启动 \\ 辅助常闭触点 KM_3 断开 \rightarrow 与 KM_4、KM_5 互锁 \end{cases}$$

当低速接触器 KM_3 得电时，电动机 M_1 接成 △ 接法低速启动，YB 线圈得电，电磁抱闸松开，M_1 低速启动运转。

② 点动停止

松开 SB_4 →

$$\begin{cases} 常开触点断开 \rightarrow 线圈KM_1失电 \rightarrow \begin{cases} 主触点KM_1断开 \rightarrow 电动机M_1停转 \\ 辅助常开触点KM_{1\text{-}1}断开 \rightarrow 对电路无影响 \\ 辅助常开触点KM_{1\text{-}2}断开 \rightarrow 线圈KM_3失电 \\ 辅助常闭触点KM_1闭合 \rightarrow 解除互锁 \end{cases} \\ 常闭触点闭合 \rightarrow 为长动自锁做准备 \end{cases}$$

$$线圈 KM_3 失电 \rightarrow \begin{cases} 主触点 KM_3 断开 \rightarrow 线圈 YB 失电，M_1 解除低速△接法 \\ 辅助常闭触点 KM_3 闭合 \rightarrow 解除与 KM_4、KM_5 的互锁 \end{cases}$$

当低速接触器 KM_3 失电，电动机 M_1 解除△接法，YB 线圈得电，电磁抱闸制动，M_1 立即停转。

③ 点动反转　启动按钮为 SB_5，按下后会使 KM_2 得电，其他分析与正转相同，不再

叙述。

（2）主电动机连续运转启动控制

① 低速启动控制

a. 前提。将主轴速度选择手柄置于"低速"挡位，此时速度选择手柄联动机构使高低速行程开关 SQ_1 处于释放状态→其常闭触点闭合，常开触点断开。

当主轴变速和进给变速手柄置于推合位置时，变速行程开关 SQ_2 不受压→其常闭触点 SQ_2 处于闭合状态。

b. 连续正转启动。

按下 SB_3 →

$$\begin{cases} 常开触点闭合→线圈KM_1得电→\begin{cases} 主触点KM_1闭合→ 为电动机M_1正转做好准备 \\ 辅助常开触点KM_{1\text{-}1}闭合→与SB_5、SB_4一起实现自锁 \\ 辅助常开触点KM_{1\text{-}2}闭合→线圈KM_3得电 \\ 辅助常闭触点KM_1断开→互锁 \end{cases} \\ 常闭触点断开→联锁控制，防止KM_2得电 \end{cases}$$

$$线圈 KM_3 得电→\begin{cases} 主触点 KM_3 闭合→线圈YB 得电，M_1 低速启动 \\ 辅助常闭触点 KM_3 断开→与 KM_4、KM_5 互锁 \end{cases}$$

当低速接触器 KM_3 得电时，电动机 M_1 接成△接法低速启动，YB 线圈得电，电磁抱闸松开，M_1 低速启动运转。

c. 连续正转停止。

按下 SB_1 →

$$常开触点断开→线圈KM_1失电→\begin{cases} 主触点KM_1断开→ 为电动机M_1停转 \\ 辅助常开触点KM_{1\text{-}1}断开→解除自锁 \\ 辅助常开触点KM_{1\text{-}2}断开→线圈KM_3失电 \\ 辅助常闭触点KM_1闭合→解除互锁 \end{cases}$$

$$线圈 KM_3 失电→\begin{cases} 主触点 KM_3 断开→线圈YB 失电，M_1 解除低速△接法 \\ 辅助常闭触点 KM_3 闭合→解除与 KM_4、KM_5 的互锁 \end{cases}$$

当低速接触器 KM_3 失电，电动机 M_1 解除△接法，YB 线圈失电，电磁抱闸制动，M_1 立即停转。

d. 连续反转。连续反转启动，其启动按钮为 SB_2，按下后会使 KM_2 得电，其他分析与正转相同，不再叙述。

② 高速启动控制

a. 前提。将主轴速度选择手柄置于"高速"挡位，此时速度选择手柄联动机构使高低速行程开关 SQ_1 处于压合状态→其常闭触点断开，常开触点闭合。

当主轴变速和进给变速手柄置于推合位置时，变速行程开关 SQ_2 不受压→其常闭触点 SQ_2 仍处于闭合状态。

b. 连续正转启动。

按下 SB$_3$ →

常开触点闭合→线圈KM$_1$得电→

- 主触点KM$_1$闭合→ 为电动机M$_1$正转做好准备
- 辅助常开触点KM$_{1-1}$闭合→与SB$_5$、SB$_4$一起实现自锁
- 辅助常开触点KM$_{1-2}$闭合→线圈KT得电
- 辅助常闭触点KM$_1$断开→互锁

常闭触点断开→联锁控制，防止KM$_2$得电

线圈 KT 得电→

- 常开触点立即闭合 → 线圈 KM$_3$ 得电 →
  - 主触点 KM$_3$ 闭合→线圈 YB 得电，M$_1$ 低速启动
  - 辅助常闭触点 KM$_3$ 断开→与 KM$_4$、KM$_5$ 互锁
- 常闭触点延时断开 → 线圈 KM$_3$ 失电 →
  - 主触点 KM$_3$ 断开→ M$_1$ 解除三角形接法
  - 辅助常闭触点 KM$_3$ 断开→解除与 KM$_4$、KM$_5$ 的互锁
- 常开触点延时闭合 → 线圈 KM$_4$、KM$_5$ 同时得电 →M$_1$ 改为双星形接法，YB 保持通电，M$_1$ 高速运转

c. 连续运转停止。

按下 SB$_1$ →常闭触点断开→线圈 KM$_1$ 失电→

- 主触点KM$_1$断开→ 电动机M$_1$停转
- 辅助常开触点KM$_{1-1}$断开→解除自锁
- 辅助常开触点KM$_{1-2}$断开→线圈KT、KM$_4$、KM$_5$失电
- 辅助常闭触点KM$_1$闭合→解除互锁

当高速接触器 KM$_4$、KM$_5$ 失电时，电动机 M$_1$ 解除双星法接法，YB 线圈失电，电磁抱闸制动，M$_1$ 立即停转。

d. 连续反转。连续反转启动，启动按钮为 SB$_2$，按下后会使 KM$_2$ 得电，其他分析与正转相同，不再叙述。

（3）主电动机的主轴变速与进给变速控制

变速时需要将变速操纵盘上的手柄拉出，然后转动变速盘，选好速度后，再将变速手柄推回。运行中的主电动机进行变速时，主电动机的运行状态和操作步骤如下。

① 主电动机在运行中，KM$_1$ 或 KM$_2$ 线圈通电→常开触点 KM$_{1-2}$ 或 KM$_{2-2}$ 闭合→接触器 KM$_3$ 或 KM$_4$、KM$_5$ 与 YB 线圈都得电。

② 将主轴变速手柄拉出，压下变速开关 SQ$_2$ →常闭触点 SQ$_2$ 断开→接触器 KM$_3$ 或 KM$_4$、KM$_5$ 与 YB 线圈都断电→使主电动机 M$_1$ 迅速制动停车。

③ 转动变速盘，将主轴转速选择好。

④ 将变速手柄推回，释放变速开关 SQ$_2$ →常闭触点 SQ$_2$ 恢复闭合→主电动机又自动启动工作而主轴在新的转速下旋转。

⑤ 当变速手柄推合不上时，可来回推动几次，使手柄通过弹簧装置作用于变速开关 SQ$_2$，SQ$_2$ 便反复断开接通几次，使主电动机 M$_1$ 产生低速冲动，带动齿轮组冲动，以便齿轮啮合，直到变速手柄推上为止，变速完成。

⑥ 对于在变速操作过程中的电动机的停转和启动详细的控制过程，可参考主电动机连

续运转启动控制的叙述。

（4）快速移动电动机 M_2 的控制

快速移动由快速移动操作手柄控制，运动部件及其运动方向的选择由装设在工作台前方的手柄操纵，快速移动操作手柄有"正向""反向""停止"3 个位置。

① 正向快速移动

a. 启动。

快速移动操作手柄打在"正向"位置→

$$\text{压下行程开关 } SQ_6 \to \begin{cases} \text{常闭触点断开→互锁} \\ \text{常开触点闭合} \end{cases}$$

常开触点闭合→快速移动接触器 KM_6 得电→快速移动电动机 M_2 正转启动并通过相应的传动机构，使预选的运行部件按选定方向快速移动。

b. 停止。当快速移动到位时，将快速移动操作手柄扳回"停止"位置，快速移动开关 SQ_6 释放，其常开触点 SQ_6 断开，线圈 KM_6 断电，电动机 M_2 停转，快速移动结束。

② 反向快速移动　快速移动操作手柄打到"反向"位置→压下行程开关 SQ_5，使其常开触点闭合→快速移动接触器 KM_7 得电→快速移动电动机 M_2 反转启动。

其他分析与正转相同，不再叙述。

（5）联锁保护环节

① 主轴进给与工作台进给的联锁　为防止机床或刀具损坏，电路应保证主轴进给与工作台进给不能同时进行，为此设置了两个联锁行程开关。其中，SQ_3 是与主轴及平旋盘进给操作手柄联动的行程开关，SQ_4 是与工作台及主轴箱进给手柄联动的行程开关。

两个行程开关 SQ_3 与 SQ_4 的常闭触点并联。

a. 若两个进给操作手柄同时在"进给"位置，则联锁行程开关 SQ_3、SQ_4 的常闭触点都断开，控制电路断电，M_1、M_2 无法启动，实现了联锁保护，避免了误操作而造成机床或刀具损坏。

b. 单独主轴及平旋盘进给操作手柄处于"进给"位置时，压下 SQ_3，其常闭触点 SQ_3 断开。由于 SQ_4 闭合，M_1、M_2 可以启动。

c. 单独工作台及主轴箱进给操作手柄处于"进给"位置时，压下 SQ_4，其常闭触点 SQ_4 断开。由于 SQ_3 闭合，M_1、M_2 可以启动。

② 其他联锁环节　主电动机 M_1 正、反转控制电路，调整与低速控制电路，快速移动电动机 M_2 正、反转控制电路均设有互锁控制环节，用以防止误操作造成的事故。这些内容在前面的分析中均有涉及，在此不再赘述。

 9.4　磨床电气控制

9.4.1　M7130 平面磨床的主要结构及运动

M7130 是卧轴矩台平面磨床，主要用于磨削圆形薄片工件，并可利用工作台倾斜磨出厚薄不等的环形工件。

M7130 平面磨床主要由床身、工作台、电磁吸盘、砂轮箱、立柱、操作手柄等构成，外形结构如图 9-11 所示。

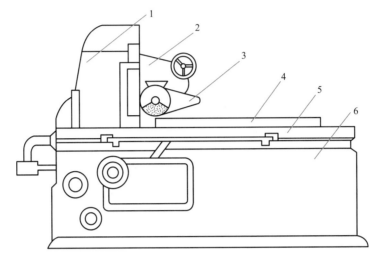

图 9-11　M7130 平面磨床外形结构图

1—立柱；2—滑座；3—砂轮箱；4—电磁吸盘；5—工作台；6—床身

工作台上装有电磁吸盘，用以吸持工件。工作时，砂轮旋转，同时工作台带动工件右移，工件被磨削。然后工作台带动工件快速左移，砂轮向前作进给运动，工作台再次右移，工件上新的部位被磨削。这样不断重复，直至整个待加工平面都被磨削，平面磨床的工作示意图如图 9-12 所示。

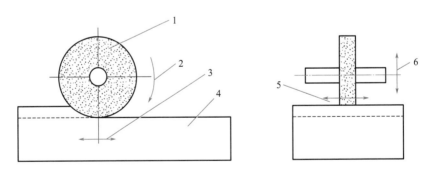

图 9-12　矩形工作台平面磨床工作图

1—砂轮；2—主运动；3—纵向进给运动；4—工作台；5—横向进给运动；6—垂直进给运动

在加工工件过程中，主要有以下运动。

（1）主运动

砂轮箱内装有电动机，电动机带动砂轮所作的旋转运动为主运动。砂轮电动机单向旋转，可直接启动，无调速和制动要求。

（2）进给运动

① 纵向进给运动　纵向进给运动是工作台在液压作用下在床身导轨上所做的往复运动。

为保证加工精密，要求机床运行平稳。又因工作台为往复运动，要求换向时的惯性小，换向无冲击。由于液压传动换向平稳，所以由液压电动机拖动液压泵，经液压传动装置实现工作台的纵向进给运动。液压泵电动机没有调速、反转及降压启动要求。通过工作台上的撞块操纵床上的液压换向开关，实现方向的反向进给，从而实现工作台的往复运动。

② 垂直进给运动　垂直进给运动是通过手轮操作机械传动装置实现的。固定在床身上的立柱上带有导轨，滑座带动砂轮箱沿立柱导轨的运动为垂直进给运动。垂直进给运动可用以调整砂轮箱的上下位置或使砂轮磨入工件，以控制磨削平面工件的尺寸。

③ 横向进给运动　横向进给运动是砂轮箱在滑座的导轨上所做的水平运动。在磨削的过程中，工作台每完成一次纵向往复运动，砂轮箱就横向进给一次。砂轮箱的横向进给运动可由液压控制和手轮操作。

（3）辅助运动

在磨削过程中为冲走磨屑及沙粒，保证加工精度，也为使工件得到良好的冷却，减少变形，需采用冷却泵为磨削过程输送冷却液。工件冷却泵电动机拖动冷却泵，供给冷却液，要求在砂轮电动机启动后才能开动冷却泵电动机。

9.4.2　控制电路

电路图如图 9-13 所示，主电路有三台电动机，M_1 为砂轮电动机，砂轮电动机拖动砂轮旋转。M_2 为冷却泵电动机，冷却泵电动机拖动冷却泵，供给磨削加工需要的冷却液。M_3 为液压泵电动机，液压泵电动机拖动液压泵，经液压装置来完成工作台往复纵向运动以及实现横向的自动进给，并承担工作台导轨的润滑。砂轮电动机、液压泵电动机和冷却泵电动机都只是要求单方向运转。

电源开关及保护	砂轮电动机	冷却泵电动机	液压泵电动机	控制电路保护	砂轮控制	液压泵控制	整流变压器	整流器	电磁吸盘	照明

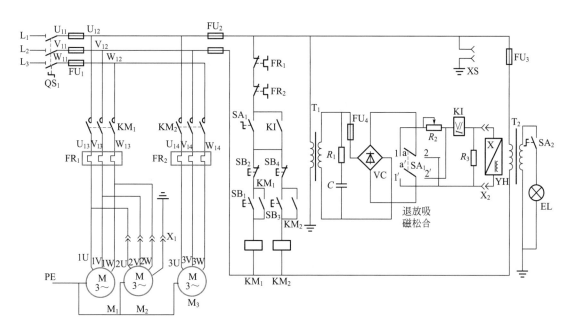

图 9-13　磨床电路图

图 9-13 中，M_1 和 M_2 都由接触器 KM_1 控制，插上插销 X_1 后，冷却泵电动机 M_2 将与砂轮电动机 M_1 同时启动和停止；不用冷却液时，可将插销 X_1 拔掉，单独关断冷却泵电动机 M_2。M_3 由接触器 KM_2 控制。

三台电动机共用熔断器 FU_1 作短路保护，M_1 和 M_2 用热继电器 FR_1 作长期过载保护，M_3 用热继电器 FR_2 作长期过载保护。

图 9-13 中的 YH 为电磁吸盘，它和周围的变压器 T_1、整流电路 VC 等组成电磁吸盘的控制电路。电磁吸盘用来吸持铁磁材料的工件，有吸合、放松和退磁三种工作状态。吸合和退磁具有使电磁吸盘吸牢工件和放开工件并去磁的功能。电路中装有欠电流保护继电器 KI，以避免在磨削加工时断电或电磁吸盘吸力不足而造成的工件飞出等。

主电路采用交流电源直接供电，采用控制电源变压器 T_1 和 T_2 将控制电压降低分别供给控制回路、照明回路。

主要电气元件表如表 9-4 所示。

表 9-4　主要电气元件表

符号	名称	符号	名称
M_1	砂轮电动机	SB_1	砂轮电动机启动按钮
M_2	冷却泵电动机	SB_2	砂轮电动机停止按钮
M_3	液压泵电动机	SB_3	液压泵电动机启动按钮
KM_1	砂轮电动机 M1 接触器	SB_4	液压泵电动机停止按钮
KM_2	液压泵电动机 M_3 接触器		

9.4.3　工作原理

（1）电磁吸盘的控制

电磁吸盘控制电路可分为整流装置、控制装置和保护装置三部分。

电磁吸盘整流装置由整流变压器 T_1 与桥式全波整流器 VC 组成，输出直流电压对电磁吸盘供电，图 9-13 中的 R_1、C 是用于吸收交、直侧通断时产生的浪涌电压，作为整流装置的过电压保护。电磁吸盘由转换开关 SA_1 控制吸合、放松和去磁三个位置。

① 吸合　当 SA_1 置于"吸合"位置时，整流器经 a'—$2'$—KI—（YH 和 R_3）—2—a 形成回路，使电磁吸盘 YH 通电，其电压极性为上正下负。当回路中电流足够大时，电流继电器 KI 的常开触点闭合，为电动机控制电路的操作做好准备。在加工过程中，若吸盘电流大大降低或消失，KI 的常开触点断开，使电动机控制线路断电，电动机停转，以避免磨削时因吸力不足而使工件飞出。

电磁吸盘线圈是一个大电感，当线圈断电时，两端会产生很高的自感电压，会把线圈绝缘损坏，在开关 SA_1 上产生很大的火花，导致开关触点的损坏。为此，电路中接了电阻 R_3 作为其放电回路，以释放线圈中储存的磁场能量。

② 退磁　当 SA_1 置于"退磁"位置时，整流器经 a′—1′—（YH 和 R_3）—KI—R2—1—a 形成回路，使电磁吸盘 YH 反向通电，其电压极性为上负下正。回路中流过的直流电流与吸合时方向相反，实现了退磁。回路中还串入了电阻 R_2，可以适当减小退磁电流，达到既能退磁又不至于造成反向磁化的目的。

③ 放松　退磁结束后，将 SA_1 扳至放松位置，SA_1 的所有触点都断开，电磁吸盘断电，则可以取下工件。

如果工件对去磁要求严格，在取下工件后，还需要用去磁器进行进一步退磁。使用时，将去磁器的插头插在床身的插座 X_2 上，将工件放在去磁器上即可退磁。

（2）电动机的控制

① 应用电磁吸盘　加工铁磁材料的工件时，利用电磁吸盘用来吸持工件。SA_1 打到吸合位置。

电磁吸盘控制电路电流足够大时，电磁吸盘吸住工件，欠电流继电器线圈 KI 得电，其常开触点 KI 闭合。

a. 砂轮电动机和冷却泵电动机的控制。

启动控制：按下 SB_1 使其常开触点闭合→线圈 KM_1 得电→

$$\begin{cases} \text{主触点}KM_1\text{闭合} \rightarrow \begin{cases} \text{插上插销}X_1\text{时，冷却泵电动机}M_2\text{和砂轮电动机}M_1\text{同时启动} \\ \text{未插上插销}X_1\text{时，砂轮电动机}M_1\text{自己启动} \end{cases} \\ \text{辅助常开触点}KM_1\text{闭合} \rightarrow \text{实现自锁} \end{cases}$$

停止控制：按下 SB_2 使其常闭触点立即分断→线圈 KM_1 失电→

$$\begin{cases} \text{主触点}KM_1\text{断开} \rightarrow \text{电动机断开电源停转} \\ \text{辅助常开触点}KM\text{断开} \rightarrow \text{解除自锁} \end{cases}$$

b. 液压泵的控制。

启动控制：按下 SB_3 使其常开触点闭合→线圈 KM_2 得电→

$$\begin{cases} \text{主触点}KM_2\text{闭合} \rightarrow \text{电动机}M_3\text{启动} \\ \text{辅助常开触点}KM_2\text{闭合} \rightarrow \text{实现自锁} \end{cases}$$

停止控制：按下 SB_4 使其常闭触点立即分断→线圈 KM_2 失电→

$$\begin{cases} \text{主触点}KM_4\text{断开} \rightarrow \text{电动机断开电源停转} \\ \text{辅助常开触点}KM_4\text{断开} \rightarrow \text{解除自锁} \end{cases}$$

值得注意的是，电磁吸盘控制电路电流不足时，欠电流继电器、线圈 KM_1 和 KM_2 失电，所有电动机停转。另外，在退磁的过程中，由于电阻 R_2 的串入，欠电流继电器电流较小，也不会启动电动机。

② 不应用电磁吸盘　当加工工件为非铁磁性材料或者要单独对砂轮或工作台进行调整时，不需要电磁吸盘工作。

将转换开关 SA_1 扳在"退磁"位置，常开触点 SA_1 闭合，电动机控制电路被接通，其 KM_1 与 KM_2 得电过程与应用电磁吸盘的过程完全一样。

 钻床电气控制

9.5.1　Z3050 摇臂钻床主要结构及运动

钻床指主要用钻头在工件上加工孔的机床。通常钻头旋转为主运动，钻头轴向移动为进给运动。钻床结构简单，加工精度相对较低，可钻通孔、盲孔，更换特殊刀具，可扩、镗孔、铰孔或进行攻螺纹等加工。加工过程中工件不动，让刀具移动，将刀具中心对正孔中心，并使刀具转动。

图 9-14 是 Z3050 摇臂钻床的结构示意图。Z3050 摇臂钻床主要由底座、内立柱、外立柱、摇臂、主轴箱、工作台等组成。内立柱固定在底座上，在它外面套着空心的外立柱，外立柱可绕着内立柱回转一周。摇臂一端的套筒部分与外立柱滑动配合，借助于丝杠，摇臂可沿着外立柱上下移动，但两者不能做相对转动，所以摇臂将与外立柱一起相对内立柱回转。主轴箱是一个复合的部件，它具有主轴及主轴旋转部件和主轴进给的全部变速和操纵机构。主轴箱可沿着摇臂上的水平导轨做径向移动。当进行加工时，可利用特殊的夹紧机构将外立柱紧固在内立柱上，摇臂紧固在外立柱上，主轴箱紧固在摇臂导轨上，然后进行钻削加工。其运动形式如下。

① 主运动　钻削加工时，主运动为主轴的旋转运动。

② 进给运动　进给运动为主轴的垂直移动，主运动和进给运动都由主轴电动机承担。

③ 辅助运动　摇臂的升降、摇臂的夹紧与放松以及立柱的夹紧与放松、摇臂的回转和主轴箱的径向移动等都属于辅助运动。

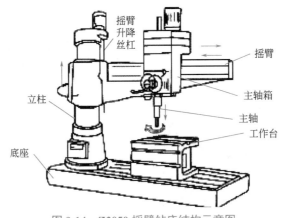

图 9-14　Z3050 摇臂钻床结构示意图

9.5.2　控制电路

Z3050 摇臂钻床的电路如图 9-15 所示，主电路中有四台电动机，各电动机的作用如下。

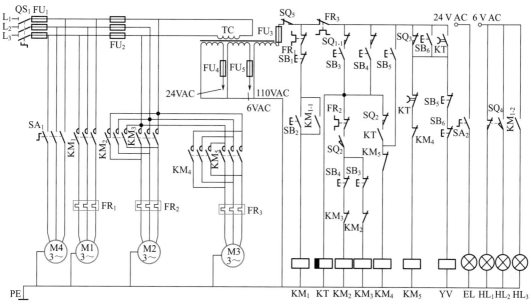

图 9-15　Z3050 摇臂钻床电路

① 主轴电动机 M_1 用来拖动主轴及进给传动系统运转，热继电器 FR_1 用作主轴电动机的过载保护。主轴的正反转及进给大范围内调速，一般用机械方法实现，电动机只需单方向旋转。

② 摇臂升降电动机 M_2 用来拖动摇臂上升或下降，要求能实现正反转。其正反转利用接触器 KM_2 和 KM_3 控制，热继电器 FR_2 用作主轴电动机的过载保护。

③ 液压泵电动机 M_3 用来拖动油泵供给液压装置压力油，以实现摇臂、立柱以及主轴箱的松开和夹紧。要求这台电动机能正反转。其正反转利用接触器 KM_4 和 KM_5 控制。热继电器 FR_3 用作主轴电动机的过载保护。摇臂的回转和主轴箱的径向移动在中小型摇臂钻床上都采用手动。

④ 冷却泵电动机 M_4 负责给刀具和工件提供冷却液，用手动开关 SA_1 控制直接启动和停止。

主要电气元件表如表 9-5 所示。

表 9-5　主要电气元件表

符号	名称	符号	名称
M_1	主轴电动机	SB_1	主轴电动机停止按钮
M_2	摇臂升降电动机	SB_2	主轴电动机启动按钮
M_3	液压泵电动机	SB_3	摇臂升按钮
M_4	冷却泵电动机	SB_4	摇臂降按钮
KM_1	主轴电动机 M_1 接触器	SB_5	主轴箱和立柱松开按钮

续表

符号	名称	符号	名称
KM₂	摇臂升降电动机 M₂ 正转接触器	SB₆	主轴箱和立柱夹紧按钮
KM₃	摇臂升降电动机 M₂ 反转接触器	SA₁	冷却泵电动机控制开关
KM₄	液压泵电动机 M₃ 正转接触器	SA₂	照明灯开关
KM₅	液压泵电动机 M₃ 反转接触器	EL	照明灯
SQ₁	摇臂升降限位保护行程开关	HL₁	主轴箱和立柱松开指示灯
SQ₂	摇臂松开行程开关	HL₂	主轴箱和立柱夹紧指示灯
SQ₃	摇臂夹紧行程开关	HL₃	主轴电动机指示灯
SQ₄	主轴箱和立柱松紧行程开关	YV	电磁阀

9.5.3 工作原理

（1）主轴电动机的控制

① 启动控制　按下 SB_2 使其常开触点闭合→
$$\begin{cases} \text{主触点 } KM_1 \text{ 闭合→电动机 } M_1 \text{ 启动} \\ \text{辅助常开触点 } KM_{1\text{-}1} \text{ 闭合→实现自锁} \\ \text{辅助常开触点 } KM_{1\text{-}2} \text{ 闭合→指示灯 } HL_3 \text{ 点亮} \end{cases}$$

② 停止控制　按下 SB_1 使其常闭触点断开→
$$\begin{cases} \text{主触点 } KM_1 \text{ 断开→电动机 } M_1 \text{ 停转} \\ \text{辅助常开触点 } KM_{1\text{-}1} \text{ 断开→解除自锁} \\ \text{辅助常开触点 } KM_{1\text{-}2} \text{ 断开→指示灯 } HL_3 \text{ 熄灭} \end{cases}$$

（2）摇臂升降控制

摇臂升降的超程限位保护由行程开关 SQ_1 实现，SQ_1 有两对动断触点：$SQ_{1\text{-}1}$ 实现上限位保护，$SQ_{1\text{-}2}$ 实现下限位保护。当摇臂上升到极限位置时，压下 $SQ_{1\text{-}1}$，KM_2 失电，上升停止。当摇臂下降到极限位置时，压下 $SQ_{1\text{-}2}$，KM_3 失电，下降停止。

① 摇臂升降控制过程分为三个步骤

a. 摇臂的松开。摇臂的松开实现条件为：液压泵电动机 M_3 正转、电磁阀线圈 YV 得电。

液压泵电动机 M_3 正向旋转。压力油经分配阀进入摇臂的"松开油腔"，推动活塞移动，活塞推动菱形块，将摇臂松开。

b. 摇臂上升。电动机 M_2 正转可使摇臂上升；电动机 M_2 反转可使摇臂下降。

c. 摇臂的夹紧。摇臂的加紧实现条件为：液压泵电动机 M_3 反转、电磁阀线圈 YV 得电。

液压泵电动机 M_3 反向旋转，压力油经分配阀进入摇臂的"夹紧油腔"，使摇臂夹紧。

② 摇臂上升

a. 摇臂松开。按住 SB₃

$\rightarrow\begin{cases}闭常触点先断开\rightarrow 防止KM_3得电\\[2mm]常开触点闭合\rightarrow 线圈KT得电\begin{cases}瞬时常开触点KT闭合\rightarrow 线圈KM_4得电\rightarrow\\\qquad M_3正转，配合YV得电松开摇臂\\延时闭合常闭触点断开\rightarrow 线圈KM_5失电\\延时断开常开触点闭合\rightarrow 电磁阀YV得电\end{cases}\end{cases}$

b. 摇臂上升。摇臂松开，同时活塞杆通过弹簧片压下行程开关 SQ₂

$\rightarrow\begin{cases}SQ_2常闭断开\rightarrow KM_4线圈失电\rightarrow 液压泵电动机M_3停转\\[2mm]SQ_2常开闭合\rightarrow KM_2线圈得电\rightarrow\begin{cases}主触点KM_2闭合\rightarrow M_2正转，带动摇臂上升\\辅助常闭触点KM_2断开\rightarrow 互锁\end{cases}\end{cases}$

 注意 　　如果此时摇臂尚未松开，则 SQ₂ 的常开触点则不能闭合，KM₂ 的线圈不能获电，摇臂就不能上升。

c. 摇臂夹紧。当摇臂上升到所需位置时，松开 SB₃

$\rightarrow\begin{cases}常闭触点闭合\rightarrow 为KM_3得电做准备\\[2mm]常开触点断开\rightarrow\begin{cases}线圈KT\\失电\end{cases}\begin{cases}常开触点断开\rightarrow 线圈KM_4失电\\常闭触点延时1\sim3s闭合\rightarrow 线圈KM_5得电，M_3反转，摇臂加紧\\常开触点延时1\sim3s断开\rightarrow 由于SQ_3仍然闭合，故电磁阀YV保持得电\end{cases}\\\quad 线圈KM_2失电\rightarrow M_2停止正转，摇臂停止上升\end{cases}$

在摇臂夹紧后，活塞杆推动弹簧片压下位置开关 SQ₃，SQ₃ 常闭断开→

$\begin{cases}KM_5线圈失电\rightarrow 液压泵电动机 M_3 停转\\电磁阀 YV 失电\end{cases}$

③ 摇臂下降　摇臂下降与摇臂上升控制过程类似。

按住 SB₄ → KT 得电→ KM₄ 获电，将摇臂松开。

摇臂松开→压下 SQ₂ → KM₄ 失电，KM₃ 获电，带动摇臂下降。

摇臂下降到所需位置时，松开 SB₄，KM₃ 和 KT₁ 线圈同时失电，摇臂停止下降。经过延时后→ KM₅ 得电，将摇臂夹紧→压下 SQ₃ → KM₅ 失电

（3）立柱和主轴箱的夹紧与放松控制

SB₅ 是松开按钮，SB₆ 是夹紧按钮。因为立柱和主轴箱的夹紧与松开是短时间的调整工作，所以采用点动控制。立柱和主轴箱的松开、夹紧同时进行。

① 放松

a. 按住 SB₅ $\rightarrow\begin{cases}常开触点闭合\rightarrow 线圈 KM_4 得电\rightarrow\begin{cases}主触点 KM_4 闭合\rightarrow 电动机 M_3 正转\\辅助常闭触点断开\rightarrow 互锁\end{cases}\\常闭触点断开\rightarrow 电磁阀 YV 失电\end{cases}$

液压泵电动机 M₃ 正转，供出的压力油进入立柱和主轴箱的松开油腔，立柱和主轴箱同

时松开→$\begin{cases}常开触点\ SQ_4\ 断开→灯\ HL_2\ 灭 \\ 常闭触点\ SQ_4\ 闭合→灯\ HL_1\ 亮\end{cases}$

b. 松开 SB_5 →$\begin{cases}常开触点断开→线圈\ KM_4\ 失电→\begin{cases}主触点\ KM_4\ 断开→电动机\ M_3\ 停转 \\ 辅助常闭触点闭合→解除互锁\end{cases} \\ 常闭触点闭合→电磁阀\ YV\ 得电\end{cases}$

② 夹紧　夹紧和放松的过程基本一致。

按住 SB_6 →线圈 KM_5 得电→电动机 M_3 反转→同时电磁阀 YV 线圈失电→立柱和主轴箱同时夹紧。夹紧后，SQ_4 的常闭触点断开，常开触点闭合，指示灯 HL_1 灭，HL_2 亮。

（4）冷却泵电动机的控制

扳动 SA_1，接通或断开电源，M_4 启动或停止。

第 3 篇

可编程控制技术

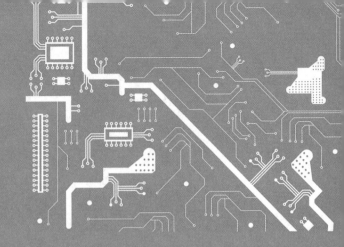

第 10 章
可编程控制器

10.1 PLC 简介

10.1.1 PLC 基础

可编程控制器简称 PLC（Programmable Logic Controller），是一种专门为在工业环境下应用而设计的数字运算操作的电子装置。它采用可以编制程序的存储器，用来在其内部存储执行逻辑运算、顺序运算、计时、计数和算术运算等操作的指令，并能通过数字式或模拟式的输入和输出，控制各种类型的机械或生产过程。PLC 及其有关的外围设备都应该按易于与工业控制系统形成一个整体，易于扩展其功能的原则而设计。

（1）PLC的结构

PLC 的类型繁多，功能和指令系统也不尽相同，但结构与工作原理则大同小异，通常由主机、输入/输出（I/O）接口、电源、输入/输出（I/O）扩展接口和外部设备接口等几个主要部分组成，其结构图如图 10-1 所示。

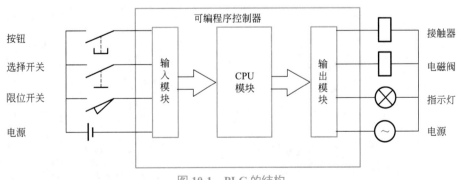

图 10-1 PLC 的结构

① 主机　主机部分包括中央处理器（CPU）、系统程序存储器和用户程序及数据存储器。

CPU 是 PLC 的核心，可以读取输入变量、完成用户指令规定的各种操作，并将结果送到输出端和响应外部设备（如编程器、电脑、打印机等）的请求以及进行各种内部判断等。

系统程序存储器主要存放系统管理和监控程序及对用户程序作编译处理的程序，系统程序由厂家固定，用户不能更改。

用户程序及数据存储器主要存放用户编制的应用程序及各种暂存数据和中间结果。

② 输入/输出（I/O）接口　I/O 接口即输入/输出接口是 PLC 与输入/输出设备连接的部件。

输入接口接受输入设备的控制信号。输入设备有按钮、传感器、触点、行程开关等种类。

输出接口是将主机处理后的结果通过功放电路去驱动输出设备。输出设备有接触器、电磁阀、指示灯等。

I/O 接口一般采用光电耦合电路，以减少电磁干扰。I/O 点数即输入/输出端子数是 PLC 的一项主要技术指标，通常小型机有几十个点，中型机有几百个点，大型机将超过千点。

③ 输入/输出（I/O）扩展接口　I/O 扩展接口用于连接扩充外部输入/输出端子数的扩展单元与基本单元。

④ 外部设备接口　此接口可将编程器、打印机、条码扫描仪等外部设备与主机相连，以完成相应的操作。

⑤ 电源　电源是指为 CPU、存储器、I/O 接口等电路工作所配置的电源，通常也可以为输入设备提供电源。

（2）PLC 的工作原理

PLC 是采用"顺序扫描，不断循环"的方式进行工作的。即在 PLC 运行时，CPU 根据用户编制好的程序，按指令步序号（或地址号）做周期性循环扫描。如无跳转指令，则从第一条指令开始逐条顺序执行用户程序，直至程序结束，然后重新返回第一条指令，开始下一轮新的扫描。在每次扫描过程中，还要完成对输入信号的采样和对输出状态的刷新等工作。

PLC 的一个扫描周期经过输入采样、程序执行和输出刷新三个阶段。

① 输入采样阶段　首先以扫描方式按顺序将所有暂存在输入锁存器中的输入端子的通断状态或输入数据读入，并将其写入各自对应的输入状态寄存器中，即刷新输入。随即关闭输入端口，进入程序执行阶段。

② 程序执行阶段　按用户程序指令存放的先后顺序扫描执行每条指令，执行的结果再写入输出状态寄存器中，输出状态寄存器中所有的内容随着程序的执行而改变。

③ 输出刷新阶段　当所有指令执行完毕，输出状态寄存器的通断状态在输出刷新阶段送至输出锁存器中，并通过一定的方式输出，驱动相应输出设备工作。

10.1.2　PLC 的硬件组成

S7-200 PLC 的主机模块将一个微处理器、一个集成电源和一定数量的数字量 I/O 端子集成封装在一个独立、紧凑的设备中，从而形成了一个功能强大的微型 PLC。中央处理单元（CPU）的作用是执行程序和存储数据，以便对工业自动控制任务或过程进行控制。输入部分从现场设备中（例如传感器或开关）采集信号，输出部分则控制泵、电机、指示灯以及工业过程中的其他设备。电源向 CPU 及所连接的任何模块提供电力支持。

由于主机模块中封装了负责执行程序和存储数据的微处理器，因此也常被称为 CPU 模块。其外观面板布置如图 10-2 所示。

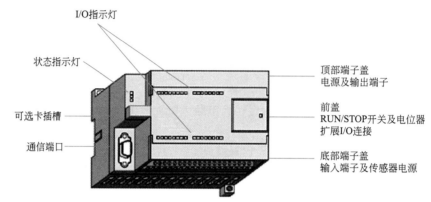

图 10-2　S7-200 的 CPU 硬件及面板组成

（1）顶部端子盖

电源及输出端子位于 CPU 模块的顶部端子盖下面，输出端子的运行状态可以由顶部端子盖下方一排指示灯显示，ON 状态对应指示灯亮。

S7-200 PLC 可以接受交流 110V/230V 或直流 24V 电源作为工作电源。一个 CPU 模块的电源只能接交流电源或接直流电源。

（2）前盖

前盖下面是 PLC 的工作模式选择开关、电位器和扩展 I/O 连接端口。

① PLC 有 RUN 和 STOP 两种工作模式，开关拨在 RUN 时，PLC 程序运行，实时刷新输入、输出，此时不能对其编写程序。开关拨在 STOP 时，PLC 程序停止，停止实时刷新输入、输出，此时可以对其编写程序。

② 通过电位器可以改变程序运行时的参数。

③ 当一个 CPU 模块的 I/O 连接端口满足不了需要时，可以通过扩展 I/O 连接端口进行扩展，以提升 PLC 的控制能力和通信能力。

（3）状态指示灯

在 CPU 模块左上角的状态指示灯可以指示 CPU 当前的工作模式。其中，SF（System Fault）表示系统错误、RUN 表示运行、STOP 表示停止。

（4）通信端口

通过通信端口可以将 S7-200 同编程器或其他一些设备连接起来。

（5）可选卡插槽

CPU 模块左中部有可选卡插槽。可将 EEPROM 卡插在此处来扩展 PLC 的存储量。

（6）底部端子盖

输入端子位于此处，输入端子的运行状态可以由底部端子盖上方一排指示灯显示，ON

状态对应指示灯亮。还可为传感器提供 24V 直流电源。

10.1.3　PLC 控制与继电器控制比较

PLC 的梯形图与传统的继电器控制非常相似，信号的输入 / 输出形式及控制功能基本上也是相同的，但由于传统的继电器控制存在接线复杂、维护困难等缺点，在很多场合用 PLC 控制代替。它们的不同之处主要表现如下。

（1）逻辑控制方式

继电器控制利用各电气元件机械触点的串、并联组合成逻辑控制，采用硬线连接，其接线多而复杂、体积大、功耗大、故障率高，灵活性和扩展性很差。

PLC 控制采用存储器逻辑，以程序的方式存储在内存中，改变程序，便可改变逻辑。连线少、体积小、灵活性和扩展性都很好。

（2）工作方式

继电器控制线路中各继电器同时都处于受控状态，属于并行工作方式。

PLC 控制逻辑中，各内部器件都处于周期性循环扫描过程中，各种逻辑、数值输出的结果都是按照在程序中的前后顺序计算得出的，属于串行工作方式。

（3）可靠性和可维护性

继电器控制逻辑使用了大量的机械触点，触点在开闭时会产生电弧，造成损伤并伴有机械磨损，使用寿命短，连线也多，可靠性和可维护性差。

PLC 控制采用微电子技术，内部的开关动作均由无触点的半导体电路来完成，体积小，寿命长，可靠性高。PLC 还配有自检和监督功能，可靠性和可维护性好。

（4）控制速度

继电器控制逻辑依靠触点的机械动作实现控制，工作频率低，且机械触点还会出现抖动问题。PLC 控制是由程序指令控制半导体电路来实现控制的，属于无触点控制，速度极快，且不会出现抖动。

（5）定时控制

继电器控制逻辑利用时间继电器进行时间控制，利用时间继电器的滞后动作来完成时间上的顺序控制。时间继电器存在定时精度不高、定时范围窄、易受环境湿度和温度变化的影响、调整时间困难等问题。

PLC 使用半导体集成电路作定时器，时基脉冲由晶振产生，精度相当高，使用者根据需要，定时值在程序中便可设置，灵活性大且定时时间不受环境的影响，定时范围广，调整时间方便。

（6）计数功能

继电器控制不具备计数的功能。

PLC 内部有特定的计数器，故可实现对生产过程的计数控制。

（7）设计和施工

用继电器控制逻辑完成一项工程，其设计、施工、调试必须依次进行，周期长而且修改困难。

用 PLC 完成一项控制工程，在系统设计完成后，现场施工和控制逻辑的设计可以同时进行，周期短，且调试和修改都很方便。

10.2 PLC 的简单控制

10.2.1 启动优先控制

10.2.1.1 启动优先程序实现方案 1

范例示意如图 10-3 所示。

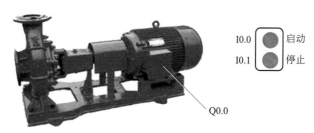

图 10-3 范例示意

（1）控制要求

启动优先：当启动与停止信号同时到达时，输出的状态若为启动，则为启动优先。例如，消防水泵启动的控制场合，需要选用启动优先控制程序。对于该程序，若同时按下启动和停止按钮，则启动优先。无论停止按钮 I0.1 按下与否，只要按下启动按钮 I0.0，则负载启动。

（2）元件说明

元件说明见表 10-1。

表 10-1 元件说明

PLC 软元件	控制说明
I0.0	消防水泵启动按钮，按下时，I0.0 状态由 Off → On
I0.1	消防水泵停止按钮，按下时，I0.1 状态由 Off → On
Q0.0	消防水泵接触器

（3）控制程序

控制程序如图 10-4 所示。

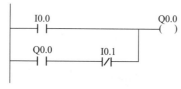

图 10-4 控制程序

（4）程序说明

① 按下启动按钮，I0.0 得电，常开触点闭合，此时若 I0.1 没有按下，Q0.0 得电并自锁，消防水泵正常启动；此时按下 I0.1，Q0.0 失电，自锁解除，消防水泵停止。

② 当 I0.0 与 I0.1 同时被按下时，Q0.0 得电，但无法完成自锁，消防水泵仍然启动，松开两按钮后，Q0.0 失电，消防水泵停止运行（相当于点动控制）。

10.2.1.2　启动优先程序实现方案 2

（1）元件说明

元件说明见表 10-2。

表 10-2　元件说明

PLC 软元件	控制说明
I0.0	消防水泵启动开关，按下时，I0.0 状态由 Off → On
I0.1	消防水泵停止开关，按下时，I0.1 状态由 Off → On
Q0.0	消防水泵接触器

（2）控制程序

控制程序如图 10-5 所示。

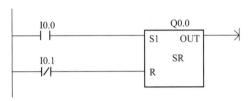

图 10-5　控制程序

（3）程序说明

① 按下启动开关，I0.0 得电，常开触点闭合，此时若 I0.1 没有按下，Q0.0 得电，消防水泵正常启动；此时若 I0.1 按下，Q0.0 得电，消防水泵仍然启动。

② 当启动按钮 I0.0、停止按钮 I0.1 都失电时，I0.0 常开触点断开，I0.1 常闭触点闭合，Q0.0 失电，消防水泵处于停止状态。

③ 当停止按钮 I0.1 按下，而启动按钮 I0.0 未按时，消防水泵保持原来的状态。

10.2.2　停止优先控制

停止优先：启动与停止信号同时到达时，输出为停止则为停止优先。停止优先是编程中常用的保护之一，它保证了停止主令信号的有效性和优先性，保证在出现情况时可以按照意愿顺利停止。

10.2.2.1　停止优先程序实现方案 1

范例示意如图 10-6 所示。

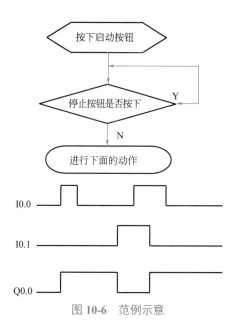

图 10-6 范例示意

（1）元件说明

元件说明见表 10-3。

表 10-3 元件说明

PLC 软元件	控制说明
I0.0	启动按钮，按下时，I0.0 状态由 Off → On
I0.1	停止按钮，按下时，I0.1 状态由 Off → On
I0.2	热继电器，电动机过载热继电器动作时，I0.2 状态由 Off → On
Q0.0	程序规定的输出

（2）控制程序

控制程序如图 10-7 所示。

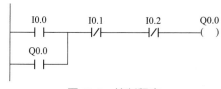

图 10-7 控制程序

（3）程序说明

① 本案例属于停止优先程序说明。为了确保安全，在 PLC 启保停电路的两个启动方式中，一般情况下会选择停止优先。对于该程序，若同时按下启动和停止按钮，则停止优先。无论启动按钮 I0.0 按下与否，只要按下停止按钮 I0.1，则 Q0.0 必然失电，因此，这种电路也被称为失电优先的自锁电路。这种控制方式常用于需要紧急停车的场合。

② 电动机发生过载时，热继电器动作，I0.2 得电，常闭接点断开，输出线圈 Q0.0 失电，自锁解除，电动机失电停转。

③ 热继电器设定为手动复位,若因过载停机,需对热继电器手动复位后方可再次启动电动机。这样有利于设备维护人员查清电动机过载的原因并排除后,再对热继电器进行复位,对于保护电动机和维护生产安全有好处。

10.2.2.2 停止优先程序实现方案 2

(1) 元件说明

元件说明见表 10-4。

表 10-4 元件说明

PLC 软元件	控制说明
I0.0	启动开关,按下时,I0.0 状态由 Off → On
I0.1	停止开关,按下时,I0.1 状态由 Off → On
Q0.0	程序规定的输出

(2) 控制程序

控制程序如图 10-8 所示。

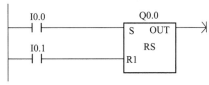

图 10-8 控制程序

(3) 程序说明

① 按下启动按钮,I0.0 得电,此时 I0.1 若没有按下,Q0.0 得电,消防水泵正常启动;此时若按下 I0.1,Q0.0 失电,消防水泵停止。

② 当启动按钮 I0.0 未按下时,I0.0 失电,常开触点断开;停止按钮 I0.1 按下时,I0.1 得电,常开触点闭合,消防水泵处于停止状态,Q0.0 失电。

③ 当启动按钮 I0.0 与停止按钮 I0.1 都未按下时,消防水泵保持原来的状态。

10.2.3 互锁联锁控制

范例示意如图 10-9 所示。

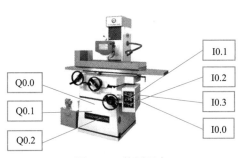

图 10-9 范例示意

（1）控制要求

本案例属于原理说明，对于冲床来讲，为避免机器因人为疏忽导致的一些器件损坏，使用了一系列互锁和联锁结构。

在机床控制线路中，要求两个或多个电器不能同时得电动作，相互之间有排他性，这种关系称为互锁。如控制电动机正反转的两个接触器同时得电，将导致电源短路。

在机床控制线路中，常要求电动机或其他电器有一定的得电顺序，这种先后顺序称为联锁。

（2）元件说明

元件说明见表 10-5。

表 10-5　元件说明

PLC 软元件	控制说明
I0.0	润滑泵启动按钮，按下时，I0.0 状态由 Off → On
I0.1	机头上行启动按钮，按下时，I0.1 状态由 Off → On
I0.2	机头下行启动按钮，按下时，I0.2 状态由 Off → On
I0.3	润滑泵停止按钮，按下时，I0.3 状态由 Off → On
Q0.0	润滑泵接触器
Q0.1	机头上行接触器
Q0.2	机头下行接触器

（3）控制程序

控制程序如图 10-10 所示。

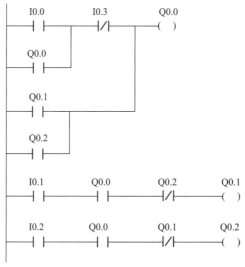

图 10-10　控制程序

（4）程序说明

① 本案例讲述联锁与互锁的用法。在启动机床时要求先启动润滑泵，否则不能启动电动机，则在此时使用联锁结构编写程序；在机床机头上下行过程中，要求两种情况不能同时

发生，以避免短路，则此时可使用互锁结构。

②先启动润滑泵，当按下启动按钮 I0.0 时，I0.0 得电，常开触点闭合，Q0.0 得电自锁，润滑泵启动。当需要机头上行时，按下上行按钮 I0.1，I0.1 得电，常开触点闭合，Q0.1 得电，上行接触器得电，机头上行。同时，下行回路中 Q0.1 常闭接点断开，下行无法启动。

③当需要机头下行时，需要先停止上行，即松开上行按钮，此时按下下行按钮 I0.2，I0.2 得电，常开触点闭合，Q0.2 得电，下行接触器得电，机头下行。同时，上行回路中 Q0.2 常闭断开，上行无法启动。

④停止润滑泵时，需要在机头驱动电动机停止的情况下，才能停止润滑泵，满足条件时，按下润滑泵停止按钮 I0.3，I0.3 得电，常闭触点断开，Q0.0 失电，润滑泵停止。

⑤注意机头的上下行控制实际为电动机的点动正反转控制。

10.2.4　自保持与解除控制

范例示意如图 10-11 所示。

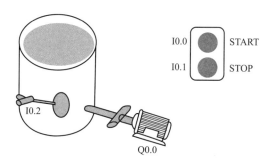

图 10-11　范例示意

控制要求：

①按下 START 按钮，抽水泵运行，开始将容器中的水抽出。

②按下 STOP 按钮或容器中无水为空，抽水泵自动停止工作。

10.2.4.1　自保持与解除回路实现方案 1

（1）元件说明

元件说明见表 10-6。

表 10-6　元件说明

PLC 软元件	控制说明
I0.0	START 控制按钮：按下时，I0.0 状态由 Off → On
I0.1	STOP 控制按钮：按下时，I0.1 状态由 Off → On
I0.2	浮标水位检测器，只要容器中有水，I0.2 状态为 On
Q0.0	抽水泵电动机

（2）控制程序

如图 10-12 所示。

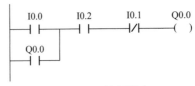

图 10-12　控制程序

（3）程序说明

① 只要容器中有水，I0.2 得电常开触点闭合，按下 START 按钮时，I0.0 得电常开触点闭合，Q0.0 得电并自锁，抽水泵电动机开始抽水。

② 当按下 STOP 按钮，I0.1 得电，常闭触点断开，水泵电动机停止抽水；或当容器中的水被抽干之后，I0.2 失电，Q0.0 失电，抽水泵电动机停止抽水。

10.2.4.2　自保持与解除回路实现方案 2

（1）元件说明

元件说明见表 10-7。

表 10-7　元件说明

PLC 软元件	控制说明
I0.0	START 控制按钮，按下时，I0.0 状态由 Off → On
I0.1	STOP 控制按钮，按下时，I0.1 状态由 Off → On
I0.2	浮标水位检测器，只要容器中有水，I0.2 状态为 On
M0.0	内部辅助继电器
Q0.0	抽水泵电动机

（2）控制程序

控制程序如图 10-13 所示。

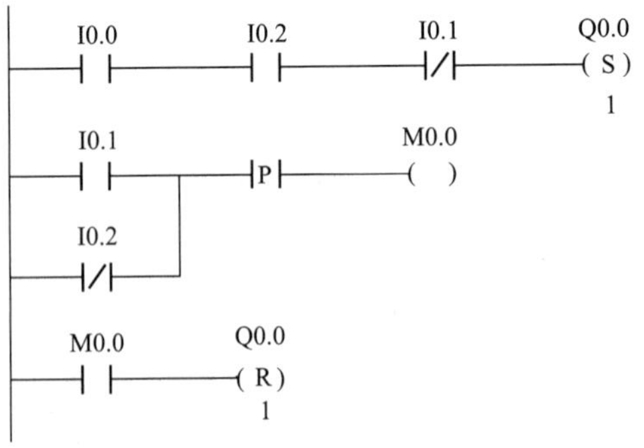

图 10-13　控制程序

（3）程序说明

① 容器中有水，I0.2 得电，常开触点闭合，按下 START 按钮时，I0.0 得电，置位操作

指令被执行，Q0.0 得电，抽水泵电动机开始抽水。

　　② 当按下 STOP 按钮时，I0.1 得电，常闭触点断开、常开触点闭合，通过上升沿指令将 I0.1 的不规则信号转换为瞬时触发信号，M0.0 接通一个扫描周期，复位操作指令执行，Q0.0 失电，抽水泵电动机停止抽水。

　　③ 另外一种停止抽水的情况是当容器水抽干后，I0.2 失电，常闭触点接通，上升沿指令瞬时触发，M0.0 接通一个扫描周期，复位操作指令执行，Q0.0 被复位，抽水泵电动机停止抽水。

10.2.5　单开关控制启停

范例示意如图 10-14 所示。

图 10-14　范例示意

（1）控制要求

上电后，甲灯（L_0）亮（甲组设备工作），乙灯（L_1）不亮（乙组设备不工作）；按一次按钮，乙灯亮（乙组设备工作），甲灯不亮（甲组设备不工作）；再按一次按钮，甲灯亮（甲组设备工作），乙灯不亮（乙组设备不工作）；以此类推。

（2）元件说明

元件说明见表 10-8。

表 10-8　元件说明

PLC 软元件	控制说明	PLC 软元件	控制说明
I0.0	开关控制按钮	Q0.1	灯 L_1（乙组设备）
Q0.0	灯 L_0（甲组设备）	M1.0	内部辅助继电器

（3）控制程序

控制程序如图 10-15 所示。

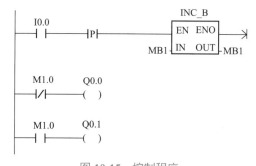

图 10-15　控制程序

（4）程序说明

① 上电后，M1.0 状态为 Off，M1.0 常闭触点闭合，Q0.0 得电，灯 L_0 亮（甲组设备工作）；M1.0 常开触点断开，Q0.1 失电，灯 L_1 灭（乙组设备不工作）。

② 按一下 I0.0 按钮，上升沿触发 INC 自增指令执行使 M1.0 得电，常闭接点断开，Q0.0 失电，灯 L_0 灭（甲组设备不工作）；M1.0 常开接点闭合，Q0.1 得电，灯 L_1 亮（乙组设备工作）。

③ 再按一下 I0.0 按钮，上升沿触发自增指令执行，使得 M1.0 状态由 On → Off。分析过程同①。

另外还需要注意：

① 本例可用于两组设备（如主设备和备用设备）的交替运行，当一组设备由于某种原因需要检修维护或故障时，可通过按操作按钮切换为另一组设备工作；

② 本例一上电便有一组设备启动，如果不允许一上电甲乙两组设备自行启动，可加一个总开关。

控制程序如图 10-16 所示，I0.1 为总启动开关，I0.2 为停止开关，I0.0 为两组设备的切换开关。

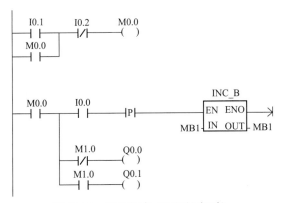

图 10-16　控制程序（两级设备时）

10.3　PLC 控制电动机

10.3.1　三相异步电动机的点动控制

范例示意如图 10-17 所示。

图 10-17　范例示意

（1）控制要求

当按下按钮时，电动机转动；松开按钮时，电动机停转。

（2）元件说明

元件说明见表 10-9。

表 10-9 元件说明

PLC 软元件	控制说明	PLC 软元件	控制说明
I0.0	按钮，按下时，I0.0 状态由 Off → On	Q0.0	电动机（接触器）

（3）控制程序

控制程序如图 10-18 所示。

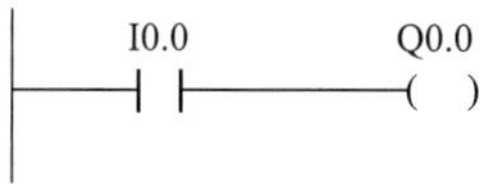

```
        I0.0        Q0.0
  ——| |————————————( )——
```

图 10-18 控制程序

（4）程序说明

当按下按钮时，I0.0 处导通，Q0.0 得电（即接触器线圈得电，接触器主触点闭合），电动机得电启动运转。

松开按钮时，I0.0 处不导通，Q0.0 失电（即接触器线圈失电，接触器主触点断开），电动机失电停止运转。

10.3.2 三相异步电动机的连续控制

范例示意如图 10-19 所示。

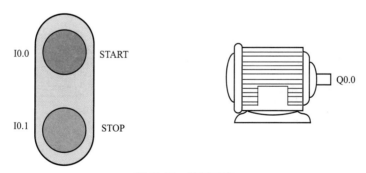

图 10-19 范例示意

（1）控制要求

当按下 Start 按钮时，电动机开始运转，松开 Start 按钮后电动机仍保持运转状态；按下 Stop 按钮时，电动机停止运转。

（2）元件说明

元件说明见表 10-10。

表 10-10　元件说明

PLC 软元件	控制说明	PLC 软元件	控制说明
I0.0	按下 Start 时，I0.0 状态由 Off → On	Q0.0	电动机（接触器）
I0.1	按下 Stop 时，I0.1 状态由 Off → On		

（3）控制程序

控制程序如图 10-20 所示。

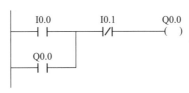

图 10-20　控制程序

（4）程序说明

① 按下 Start 按钮，I0.0 得电，常开触点闭合，Q0.0 得电并保持，电动机开始运转。与 I0.0 并联的常开触点闭合，保证 Q0.0 持续得电，这就相当于继电控制线路中的自锁。松开 Start 按钮后，由于自锁的作用，电动机仍保持运转状态。

② 按下 Stop 按钮时，I0.1 得电，I0.1 常闭触点断开，电动机失电停止运转。

③ 要想再次启动，重复①。

10.3.3　三相异步电动机点动、连续混合控制

范例示意如图 10-21 所示。

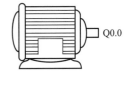

图 10-21　范例示意

控制要求：

① 当按下 I0.0 时，电动机启动运转；松开时，电动机保持运转状态。

② 当按下 I0.1 时，电动机停止运转。

③ 当按下 I0.2 时，电动机运转（无论此前处于何状态）。松开时，电动机停止运转。

（1）一般编程

常见的点动、连续混合继电控制线路原理如图 10-22 所示。

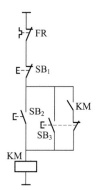

图 10-22 常见的点动、连续混合继电控制线路原理

在较常用的三相异步电动机的点动、连续混合继电控制线路中，SB$_2$ 为电动机连续运行启动按钮，SB$_3$ 为电动机点动运行启动按钮，SB$_1$ 为电动机连续运行停止按钮。

① 元件说明　元件说明见表 10-11。

表 10-11　元件说明

PLC 软元件	控制说明
I0.0	启动按钮，按下时，I0.0 状态由 Off → On
I0.1	停止按钮，按下时，I0.1 状态由 Off → On
I0.2	点动按钮，按下时，I0.2 状态由 Off → On
Q0.0	电动机（接触器）

② 控制程序　控制程序如图 10-23 所示。

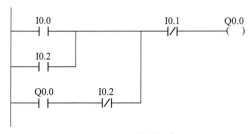

图 10-23　控制程序

③ 程序说明　按照图 10-22 所示的原理很容易编写出图 10-23 所示的 PLC 程序。按常规分析，图 10-23 所示的控制程序应该能实现点动、连续混合控制，但实际运行结果如何呢？程序分析及实际运行结果如下。

a. 按下 I0.0 按钮，I0.0 得电，常开触点闭合，Q0.0 得电并保持，电动机启动运转，松开时仍然保持运转状态，实现了连续运行的控制。

b. 按下 I0.1 按钮，I0.1 得电，常闭触点断开，Q0.0 失电，电动机停止运转，停止功能实现。

c. 按下 I0.2 按钮，无论电动机处于何种状态都将运转；松开 I0.2 按钮，电动机没有停止运转，反而继续运转，即 I0.2 没有实现点动控制，实现的是连续控制，原因在于没有有效破坏自锁。

也就是说图 10-23 所示的控制程序不能完成点动控制。

（2）改进方案1

① 元件说明　元件说明见表 10-12。

表 10-12　元件说明

PLC 软元件	控制说明
I0.0	连续启动按钮，按下时，I0.0 状态由 Off → On
I0.1	停止按钮，按下时，I0.1 状态由 Off → On
I0.2	点动按钮，按下时，I0.2 状态由 Off → On
T32	计时 0.001s 定时器，时基为 1ms 的定时器
Q0.0	电动机（接触器）

② 控制程序　控制程序如图 10-24 所示。

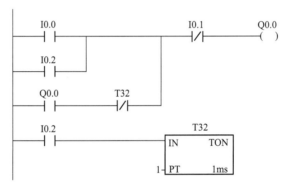

图 10-24　控制程序

③ 程序说明

a. 按下 I0.0 按钮，I0.0 得电，常开触点闭合，Q0.0 得电并保持，电动机启动并连续运转，松开时仍然保持运转状态。

b. 按下 I0.1 按钮，I0.1 得电，I0.1 常闭触电断开，Q0.0 失电，电动机停止运转。

c. 按下 I0.2 按钮，无论电动机处于何种状态都将运转；松开 I0.2 按钮，电动机停止运转。

d. 按下 I0.2 按钮，0.001s（T32 延时）后，计时时间到，T32 常闭触点断开，有效地破坏了自锁电路，形成了点动控制效果。

（3）改进方案2

① 元件说明　元件说明见表 10-13。

表 10-13　元件说明

PLC 软元件	控制说明
I0.0	连续启动按钮，按下时，I0.0 状态由 Off → On
I0.1	停止按钮，按下时，I0.1 状态由 Off → On

PLC 软元件	控制说明
I0.2	点动按钮，按下时，I0.2 状态由 Off → On；松开时，I0.2 状态由 On → Off
M0.0	内部辅助继电器
Q0.0	电动机（接触器）

② 控制程序　控制程序如图 10-25 所示。

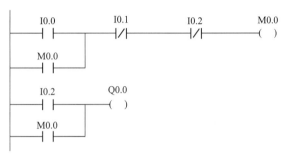

图 10-25　控制程序

③ 程序说明

a. 按下 I0.0 按钮，I0.0 得电，常开触点闭合，M0.0 得电并自锁保持，Q0.0 得电，电动机启动运转，松开时仍然保持运转状态。

b. 按下 I0.1 按钮，I0.1 得电，I0.1 常闭触点断开，M0.0 失电，Q0.0 失电，电动机停止运转。

c. 按下 I0.2 按钮，I0.2 得电，其常开触点闭合，Q0.0=On，常闭触点断开，确保辅助继电器 M0.0 不得电，实现了无论电动机之前处于何种状态都将运转的效果；松开 I0.2 按钮，Q0.0 失电，电动机停止运转，实现了点动控制效果。

10.3.4　三相异步电动机的两地连续控制

范例示意如图 10-26 所示。

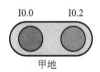 

图 10-26　范例示意

（1）控制要求

甲、乙两地均可控制电动机的启动与停止：按下按钮 I0.0，电动机启动运转；按下 I0.2 按钮，电动机停止运转；按下按钮 I0.1，电动机启动运转；按下 I0.3 按钮，电动机停止运转。

（2）元件说明

元件说明见表 10-14。

表 10-14   元件说明

PLC 软元件	控制说明
I0.0	甲地启动按钮，按下时，I0.0 状态由 Off → On
I0.1	乙地启动按钮，按下时，I0.1 状态由 Off → On
I0.2	甲地停止按钮，按下时，I0.2 状态由 Off → On；I0.2 常闭接点断开
I0.3	乙地停止按钮，按下时，I0.3 状态由 Off → On；I0.3 常闭接点断开
Q0.0	电动机（接触器）

（3）控制程序

控制程序如图 10-27 所示。

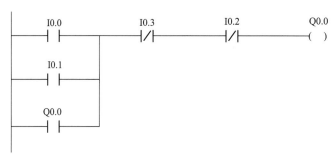

图 10-27   控制程序

（4）程序说明

在甲、乙两地都可以控制电动机运转。

① 按下甲地启动按钮 I0.0 时，I0.0 得电，即 I0.0=On，则 Q0.0=On，并自锁，电动机启动且持续运转。

② 按下甲地停止按钮 I0.2 时，I0.2 常闭触点断开，Q0.0=Off，电动机失电，停止运转。

③ 按下乙地启动按钮 I0.1 时，I0.1 得电，即 I0.1=On，Q0.0=On，并自锁，电动机启动且持续运转。

④ 按下乙地停止按钮 I0.3 时，I0.3 常闭触点断开，Q0.0=Off，电动机失电，停止运转。

10.3.5   三相异步电动机两地点动连续混合控制

范例示意如图 10-28 所示。

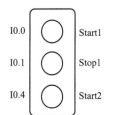

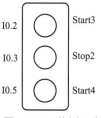

图 10-28   范例示意

（1）控制要求

在甲地可以通过控制按钮控制电动机的运转情况，进行点动与连续的转换，按下 Start1 时，电动机启动并连续运转，按下 Start2 时，电动机切换为点动运转状态，按下 Stop1 时，电动机停止运转；在乙地也可不受干扰地通过另一套控制按钮控制电动机运转。

（2）元件说明

元件说明见表 10-15。

表 10-15　元件说明

PLC 软元件	控制说明
I0.0	甲地电动机连续控制按钮，按下 Start1 时，I0.0 状态由 Off → On
I0.1	甲地电动机停止按钮，按下 Stop1 时，I0.1 状态由 Off → On
I0.2	乙地电动机连续控制按钮，按下 Start3 时，I0.2 状态由 Off → On
I0.3	乙地电动机停止按钮，按下 Stop2 时，I0.3 状态由 Off → On
I0.4	甲地电动机点动控制按钮，按下 Start2 时，I0.4 状态由 Off → On
I0.5	乙地电动机点动控制按钮，按下 Start4 时，I0.5 状态由 Off → On
Q0.0	电动机（接触器）

（3）控制程序

控制程序如图 10-29 所示。

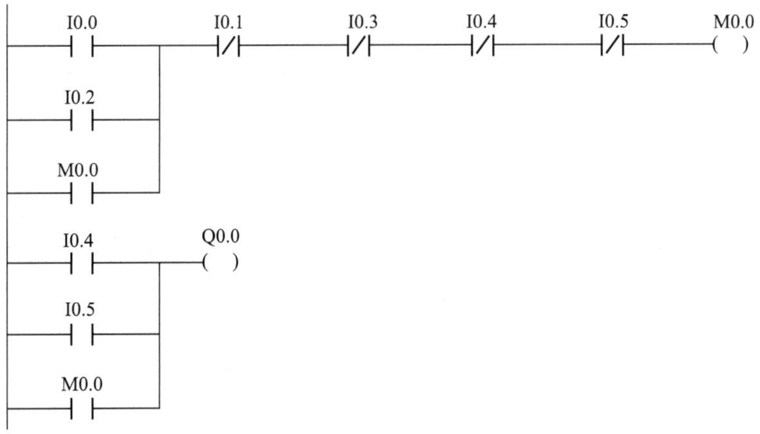

图 10-29　控制程序

（4）程序说明

① 在甲地，按下 Start1 按钮时，I0.0 得电，I0.0 常开触点闭合，M0.0=On 并保持，Q0.0=On，电动机启动运转，保持运行状态，实现连续控制。按下 Stop1 按钮时，I0.1 常闭触点断开，Q0.0=Off，电动机停止运转。按下 Start2 按钮时，I0.4=On，I0.4 常闭触点断开，确保内部辅助继电器 M0.0 输出线圈为 Off，故 M0.0 常开触点断开，（M0.0 失电），Q0.0=On，电动机启动运转，当松开按钮时，Q0.0=Off，电动机停止运转，实现点动控制。

② 在乙地，按下 Start3 按钮时，I0.2 得电，M0.0=On 并保持，Q0.0=On，电动机启动运转，保持运转状态，实现连续控制。按下 Stop2 按钮时，I0.3 常闭触点断开，Q0.0=Off，电动机停止运转。按下 Start4 按钮时，I0.5=On（I0.5 常闭触点断开，确保内部辅助继电器 M0.0 输出线圈为 Off，故 M0.0 常开触点断开，M0.0 失电），Q0.0=On，电动机启动运转，当松开按钮时，Q0.0=Off，电动机停止运转，实现点动控制。

10.3.6　三相异步电动机正反转控制

范例示意如图 10-30 所示。

图 10-30　范例示意

（1）控制要求

按下正转按钮，电动机正转；按下反转按钮，电动机反转；按下停止按钮，电动机停止运转。

（2）元件说明

元件说明见表 10-16。

表 10-16　元件说明

PLC 软元件	控制说明
I0.0	电动机正转按钮，按下按钮时，I0.0 状态由 Off → On
I0.1	电动机反转按钮，按下按钮时，I0.1 状态由 Off → On
I0.2	停止按钮，按下按钮时，I0.2 状态由 Off → On
Q0.0	正转接触器（实现电动机的正转）
Q0.1	反转接触器（实现电动机的反转）

（3）控制程序

控制程序如图 10-31 所示。

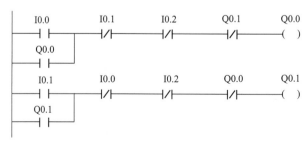

图 10-31　控制程序

（4）程序说明

按下正转按钮，I0.0 得电，I0.0 常开触点闭合，正转接触器 Q0.0 得电，且 Q0.0 实现自锁，电动机正向启动连续运转。

按下反转按钮，I0.1 常闭触点断开，正转接触器 Q0.0 失电，Q0.0 常闭触点闭合，反转接触器 Q0.1 得电，Q0.1 常开触点闭合实现自锁，电动机实现反向连续运转。

按下停止按钮，I0.2 状态由 Off → On，I0.2 常闭触点断开，无论是 Q0.0 还是 Q0.1 都会立即失电并解除各自的自锁，电动机停止转动。

10.3.7 三相异步电动机顺序启动同时停止控制

范例示意如图 10-32 所示。

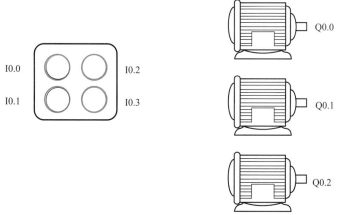

图 10-32 范例示意

（1）控制要求

电动机 Q0.0、Q0.1、Q0.2 顺序启动，即 Q0.0 启动运转后 Q0.1 才可以启动，随后 Q0.2 才能启动，并且三个电动机可同时关闭。

（2）元件说明

元件说明见表 10-17。

表 10-17 元件说明

PLC 软元件	控制说明
I0.0	电动机 0 启动按钮，按下时，I0.0 状态由 Off → On
I0.1	电动机 1 启动按钮，按下时，I0.1 状态由 Off → On
I0.2	电动机 2 启动按钮，按下时，I0.2 状态由 Off → On
I0.3	停止按钮，按下时，I0.3 状态由 Off → On
Q0.0	电动机 0（接触器 0 线圈）
Q0.1	电动机 1（接触器 1 线圈）
Q0.2	电动机 2（接触器 2 线圈）

（3）控制程序

控制程序如图 10-33 所示。

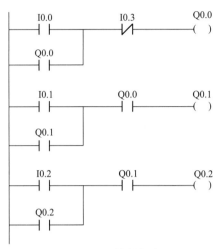

图 10-33　控制程序

（4）程序说明

① 按下启动按钮 I0.0 时，Q0.0=On（此时，与 I0.0 并联的常开接点 Q0.0 闭合实现自锁；与输出线圈 Q0.1 相连的常开触点 Q0.0 闭合，为输出线圈 Q0.1 得电做好了准备），电动机 0 启动运转。

② 在 Q0.0=On 的前提下，按下启动按钮 I0.1，Q0.1=On（此时，与 I0.1 并联的常开接点 Q0.1 闭合实现自锁；与输出线圈 Q0.2 相连的常开接点 Q0.1 闭合，为输出线圈 Q0.2 得电做好了准备），电动机 1 启动；否则，电动机 1 不启动。

③ 在 Q0.1=On 的前提下，按下启动按钮 I0.2，Q0.2=On 并实现自锁，电动机 2 启动；否则，电动机 2 不启动。

④ 按下停止按钮 I0.3，三个电动机均停止运转。

10.3.8　三相异步电动机顺序启动逆序停止控制

范例示意如图 10-34 所示。

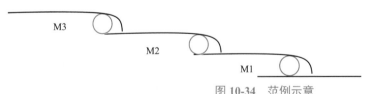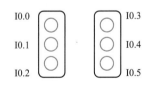

图 10-34　范例示意

（1）控制要求

在电动机的控制环节中，经常要求电动机的启停有一定的顺序，例如，磨床要求先启动润滑油泵，然后再启动主轴电动机等。这里要求三台电动机依次顺序启动，逆序停止，即 1 号电动机启动后，2 号电动机才可以启动，以此类推。停止时 3 号电动机先停止后，2 号电动机才能停止，2 号电动机停止后，1 号电动机才能停止。

（2）元件说明

元件说明见表 10-18。

表 10-18 元件说明

PLC 软元件	控制说明
I0.0	1 号电动机启动开关，按下时，I0.0 状态由 Off → On
I0.1	2 号电动机启动开关，按下时，I0.1 状态由 Off → On
I0.2	3 号电动机启动开关，按下时，I0.2 状态由 Off → On
I0.3	3 号电动机停止开关，按下时，I0.3 状态由 Off → On；I0.3 常闭触点断开
I0.4	2 号电动机停止开关，按下时，I0.4 状态由 Off → On；I0.4 常闭触点断开
I0.5	1 号电动机停止开关，按下时，I0.5 状态由 Off → On；I0.5 常闭触点断开
Q0.0	1 号电动机（接触器）
Q0.1	2 号电动机（接触器）
Q0.2	3 号电动机（接触器）

（3）控制程序

控制程序如图 10-35 所示。

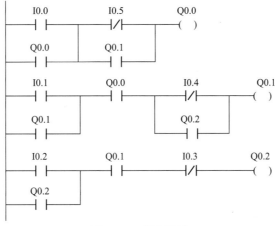

图 10-35 控制程序

（4）程序说明

① 按下启动开关 I0.0 时，I0.0=On，Q0.0=On（与 I0.0 并联的 Q0.0 常开触点闭合，实现自锁；与 I0.1 串联的 Q0.0 常开触点闭合，为 Q0.1 得电做好准备），1 号电动机启动运转，并保持运转状态。

② 因为该控制要求启动设备的顺序依次为 1 号、2 号、3 号电动机。所以，在第一步后，按下 I0.1，I0.1=On，Q0.0=On，Q0.1=On，2 号电动机才可以启动，3 号电动机同理。

③ 停止时，该控制要求必须依次按照 3 号、2 号、1 号的顺序停止，才可以停下设备。首先按下 I0.3，I0.3=On，Q0.2=Off，与 I0.2 并联的 Q0.2 常开触点断开，解除自锁，3 号电动机停止运转。与 I0.4 并联的 Q0.2 常开触点断开，为 Q0.1 失电做好准备。此时按下 I0.4，

I0.4=On，I0.4 常闭触点断开，Q0.1=Off，与 I0.1 并联的 Q0.1 常开触点断开，解除自锁，2号电动机停止运转。与 I0.5 并联的 Q0.1 常开触点断开，为 Q0.0 失电做好准备。按下 I0.5，I0.5=On，I0.5 常闭触点断开，Q0.0=Off，与 I0.0 并联的 Q0.0 常开触点断开，解除自锁，1号电动机停止运转。

10.3.9　三相异步电动机星 - 三角降压启动控制

范例示意如图 10-36 所示。

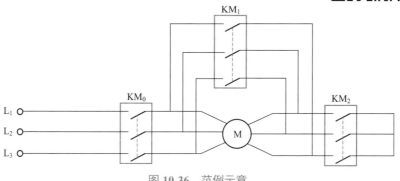

图 10-36　范例示意

（1）控制要求

三相交流异步电动机启动时电流较大，一般为额定电流的 4 ~ 7 倍。为了减小启动电流对电网的影响，采用星 - 三角形降压启动方式。

星 - 三角形降压启动过程：合上开关后，电动机启动接触器和星形降压方式启动接触器先启动。10s（可根据需要进行适当调整）延时后，星形降压方式启动接触器断开，再经过 0.1s 延时后将三角形正常运行接触器接通，电动机主电路接成三角形接法，正常运行。采用两级延时的目的是确保星形降压方式启动接触器完全断开后才去接通三角形正常运行接触器。

（2）元件说明

元件说明见表 10-19。

表 10-19　元件说明

PLC 软元件	控制说明
I0.0	Start 按钮，按下时，I0.0 状态由 Off → On
I0.1	Stop 按钮，按下时，I0.1 状态由 Off → On
T37	计时 10s 定时器，时基为 100ms 的定时器
T38	计时 0.1s 定时器，时基为 100ms 的定时器
Q0.0	电动机启动接触器 KM_0
Q0.1	星形降压方式启动接触器 KM_2
Q0.2	三角形正常运行接触器 KM_1

（3）控制程序

控制程序如图 10-37 所示。

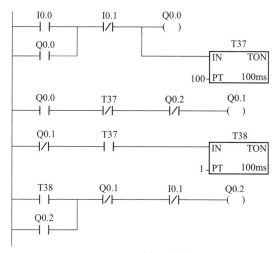

图 10-37　控制程序

（4）程序说明

① 按下启动按钮 I0.0，I0.0=On，Q0.0=On 并自锁，电动机启动接触器 KM_0 接通，同时 T37 计时器开始计时，在 10s 到来之前，T37=Off，Q0.2=Off，所以 Q0.1=On，即星形降压方式启动接触器 KM_2 接通，电动机星形接法启动运转。10s 后，T37 计时器到达预设值，T37=On，Q0.1=Off，Q0.1 常闭触点闭合，T38 计时器计时开始，0.1s 后，T38 计时器到达预设值，T38=On，Q0.1=Off，I0.1=Off，所以 Q0.2=On，即三角形正常运行接触器 KM_1 导通，电动机切换为三角形接法，正常运转。

② 无论电动机处于什么运行状态，当按下停止按钮 I0.1 时，I0.1=On，I0.1 常闭触点断开。输出线圈 Q0.0、Q0.1、Q0.2 的状态都变为 Off，各接触器常开触点均断开，电动机将停止运行。

10.4　PLC 控制机床

10.4.1　机床工作台自动往返控制

范例示意如图 10-38 所示。

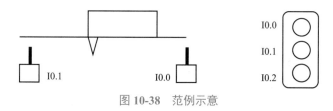

图 10-38　范例示意

（1）控制要求

在机床的使用过程中，时常需要机床自动工作循环，即电动机启动后，机床部件向前运动到达终点时，电动机自行反转，机床部件向后移动；反之，部件向后到达终点时，电动机自行正转，部件向前移动。

（2）元件说明

元件说明见表10-20。

表10-20　元件说明

PLC 软元件	控 制 说 明
I0.0	电动机正转启动按钮，后行程开关，按下时，I0.0 状态由 Off → On
I0.1	电动机反转启动按钮，前行程开关，按下时，I0.1 状态由 Off → On
I0.2	电动机停止按钮，按下时，I0.2 状态由 Off → On
Q0.0	正转接触器
Q0.1	反转接触器

（3）控制程序

控制程序如图10-39所示。

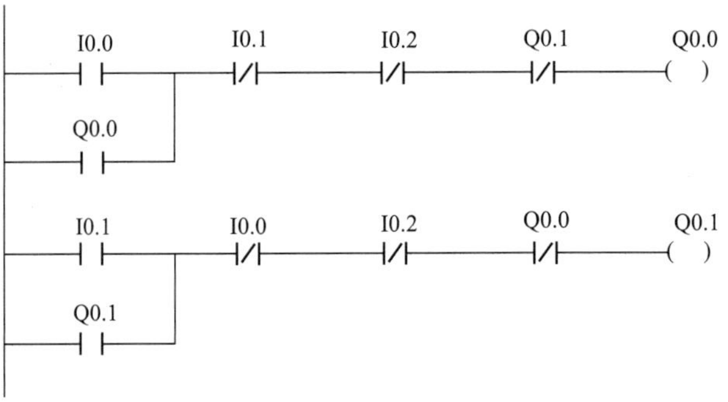

```
     I0.0        I0.1      I0.2      Q0.1        Q0.0
    ──┤├──┬──────┤/├──────┤/├──────┤/├────────( )
     Q0.0 │
    ──┤├──┘

     I0.1        I0.0      I0.2      Q0.0        Q0.1
    ──┤├──┬──────┤/├──────┤/├──────┤/├────────( )
     Q0.1 │
    ──┤├──┘
```

图10-39　控制程序

（4）程序说明

① 若按下正转启动按钮 I0.0，I0.0 得电，使 Q0.0 得电，Q0.0 接触器接通，电动机正转，机床部件前移，当部件到达终点时，碰到前行程开关，I0.1 得电，Q0.0 接触器断开，Q0.1 接触器接通，电动机反转部件后移。

② 当部件后移到达终点时，碰到后行程开关，Q0.1 接触器断开，Q0.0 接触器接通，电动机正转部件前移，机床实现自动往返循环。

③ 按下反转启动按钮 I0.1 时，运转状态相反，同样自动往返。

④ 按下 I0.2 按钮时，I0.2 得电，电动机无论正转还是反转均停止。

10.4.2　车床滑台往复运动、主轴双向控制

范例示意如图10-40所示。

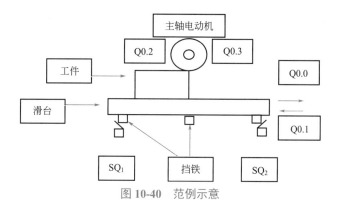

图 10-40 范例示意

（1）控制要求

按下启动按钮，要求滑台每往复运动一个来回，主轴电动机改变一次转动方向，滑台和主轴均由电动机控制，用行程开关控制滑台的往返运动距离。

（2）元件说明

元件说明见表 10-21。

表 10-21 元件说明

PLC 软元件	控 制 说 明
I0.0	后限位开关，当挡铁压下 SQ_2 时，I0.0 状态为 On
I0.1	前限位开关，当挡铁压下 SQ_1 时，I0.1 状态为 On
I0.2	启动按钮，按下时，I0.2 状态为 On
I0.3	停止按钮，按下时，I0.3 状态为 On
M0.0、M0.2	内部辅助继电器
Q0.0	滑台前进接触器
Q0.1	滑台后退接触器
Q0.2	主轴电动机正转接触器
Q0.3	主轴电动机反转接触器

（3）控制程序

控制程序如图 10-41 所示。

（4）程序说明

① 按下启动按钮，I0.2 得电，常开触点闭合，M1.0 得电并自锁，M0.0=0，M0.1=0，滑台前进，接触器 Q0.0 得电，主轴电动机正转，接触器 Q0.2 得电，滑台前进，主轴正转；当挡铁碰到行程开关 SQ_1 时，I0.1 触发一个上升沿，计数器计 1，M0.0=1，M0.1=0，M0.0，常开触点闭合，常闭触点断开，M0.1 保持原态，主轴电动机仍正转，滑台后退；当挡铁碰到行程开关 SQ_2 时，I0.0 触发一次上升沿，计数为 2，M0.0=0，M0.1=1，M0.1，常开触点闭合，常闭触点断开，主轴电动机反转，滑台前进；再碰到行程开关 SQ_1 时，I0.1 触发一次上升沿，

计数为 3，M0.0=1，M0.1=1，主轴电动机反转，滑台后退。当再碰到 SQ$_2$ 时完成一个工作循环，并重复上述循环。

② 当按下停止按钮后，I0.3 常闭触点断开，主轴和滑台立即停止。

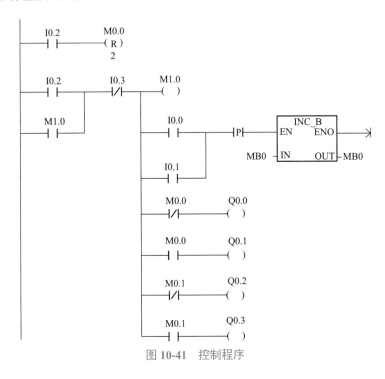

图 10-41　控制程序

10.4.3　磨床 PLC 控制

范例示意如图 10-42 所示。

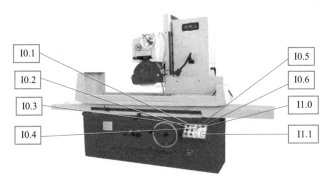

图 10-42　范例示意

（1）控制要求

该磨床由砂轮电动机 Q0.0、液压泵电动机 Q0.1 和冷却泵电动机 Q0.2 拖动。要求按下启动按钮，砂轮电动机先旋转，然后冷却泵工作，液压泵可以独立工作。

（2）元件说明

元件说明见表 10-22。

表 10-22　元件说明

PLC 软元件	控制说明
I0.0	电流继电器，正常时，I0.0 状态为 Off
I0.1	砂轮电动机启动按钮，按下时，I0.1 状态由 Off → On
I0.2	砂轮电动机停止按钮，按下时，I0.2 状态由 Off → On
I0.3	液压泵电动机启动按钮，按下时，I0.3 状态由 Off → On
I0.4	液压泵电动机停止按钮，按下时，I0.4 状态由 Off → On
I0.5	冷却泵电动机启动按钮，按下时，I0.5 状态由 Off → On
I0.6	冷却泵电动机停止按钮，按下时，I0.6 状态由 Off → On
I0.7	热继电器，正常时，I0.7 为 Off
I1.0	退磁转化开关
I1.1	总停止按钮
M0.0	内部辅助继电器
Q0.0	砂轮电动机控制接触器
Q0.1	液压泵电动机控制接触器
Q0.2	冷却泵电动机控制接触器

（3）控制程序

控制程序如图 10-43 所示。

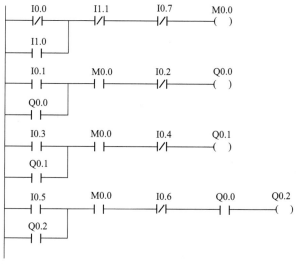

图 10-43　控制程序

（4）程序说明

① 当电流处于正常范围时，I0.0=Off，I0.0，常闭触点闭合，使得 M0.0=On。

② 当按下砂轮电动机启动按钮 I0.1 时，I0.1=On，砂轮电动机控制接触器 Q0.0 得电，Q0.0=On 并自锁，砂轮电动机开始运转。砂轮电动机启动后，由于 Q0.0=On，Q0.0 的常开

触点闭合，按下冷却泵电动机启动按钮 I0.5，I0.5=On，冷却泵电动机控制接触器 Q0.2=On，冷却泵电动机开始运转。若按下冷却泵停止按钮 I0.6，I0.6=On，可以使冷却泵 Q0.2 单独停止，若按下砂轮电动机停止按钮 I0.2，I0.2=On，可以使 Q0.0=Off、Q0.2=Off，砂轮电动机和冷却泵电动机都将停止运转。

③ 当按下液压泵电动机启动按钮 I0.3 时，I0.3=On，使 Q0.1 得电，Q0.1=On，液压泵电动机启动运转，当按下液压泵电动机停止按钮 I0.4 时，I0.4=Off，使 Q0.1 失电。液压泵电动机停止运转。

④ 当按下总停止按钮 I1.1 时，使 M0.0=Off，M0.0 的常开触点断开，所有电动机都将停止运转。

⑤ 如果电流不正常时，常开触点 I0.0 断开，将使 M0.0=Off，电动机停转。如果出现电动机过载情况时，常闭触点 I0.7 断开，也会使 M0.0=Off，电动机停转。

10.4.4 万能工具铣床 PLC 控制

范例示意如图 10-44 所示。

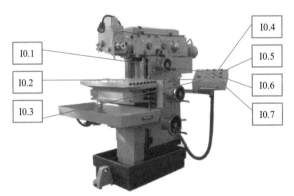

图 10-44　范例示意

（1）控制要求

如图 10-44 所示，某万能铣床由两台电动机拖动：主轴电动机 M1 和冷却电动机 M2。其中主轴电动机 M1 为双速电动机，并可进行正反转控制。将手动转换开关打到左边，电动机为低速旋转模式，此时按下正转按钮，主轴电动机正向低速旋转，按下反转按钮，主轴电动机反向低速旋转；将手动转换开关打到右边，电动机为高速旋转模式，此时按下正转按钮，主轴电动机正向高速旋转，按下反转按钮，主轴电动机反向高速旋转。冷却泵可以独立控制启停。

（2）元件说明

元件说明见表 10-23。

表 10-23　元件说明

PLC 软元件	控 制 说 明
I0.0	热继电器常闭触点
I0.1	总停止按钮，按下时，I0.1 状态由 Off → On
I0.2	主轴正转启动按钮，按下时，I0.2 状态由 Off → On
I0.3	主轴反转启动按钮，按下时，I0.3 状态由 Off → On

续表

PLC 软元件	控 制 说 明
I0.4	冷却泵电动机启动按钮，按下时，I0.4 状态由 Off → On
I0.5	冷却泵停止按钮，按下时，I0.5 状态由 Off → On
I0.6	主轴电动机低速开关
I0.7	主轴电动机高速开关
Q0.0	主轴电动机正转接触器
Q0.1	主轴电动机反转接触器
Q0.2	主轴电动机低速接触器
Q0.3	主轴电动机高速接触器
Q0.4	冷却泵电动机接触器

（3）控制程序

控制程序如图 10-45 所示。

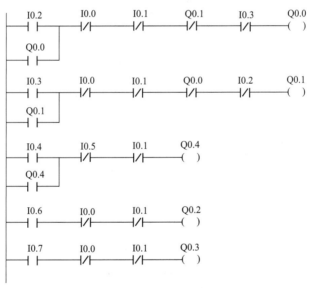

图 10-45　控制程序

（4）程序说明

① 当主轴电动机正常工作时，热继电器不动作，I0.0=Off，常闭触点 I0.0 导通。

② 当将手动转换开关打到左边时，主轴电动机低速开关 I0.6 被接通，I0.6=On，使 Q0.2 得电，Q0.2=On，电动机切换至低速模式。此时，按下正转启动按钮 I0.2，I0.2=On，使主轴电动机正转接触器 Q0.0 得电，Q0.0=On，主轴电动机正向低速旋转，将带动铣头正向低速对工件进行加工，按下反转启动按钮，I0.3=On，使主轴电动机反转接触器 Q0.1 得电，Q0.1=On，主轴电动机反向低速旋转，将带动铣头反向低速对工件进行加工。

③ 当将手动切换开关打到右边时，I0.7=On，使 Q0.3 得电，Q0.3=On，电动机切换至高速模式，此时，按下正转启动按钮 I0.2，I0.2=On，使主轴电动机正转接触器 Q0.0 得电，Q0.0=On，主轴电动机正向高速旋转，将带动铣头正向高速对工件进行加工，按下反转启动

按钮，I0.3=On，使主轴电动机反转，接触器 Q0.1 得电，Q0.1=On，主轴电动机反向高速旋转，将带动铣头反向高速对工件进行加工。

④ 当按下冷却泵启动按钮 I0.4 时，I0.4=On，使 Q0.4=On，冷却泵电动机通电旋转，当按下冷却泵停止按钮 I0.5 时，I0.5 的常闭触点断开，Q0.4 失电，冷却泵电动机停止旋转。

⑤ 当按下总停止按钮 I0.1 时，所有电动机都将停转。

10.4.5　滚齿机 PLC 控制

范例示意如图 10-46 所示。

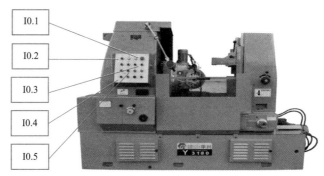

图 10-46　范例示意

（1）控制要求

某滚齿机由两台电动机拖动：主轴电动机 M1 和冷却电动机 M2。其中主轴电动机 M1 可正、反转。按下正转按钮，主轴电动机开始正转，带动滚齿轮机顺铣齿轮，按下点动按钮，电动机带动滚齿轮机点动顺铣齿轮。当主轴电动机 M1 启动后，闭合冷却泵启动开关，冷却泵 M2 通电运转。

（2）元件说明

元件说明见表 10-24。

表 10-24　元件说明

PLC 软元件	控　制　说　明
I0.0	热继电器，正常状态下，I0.0 状态为 Off
I0.1	总停止按钮，按下时，I0.1 状态由 Off → On
I0.2	主轴逆铣启动按钮，按下时，I0.2 状态由 Off → On
I0.3	主轴顺铣点动按钮，按下时，I0.3 状态由 Off → On
I0.4	主轴顺铣启动按钮，按下时，I0.4 状态由 Off → On
I0.5	冷却泵电动机手动开关，打开时，I0.5 状态由 Off → On
I0.6	逆铣限位行程开关
I0.7	顺铣限位行程开关

续表

PLC 软元件	控 制 说 明
Q0.0	主轴电动机逆铣接触器
Q0.1	主轴电动机顺铣接触器
Q0.2	冷却泵电动机接触器

（3）控制程序

控制程序如图 10-47 所示。

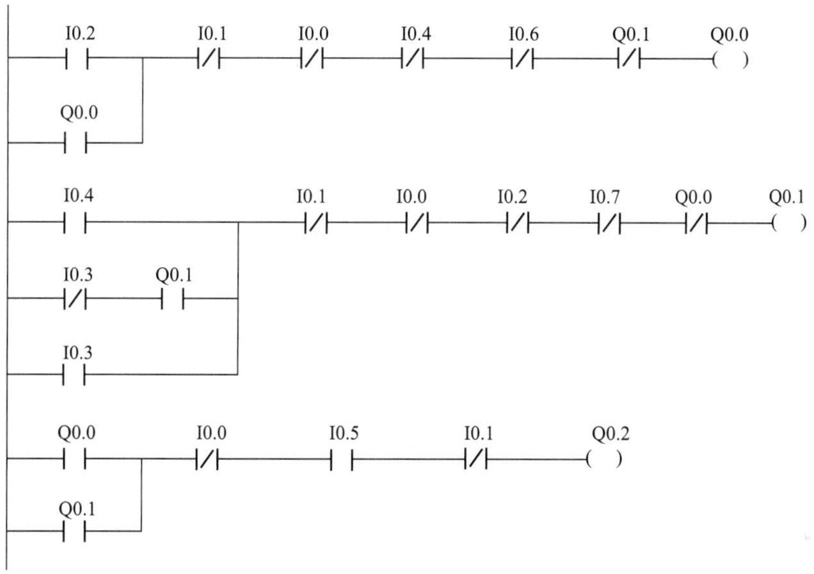

图 10-47　控制程序

（4）程序说明

① 按下主轴电动机逆铣启动按钮，I0.2 常开触点闭合，主轴电动机逆铣接触器 Q0.0 得电，Q0.0=On，主轴电动机 M1 反向旋转，带动滚齿轮机逆铣齿轮；按下主轴顺铣启动按钮 I0.4，I0.4 常开触点闭合，Q0.1=On，主轴电动机 M1 正向旋转，带动滚齿轮机顺铣齿轮，按下 I0.3，主轴电动机 M1 点动运转，带动滚齿轮机点动顺铣齿轮。

② 当主轴电动机 M1 启动后，将冷却泵电动机手动开关打到闭合，I0.5 常开触点闭合，Q0.2=On，冷却泵电动机通电运转。

③ 行程开关是主轴电动机逆、顺铣到位行程开关。当行程开关 I0.6=On 或 I0.7=On 时，电动机应停止运转。

④ 按下总停止按钮 I0.1，电动机全部停止运转。

10.4.6　双头钻床 PLC 控制

范例示意如图 10-48 所示。

图 10-48　范例示意

（1）控制要求

待加工工件放在加工位置后，操作人员按下启动按钮 I0.0，两个钻头同时开始工作。首先将工件夹紧，然后两个钻头同时向下运动，对工件进行钻孔加工，达到各自的加工深度后，分别返回原始位置。待两个钻头全部返回原始位置后，释放工件，完成一个加工过程。

（2）元件说明

元件说明见表 10-25。

表 10-25　元件说明

PLC 软元件	控 制 说 明
I0.0	启动按钮，按下时，I0.0 状态由 Off → On
I0.1	1 号钻头上限位开关，碰到时，I0.1 状态由 Off → On
I0.2	1 号钻头下限位开关，碰到时，I0.2 状态由 Off → On
I0.3	2 号钻头上限位开关，碰到时，I0.3 状态由 Off → On
I0.4	2 号钻头下限位开关，碰到时，I0.4 状态由 Off → On
I0.5	压力继电器，到达设定值时，I0.5 状态由 Off → On
Q0.0	加紧与释放控制电磁阀
Q0.1	1 号钻头上升控制接触器
Q0.2	1 号钻头下降控制接触器
Q0.3	2 号钻头上升控制接触器
Q0.4	2 号钻头下降控制接触器
M0.0、M0.1	内部辅助继电器

（3）控制程序

控制程序如图 10-49 所示。

（4）程序说明

① 两个钻头同时在原始位置，I0.1 和 I0.3 被压，I0.1 和 I0.3 得电，按下启动按钮 I0.0，

I0.0=On，Q0.0=On，并自锁，工件被夹紧，到达设定压力值后，I0.5=On，M0.1=On，Q0.2和 Q0.4 置位并保持，1 号和 2 号钻头下降。

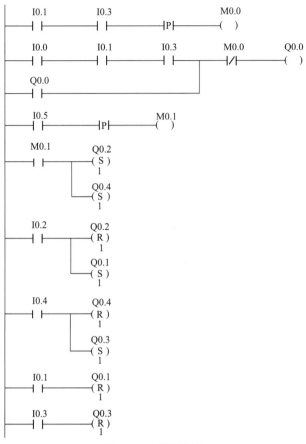

图 10-49　控制程序

② 1 号钻头下降到位，I0.2=On，Q0.2 被复位，Q0.1 置位并保持，1 号钻头停止下降，开始上升；2 号钻头下降到位，I0.4=On，Q0.4 被复位，Q0.3 置位并保持，2 号钻头停止下降，开始上升。

③ 两钻头返回原始位置后，I0.1 和 I0.3 被压，使 Q0.1、Q0.3 复位，两钻头停止上升，同时 I0.1 和 I0.3 上升沿使 M0.0 得电，常闭触点断开，Q0.0 失电，释放工件，完成一个加工过程。

10.5　PLC 控制其他设备

10.5.1　物料分拣 PLC 控制

范例示意如图 10-50 所示。

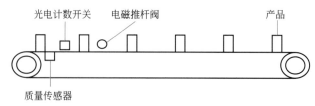

图 10-50 范例示意

（1）控制要求

利用传送带传送产品，产品在传送带上按等间距排列，要求在传送带入口处，每进来一个产品，光电计数器发出一个脉冲。同时质量传感器对该产品进行检测，如果合格则不动作，如果不合格则输出逻辑信号1，将不合格产品位置记忆下来，当不合格产品到电磁推杆位置时，电磁杆动作，将不合格产品推出，当产品推到位时，推杆限位开关动作，使电磁杆断电并返回原位。

（2）元件说明

元件说明见表 10-26。

表 10-26 元件说明

PLC 软元件	控 制 说 明
I0.0	质量传感器，检测到次品时，I0.0 状态由 Off → On
I0.1	光电计数开关，有产品通过时，I0.1 状态由 Off → On
I0.2	推杆限位开关，触碰时，I0.2 的状态由 Off → On
M0.0、M0.1	内部辅助继电器
Q0.0	推杆电磁阀

（3）控制程序

控制程序如图 10-51 所示。

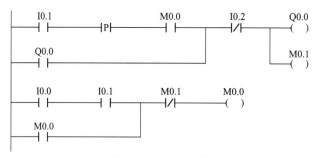

图 10-51 控制程序

（4）程序说明

① 当合格产品通过时，I0.0=Off，I0.0 常开触点断开，M0.0 不得电，当不合格产品通过时，I0.0 得电，常开触点闭合。同时光电计数开关 I0.1 检测到有产品通过，I0.1 得电，I0.1 常开触点闭合，M0.0 得电并自锁。当下一个产品通过时，不合格产品正好在下一个位置，I0.1 上升沿常开触点接通，Q0.0 线圈得电并自锁，同时 M0.1 得电，M0.0 失电。推杆电磁阀

得电后，将不合格产品推出，触及限位开关后，I0.2=On，常闭触点 I0.2 断开，Q0.0 线圈失电，M0.1 失电，推杆在弹簧的作用下返回原位。

② 假如第二个产品也是不合格产品，由于 I0.0、I0.1 仍然闭合，M0.0 线圈又会重新得电。

10.5.2　车间换气系统控制

范例示意如图 10-52 所示。

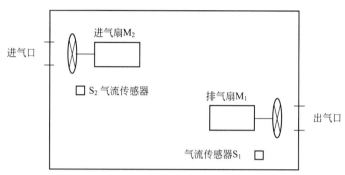

进气扇M₂
进气口
S₂ 气流传感器
排气扇M₁
出气口
气流传感器S₁

图 **10-52**　范例示意

（1）控制要求

某车间要求空气压力要稳定在一定范围内，所以要求只有在排气扇 M_1 运转，排气流传感器 S_1 检测到排风正常后，进气扇 M_2 才能开始工作，如果进气扇或者排气扇工作 5s 后，各自传感器都没有发出信号，则对应的指示灯闪动报警。

（2）元件说明

元件说明见表 10-27。

表 10-27　元件说明

PLC 软元件	控　制　说　明
I0.0	启动按钮，按下时，I0.0 状态由 Off → On
I0.1	停止按钮，按下时，I0.1 状态由 Off → On
I0.2	排气流传感器，检测到排气正常时，I0.2 的状态为 On
I0.3	进气流传感器，检测到进气正常时，I0.3 的状态为 On
T37	计时 5s 定时器，时基为 100ms 的定时器
SM0.5	占空比周期为 1s 的时钟脉冲
Q0.0	排气风扇
Q0.1	进气风扇
Q0.2	排气扇指示灯
Q0.3	进气扇指示灯

（3）控制程序

控制程序如图 10-53 所示。

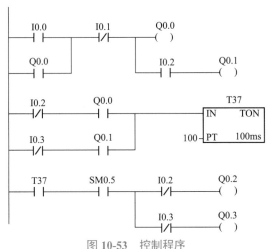

图 10-53　控制程序

（4）程序说明

① 按下启动按钮 I0.0，I0.0=On，Q0.0 线圈得电自锁，排气扇得电启动，排气流传感器 S_1 检测到排风正常，I0.2 得电，Q0.1 线圈得电，进气扇工作；如果进气扇与排气扇工作均正常，则 I0.2、I0.3 常闭触点均断开，定时器 T37 不得电，不能执行计时功能；如果进气扇或者排气扇工作不正常，I0.2、I0.3 只要有一个不工作，其常闭触点导通，定时器 T37 计时 5s，5s 后 T37 得电导通，SM0.5 得电，对应指示灯 Q0.2 和 Q0.3 闪动报警。

② 按下停止按钮，I0.1=On，I0.1 常闭触点断开，风扇失电停止工作。

10.5.3　风机与燃烧机连动 PLC 控制

范例示意如图 10-54 所示。

图 10-54　范例示意

（1）控制要求

某车间用一条生产线为产品外表做喷漆处理。其中烘干室的燃烧机与风机连动控制，即燃烧机在启动前 2min 先启动对应的风机，当燃烧机停止 2min 后停止对应的风机。

（2）元件说明

元件说明见表 10-28。

表 10-28　元件说明

PLC 软元件	控制说明	PLC 软元件	控制说明
I0.0	启动按钮按下时, I0.0 的状态由 Off → On	T38	时基为 100ms 的计时器, 计时 2min
I0.1	停止按钮按下时, I0.1 的状态由 Off → On	Q0.0	风机接触器
T37	时基为 100ms 的计时器, 计时 2min	Q0.1	燃烧机接触器

（3）控制程序

控制程序如图 10-55 所示。

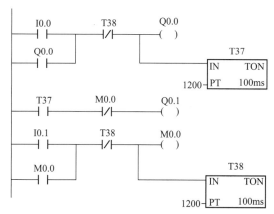

图 10-55　控制程序

（4）程序说明

按下启动按钮 I0.0, Q0.0 得电自锁, 风机启动, 同时 T37 开始计时, 计时 2min 到时, T37 常开触点闭合。Q0.1 得电, 燃烧机启动。按下停止按钮 I0.1, M0.0 得电自锁, T38 开始计时, 计时 2min 到时, T38 常闭触点断开, 使 Q0.0、M0.0 失电。同时复位 T37, 使 Q0.1 失电, 则风机和燃烧机都停止运行。

10.5.4　混凝土搅拌机的 PLC 控制

范例示意如图 10-56 所示。

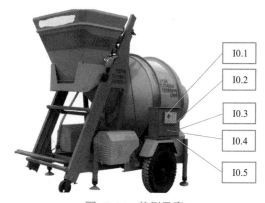

图 10-56　范例示意

（1）控制要求

该搅拌机由搅拌、上料电动机 M_1 和水泵电动机 M_2 拖动，其中搅拌、上料电动机 M_1 可正反转。按下上料按钮，搅拌机上料并正转。按下水泵电动机启动按钮，开始向搅拌机加水，5s 后停止加水，混凝土搅拌完成后，按下反转按钮，混凝土排出。

（2）元件说明

元件说明见表 10-29。

表 10-29　元件说明

PLC 软元件	控 制 说 明
I0.0	搅拌、上料电动机 M_1 热继电器，正常状态时，I0.0 状态为 On
I0.1	搅拌、上料电动机 M_1 正转停止按钮，按下时，I0.1 状态由 Off → On
I0.2	搅拌、上料电动机 M_1 正转启动按钮，按下时，I0.2 状态由 Off → On
I0.3	搅拌、上料电动机反转启动按钮，按下时，I0.3 状态由 Off → On
I0.4	水泵电动机停止按钮，按下时，I0.4 状态由 Off → On
I0.5	水泵电动机启动按钮，按下时，I0.5 状态由 Off → On
T37	计时 5s 计时器，时基为 100ms 的计时器
Q0.0	搅拌、上料电动机 M_1 正转接触器
Q0.1	搅拌、上料电动机 M_1 反转接触器
Q0.2	水泵电动机 M_2 接触器

（3）控制程序

控制程序如图 10-57 所示。

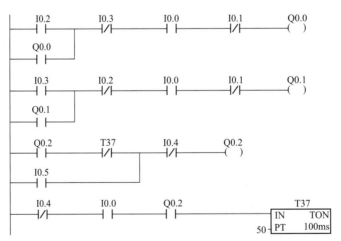

图 10-57　控制程序

（4）程序说明

① 按下启动按钮，I0.2 得电，常开触点闭合，Q0.0 得电，搅拌、上料电动机 M1 正转，开始向搅拌机上料，上料完成后直接开始搅拌。如果上料过程中想要停下，按下 I0.1 即可。

② 上料结束后，按下水泵电动机启动按钮，I0.5 得电，Q0.2 得电，开始向搅拌机注水，同时定时器开始计时，计时 5s 后断开水泵电动机，停止注水。

③ 搅拌完成后，按下搅拌机反转按钮，I0.3 得电，Q0.1 得电并自锁，混凝土导出，结束后按下 I0.1，搅拌机停止。

10.5.5 旋转圆盘 180° 正反转控制

（1）控制要求

按下启动按钮，电动机带动转盘正转 180°，然后反转 180°，不断重复以上过程。按下急停按钮，转盘立即停止。按下到原位停止按钮，圆盘旋转到 180° 原位时碰到限位开关停止。

（2）元件说明

元件说明见表 10-30。

表 10-30 元件说明

PLC 软元件	控制说明
I0.0	启动按钮按下时，I0.0 状态由 Off → On
I0.1	原位停止按钮按下后，圆盘转到 180° 原位处停止
I0.2	立即停止按钮，按下后，圆盘立刻停止转动
I0.3	常闭限位开关，初始时在原位受压断开
Q0.0	电动机正转接触器
Q0.1	电动机反转接触器

（3）控制程序

控制程序如图 10-58 所示。

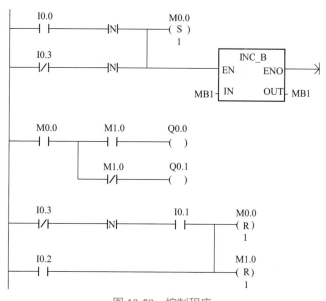

图 10-58 控制程序

（4）程序说明

① 初始状态，转盘在原位时限位开关受压，常闭接点断开。按下启动按钮，I0.0 得电，在松开按钮时，I0.0 失电，I0.0 的下降沿使 M0.0 置位，执行 INC 指令使 M1.0=On，Q0.0=On，圆盘正转。转动后限位开关常闭触点闭合，转动 180° 后，限位开关常闭触点受压断开，I0.3 下降沿又接通一次，再执行一次 INC 指令，M1.0=Off，M1.0 常闭触点闭合，Q0.1 得电，圆盘反转。转动后限位开关常闭触点闭合，转动 180° 后限位开关又受压，常闭触点断开，I0.3 下降沿再接通一次，执行一次 INC 指令，M1.0=On，M1.0 常开触点闭合，Q0.0 得电，圆盘正转，重复上述过程。

② 按下原位停止按钮，I0.1 得电，当圆盘碰到限位开关时停止转动。

③ 按下立即停止按钮，I0.2 得电，M0.0 和 M1.0 复位，Q0.0、Q0.1 失电，圆盘立即停止转动。

10.5.6　多阀门顺序控制

（1）控制要求

用一个按钮控制三个阀门顺序启动、逆序关闭。要求每按一次按钮顺序启动一个阀门，全部启动后每按一次按钮逆序停止一个阀门，如果前一个阀门因故障停止，后一个阀门也要停止。

（2）元件说明

元件说明见表 10-31。

表 10-31　元件说明

PLC 软元件	控制说明
I0.0	控制按钮，按下时，I0.0 产生一个上升沿
M0.0 ~ M0.6	内部辅助继电器
SM0.1	该位在首次扫描时为 1
Q0.0	阀门一
Q0.1	阀门二
Q0.2	阀门三

（3）控制程序

控制程序如图 10-59 所示。

（4）程序说明

初始状态 M0.0 被置位，M0.0=On。

① 第一次按下控制按钮 I0.0 时，M0.1=On，Q0.0 置位，第一个阀门开启。

② 第二次按下控制按钮 I0.0 时，M0.2=On，Q0.1 置位，第二个阀门开启。

③ 第三次按下控制按钮 I0.0 时，M0.3=On，Q0.2 置位，第三个阀门开启。

④ 第四次按下控制按钮 I0.0 时，M0.4=On，Q0.2 复位，第三个阀门关闭。

⑤ 第五次按下控制按钮 I0.0 时，M0.5=On，Q0.1 复位，第二个阀门关闭。

⑥ 第六次按下控制按钮 I0.0 时，M0.6=On，Q0.0 复位，第一个阀门关闭；同时 M0.0 ～ M0.6 复位，M0.0=On，回到初始状态，完成一次三个阀门顺序开启、逆序关闭的过程。

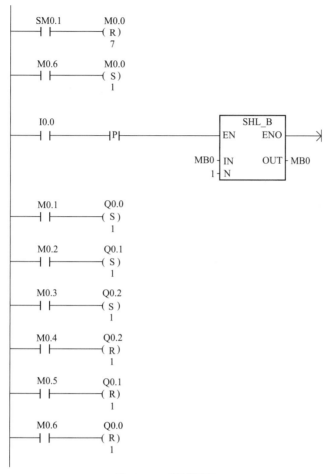

图 10-59 控制程序

10.5.7 物流检测控制

范例示意如图 10-60 所示。

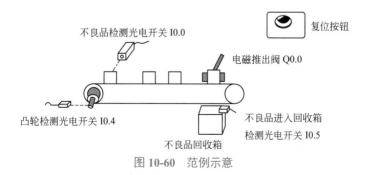

图 10-60 范例示意

（1）控制要求

产品被传送至传送带上做检测，当光电开关检测到有不良品时（高度偏高），在第 4 个定点将不良品通过电磁阀排出，排出到回收箱后电磁阀自动复位。当在传送带上的不良品记忆错乱时，可按下复位按钮将记忆数据清零，系统重新开始检测。

（2）元件说明

元件说明见表 10-32。

表 10-32　元件说明

PLC 软元件	控制说明
I0.0	不良品检测光电开关，检测到不良品时，I0.0 状态由 Off → On
I0.1	凸轮检测光电开关，检测到有产品通过时，I0.1 状态由 Off → On
I0.2	进入回收箱检测光电开关，不良品被排出时，I0.2 状态由 Off → On
I0.3	复位按钮
M0.0 ～ M0.3	内部辅助继电器
Q0.0	电磁阀推出杆

（3）控制程序

控制程序如图 10-61 所示。

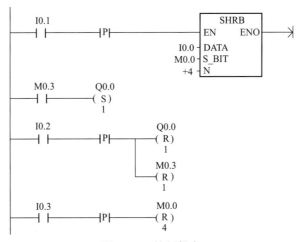

图 10-61　控制程序

（4）程序说明

① 凸轮每转一圈，产品从一个定点移到另外一个定点，I0.1 的状态由 Off 变化为 On 一次，同时移位指令执行一次，M0.0 ～ M0.3 的内容往左移位一位，I0.0 的状态被传到 M0.0。

② 当有不良品产生时（产品高度偏高），I0.0=On，"1" 的数据进入 M0.0，移位 3 次后到达第 4 个定点，使得 M0.3=On，Q0.0 被置位，Q0.0=On，使得电磁阀动作，将不良品推到回收箱。

③ 当不良品确认已经被排出后，I0.2 由 Off 变化为 On 一次，产生一个上升沿，使得 M0.3 和 Q0.0 被复位，电磁阀被复位，直到下一次有不良品产生时才有动作。

④ 当按下复位按钮 I0.3 时，I0.3 由 Off 变化为 On 一次，产生一个上升沿，使得 M0.0～M0.3 被全部复位为"0"，保证传送带上产品发生不良品记忆错乱时，重新开始检测。

10.5.8 模具成型控制

范例示意如图 10-62 所示。

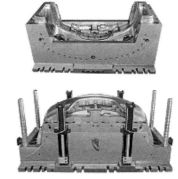

图 10-62 范例示意

（1）控制要求

① 在试验模式下，工程师先根据经验设定试验模具压制成型的时间，其时间长短为按下试验按钮的时间。

② 在自动模式运行情况下，每触发一次启动按钮，就按照试验时设置的时间对模具进行压制成型。

（2）元件说明

元件说明见表 10-33。

表 10-33 元件说明

PLC 软元件	控制说明
I0.0	试验按钮按下时，I0.0 状态由 Off→On
I0.1	试验模式选择开关，选择时，I0.1 状态由 Off→On
I0.2	自动模式选择开关，选择时，I0.2 状态由 Off→On
T37	时基为 100ms 的定时器
T38	时基为 100ms 的定时器
VW0	记录上一次试验模式下压制成型的时间
Q0.0	启动机床接触器
M0.0、M0.1	内部辅助继电器

（3）控制程序

控制程序如图 10-63 所示。

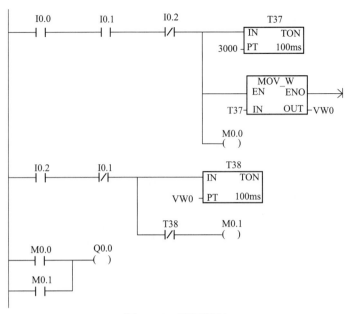

图 10-63　控制程序

（4）程序说明

① 选择试验模式时，I0.1 得电，按下试验按钮后，I0.0 得电，Q0.0 得电导通，开始压制模具，同时 T37 计时器开始计时，T37 的现在值被传到 VW0 中；当完成模具压制过程后，松开试验按钮，Q0.0 失电断开，停止压制模具。

② 按下自动模式按钮，I0.2 得电，M0.1 得电导通，机床开始自动压制模具，同时 T38 计时器开始计时，到达预设值（VW0 中内容值）后，T38 得电，M0.1 失电断开，自动压制模具成型。

10.5.9　伺服电机位置控制

（1）伺服电机位置控制速度运行规划介绍

如图 10-64 所示是伺服电机位置控制速度运行规划示意图，图上每一个点的高度表示这个时刻电机的运行速度。图 10-64 说明位置过程，伺服电机由启动、加速、匀速、减速、停车几个运行速度部分，完成一个位置控制过程。伺服电机的一个位置控制过程，由上电启动到停车，是一个连续转动的过程，不是脉冲步进式前进的，编码器的反馈脉冲只是记录了运转过程电机的速度和角位移。伺服电机的启动指令、加速指令、减速指令、停车指令，是PLC 计数器、比较器运算得出的。

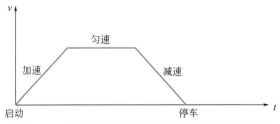

图 10-64　伺服电机位置控制速度运行规划示意图

例如：指令脉冲数 - 编码器反馈脉冲数 / 电子齿轮比 =0，PLC 输出端输出停车指令，变频调速机构完成制动停车。所以不要认为，PLC 发脉冲电机转，不发就不转，发得快就转得快，发得慢就转得慢，好像 PLC 发脉冲控制着电机转动。

如图 10-65 所示，伺服电机的速度 v 的单位是：指令脉冲数 / 秒，或者是：编码器反馈脉冲数 /（电子齿轮比·秒）。速度曲线图所围的面积 = 指令脉冲数 = 编码器反馈脉冲数 / 电子齿轮比。

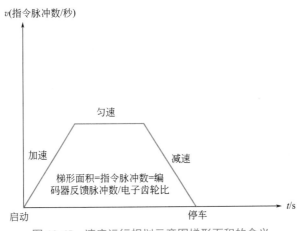

图 10-65　速度运行规划示意图梯形面积的含义

如图 10-66 所示，伺服电机速度的上限可以这样计算，电机速度的上限（r/s）× 周指令脉冲数 =PLC 计数脉冲额定频率。伺服电机速度的上限也可以这样计算，电机速度的上限（r/s）= PLC 计数脉冲额定频率 × 电子齿轮比 / 编码器解析度。伺服电机运行速度可以设定，必须小于上限速度，即电机速度（r/s）< PLC 计数脉冲额定频率 / 周指令脉冲数。伺服电机速度不设定，也可以默认为电子齿轮比、编码器解析度、PLC 计数脉冲额定频率确定的上限速度。

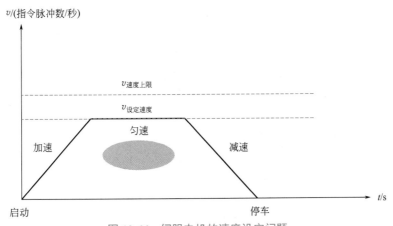

图 10-66　伺服电机的速度设定问题

如图 10-67 所示，减速曲线下方三角形的面积 = 减速位置。$t_3 \sim t_2$ 为减速时间，加、减速时间的设定和变频器类似。

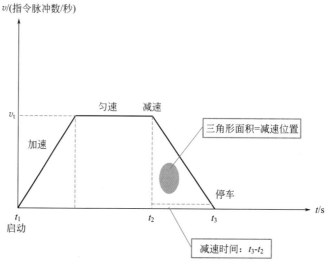

图 10-67　减速位置与减速时间示意图

系统运行负载力矩的变化情况：

① 伺服匀速运行期间，负载力矩 = 系统摩擦力矩；

② 伺服加减速运行期间，负载力矩 = 系统摩擦力矩 + 惯量加速度力矩；

③ 伺服运行期间，加、减速期间负载大，匀速运行期间负载小。

系统运行电机电流、力矩的变化情况：

① 伺服匀速运行期间，电机运行力矩 = 负载力矩 = 系统摩擦力矩；

② 伺服加减速运行期间，电机运行力矩 = 负载力矩 = 系统摩擦力矩 + 惯量加速度力矩；

③ 伺服运行期间：加、减速期间负载大，电机运行力矩大、电流大；匀速运行期间负载小，电机运行力矩小、电流小。

伺服系统电机参数的选取方法：

① 安全选取法：伺服匀速运行时的电流小于额定电流，力矩小于额定力矩；伺服加减速运行时的电流等于额定电流，力矩等于额定力矩；

② 允许过载选取法：伺服匀速运行时的电流等于额定电流，力矩等于额定力矩；伺服加减速运行时的电流大于额定电流，力矩大于额定力矩；

③ 不安全严禁选取法：伺服匀速运行时的电流大于额定电流过载，力矩大于额定力矩过载；伺服加减速运行时的电流严重大于额定电流，力矩严重大于额定力矩，电机堵转过热烧毁。

伺服电机加减速期间系统加速度：

① 电机加减速期间系统加速度 = 加减速曲线的斜率 $\tan\theta$；

② 电机加减速期间系统加速度 = 惯量加速力矩 / 惯量，与惯量加速力矩成正比，与系统惯量成反比；

③ 如图 10-68 所示，粗实线表示加速力矩小或者惯量大，加速度小的速度曲线。

如图 10-69 所示，加粗曲线表示加速力矩过小或者惯量过大，加速度过小的速度曲线。但是最大速度还可以达到设定速度。细实线曲线表示加速力矩大或者惯量小，加速度大的速度曲线。

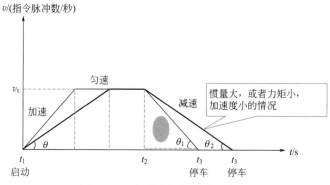

图 10-68　伺服电机加减速示意图

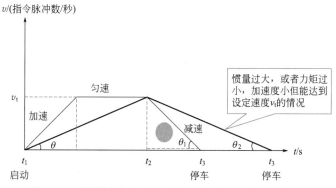

图 10-69　伺服电机加速度小但能达到设定速度的情况

　　如图 10-70 所示，伺服运动减速位置提前量三角形面积大小不一样；惯量大或者力矩小，加速度小，减速位置提前量三角形面积大，惯量小或者力矩大，加速度大，减速位置提前量三角形面积小。

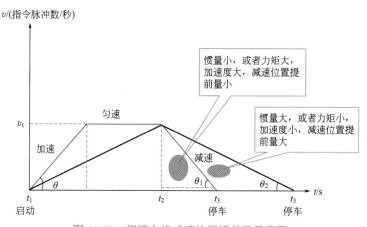

图 10-70　伺服电机减速位置提前量示意图

　　如图 10-71 所示为一个配置高解析度编码器的伺服系统，电子齿轮比设置高、适中、低时的速度曲线图对应的三种运行模式：

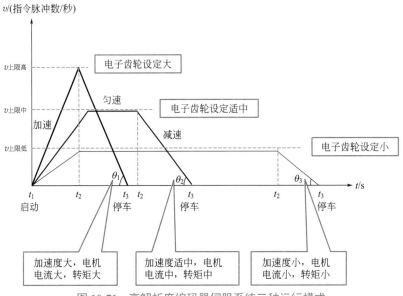

图 10-71　高解析度编码器伺服系统三种运行模式

① 配置高解析度编码器的伺服系统，电子齿轮比等于 1，或者小于 1，电机运行速度上限低，电机只能低速运行，否则编码器反馈脉冲变形计数错误，伺服位置控制失败，如图 8-81 中的细实线曲线所示。

② 配置高解析度编码器的伺服系统，为了满足加工速度的需要，将电子齿轮比设置大一些，远大于 1，电机运行速度上限大大提高，但是编码器分辨率下降不能得到充分利用，是一种浪费，如图 10-71 中等粗细曲线。

③ 配置高解析度编码器的伺服系统，为了满足加工高速度的需要，将电子齿轮比设置很大，电机运行速度上限很高，这时编码器分辨率下降为低解析度、低分辨率，浪费巨大，如图 10-71 中的最粗曲线所示。

④ 电子齿轮比小，电机低速运行，电机加减速加速度小，电机加减速电流小转矩小，如图 10-71 中的最细曲线所示。

⑤ 电子齿轮比适中，电机中速运行，电机加减速加速度中，电机加减速电流中转矩中，如图 10-71 中的中等粗细曲线所示。

⑥ 电子齿轮比大，电机高速运行，电机加减速加速度大，电机加减速电流大转矩大，如图 10-71 中的最粗曲线所示。

⑦ 同一个系统，惯量不变，由于运行电子齿轮比设置高低不同，系统运行速度不同；加减速加速度不同，电机工作电流不同，运行功率不同。

⑧ 同一个系统，惯量不变，由于运行电子齿轮比设置高，系统运行速度高；加减速加速度高，电机工作电流高，运行功率大，此时并非惯量过载，如图 10-71 中的最粗曲线所示。

（2）案例

① 控制要求

a. 多齿凸轮与伺服电机同轴转动，由接近开关检测凸齿产生的脉冲信号，传送带凸轮上有 10 个凸齿，则伺服电机旋转一圈，接近开关将接收到 10 个脉冲信号。

b. 当伺服电机旋转10圈后(产生100个脉冲信号),传送带停止,切刀执行切割产品动作,1s后切刀复位。由于伺服电机所带的负载较大,因此伺服电机在运动过程中需要有一个加减速过程,加减速时间设置为200ms,如图10-72所示。

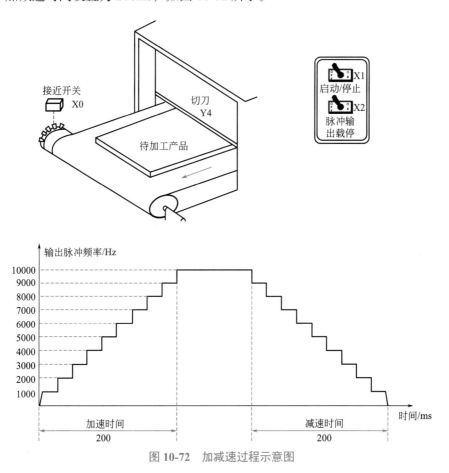

图 10-72 加减速过程示意图

② 元件说明 见表 10-34。

表 10-34 元件说明

PLC 软元件	控制说明
X0	接近开关（检测脉冲信号），检测到突齿时，X0 状态为 On
X1	启动开关，按下时，X1 状态为 On
X2	脉冲暂停开关，按下时，X2 状态为 On
Y0	高速脉冲输出
Y4	切刀
C235	高速计数器

③ 控制程序 控制程序梯形图如图10-73所示。

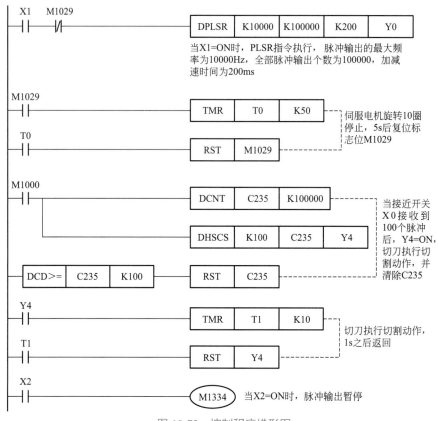

图 10-73 控制程序梯形图

④ 程序说明

a. 当启动开关闭合后，X1=On，伺服电机以 0.1r/s（f=1000Hz）的速度开始旋转，每隔 20ms，伺服电机的转速增加 0.1r/min，经过 200ms 后，转速增加到 1r/s（f=10000Hz），伺服电机开始以 1r/s 的速度匀速旋转，快到达目标位置时，伺服电机开始作减速动作，到达目标位置后，伺服电机停止运转。

b. 当脉冲暂停开关闭合后，X2=On，伺服电机停止运转，但脉冲计数值不会被保持。当 X2=Off 时，伺服电机继续旋转，到达目标位置后停止运转。

c. 由于伺服电机每旋转一周，接近开关会接收到 10 个脉冲信号，当伺服电机到达目标位置时，接近开关会接收 100 个脉冲信号，此时伺服电机停止运转，切刀执行切割动作，1s 后切刀返回，再过 3s 之后，伺服电机执行下一次定位动作。

10.5.10 步进电机位置闭环控制

用 PLC 的 Q0.0 向步进电机发出高速脉冲串，步进电机驱动器驱动步进电机带动小车运行。小车运行轨迹上安装有位移检测的 DA-300 光栅尺，在轨道上安装有左、右限位开关和原点开关，从原点至右行程限位开关距离小于光栅尺的测量距离。编程实现以下功能。

① 按下回原点按钮，小车运行至原点后停止，此时小车所处的位置坐标为 0。系统启动运行时，首先必须找一次原点位置。

② 当小车碰到左限位或右限位开关动作时，小车应立即停止。

③ 设定 A 位置对应坐标值。按下启动按钮，小车自动运行到 A 点后停止 5s，再自动返回到原点位置结束。运行过程中若按停止按钮则小车立即停止，运行过程结束。

④ 用光栅尺来检测小车位移。

⑤ 设小车的有效运行轨道为 200mm，原点位置坐标为 0 点。

小车控制示意图如图 10-74 所示。

图 10-74 小车控制示意图

I/O 分配及接线图如图 10-75 所示。Q0.0 输出高速脉冲控制小车运行速度，Q0.1 控制小车的运行方向。Q0.1 为 OFF 时小车往左运行，为 ON 时小车往右运行。

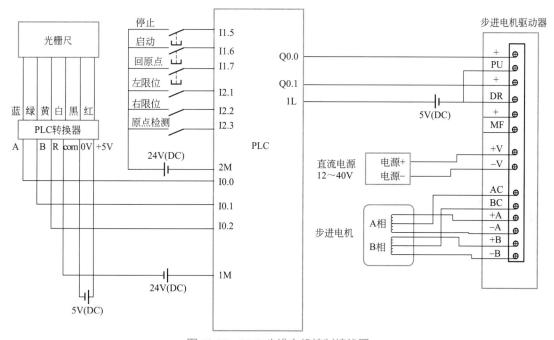

图 10-75 PLC 步进电机控制接线图

分析：用 A、B 相正交高速计数器对光栅尺的 A、B 相输出脉冲进行高速计数。对高速计数器选择 4X 计数速率，则高速计数器从 0 计数到 10000 个脉冲对应的位移变化为 50mm，所以 1mm 对应的脉冲数为 200 个。若设定 A 位置的坐标值为 60mm，则对应的高速计数器的当前值为 12000。

A 点位置通过元件 VD0 设定，数据范围为 0 ～ 200mm。按下启动按钮，比较小车当前所在位置和 A 点位置坐标，若小车当前所在位置大于 A 点位置坐标，则控制小车向右运行，运行到两个位置值相等时产生一个中断，使小车立即停止。若小车当前所在位置小于 A 点位置坐标，则控制小车向左运行，运行到两个位置值相等时产生一个中断，使小车立即停止。若小车当前位置与 A 点位置相同，则按下启动按钮后，小车停止 5s 后返回到原点。

步进电机控制 PLC 程序如图 10-76 所示。

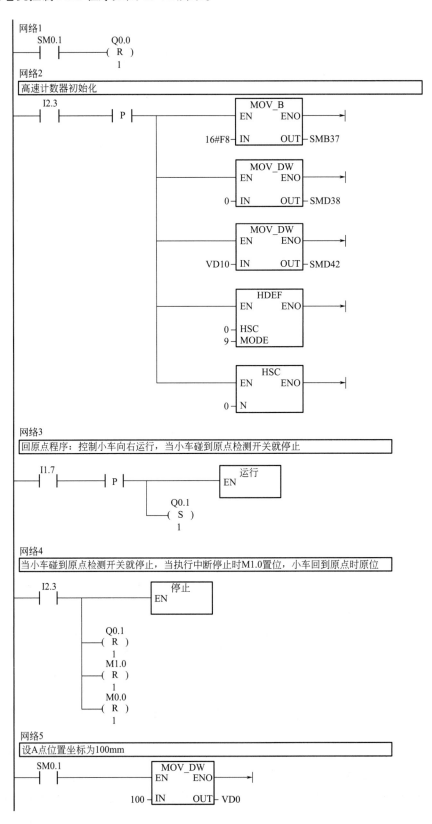

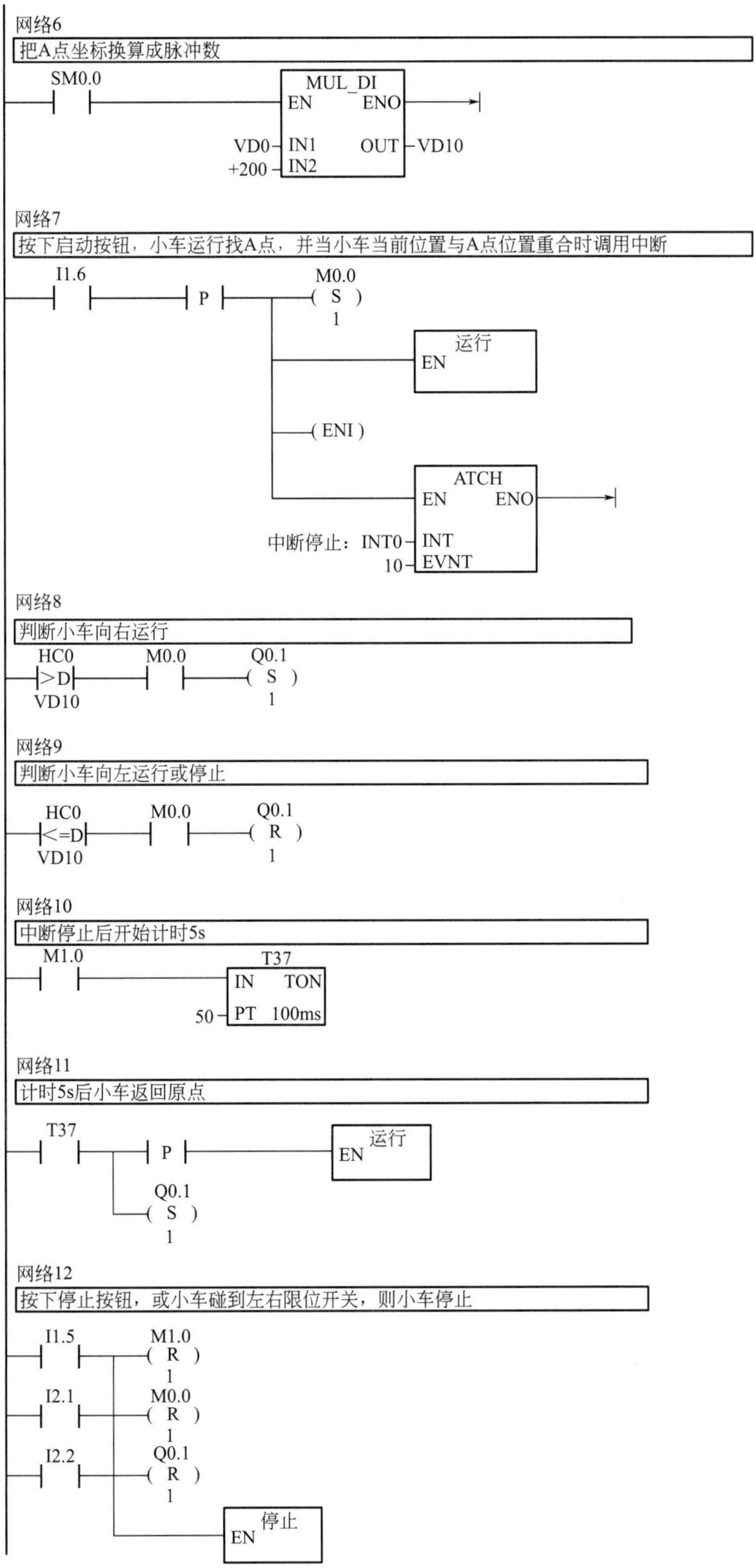

网络6

把A点坐标换算成脉冲数

```
   SM0.0              MUL_DI
 ──┤├──            ┌─EN    ENO─┐──►
                   │           │
             VD0 ──┤IN1    OUT ├─ VD10
            +200 ──┤IN2
```

网络7

按下启动按钮，小车运行找A点，并当小车当前位置与A点位置重合时调用中断

```
   I1.6              M0.0
 ──┤├──┤P├──────┬──( S )
       │        │    1
       │        │         ┌────────┐
       │        │         │   运行  │
       │        ├─────────┤EN      │
       │        │         └────────┘
       │        │
       │        ├──( ENI )
       │        │
       │        │         ┌──────────┐
       │        │         │   ATCH    │
       │        └─────────┤EN     ENO├──►
       │                  │          │
       │     中断停止：INT0 ┤INT
       │                10 ┤EVNT
```

网络8

判断小车向右运行

```
   HC0      M0.0     Q0.1
 ──┤>D├───┤├───( S )
   VD10             1
```

网络9

判断小车向左运行或停止

```
   HC0       M0.0     Q0.1
 ──┤<=D├───┤├───( R )
   VD10              1
```

网络10

中断停止后开始计时5s

```
   M1.0              T37
 ──┤├──          ┌─IN   TON
                 │
             50 ─┤PT  100ms
```

网络11

计时5s后小车返回原点

```
   T37                      ┌────────┐
 ──┤├──┤P├──────┬───────────┤EN  运行 │
                │           └────────┘
                │  Q0.1
                └──( S )
                    1
```

网络12

按下停止按钮，或小车碰到左右限位开关，则小车停止

```
   I1.5      M1.0
 ──┤├──┬───( R )
       │     1
   I2.1│    M0.0
 ──┤├──┼───( R )
       │     1
   I2.2│    Q0.1
 ──┤├──┼───( R )
       │     1
       │         ┌────────┐
       │         │  停止   │
       └─────────┤EN      │
                 └────────┘
```

图 **10-76**

运行子程序

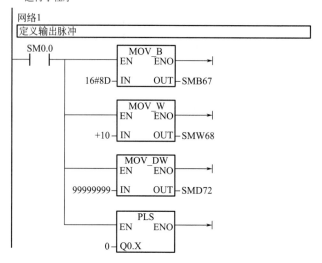

停止子程序

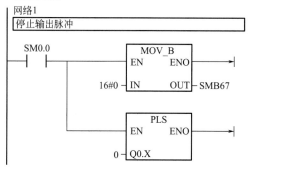

中断子程序

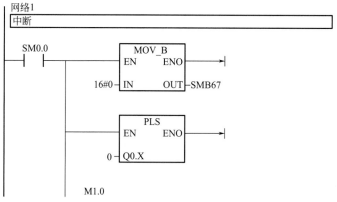

图 10-76　步进电机控制 PLC 程序

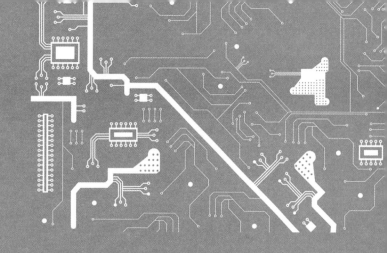

第 11 章
变频器

 ## 变频器概述

变频器是工业控制中现场执行器的一个常用的电气部件。变频器由于其本身具有可调速及节能的重要特性，广泛应用于各领域。对于种类繁多的变频器和其本身内部复杂的参数，使用者往往第一次接触会感到无从下手，但我们可以从各种变频器的共性中学习，掌握一种变频器，举一反三就能了解各种变频器的应用。

下面以一种常用的变频器 ABB-ACS550（图 11-1）为例进行讲解，并分析它在实际工作中的应用。

11.1.1 变频器的安装

打开包装首先要查看选用的变频器功率是否与配套的电机功率一致，要求是变频器功率≥电机功率，否则变频器会因功率不足带不起负荷而烧坏。变频器上一般会有如图 11-2 所示标签。表示该变频器输入要求电压为 3 相 380V 电压，频率 50Hz，其上边的数字是一个适用范围，

图 11-1　变频器 ABB-ACS550

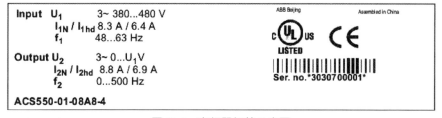

图 11-2　变频器标签示意图

一般国内的电压等级均满足其要求。输出电压为 0 ～ 380V，3 相交流，电流为 6.9A，也就是能带 3kW 左右的电机，频率可调 0 ～ 500Hz，一般我们应用中最大也就 60Hz。

一般变频器要求安装在无尘、无水气、无腐蚀的环境中，并在变频器本身上下左右周围留有一定的空间，有利散热。条件好的话最好能安装在特定的配电房内，并配有恒温设备，因为变频器本身也有发热，其电子元件会受温度的影响，如果其散热片上积尘多散热不好的话，会加剧变频器的损坏。

由于变频器本身是个干扰源，所以它产生的电磁干扰对其周围会有一定的影响，尤其是对周围有 DCS、PLC 这种高精度工控设备更要注意安装中的每一环节。其解决方法有：

① 在电源输入侧加装电抗器，现在有些变频器在设计时已经在输入端加入了抗干扰的电抗器，可以在订购时加以注意；

② 在电源输出侧，电机电缆选用带屏蔽的三芯或四芯对称电缆，其优点是电缆上的电磁干扰是对称的，可以相互抵消，如图 11-3 所示。

图 11-3　带屏蔽的对称电缆

③ 控制电缆选用多芯带辫状铜线屏蔽层的屏蔽双绞线，如图 11-4 所示。

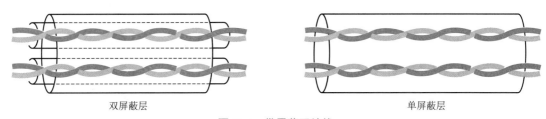

图 11-4　带屏蔽双绞线

④ 电缆屏蔽层在变频侧接 CE 端，变频器的 PE、CE 单独接地。电缆布线时，控制电缆与动力电缆分开，至少不小于 20 cm 距离。注意控制电缆的模拟量与开关量不用同一电缆。

11.1.2　变频器的接线

① 电源的进线接变频器的 U1、V1、W1，电缆接地线接 PE；电机电缆接变频器的 U2、V2、W2，电缆接地线接 PE；变频器的 GND 接地；如果电机需要快速停机的话，需要变频器的 R+、R- 侧接制动电阻，上边有短接线的一并拆除。如图 11-5 所示。

② 数字输入控制常有开关、继电器等发出信号至变频器，其连接需按实际应用要求，一般有两种接线，如图 11-6 所示。

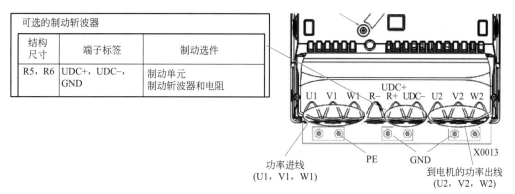

图 11-5 变频器接线示意图

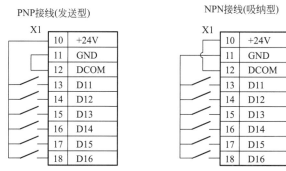

图 11-6 开关、继电器触点等与变频器的两种接线方式

按以上不同方式连接时，有些品牌的变频器会要求在变频上有跳针设置。

常用的连接线有，变频器启动信号、变频器停止信号（有些启停是同一输入点，接通启动，断开停止）、变频器正转信号、变频器反转信号（正转信号往往与启动是同一信号）、变频器多段速度信号（如低速、中速、高速分三个输入信号接入）。

ABB-ACS550 出厂默认 DI1 为启停信号（接通启动，断开停止），DI2 为正反转信号（接通为反转，断开为正转）。

③ 模拟输入信号接线分电压型、电流型及可变电阻信号输入，如表 11-1 所示进行连接。

表 11-1 模拟信号接入变频器示意

可变电阻信号输入	电压信号输入	电流信号输入
连接 AI1、AGND、10V 屏蔽线接 SCR	连接 AI1、AGND 屏蔽线接 SCR 输入 0～10V	连接 AI2、AGND 屏蔽线接 SCR 输入 4～20mA 或 0～20mA 有些变频器会有跳针选择

小知识

选择 AI1 或 AI2 输入会有跳针选择，如图 11-7 所示。 ABB-ACS550 出厂设定为 AI1 为电压信号，AI2 为电流信号，可以自己加以设定，重新选择。

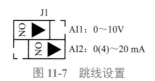

图 11-7 跳线设置

④ 数字开关量输出信号一般用于输出变频器的状态信号，如变频器准备好信号、运行信号、故障信号。ABB-ACS550 变频器出厂默认如图 11-8 所示。

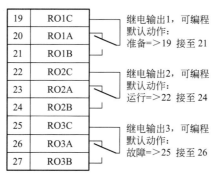

图 11-8 开关量输出信号出厂默认设置

⑤ 模拟量输出信号连接，一般变送为 4 ～ 20mA 用于输出变频器的电流值、频率值给 DCS 或 PLC。

接线如图 11-9 所示。

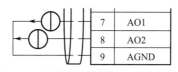

图 11-9 变频器的模拟量输出信号连接

ABB-ACS550 变频器出厂默认 AO1 为电流模拟信号，AO2 为频率模拟信号，AGND 为公共端，接线接 7、9 或 8、9 接线端子。输出端子参数可设定。

11.1.3 变频器的参数设定

参数设定是熟练使用变频器的关键所在，在一个变频器中有几百个参数，但往往实际应用中只会用到最多几十个参数，下面就按通用的参数加以分析，而这几个最基本的参数对各品牌的变频器同样适用，只是参数号不一样而已。

（1）变频器操作面板的使用

各种变频的操作面板不完全一样，但基本功能相类似，一般面板上会有启动按钮

（START）、停止按钮（STOP）、复位按钮（REST）、菜单翻页按钮（UP、DOWN）、确认按钮（ENTER）等。面板也有中文显示、英文显示及数字代码显示几种，中文显示菜单的面板操作比较直观。ABB-ACS550 变频器出厂所带的面板如图 11-10 所示。

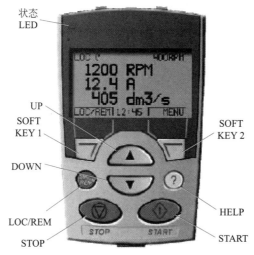

图 11-10　ABB-ACS550 变频器操作面板

面板上状态灯正常工作时为绿色，故障时为红色，左软键（SOFT KEY 1）与右软键（SOFT KEY 2）与智能手机上的触摸键有类似功能，分别对应显示屏下方的左右菜单功能。

在显示屏幕上一般有本地 / 远程控制（LOC/REM）、正 / 反转控制（ ⤴ 、⤵ ）、电机转速（××××RPM）、电机电流（×××A）、电机频率（××Hz）及变频器的参数号等显示。

（2）面板参数菜单

ABB-ACS550 变频器面板参数有数字及字符（中文或英文）显示，刚开始的话可以只看参数号加以选择设定，可以按操作手册选用对应的参数号。图 11-11 为 ABB-ACS500 变频器面板的参数显示。

图 11-11　变频器面板参数显示

（3）对变频器设定的常用参数

1）电机参数

我们只需要将所配电机上的铭牌内容输入给变频器就行了，内容有电机功率、电机额定电流、电机极数、电机额定转速、电机额定电压等。ABB-ACS550 变频器中此参数的设定在 99 号参数组内（START-UP DATA）（表 11-2）。在 9902 内还有一个运用宏参数，可以让用户快速设置到相应的实际应用中。

表 11-2　ABB-ACS550 变频器 99 号参数组

代码	名称	范围	分辨率	缺省值
Group 99：启动数据				
9902	宏参数	1= 标准，2= 三线制、…、6=PID、…		1
9904	电机控制模式	1= 速度，2= 转矩，3= 标量	1	3
9905	电机额定电压	$115 \sim 345V$ 或 $200 \sim 600V$	1 V	230V 或 400V
9906	电机额定电流	$0.2 \times I_{hd} \sim 2.0 \times I_{hd}$	0.1 A	$1.0 \times I_{hd}$
9907	电机额定频率	$10.0 \sim 500Hz$	0.1 Hz	50Hz
9908	电机额定转速	$50 \sim 18000rpm$	1 rpm	1440rpm/
9909	电机额定功率	$0.2 \sim 2.0 \times P_{hd}$	0.1 kW	$1.0 \times P_{hd}$

2）基本参数

如表 11-3 所示，该参数一般有最低频率（常设定为 0Hz）、最高频率 (常设定为 50Hz)、加速时间、减速时间（根据电机的大小设不同的值，如一般 15kW 设 5s 左右，电机越大，时间越长）、最大电流、最大电压（这两个参数是对变频器的保护，根据变频器铭牌设定或用默认值），ABB-ACS550 变频器对以上参数设定在 20 号及 22 号参数组内。

表 11-3　ABB-ACS550 变频器基本参数组

代码	名称	范围	分辨率	缺省值
Group 20：限幅				
2001	最小速度	$-30000 \sim 30000rpm$	1rpm	0rpm
2002	最高速度	$0 \sim 30000rpm$	1rpm	1500rpm
2003	最大电流	$0 \sim 1.8 \times I_{hd}$	0.1A	$1.8 \times I_{hd}$
2007	最小频率	$-500 \sim 500Hz$	0.1Hz	0Hz
2008	最高频率	$0 \sim 500Hz$	0.1Hz	50Hz
Group 22：加速 / 减速				
2202	加速时间	$0.0 \sim 1800s$	0.1s	5s
2203	减速时间	$0.0 \sim 1800s$	0.1s	5s

3）指令输入参数

如表 11-4 所示，对应的是开关量及模拟量输入端接口的设定，一般有启动方式（本地 / 远程选择）、启动 / 停止、正转 / 反转、多段速度控制、模拟电流及模拟电压输入选择等。ABB-ACS550 变频器此类参数设定在 10 号、11 号、12 号、13 号参数组内。

表 11-4　ABB-ACS550 变频器指令输入参数

代码	名称	范围	分辨率	缺省值
Group 10：指令输入				
1001	接线端功能设定	$0 \sim 10$	1	2（2 线制启停方式）

续表

代码	名称	范围	分辨率	缺省值
Group 10：指令输入				
1003	电机转向设定	1 ～ 3	1	3（双向）
Group 11：给定选择				
1103	模拟量设定选取	0 ～ 17	1	1（从键盘上选取）
1104	模拟量给定最小值	0 ～ 500Hz/0 ～ 30000rpm	0.1Hz/1rpm	0Hz/0rpm
1105	模拟量给定最大值	0 ～ 500Hz/0 ～ 30000rpm	0.1Hz/1rpm	50Hz/1500rpm
Group 12：恒速运行				
1201	多段速度设定	0 ～ 14，-1 ～ -14	1	9（由 DI3\DI4 控制三段速度）
1202	速度 1	0 ～ 30000rpm/0 ～ 500Hz	1rpm/0.1Hz	300rpm/5Hz
1203	速度 2	0 ～ 30000rpm/0 ～ 500Hz	1rpm/0.1Hz	600rpm/10Hz
1204	速度 3	0 ～ 30000rpm/0 ～ 500Hz	1rpm/0.1Hz	900rpm/15Hz
Group 13：模拟输入				
1301	模拟量低限	0 ～ 100%	0.1%	0%
1302	模拟量高限	0 ～ 100%	0.1%	100%
1303	模拟量滤波	0 ～ 10s	0.1s	0.1s

4）输出参数

如表 11-5 所示，对应开关量及模拟量的输出端口设定，一般有准备、运行、故障信号及电流、频率模拟输出。ABB-ACS550 变频器此类参数设定在 14 号、15 号参数组内。

对于一般变频器，以上参数设定完，变频器即可投入正常运行，各种品牌的变频器可根据其自己的参数号进行设定，但对于一些特定场合的应用还需进一步进行高级参数设定。

表 11-5　ABB-ACS550 变频器输出参数

代码	名称	范围	分辨率	缺省值
Group 14：继电器输出				
1401	继电器输出 1	0 ～ 36	1	1（准备）
1402	继电器输出 2	0 ～ 36	1	2（运行）
1403	继电器输出 3	0 ～ 36	1	3（故障取反）
Group 15：模拟输出				
1501	AO1 模拟设定	99 ～ 199	1	103（模拟电流值）
1502	AO1 最小量程	—	—	由参数 0103 定义
1503	AO1 最大量程	—	—	由参数 0103 定义
1504	AO1 最小值	0.0 ～ 20.0mA	0.1mA	0mA
1505	AO1 最大值	0.0 ～ 20.0mA	0.1mA	20.0mA

续表

代码	名称	范围	分辨率	缺省值
Group 15：模拟输出				
1506	AO1 滤波	0 ～ 10s	0.1s	0.1s
1507	AO2 模拟设定	99 ～ 199	1	104（模拟频率值）
1508	AO2 最小量程	—	—	由参数 0104 定义
1509	AO2 最大量程	—	—	由参数 0104 定义
1510	AO2 最小值	0.0 ～ 20.0mA	0.1mA	0mA
1511	AO2 最大值	0.0 ～ 20.0mA	0.1mA	20.0mA
1512	AO2 滤波	0 ～ 10s	0.1s	0.1s

5）高级参数设定

此类参数主要是优化变频器的使用性能，比如 U/F 曲线设定，可以提高电机启动时的启动特性，能更好地带负载启动；PID 设定能利用变频器特有的性能控制水泵类电机做 PID 调节，不再需要 PLC 做 PID 控制；频率屏蔽点设定可以跳过电机在某一频率时产生的机械共振等。此类参数设定看实际应用中具体情况而定。

虽然各品牌、各型号的变频器不尽相同，但掌握了变频器的共性，学会一种变频器的应用后对其他的变频器也就触类旁通了。对变频器众多的参数，应挑出最基本的参数学习，因为多数参数一般都不用设定，可以用其默认值，应学会调整特性参数以更好地让变频器工作在最佳状态。

11.2 变频器选型技巧及分类

11.2.1 变频器所驱动的负载特性

变频器的正确选择对于控制系统的正常运行是非常关键的。选择变频器时必须要充分了解变频器所驱动的负载特性。人们在实践中常将生产机械分为三种类型：恒转矩负载、恒功率负载和风机、水泵负载。

（1）恒转矩负载

负载转矩 T_L 与转速 n 无关，任何转速下 T_L 总保持恒定或基本恒定。例如传送带、搅拌机，挤压机等摩擦类负载以及吊车、提升机等位能负载都属于恒转矩负载。

变频器拖动恒转矩性质的负载时，低速下的转矩要足够大，并且有足够的过载能力。如果需要在低速下稳速运行，应该考虑标准异步电动机的散热能力，避免电动机的温升过高。

（2）恒功率负载

机床主轴和轧机、造纸机、塑料薄膜生产线中的卷取机、开卷机等要求的转矩，大体与转速成反比，这就是所谓的恒功率负载。负载的恒功率性质应该是就一定的速度变化范围而言的。当速度很低时，受机械强度的限制，TL 不可能无限增大，在低速下转变为恒转矩性质。负载的恒功率区和恒转矩区对传动方案的选择有很大的影响。电动机在恒磁通调速时，最大容许输出转矩不变，属于恒转矩调速；而在弱磁调速时，最大容许输出转矩与速度成反比，属于恒功率调速。如果电动机的恒转矩和恒功率调速的范围与负载的恒转矩和恒功率范围相一致时，即所谓"匹配"的情况下，电动机的容量和变频器的容量均最小。

（3）风机、泵类负载

在各种风机、水泵、油泵中，随着叶轮的转动，空气或液体在一定的速度范围内所产生的阻力大致与速度 n 的 2 次方成正比。随着转速的减小，转速大致按转速的 2 次方的速度减小。这种负载所需的功率与速度的 3 次方成正比。当所需风量、流量减小时，利用变频器通过调速的方式来调节风量、流量，可以大幅度地节约电能。由于高速时所需功率随转速增长过快，与速度的三次方成正比，所以通常不应使风机、泵类负载超工频运行。

11.2.2　不同电机对变频器选型的影响

（1）用于标准电机时

变频器驱动标准电机时，和工频电源比较，损耗将有所增加，电机温升将增加。因此低速时应降低电机的负载力矩。电机高速运行时（60Hz 以上）电动势平衡及轴承特性等改变。

（2）用于特殊电机时

a. 变级电机：因额定电流和标准电机不同，要确认电机的最大电流后再选用变频器。级数的切换务必在电机停车后进行。

b. 水中电机：额定电流比标准电机大，在变频器容量选择时应注意。另外电机和变频器之间配线距离较长时，会造成电机力矩下降，要配足够粗的电缆，并需要加交流输出电抗器。

c. 耐压防爆电机：驱动耐压防爆电机时，电机和变频器配套后的防爆检查是必要的。变频器本身是非防爆结构，所以要放在安全地方。

d. 减速机电机：润滑方式和厂家不同，连续使用的速度范围也不同。特别是油润滑时，低速范围连续运转时有烧毁危险。另外超过 60Hz 的高速时，请和电机厂家沟通。

e. 同步电机：启动电流和额定电流比标准电机大，用变频器时请注意。多台控制时，数台同步电机逐步投入时有非同步现象发生。

f. 单相电机：单相电机不适用变频器调速，电容启动方式时，电容受到了高频电流冲击，有损坏可能，分相启动方式和反接启动方式时，内部的离心开关不会动作，会烧毁启动线圈，请尽量改用三相电机。

g. 振动机：振动机是在通用电机轴端加装不平衡块的电机。变频器容量选择时，全负载电流要确认，保证在变频器额定电流以内。

h. 动力传递机构（减速机、皮带、链条）：使用油润滑方式等传动系统时，低速运转会使润滑条件变坏。另外若超过 60Hz 的高速运转，传动机构会产生噪音高、使用寿命降低等问题。

11.2.3　变频器周边器件的选择

变频器周边器件主要包括线缆、接触器、空开、电抗器、滤波器、制动电阻等。变频器

周边器件的选择是否正确、合适，也直接影响着变频器的正常使用和变频器的使用寿命，所以在选择了变频器后，也必须正确选择它的周边器件。

（1）进线断路器的设置和选择

在变频器电源侧，为保护原边配线，请设置配线用断路器。断路器的选择取决于电源侧的功率因素（随电源电压、输出频率、负载而变化）。其动作特性受高频电流影响而变化，有必要选择大容量的断路器。

（2）进线接触器

变频器没有进线接触器可以使用。进线接触器可进行停止操作，但这时变频器的制动功能将不能使用。

（3）电机侧接触器

变频器和电机间若设置接触器，原则上禁止在运行中切换。变频器运行中接入时，会有大冲击电流，因此变频器过电流保护会动作。为了和电网切换而设置接触器时，务必在变频器停止输出后进行切换。

（4）热继电器的设置

为防止电机过热，变频器有电子热保护功能。但一台变频器驱动多台电机及多极电机时，请在变频器和电机间设置热继电器。热继电器整定电流在 50Hz 设定为电机铭牌的 1 倍，60Hz 时设定为 1.1 倍。

（5）功率因数的改善

改善功率因数，可在变频器进线中插入交流电抗器或在直流回路中加直流电抗器。变频器输出侧接改善功率因数的电容滤波时，有因变频器输出的高频电流造成破损和过热的危险，另外会使变频器过电流，造成电流保护发生，请不要接电容滤波器。

（6）关于电波干扰

变频器的输出（主回路）中有高频成分，对变频器附近使用的通信器械（如 AM 收音机）会产生干扰。此时可以安装滤波器，减少干扰。另外，还可将变频器和电机及电源配线套上金属管接地，也是有效的。

（7）功率电缆的线径和配线距离

变频器和电机间配线距离较长时（特别是低频输出时），由于电缆压降会引起电机转矩下降，应用充分粗的电缆配线；操作器装在别处时，请使用专用的连接电缆；远程操作时，模拟量、控制线和变频器间的距离应控制在 50m 以内；控制信号妥善屏蔽接地。

相关设备的选定见表 11-6，输入、输出、直流电抗器的选型见表 11-7，线材、断路器和接触器的选型见表 11-8，仅供参考。

表 11-6 相关设备选定表

目的	名称	详细说明
保护变频器配线	断路器和漏电开关	为了保护变频器的配线，请务必设置在电源侧。漏电开关请用耐高压产品
防止带制动电阻器时烧毁	接触器	带制动电阻时，为了防止烧毁制动电阻器，请务必将浪涌吸收器安装在线闸上
吸收浪涌冲击	浪涌吸收器	吸收接触器和控制中产生的开闭浪涌。请务必安装在变频器周围的接触器和继电器上

续表

目的	名称	详细说明
隔离输出 / 输入信号	隔离器	提高变频器输入输出信号的干扰能力
改善变频器的输入功率因数	交流电抗器	可用于改善变频器的输入功率因数
降低噪声对无线电和控制器的不良影响	输入侧噪声滤波器	降低来自电网接线的噪声，接入时尽量靠近变频器
	输出侧噪声滤波器	降低来变频器输出侧接线的噪声，接入时尽量靠近变频器
按设定减速时间停车	制动电阻	用电阻器消耗电机的再生能源，缩短减速时间
	制动单元	缩短减速时间，和电阻器一起使用

表 11-7　输入、输出、直流电抗器的选型（三相 380V 系列）

变频器容量 /kW	输入交流电抗器		输出交流电抗器		直流电抗器	
	电流 /A	电感 /mH	电流 /A	电感 /mH	电流 /A	电感 /mH
0.75	2.0	7.00	2.0	3.000		
1.5	5.0	3.80	5.0	1.500	3.0	28
2.2	7.5	2.50	7.5	1.000	6.0	11
4	10	1.50	10	0.600	12	6.3
5.5	15	1.00	15	0.250	12	6.3
7.5	20	0.75	20	0.130	23	3.6
11	30	0.60	30	0.087	33	1.9
15	40	0.42	40	0.066	40	1.26
18.5	50	0.35	50	0.052	50	1.08
22	60	0.28	60	0.045	50	1.08
30	80	0.19	80	0.032	65	0.78
37	90	0.16	90	0.030	80	0.72
45	120	0.13	120	0.023	95	0.54
55	150	0.10	150	0.019	120	0.45
75	200	0.08	200	0.014	160	0.36
90/110	250	0.06	250	0.011	250	0.26
132/160	330	0.04	330	0.007	340	0.18
185	390	0.03	390	0.007	460	0.12
220	490	0.03	490	0.005	460	0.12
280	660	0.02	660	0.004	650	0.11
300	660	0.02	660	0.004	800	0.07
630			1250	4	1540	0.015

表 11-8　变频器输入输出连线线材、断路器和接触器的选型

型号	功率 /kW	断路器 /A	输入线 / 输出线（铜芯电缆 mm²）	接触器额定工作电流 /A
单相 220V 系列	0.4	16	2.5	10
	0.75	16	2.5	10
	1.5	20	4	16
	2.2	32	6	20
三相 220V 系列	0.4	16	2.5	10
	0.75	16	2.5	10
	1.5	20	4	16
	2.2	32	6	20
	4	40	6	25
	5.5	63	6	32
	7.5	100	10	63
	11	125	25	95
	15	160	25	120
	18.5	160	25	120
	22	200	35	170
	30	200	35	170
	37	200	35	170
	45	250	70	230
三相 380V 系列	0.75	10	2.5	10
	1.5	16	2.5	10
	2.2	16	2.5	10
	4	25	4	16
	5.5	25	4	16
	7.5	40	6	25
	11	63	6	32
	15	63	6	50
	18.5	100	10	63
	22	100	16	80

续表

型号	功率 /kW	断路器 /A	输入线 / 输出线（铜芯电缆 mm²）	接触器额定工作电流 /A
三相 380V 系列	30	125	25	95
	37	160	25	120
	45	200	35	135
	55	200	35	170
	75	250	70	230
	90	315	70	280
	110	400	95	315
	132	400	150	380
	160	630	185	450
	185	630	185	500
	200	630	240	580
	220	800	150×2	630
	250	800	150×2	700
	280	1000	185×2	780
	315	1200	240×2	900

11.2.4　变频器的分类及应用

（1）变频器的分类

1）按变频的原理分类

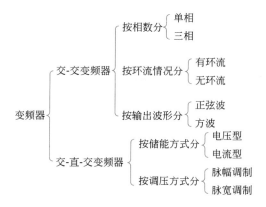

① 交 - 交变频器

它是将频率固定的交流电源直接变换成频率连续可调的交流电源，其主要优点是没有中间环节，变换效率高。但其连续可调的频率范围较窄，一般在额定频率的 1/2 以下，故主要用于容量较大的低速拖动系统中。

② 交 - 直 - 交变频器

先将频率固定的交流电整流后变成直流，再经过逆变电路，把直流电逆变成频率连续可调的三相交流电，由于把直流电逆变成交流电较易控制，因此在频率的调节范围，以及变频后电动机特性的改善等方面，都具有明显的优势，目前使用最多的变频器均属于交 - 直 - 交变频器。

根据直流环节的储能方式来分，交 - 直 - 交变频器又可分成电压型和电流型两种。

a. 电压型。整流后若是靠电容来滤波，这种交 - 直 - 交变频器称作电压型变频器，而现在使用的变频器大部分为电压型。

b. 电流型。整流后若是靠电感来滤波，这种交 - 直 - 交变频器称作电流型变频器，这种型式的变频器较为少见。根据调压方式的不同，交 - 直 - 交变频器又可分成脉幅调制和脉宽调制两种。

c. 脉幅调制。变频器输出电压的大小是通过改变直流电压来实现的，常用 PAM 表示。这种方法现在已很少使用了。

d. 脉宽调制。变频器输出电压的大小是通过改变输出脉冲的占空比来实现的，常用 PWM 表示。目前使用最多的是占空比按正弦规律变化的正弦波脉宽调制，即 SPWM 方式。

2）按变频器的用途分类

① 专用变频器

专用变频器是针对某一种（类）特定的控制对象而设计的，这种变频器均是在某一方面的性能比较优良。如风机、水泵用变频器、电梯及起重机械用变频器、中频变频器等。

② 通用变频器

通用变频器是变频器家族中数量最多、应用最广泛的一种。而大容量变频器主要用于冶金工业的一些低速场合。

常见的中小容量变频器主要有两大类：节能型变频器和通用型变频器。

a. 节能型变频器。由于节能型变频器的负载主要是风机、泵、二次方律负载，它们对调速性能的要求不高，因此节能型变频器的控制方式比较单一，一般只有 V/F 控制，功能也没有那么齐全，但是其价格相对便宜。

b. 通用型变频器。主要用在生产机械的调速上。而生产机械对调速性能的要求（如调速范围，调速后的动、静态特性等）往往较高，如果调速效果不理想会直接影响到产品的质量，所以通用型变频器必须使变频后电动机的机械特性符合生产机械的要求。因此这种变频器功能较多，价格也较贵。它的控制方式除了 V/F 控制，还使用了矢量控制技术。因此，在各种条件下均可保持系统工作的最佳状态。除此之外，高性能的变频器还配备了各种控制功能如：PID 调节、PLC 控制、PG 闭环速度控制等，为变频器和生产机械组成的各种开、闭环调速系统的可靠工作提供了技术支持。

（2）变频器的应用

变频调速已被公认为最理想、最有发展前途的调速方式之一，其优势主要体现在以下几方面。

1）节能

由于采用变频调速后，风机、泵类负载的节能效果最明显，节电率可达到20%～60%，这是因为风机、水泵的耗用功率与转速的三次方成比例，当用户需要的平均流量较小时，风机、水泵的转速较低，其节能效果是十分可观的。而传统的挡板和阀门进行流量调节时，耗用功率变化不大。由于这类负载很多，约占交流电动机总容量的20%～30%，它们的节能就具有非常重要的意义。由于风机、水泵、压缩机在采用变频调速后，可以节省大量电能，所需的投资在较短的时间内就可以收回，因此在这一领域中，变频调速应用得也最多。目前应用较成功的有恒压供水、中央空调、各类风机、水泵的变频调速。特别值得指出的是恒压供水，由于使用效果很好，现在已形成了典型的变频控制模式，广泛应用于城乡生活用水、消防等行业。恒压供水不仅节省大量电能，而且延长了设备的使用寿命。一些家用电器，如家用空调器的调频节能也取得了很好的效果。

对于一些在低速运行的恒转矩负载，如传送带等，变频调速也可节能。除此之外，原有调速方式耗能较大者（如绕线转子电动机等），原有调速方式比较庞杂，效率较低者（如龙门刨床等），采用了变频调速后，节能效果也很明显。

2）变频调速在电动机运行方面的优势

变频调速很容易实现电动机的正、反转。只需要改变变频器内部逆变管的开关顺序，即可实现输出换相，也不存在因换相不当而烧毁电动机的问题。

变频调速系统启动大都是从低速区开始，频率较低。加、减速时间可以任意设定，故加、减速过程比较平缓，启动电流较小，可以进行较高频率的启停。

变频调速系统制动时，变频器可以利用自己的制动回路，将机械负载的能量消耗在制动电阻上，也可回馈给供电电网，但回馈给电网需增加专用附件，投资较大。除此之外，变频器还具有直流制动功能，需要制动时，变频器给电动机加上一个直流电压，进行制动，而无需另加制动控制电路。

3）提高工艺水平和产品质量

变频调速除了在风机、泵类负载上的应用以外，还可以广泛应用于传送、卷绕、起重、挤压、机床等各种机械设备控制领域。它可以提高企业的产成品率，延长设备的正常工作周期和使用寿命，使操作和控制系统得以简化，有的甚至可以改变原有的工艺规范，从而提高整个设备控制水平。例如：许多行业中用的定型机，机内温度是靠改变送入热风的多少来调节的。输送热风通常用的是循环风机，由于风机速度不变，送入热风的多少只有用风门来调节。如果风门调节失灵或调节不当就会造成定型机温度失控，从而影响成品质量。循环风机高速启动，传动带与轴承之间磨损非常厉害，使传动带变成了一种易耗品。在采用变频调速后，温度调节可以通过调节风机的速度来完成，解决了产品质量问题，风机在低频低速下启动减少了传动带轴承的磨损，延长了设备寿命。还有就是节能，节能率达到40%左右。

11.3 变频器故障维修

11.3.1 变频器的故障类型

变频器本身具有异常故障显示、报警和保护功能。当故障发生时，变频器将异常故障代码显示在屏幕上，或者将故障信息储存在程序的某个参数内，以便维修检查。变频器异常故障分为软故障和硬故障两大类，软故障多是因操作或参数设置不当造成的，而硬故障则是由于变频器本身器件损坏造成的，维修起来难度较大。变频器维修的关键是找出初始故障点和故障发生的关键原因，在处理故障之前，检修人员须对变频器的工作原理、结构、器件组成、功能等有一定的专业知识，否则很难找出故障的真正原因。

（1）变频器故障检查前注意事项

处理故障前应注意查看故障前变频器的运行记录，主要包括电流、转速、绕组及轴承温度等，以便于故障的分析和检查。当出现变频器显示某类故障，但故障排除过程中却未发生相应故障的情况，此时应仔细检查故障检测元件或故障信息处理系统有无问题。

故障检查或维修时，注意先切断电源，并将变频器进线柜主开关断开，且须等断电8min电容放电完毕后，方可打开柜门进行维修，切忌停机后立即检查。因变频器额定运行时，其直流母排电压可达1000V左右，且滤波所用的电解电容数量达到120个，单个容量6800μF，储存了大量的电能，停机后须待电容模块前的电压平衡电阻将其放电，电压降低后（其放电时间为8min左右），方可开柜进行检查。下面针对变频器的常见故障进行分析。

（2）常用变频器参数设置类故障

常用变频器在使用中，是否能满足传动系统的要求，变频器的参数设置非常重要，如果参数设置不正确，会导致变频器不能正常工作。

常用变频器参数设置，出厂时厂家对每一个参数都有一个默认值，这些参数叫工厂值。在这些参数值的情况下，用户能以面板操作方式正常进行，但以面板操作并不满足大多数传动系统的要求。所以，用户在正确使用变频器前，设置变频器参数时从以下几个方面进行。

① 确认电机参数，变频器在参数中设定电机的功率、电流、电压、转速、最大频率，这些参数可以从电机铭牌中直接得到。

② 变频器采取的控制方式，即速度控制、转矩控制、PID控制或其他方式。选择控制方式后，一般要根据控制精度需要进行静态或动态辨识。

③ 设定变频器的启动方式，一般变频器在出厂时设定从面板启动，用户可以根据实际情况选择启动方式，可以用面板、外部端子、通信方式等几种。

④ 给定信号的选择，一般变频器的频率给定也可以有多种方式，面板给定、外部给定、外部电压或电流给定、通信方式给定，当然对于变频器的频率给定也可以是这几种方式的一种或几种方式之和。

正确设置以上参数之后，变频器基本能正常工作，如果要获得更好的控制效果，则只能根据实际情况修改相关参数。

（3）参数设置类故障的处理

一旦发生了参数设置类故障后，变频器大都不能正常运行，一般可根据说明书修改参数。如果以上方法还不行，最好是能够把所有参数恢复出厂值，然后按上述步骤重新设置，每一个公司的变频器的参数恢复方式也不相同。

（4）变频器主要电路故障分析和处理

变频器的整体结构主要由主回路、驱动电路、开关电源电路、保护检测电路、通信接口电路、控制电路等组成。在这些电路中，中央微处理器、数字处理器、ROM、RAM、EPROM 等集成电路涉及程序问题。

下面对主要电路故障分析和处理做介绍。

1）主回路

主回路主要由整流电路、限流电路、滤波电路、制动电路、逆变电路和检测电路的传感部分组成。

2）整流电路

整流电路实际上就是一块整流块。它的作用是把三相（或单相）50Hz/380V（220V）的交流电源，通过整流模块的桥式整流变成脉动直流电。若整流模块中的一个或多个整流二极管开路损坏，导致主回路 PN 电压值或无电压值。整流模块的一个或多个整流二极管短路损坏，会导致变频器输入电源短路，供电电源跳闸，变频器无法接上电源。

3）主回路常见故障现象、原因和处理方法

变频器无显示，PN 之间无直流电源，高压指示灯不亮，属主回路无输出直流电压。主回路无输出直流电压的第一个原因是由限流电阻损坏开路，是滤波电路无脉动直流电压输入。主回路无直流电压输出的第二个原因，是整流模块损坏，整流电路无脉动直流电压输出所致。这时不能简单地更换整流模块。还必须进一步查找整流模块损坏的原因。整流模块的损坏可能是：主回路有短路现象损坏整流模块；自身老化和自然损坏。

判断方法：首先换下整流模块，用万用表检测主回路，若主回路无短路现象，说明整流模块是自然损坏，更换新元件即可。若主回路有短路现象，又要检测出是哪一个元件引起短路的，可能是制动电路中的 Rb 和 G 均短路、滤波电容短路、逆变模块短路等。

（5）过压类故障

变频器的过电压集中表现在直流母线的支流电压上。正常情况下，变频器直流电为三相全波整流后的平均值。若以 380V 线电压计算，则平均直流电压 U_d=1.35$U_线$=513V。在过电压发生时，直流母线的储能电容将被充电，当电压上升到 760V 左右时，变频器过电压保护动作。因此，对变频器来说，都有一个正常的工作电压范围，当电压超过这个范围时很可能损坏变频器，常见的过电压有两类。

1）输入交流电源过压

这种情况是指输入电压超过正常范围，一般发生在节假日负载较轻，电压升高或降低使线路出现故障，此时最好断开电源，检查、处理。

2）发电类过电压

这种情况出现的概率较高，主要是电机的同步转速比实际转速还高，使电动机处于发电状态，而变频器又没有安装制动单元，下面两起情况可以引起这一故障。

① 当变频器拖动大惯性负载时，其减速时间设的比较小，在减速过程中，变频器输出的速度比较快，而负载靠本身阻力减速比较慢，使负载拖动电动机的转速比变频器输出的频

率所对应的转速还要高，电动机处于发电状态，而变频器没有能量回馈单元，因而变频器支流直流回路电压升高，超出保护值，出现故障，处理这种故障可以增加再生制动单元，或者修改变频器参数，把变频器减速时间设的长一些。增加再生制动单元功能包括能量消耗型、并联直流母线吸收型、能量回馈型。能量消耗型在变频器直流回路中并联一个制动电阻，通过检测直流母线电压来控制功率管的通断。并联直流母线吸收型使用在多电机传动系统中，这种系统往往有一台或几台电机经常工作于发电状态，产生再生能量，这些能量通过并联母线被处于电动状态的电机吸收。能量回馈型的变频器网侧变流器是可逆的，当有再生能量产生时可逆变流器就将再生能量回馈给电网。

② 多个电动机拖动同一个负载时，也可能出现这一故障，主要是由于没有负荷分配引起的。以两台电动机拖动一个负载为例，当一台电动机的实际转速大于另一台电动机的同步转速时，则转速高的电动机相当于原动机，转速低的处于发电状态，引起故障。

（6）过流故障

过流故障可分为加速、减速、恒速过电流。其可能是由于变频器的加减速时间太短、负载发生突变、负荷分配不均，输出短路等原因引起的。这时一般可通过延长加减速时间、减少负荷的突变、外加能耗制动元件、进行负荷分配设计、对线路进行检查。如果断开负载变频器还是过流故障，说明变频器逆变电路已环，需要更换变频器。

（7）过载故障

电网电压等负载过重，所选的电机和变频器不能拖动该负载，也可能是由于机械润滑不好引起。如前者则必须更换大功率的电机和变频器；如后者则要对生产机械进行检修。过载故障包括变频过载和电机过载。其可能是加速时间太短，直流制动量过大、电网电压太低、负载过重等原因引起的。一般可通过延长加速时间、延长制动时间检查。

11.3.2 变频器维修检测常用方法

在变频器日常维护过程中，经常遇到各种各样的问题，如外围线路问题，参数设定不良或机械故障。如果是变频器出现故障，如何去判断是哪一部分问题，这里作简要介绍。

（1）静态测试

① 测试整流电路

找到变频器内部直流电源的 P 端和 N 端，将万用表调到电阻×10 挡，红表笔接到 P，黑表笔分别接到 R、S、T，应该有大约几十欧的阻值，且基本平衡。相反将黑表笔接到 P 端，红表笔依次接到 R、S、T，有一个接近于无穷大的阻值。将红表笔接到 N 端，重复以上步骤，都应得到相同结果。如果有以下结果，可以判定电路已出现异常：A.阻值三相不平衡，可以说明整流桥故障；B.红表笔接 P 端时，电阻无穷大，可以断定整流桥故障或启动电阻出现故障。

② 测试逆变电路

将红表笔接到 P 端，黑表笔分别接 U、V、W 上，应该有几十欧的阻值，且各相阻值基本相同，反相应该为无穷大。将黑表笔接到 N 端，重复以上步骤应得到相同结果，否则可确定逆变模块故障。

（2）动态测试

在静态测试结果正常以后，才可进行动态测试，即上电试机。在上电前后必须注意以下几点。

① 上电之前，须确认输入电压是否有误，将 380V 电源接入 220V 级变频器之中会出现炸机（炸电容、压敏电阻、模块等）。

② 检查变频器各接插口是否已正确连接，连接是否有松动，连接异常有时可能导致变频器出现故障，严重时会出现炸机等情况。

③ 上电后检测故障显示内容，并初步断定故障及原因。

④ 如未显示故障，首先检查参数是否有异常，并将参数复归后，在空载（不接电机）情况下启动变频器，并测试 U、V、W 三相输出电压值。如出现缺相、三相不平衡等情况，则说明模块或驱动板等有故障。

⑤ 在输出电压正常（无缺相、三相平衡）的情况下，带载测试，最好是满负载测试。

（3）故障判断

① 整流模块损坏

一般是由于电网电压或内部短路引起。在排除内部短路情况下，更换整流桥。在现场处理故障时，应重点检查用户电网情况，如电网电压，有无电焊机等对电网有污染的设备等。

② 逆变模块损坏

一般是由于电机或电缆损坏及驱动电路故障引起。在修复驱动电路之后，测驱动波形良好状态下，更换模块。在现场中换驱动板之后，还必须注意检查马达及连接电缆。在确定无任何故障下，运行变频器。

③ 上电无显示

一般是由于开关电源损坏或软充电电路损坏使直流电路无直流电引起，如启动电阻损坏，也有可能是面板损坏。

④ 上电后显示过电压或欠电压

一般由于输入缺相，电路老化及电路板受潮引起。找出其电压检测电路及检测点，更换损坏的器件。

⑤ 上电后显示过电流或接地短路

一般是由于电流检测电路损坏。如霍尔元件、运放等。

⑥ 启动显示过电流

一般是由于驱动电路或逆变模块损坏引起。

⑦ 空载输出电压正常，带载后显示过载或过电流

这种情况一般是由于参数设置不当或驱动电路老化、模块损伤引起。

11.4 PLC 与变频器控制电动机实现的 15 段速控制系统

（1）控制要求

按下电动机启动按钮，电动机启动运行在 5Hz 所对应的转速；延时 10s 后，电动机升速运行在 10Hz 对应的转速，再延时 10s 后，电动机继续升速运行在 20Hz 对应的转速；以后

每隔 10s，则速度按图 11-12 依次变化，一个运行周期完后会自动重新运行。按下停止按钮则电动机停止运行。

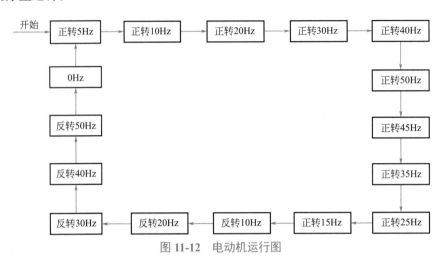

图 11-12　电动机运行图

（2）MM440变频器的设置

MM440 变频器数字输入端子"5""6""7""8"通过 P0701、P0702、P0703，P0704 参数设为 15 段固定频率控制端，每一频段的频率分别由 P1001 ～ P1015 参数设置。变频器输入端子"16"设为电动机运行、停止控制端，可由 P0705 参数设置。

（3）PLC的I/O分配

PLC 的 I/O 分配表如表 11-9 所示。

表 11-9　I/O 分配表

软元件	控制说明
I0.0	电动机运行按钮 SB$_1$
I0.1	电动机停止按钮 SB$_2$
Q0.0	固定频率设置，接 MM440 数值输入端子"5"
Q0.1	固定频率设置，接 MM440 数值输入端子"6"
Q0.2	固定频率设置，接 MM440 数值输入端子"7"
Q0.3	固定频率设置，接 MM440 数值输入端子"8"
Q0.4	固定频率设置，接 MM440 数值输入端子"16"

PLC 和 MM440 实现的 15 段速控制电路图如图 11-13 所示。

（4）PLC程序设计

PLC 程序应包括以下控制。

① 当按下正转启动按钮 SB$_1$ 时，PLC 的 Q0.4 应置位为 ON，允许电动机运行。

② PLC 输出接口状态、变频器输出频率、电动机转速变化如表 11-10 所示。

③ 当按下按钮 SB$_2$ 时，PLC 的 Q0.4 应复位为 OFF，电动机停止运行。

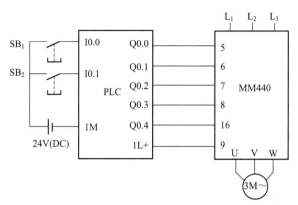

图 11-13　PLC 与 MM440 实现的 15 段速控制电路

表 11-10　15 段速控制状态表

Q0.4	Q0.3	Q0.2	Q0.1	Q0.0	运行频率
1	0	0	0	1	5
1	0	0	1	0	10
1	0	0	1	1	20
1	0	1	0	0	30
1	0	1	0	1	40
1	0	1	1	0	50
1	0	1	1	1	45
1	1	0	0	0	35
1	1	0	0	1	25
1	1	0	1	0	15
1	1	0	1	1	−10
1	1	1	0	0	−20
1	1	1	0	1	−30
1	1	1	1	0	−40
1	1	1	1	1	−50
0	0	0	0	0	0

（5）操作步骤

① 按图 11-13 连接电路图，检查接线正确后，接通 PLC 和变频器电源。

② 恢复变频器工厂默认值，P0010 设为 30，P0970 设为 1。按下变频器操作面板上的"P"键，变频器开始复位到工厂默认值。

③ 电动机参数按如下所示设置，电动机参数设置完后，设 P0010 为 0，变频器当前处于准备状态，可正常运行。

P0003 设为 3，访问级为专家级。

P0010 设为 1，快速调试。

P0100 设为 0，功率以 kW 表示，频率为 50Hz。

P0304 设为 230，电动机额定电压。

P0305 设为 1，电动机额定电流。

P0307 设为 0.75，电动机额定功率。

P0310 设为 50，电动机额定频率。

P0311 设为 1460，电动机额定转速。

P3900 设为 1，结束快速调试，进入"运行准备就绪"。

这些参数根据电动机的实际参数进行设置。

④ 设置 MM440 的 15 段固定频率控制参数，如表 11-11 所示。

表 11-11　15 段固定频率控制参数表

参数号	出厂值	设置值	说　明
P0003	1	3	设定用户访问级为专家
P0004	1	7	命令和数字 I/O
P0700	2	2	命令源选择"由端子排输入"
P0701	1	17	选择固定频率
P0702	12	17	选择固定频率
P0703	9	17	选择固定频率
P0704	15	17	选择固定频率
P0705	15	1	启动 / 停止
P0004	1	10	设定值通道
P1000	2	3	选择固定频率设定值
P1001	0	5	选择固定频率 1
P1002	5	10	选择固定频率 2
P1003	10	20	选择固定频率 3
P1004	15	30	选择固定频率 4
P1005	20	40	选择固定频率 5
P1006	25	50	选择固定频率 6
P1007	30	45	选择固定频率 7
P1008	35	35	选择固定频率 8
P1009	40	25	选择固定频率 9
P1010	45	15	选择固定频率 10
P1011	50	−10	选择固定频率 11
P1012	55	−20	选择固定频率 12
P1013	60	−30	选择固定频率 13
P1014	65	−40	选择固定频率 14
P1015	65	−50	选择固定频率 15

（6）PLC程序设计

PLC 控制程序如图 11-14 所示。当按下正转启动按钮 SB_1（对应 I0.0）时，PLC 的 Q0.4 置位为 ON，允许电动机运行。PLC 输出接口状态、变频器输出频率、电动机转速变化如表 11-10 所示。当按下按钮 SB_2（对应 I0.1）时，PLC 的 Q0.4 复位为 OFF，电动机停止运行。

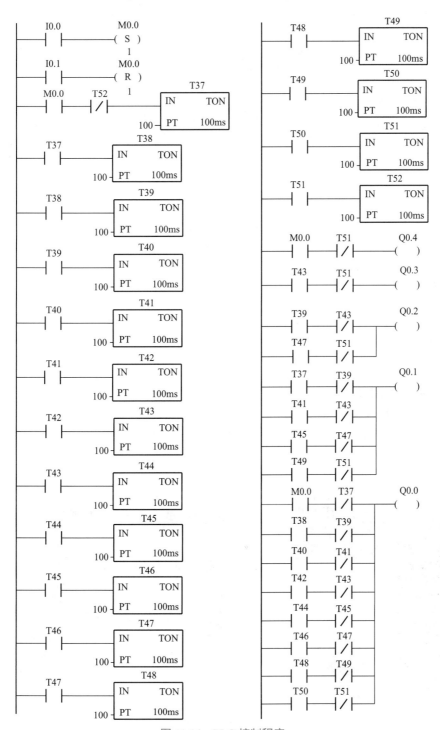

图 11-14　PLC 控制程序

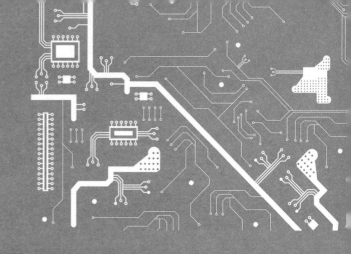

第 12 章
触摸屏

 12.1 **触摸屏概述**

本节从工业应用的角度以使用较为广泛的威纶通触摸屏为例进行介绍和分析。

12.1.1 触摸屏的概念和功能

（1）触摸屏的定义

触摸屏（HMI，人机界面）是操作人员与机器设备之间双向沟通的桥梁。HMI 可连接 PLC、变频器、仪表等工业控制器件，利用液晶显示机器设备的状态，通过触摸设置工作参数或输入操作命令，实现人与机器信息交互。

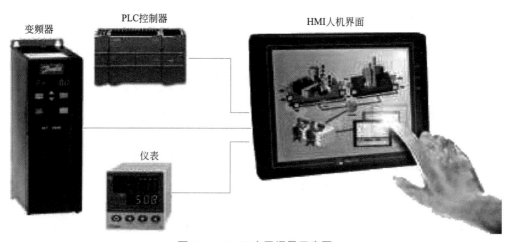

图 12-1 HMI 应用场景示意图

（2）人机界面的组成

人机界面由硬件和软件两部分组成，硬件部分包括 CPU 处理器、LCD 显示单元、Touch Panel 触摸板、Ethernet/Serical Ports 通信接口、数据存储单元等，其中 CPU 处理器的性能决定了 HMI 产品的性能高低，是 HMI 的核心单元。HMI 软件分为两部分，即运行于 HMI 硬件中的 OS 系统软件和运行于 PC 机 Windows 操作系统下的画面组态软件，如威纶通的 EasyBuilder。用户必须在电脑上先使用 EasyBuilder 组态软件制作"工程文件"，再通过 PC 机和 HMI 产品的通信口，把编制好的"Project 工程文件"下载到 HMI 中运行。

（3）人机界面的基本功能

① 通信连接：与各种 PLC 等控制器连接之后，HMI 才能作用于机器设备，这些连接包括串口、现场总线、以太网等，不同的控制器有各自的通信协议，使用 HMI 上不同的驱动。

② 功能控制：逻辑与数值运算、数据 / 文字的输入、元器件的控制操作、用户权限控制、报警、数据取样、操作记录、配方等功能的实现。

③ 界面交互：包括状态的显示（如指示灯、按钮、文字、图形、曲线等）、画面的跳转和提示、现场机器设备的可视化呈现等。

12.1.2　HMI 软件的安装

（1）安装 EasyBuilder Pro 软件

EasyBuilder 是台湾威纶科技公司开发的新一代人机界面组态软件，适用于 WEINVIEW 的所有 HMI。

操作步骤：

① 双击安装程序，根据提示选择对应语言，点击确定。

② 进入安装向导，点击下一步。

③ 选择安装目录，点击下一步。

④ 创建开始程序中目录，点击下一步。

⑤ 创建桌面图标，点击下一步。

⑥ 点击安装。

⑦ 安装完成。

（2）打开 EasyBuilder Pro 软件

操作步骤：

① 选择开始→程序→ EasyBuilder Pro → EasyBuilder Pro，点击运行。也可以运行桌面图标 Utility Manager 选择 EasyBuilder Pro 程序编辑器运行。

② 连续点击确定进入 EasyBuilder Pro 组态编辑界面。

③ 从目录树中打开不同窗口进行查看。

12.1.3　HMI 与控制器的通信

HMI 要达成通信的目标设备包括：PLC、变频器、伺服控制器、运动控制卡、温控器、称重仪等各种带有通信接口的设备。

通信接口分为串口（RS232、RS485 2W 两线制、RS485 4W 四线制 ）、现场总线 CANBUS、以太网、USB 口等多种形式。

通信协议包括：PPI、MPI、MODBUS 等。目前软件 Easybuilder Pro 中已经内置了约 300 种通信协议，支持多种 PLC、变频器、伺服、仪表等控制器类型。

除了同一品牌的控制器会采用同样的协议，不同品牌不同设备之间也可采用不同的通信协议，如欧姆龙和 TRIO 控制器都可使用 Hostlink 协议，如大部分变频器、仪表都支持 MODBUS 协议。

小知识

接口：好比是各种公路，从低速的串口，到高速的以太网。

协议：好比是交通规则，海内外各个地方有异同。

软件：好比是交通工具，运行在公路上（通过响应接口通信），遵循于交通规则（支持各异的通信协议），到达不同的目的地（实现不同的控制功能）。

例 1：与西门子 S7-200 PLC 通信

西门子 S7-200 PLC 串口默认参数：波特率 9600，偶校验，数据位 8 位，停止位 1 位，站号 2，接口类型 RS-485 2W。

操作步骤：

① 打开 PLC 的编程软件 Micro Win →系统块→通信端口，查看 PLC 端口的波特率、PLC 地址。

② 打开 EasyBuilder Pro 软件，建立新文件→选择 HMI 型号（MT8101IE）→选择新增设备→选择 PLC 类型为 Siemens S7-200。选择设置，修改成和 PLC 通信参数一致，点击确定。

只有当两端参数一致才可以通信正常。在达成正确接线和相一致的通信参数后，就可以编写组态程序进行通信控制。

例 2：完成 HMI 与 Artrich（阿特瑞奇）变频器的通信配置

阿特瑞奇系列变频器支持基于 RS485 通信接口的 ModBus 通信协议进行主从通信。

操作步骤：

① 给变频器通电，设置通信参数（详细参考变频器说明书）。

② 打开 EasyBuilder Pro 软件，选择编辑→系统参数设置→新增设备→选择 ModBus RTU 通信协议。

③ 选择设置，修改成与变频器一致的参数，点击确定。

注意

读写地址的确认与程序编写：运行频率、设备频率等变频器参数，通过变频器说明书 ModBus 章节查找而来。寄存器使用 6x 还是 4x 取决于变频器支持什么样的功能码（命令码）。如本变频器支持 03、06、08 功能码，那么对应寄存器 4x 或 6x 均可。

12.2 触摸屏的使用

12.2.1 HMI 工程文件的建立

① 建立一个新工程，名为"零件冲洗机系统"，作为首页。

操作步骤：

a. 双击桌面 Utility Manager 图标，启动 EasyBuilder Pro 。

b. 选择建立新文件，点击确定。

c. 选择对应的 HMI 型号，点击确定。

d. 新增 PLC 型号，点击确定。

e. 在 10 号窗口画面选择画图→文字，居中放置，或进行其他操作。

② 将建立好的工程保存、编译、离线模拟查看以及下载至 HMI。

保存：将做好的工程存在 PC 上。

编译：将工程转化为可下载和模拟的格式。

离线模拟：在 PC 上模拟工程文件的运行，不与任何装置连线。

在线模拟：在 PC 上模拟工程文件的运行，不需将程序下载到 HMI。此时 PLC 是直接与 PC 连接。

下载：将工程文件转至 HMI。

a. 使用以太网下载 在 EasyBuilder Pro 的工具列上，点击 [工具] → [下载]。请先确认所有设定是否正确。

选择 [以太网络]，设定 [密码] 并指定 [HMI IP]，或者使用 [名称] → [搜寻全部]，搜寻同网域的所有 HMI。

b. 使用 USB 下载 对于拥有 USB Client 接口的触摸屏，可选择 USB 线下载程序。USB 驱动会自动安装。

c. 使用 U 盘 /SD 卡下载 插入外部装置如 SD 卡或 U 盘至 HMI。在人机上选择 [Download]，输入密码，选择工程文件存放路径，按下 [OK] 即开始下载。

12.2.2 HMI 窗口的建立与设置

任务要求：零件冲洗机系统总共需要建立 9 个窗口，其中 1 个主页（10 号开机画面），6 个程序画面（分别是 11 号控制窗口，12 号报警窗口，13 号资料取样，14 号流量控制，15 号用户登录，16 号参数设置），2 个调用窗口（17 号底层窗口，18 号中层窗口）。从 10 号窗口可以进入 11 号窗口，17 号窗口是首页的背景，18 号窗口功能为切换各程序画面并可回到主页（要求除 10 号窗口外每一页都能看到此窗口的功能）。

公共窗口：4 号窗口为预设的公共窗口，此窗口中的对象也会出现在其他基本窗口中，但不包含弹出窗口，因此通常会将各窗口共享的对象放置在公共窗口中。

系统窗口：5、6、7、8 号窗口为系统弹出窗口，分别表示通信中断、无法连接远程HMI、无权限操作、空间不足。

操作步骤：

① 鼠标右键点击 10 号窗口,选择设置,将窗口名称改为"开机画面",背景改为天蓝色(或其他颜色)。

② 鼠标移动到 11 号窗口标号处点击右键，选择新增，添加"控制窗口"，在该页面顶部插入标题"零件冲洗机控制系统"，选择字体，字号，颜色。

③ 以同样的方式插入其余窗口。

④ 打开 17 号底层窗口，选择画图→图片，或者点击图片快捷键，选择图库，在工程文件目录下添加新选项，新增自定义图片，点击确定。

⑤ 点击确定插入添加的图片，填充整个窗口。

⑥ 右键点击 10 号窗口进入设置，选择 17 号窗口作为底层窗口，点击确定。

⑦ 打开 10 号首页窗口，选择元件→开关→功能键，或者点击功能键快捷键 ￼，选择切换基本窗口，窗口编号为11，标签栏插入"进入"标签，字体黑体，字号 30，颜色紫色，点击确定。

⑧ 打开中层窗口，插入其余 7 个功能键，确定下排字体、字号、颜色、宽度；选择确定左上角"首页"字体、字号、颜色，使用图库图片。

⑨ 右键点击 11 号控制窗口，选择设置，将中层窗口指向 18 号窗口，点击确定。

⑩ 同第 9 步设置 12、13、14、15、16 号窗口，保存工程，离线模拟运行查看效果。

这样 10 号开机画面就引用了 17 号窗口做背景，12 ~ 16 号就引用了 18 号窗口的功能，如果整个系统所有窗口都包含的元件或者图片，可放在 4 号公共窗口。

12.2.3 HMI 按钮与指示灯的设计

任务要求：完成零件冲洗机控制系统，油、水、气三路切换开关（对应地址 LB0-2）、打开切换开关对应指示灯亮，用来控制不同介质对零件的冲洗；一个急停按钮（LB3），表示设备遇到情况需要紧急制动时触发；要求布局美观整齐。

操作步骤：

① 打开 11 号控制窗口，选择元件→开关→位状态切换开关，或点击位状态切换开关快捷键 ￼，选择 PLC 为本地 HMI，地址为 LB0，类型为切换开关，图片调用图库图片，轮廓大小为 70×70，点击确定插入窗口，对应插入标签名称"油路开关"。

② 同上插入"水路开关"（LB1）、"气路开关"（LB2）。

③ 选择元件→指示灯→位状态指示灯或点击位状态指示灯按钮 ￼，选择 PLC 为本地HMI，地址为 LB0，图片调用图库图片，轮廓大小为 70×70，点击确定插入窗口，对应插入标签名称"油路指示"。

④ 同上插入"水路指示"（LB1）、"气路指示"（LB2）。

⑤ 框选需要对齐的元件点击相应的对齐 ￼ 按钮进行布局排列。

⑥ 同上方法（第①步）插入急停按钮（LB3）在窗口右下角，调用图库。

⑦ 保存工程，离线模拟运行。

12.2.4　HMI 数据显示的设计

任务要求：继续完成零件冲洗机控制系统，插入 4 个数据显示：温度、流量 1、流量 2、流量 3 以监测冲洗设备时的温度和流量；1 个定时器控制气路开关的打开时间在 1min 内，要求布局美观整齐。

操作步骤：

① 在 11 号控制窗口建立数值显示，选择元件→数值，或点击数值快捷键 <kbd>999</kbd>，选择 PLC 为本地 HMI，地址为 LW0，图片调用图库图片，轮廓大小默认，点击确定插入窗口，对应插入标签名称"温度显示"。

② 同上方法（第①步）插入"流量 1（LW1）""流量 2（LW2）""流量 3（LW3）"。

③ 插入数值元件 LW100，名称为"定时器"。

④ 选择元件→开关→多状态设置，或点击多状态设置快捷键 <kbd>123</kbd>，地址选择为定时器地址 LW100，属性选择自动递增，递加值为 1，上限值 60，频率 1s，安全选项中勾选使用生效\失效，选择当位状态为 ON 时生效，地址选择气路开关的位地址 LB2，图片选项不勾选，点击确认插入该窗口中（任意位置）。此设置表示当气路开关打开时，触发定时器开始读秒运行。注意：多状态设置元件只对当前窗口有效。

⑤ 再次插入多状态设置元件，地址继续选择 LW100，属性选择写入常数值为 0；安全选项中使用生效\失效，选择当位状态为 OFF 时生效，地址选择 LB2；图片选项选择默认向量图；标签中勾选使用文字标签，填写内容"复位"，字体默认，轮廓大小根据需要调整，点击确定插入视窗中定时器右侧。此设置表示当气路开关关闭后，点击"复位"按钮将定时器值回 0。

⑥ 保存程序，离线模拟运行。

12.2.5　HMI 时间显示

任务要求：在每个操作界面的右上角处插入时间显示。

Weinview 的 HMI 大多数内部都带有时钟功能（内置时钟电池），可以通过系统内部寄存器来设计时间显示，EasyBuilder Pro 软件更是集成了时间显示的功能，可以实现一键插入时间显示。

操作步骤：

① 打开 4 号公共窗口，选择元件→日期/时间，或者点击日期/时间快捷键 <kbd>时</kbd>，勾选启用日期和时间，确认格式设置，选择字体、颜色、字号，不使用图片，点击确定插入视窗右上角。4 号公共窗口插入的时间会在所有窗口中显示。

② 保存工程，离线模拟运行查看。

12.2.6　HMI 的 UI 设计

任务要求：为保证设计美化直观，要求在控制窗口油路和气路指示右侧插入可以运动的电动机图片，当打开对应开关时，电动机运转画面的美化也就是所谓的 UI 设计，目的是让做出来的效果更加美观，如果需要做动态设计，需要提前准备对应的 GIF 动态图片以及其对应的静态图片，分别代表不同状态。

操作步骤：

① 下载点击 GIF 图和其对应的静态图片，存在本地。

② 打开 11 号控制窗口，插入位状态指示灯元件，读取地址为 LB0（油路开关），在图片选项中勾选调用图库图片，在工程文件下选择添加。此时会在该工程项目文件下建立一个新的空白图库符号。

③ 在右下角窗口点击新增插入图片，0 状态对应静态图，1 状态对应动态图，点击确定，调整大小插入视窗。

④ 通过"复制粘贴"的方式完成水路部分的显示，更改读取地址为 LB1。

⑤ 保存程序，离线模拟运行查看。

12.2.7　HMI 的事件登录及报警设计

（1）事件登录元件的设计

任务要求：零件冲洗机系统包含 2 组报警：一是当温度高于 50℃时会提示报警，二是急停按钮按下时会得到提示。在事件登录中定义这 2 组报警的内容。

登录元件：用于定义事件内容和触发条件。

Event：事件。所谓事件，是对象（机器设备）内部状态发生了某些变化或者对象做某些动作时（或做之前、做之后），向外界发出的通知。如系统中温度、电流、水位等量值过高或过低，某些电机或开关故障不运行，系统自动产生相应警告信息，提醒操作人员。在WEINVIEW HMI 中，Event 事件的概念，囊括了 Alarm 报警。Alarm 报警，指的是正在发生的事件。

操作步骤：

① 选择元件→报警→事件登录，或者点击事件登录快捷键 ，选择新增。

② 添加急停报警，选择地址类型为"位"，读取地址是急停按钮的地址 LB3，触发条件为 ON；信息选项中填写内容"请复位急停按钮"，选择字体及颜色（急停按钮通常选红色），点击确认。此设置表示添加了一个报警事件：当急停按钮按下时，触发一个报警提示"请复位急停按钮"。EasyBuilder 支持邮件报警功能，此页面还有一页 E-mail 选项，如有需要，可在系统参数设置中启用。

③ 在事件登录元件中继续选择新增，选择地址类型为"字"，读取地址是温度显示的地址 LW0，触发条件为 >50；信息选项中填写内容"温度过高"，选择字体及颜色，点击确认。此设置表示添加了一个报警事件：当温度显示高于 50 时，触发一个报警提示"温度过高"。

④ 此时事件登录窗口中已经添加了 2 个事件，勾选保存历史资料到 HMI，选择保留时间（比如选择 7 天），点击关闭。

（2）报警信息的显示与读取

任务要求：设计温度和急停的报警画面，在控制窗口添加温度报警指示灯。

操作步骤：

① 打开 11 号控制窗口，选择元件→指示灯→多状态指示灯，或点击多状态指示灯快捷键 ，在一般属性选项中选择数据模式，偏移量 50，地址选择温度显示地址 LW0，状态数设置 2；图片选项中勾选使用图片调用图库 BUTTON14 中的红色指示灯，轮廓大小为70×70，点击确定。设置偏移 50 表示从 51 数值开始触发指示灯 1 状态，达到温度高于 50

℃时指示灯亮。

②打开 12 号报警窗口，选择元件→报警→报警显示，或者点击报警显示快捷键 📷，在报警选项中勾选全部显示项目，其余选项默认点击确定插入视窗中。

③选择元件→报警→事件显示，或者点击报警显示快捷键 📊，在一般属性选项中地址设置一个没用的寄存器，如 LW200；事件显示选项中选择对应显示项目，其余选项默认，点击确定插入视窗中。此处"确认方式"是指当提示报警时，如果单击该报警信息，会触发一个事件确认信息，会在对应数据寄存器中写入事件登录设置中的确认值，一般情况下很少用到此功能。

④保存程序，离线模拟运行查看。

（3）滚动报警数据显示与报警解除

任务要求：零件冲洗机系统的报警窗口中要求报警信息能滚动显示。

操作步骤：

①打开 12 号报警窗口，选择元件→报警→报警条，或者点击报警显示快捷键 📶，在报警选项中勾选需要显示的项目，滚动速度可以自定义（默认为速度 5），其余选项默认点击确定插入视窗中。

②保存程序，离线模拟运行，在控制窗口将温度输入为 51，并且按下急停按钮。

③切换到报警窗口查看信息。

④将温度设置低于 50℃，并且复位急停按钮，再次返回报警窗口查看。

事件信息中绿色表示已经恢复正常的报警，红色表示当前报警，黄色表示确认后的报警。

12.2.8　HMI 的数据采集与历史趋势图设计

（1）数据采集（取样）信息的编辑

任务要求：零件冲洗机系统需要对流量 2 和流量 3 进行数据采集。

资料取样的第一步是需要定义它的取样方式，例如：取样时间、取样地址及字符长度，可将已获得的取样资料储存到指定的位置，如 HMI 内存、SD 卡或 U 盘。资料取样可搭配使用趋势图或历史数据显示元件检视资料取样记录的内容。

操作步骤：

①选择元件→资料取样→资料取样，或点击资料取样快捷键 🗂，选择新增弹出资料取样窗口，描述流量采集，选择周期式 1s，数据来源指向流量 2 地址 LW2，点击通道数。

②更改通道 1 描述为"流量 2"，点击新增，添加"流量 3"资料类型为 16-bit Unsigned，点击确定，关闭通道数窗口。

③勾选启用清除实时数据地址和暂停取样控制，方式选择 OFF-ON 和 ON，分配地址为 LB4、LB5，勾选保存历史记录到 HMI，保留 7 天点击确定。

这样就添加了一条资料取样信息，采集 LW2"流量 2"和 LW3"流量 3"两条数据。通道数表示设置读取多个不同格式的连续地址的数据。假设有三笔数据，地址及格式分别为 LW-0（16-bit Unsigned）、LW-1（32-bit Float）、LW-3（16-bit Unsigned）。

（2）趋势图

任务要求：将流量 2 与流量 3 的数据用趋势图表现出来，要求可以触控暂停观看，并且可以清除数据。

小知识

"趋势图"元件会使用连续的线段描绘"资料取样"中的数据,有利于资料分析。

操作步骤:

① 打开 13 号资料取样窗口,选择元件→资料取样→趋势图,或者点击趋势图快捷键,一般属性选项中选择索引为"1.流量采集",显示方式为"即时",像素 100;趋势图选项中勾选网格设置 X、Y 间隔为 4,调整日期格式;通道选项中勾选全部通道,调整每个通道显示的颜色、线宽、范围等,点击确定将趋势图插入视窗左侧。

② 添加位状态设置元件"暂停"和"清除",对应地址分别为 LB4、LB5。

③ 保存程序,离线模拟运行,在控制窗口为流量 2、流量 3 分别输入数值 20、40,切换到资料取样窗口查看。

(3)历史数据显示的设计

任务要求:将流量 2 与流量 3 的数据存入历史数据,要求可以按日期查看。

操作步骤:

① 打开 13 号资料取样窗口,选择元件→资料取样→历史数据显示,或者点击历史数据显示快捷键 ▦,在一般属性选项中选择"流量采集"索引,勾选网格、时间、日期、编号,历史控制地址设为 LW4,其余选项默认,确定插入视窗右侧。

② 选择元件→开关→项目选单,或者点击项目选单快捷键 ▤,在项目选单选项下选择下拉式菜单,朝下显示,来源为历史数据日期,监看地址设为历史控制地址 LW4,类型选择"资料取样",索引为"1.流量采集",确定插入视窗中间。

③ 选择视窗中下拉菜单,通过 ▤ ▤ ▤ ▤ 工具移至底层。

④ 保存程序,离线模拟运行,更改 Windows 系统日期采集数据来查看。

12.2.9 HMI 配方的应用

(1)配方数据库的设置

任务要求:零件冲洗机共有 3 个阀门,分别标示为 QF1、QF2、QF3,通过控制 3 个阀门的开关度来控制冲洗的力度,如 3 个阀门全部打开时为最大流量,挡位为"高",3 个阀门全部关闭时冲洗介质只能从旁路流过,此时流量最小,挡位为"低",该阀门的开关度通过百分比(1% ~ 100%)条件,已经设置 3 个挡位,分别为 3 个阀均 1%、均 50% 和均 100%,按要求编辑配方数据库,可实现直接下载 3 个挡位数据到下位机。

在制造领域,配方是用来描述生产一件产品所用的不同配料之间的比例关系,以表征一种工艺参数。配方是一群数据项的组合,如设备运行参数或生产工艺参数。用户可使用名称或编号作为配方索引。

操作步骤:

① 选择菜单编辑→系统参数设置→配方选项,或直接点击系统参数设置快捷键 ▨,选择配方选项,点击新增配方,命名为"阀门控制"的拼音"famenkongzhi"。配方名称的格式不可以为汉字,可以是数字或者 ASCII 码。

② 选择"famenkongzhi"配方，点击新增添加四组数据，分别为名称为 NAME，类型 ASCII，大小 3，置中对齐，名称 QF1、QF2、QF3，类型 16-bit Unsigned，置中对齐，点击确定。大小表示占用的字地址寄存器的数量。

③ 点击配方记录快捷键 ▐▌▌，选择配方"famenkongzhi"，右侧窗口点击新增，对应列填写高中低 3 个挡位数据，然后确定。

④ 配方数据建立完成。

（2）配方数据的显示与下载

任务要求：要求以下拉菜单方式选择显示对应的配方数据，通过触控将该组数据下载至下位机。

操作步骤：

① 打开 14 号流量控制窗口，选择元件→字元，或者点击字元快捷键 ▦ ，一般属性选项中选择地址为"RECIPE"→"famenkongzhi"→"NAME"点击确定，插入视窗中命名"配方名称"。"RECIPE"地址为配方数据库地址，可直接调用各配方下对应数据。

② 插入其他 3 个数值元件，名称分别为阀门 1、阀门 2、阀门 3，读取地址为 RECIPE 下 famenkongzhi 里的"QF1""QF2""QF3"。

③ 点击项目选单元件，在项目选单选项下选择下拉式菜单，项目数 3，朝下显示来源为预设，监看地址设为 RECIPE 下 famenkongzhi 里的"Selection"，状态设置选项里填写 0、1、2 数据对应名称高位、中位、低位，点击确定插入视窗中配方名称左侧。"Selection"为配方中的选择地址，用来选择对应配方数据组。

④ 添加 3 个数值元件，地址为 LW5、LW6、LW7 分别代表阀门 1、阀门 2、阀门 3 的实际状态。

⑤ 选择元件→触发式资料传输，或者点击触发式资料传输快捷键 ▤ ，在一般属性选项中来源地址选择"RECIPE"→"famenkongzhi"→"QF1"，目标地址选择 LW5，字数量选择 3，手动，定义标签为"方案下载"，点击确定插入视窗中。数字量选择 3 表示从来源地址的 QF1 开始往后 3 个数据传输到目标地址的 LW5 开始往后的 3 个数据。

⑥ 保存程序，离线模拟运行，通过下拉菜单选择对应挡位，通过方案下载将数据传输到目标位置。

12.2.10 HMI 用户操作权限设置

（1）操作权限的设置

工业现场的 HMI 有多个人操作，为了安全考量，需要对不同的用户设置不同的权限，或者说同样一个元件，不同的人操作权限不同。

任务要求：零件冲洗机系统包含操作工和工程师 2 种不同权限的用户，其中参数设置窗口不允许操作工打开，只能由工程师打开，请按要求设置权限。

操作步骤：

① 选择"系统参数设置"，在用户密码选项中勾选启用编号 1、2，给 1 号用户设置密码 1111，只勾选类别 A，2 号用户设置密码 2222，勾选类别 A、B，点击确定。此操作表示在系统中建立了 2 个用户，1 号用户只能操作 A 类别功能，2 号用户可以操作 A 和 B 类别的

功能，说明 2 号用户操作权限高于 1 号。

②打开 18 号中层窗口，双击"参数设置"功能键，在安全选项中选择操作类别为 B，勾选无权操作时弹出窗口，点击确定。选择类别 B 表示该功能键只有拥有类别 B 权限的用户才能触发，如果勾选"当使用者无权限操作此类别时弹出提示窗口"时，默认弹出窗口为 7 号系统窗口。

（2）权限提示窗口的设计

任务要求：如果操作工点击参数设置窗口时，自动弹出提示可以连接到用户登录界面。请设计 7 号弹出窗口界面。

操作步骤：

①右键点击 7 号 Password Restriction 窗口，选择设置，更改其名称为权限提示，设定宽高为 350×150，选择背景颜色，设定弹出起始位置为 X220，Y150，勾选垄断，点击确定。

②打开 7 号权限提示窗口，删除原有内容，添加标签为"用户登录"的功能键，选择切换基本窗口到 15 号用户登录窗口。

③添加标签为"关闭"的功能键，选择"关闭窗口"，点击确定。

④添加文字"对不起，您无权限进入！"，保存工程。

（3）用户登录窗口的设计

任务要求：系统包含登录窗口界面，不同的用户可以通过选择其对应身份，输入正确密码，进入对应的权限操作，当工程师离开参数设置页面时，自动注销登录用户。

操作步骤：

①设计用户登录界面，打开 15 号用户登录窗口，添加底色为淡紫色的矩形（快捷键 🔲 ），插入文字"用户："以及"密码："，设定字体、颜色、字号等，调整分层。

②添加项目选单元件，在项目选单选项下选择下拉式选单模式，项目数为 2，朝下显示，项目资料来源选择预设，监看地址处点击右侧"设置"，弹出地址设定框，勾选系统寄存器，选择 LW-9219 号"用户编号"寄存器，点击确定。EasyBuilder Pro 中包含了多种系统自带的寄存器，对应不同的功能，可以直接调取使用。

③在状态设置选项中，填入数据"1""2"，分别对应项目名称是"操作员""工程师"，设定字体、颜色、字号等，点击确定插入视窗中。

④选择"数值"元件，在一般属性选项中监看地址处点击右侧"设置"，弹出地址设定框，勾选系统寄存器，选择 LW-9220 号"用户密码"寄存器，点击确定。

⑤在数字格式选项中勾选"密码"，点击确定插入视窗中。

（4）直接窗口与间接窗口的设计

"直接窗口"元件是用位寄存器去控制弹出窗口的开启及关闭。"间接窗口"元件为使用字符寄存器控制指定编号的窗口的弹出及关闭。

直接窗口是由位寄存器做控制且须先设定弹出的窗口编号，而间接窗口则是由字符寄存器做控制并根据寄存器内的数据弹出对应的窗口。

任务要求：用户登录窗口要求当操作人员密码输入错误时，弹出密码错误提示。

操作步骤：

①新建 19 号"密码错误提示"窗口，设置窗口大小（比如宽 300，高 200），设定背景色，点击确定。

②在窗口中部插入文字"密码错误！"，并且插入标签为"确定"的功能键，选择功

能为关闭窗口。

③ 打开 15 号用户登录窗口,双击密码输入框,弹出数值元件属性,勾选启用通知、写入后,通知地址为系统寄存器"LB-9060 密码输入错误提示",点击确定。

④ 选择元件→窗口→直接窗口,或者点击直接窗口快捷键 ,设置读取地址为"LB-9060 密码输入错误提示"寄存器,属性窗口序号选择 19 号密码错误提示窗口,点击确定插入视窗中间。

⑤ 打开 19 号密码错误提示窗口,插入位状态设置元件,地址为"LB-9060 密码输入错误提示"寄存器,开关类型设置为"窗口关闭时设 OFF",点击确定插入视窗右上角。此设置表示当用户点击确定关闭该弹出窗口时,系统寄存器"LB-9060"自动复位为 OFF 状态,否则该窗口仅能弹出一次。

⑥ 保存工程,离线模拟运行,输入错误密码查看。

⑦ 打开 16 号参数设置窗口,添加位状态设置元件,地址选择系统寄存器"LB-9050 用户注销",开关类型选择"窗口关闭时设 ON",不使用图片插入到视窗中任意地方,并在该窗口加入文字"机密文件!"。此位状态设置表示当 16 号参数设置窗口关闭时,用户自动注销。

⑧ 保存工程,离线模拟运行,选择不同用户登录操作。

12.3　触摸屏和 PLC 的应用

(1) 控制要求

传送带模型如图 12-2 所示,三条运输带系统有两个运行状态:手动状态（I0.0 为 0）和自动状态（I0.0 为 1）。

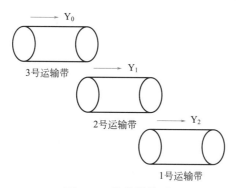

图 12-2　传送带模型

① 手动状态　系统进入手动状态,触摸屏进入手动画面,可单独启动和停止某一运输带。

② 自动状态　系统进入自动状态,触摸屏进入自动画面,点击启动按钮,1 号运输带启动,过 5s 后 2 号运输带启动,过 5s 后 3 号运输带启动;点击停止按钮,3 号运输带立即停止,过 5s 后 2 号运输带停止,过 5s 后 1 号运输带停止。

③ 报警功能　在任意状态,1 号运输带启动以后,按下 I0.7,系统显示报警信息:1 号

运输带故障；按下确认按钮，报警信息消失。若故障消失（I0.7 为 0），报警信息不再显示；若故障未消失（I0.7 为 1），过 5 秒报警信息又出现。

（2）外部电路接线图

本设计采用 S7-200CPU，输入端 I0.0 高低电平控制手动、自动控制切换。I0.7 是警报触发端。输出端 Q0.0、Q0.1、Q0.2 分别控制中间继电器 KA₁、KA₂、KA₃，进而控制三条运输带的启停。外部电路接线图如图 12-3 所示。

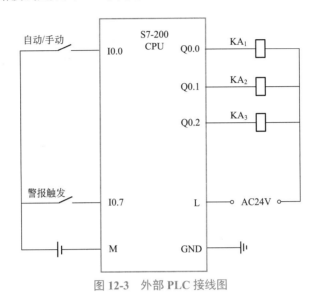

图 12-3　外部 PLC 接线图

（3）主电路设计

KM₁、KM₂、KM₃ 分别由 S7-200CPU 的输出端 Q0.0、Q0.1、Q0.2 控制，它们分别控制着三条传送带电机的启停。QS 是电源隔离开关，FU₁、FU₂、FU₃ 为熔断器，用于短路保护，FR₁、FR₂、FR₃ 是热继电器，用于三台电机的过载保护。主电路接线图如图 12-4 所示。

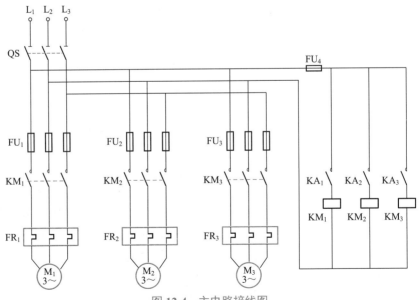

图 12-4　主电路接线图

（4）运输带资源控制及分配表

如表 12-1 所示。

表 12-1　I/O 分配表

软元件	控制说明
VW 2	1 号手动动画
M 0.0	1 号手动启停
M 15.2	1 号运输带故障
VW2	1 号手动动画
VW 8	1 号自动动画
VW 4	2 号手动动画
M 0.1	2 号手动启停
VW 10	2 号自动动画
VW 6	3 号手动动画
M 0.2	3 号手动启停
VW 12	3 号自动动画
MW 14	报警信息
VW 0	广告动画
M 0.3	自动启停
I0.0	自动 / 手动运行切换
I0.7	报警触发
Q0.0	1 号传送带
Q0.1	2 号传送带
Q0.2	3 号传送带
T37	
T38	
T39	
T40	
T41	
T42	定时器
T43	
T44	
T45	
T101	

（5）触摸屏画面组态

触摸屏包括四个画面：主画面、手动画面、自动画面、报警画面。

① 主画面（图12-5）：用于画面切换，包括广告动画、时间日期、系统简介、画面切换按钮等。

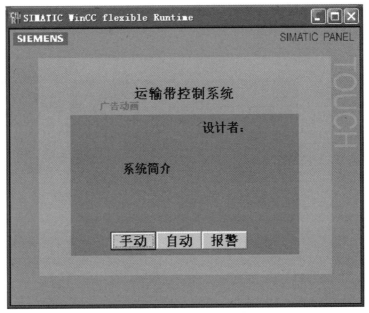

图 12-5　主画面

② 手动画面（图12-6）：可单独启停某一设备，三组启停按钮，动画显示电机旋转和返回主画面按钮。

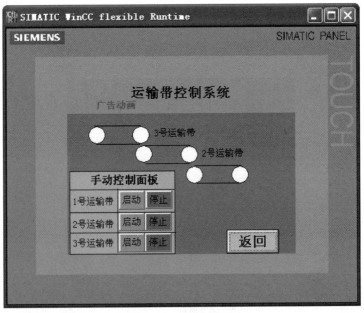

图 12-6　手动画面

③自动画面（图 12-7）：用于系统的整体启停，动画显示电机旋转和返回主画面按钮。

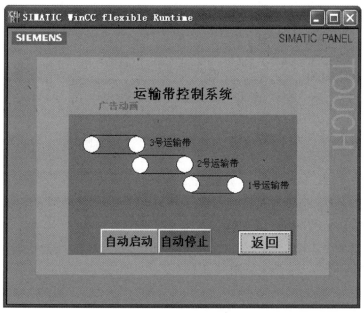

图 12-7　自动画面

④报警画面（图 12-8）：显示报警信息并有返回主画面按钮。

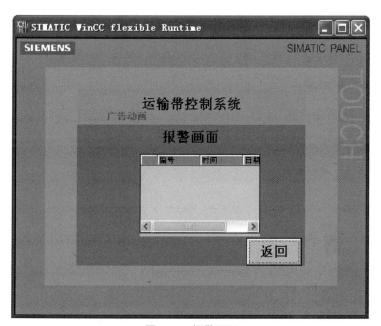

图 12-8　报警画面

此外，报警信息出现时，还可在任意画面显示，如图 12-9 所示。

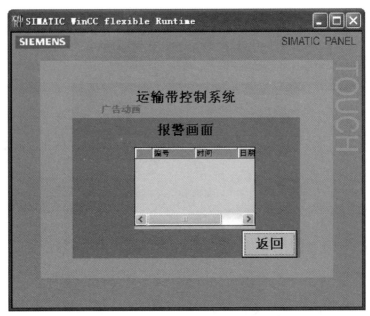

图 12-9 报警信息在任意画面显示

（6）运输带控制程序

① 主程序 如图 12-10 所示。

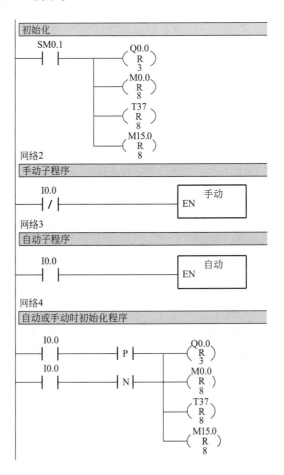

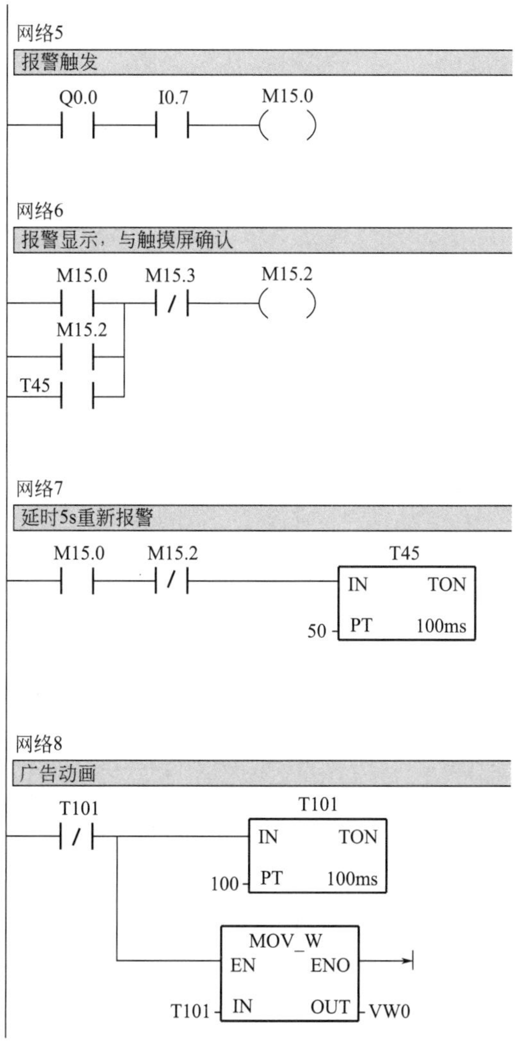

网络5

报警触发

　　Q0.0　　I0.7　　M15.0
　　┤├　　┤├　　（ ）

网络6

报警显示，与触摸屏确认

　　M15.0　M15.3　　M15.2
　　┤├─┬─┤/├──（ ）
　　M15.2│
　　┤├──┤
　　T45 │
　　┤├──┘

网络7

延时5s重新报警

　　M15.0　M15.2　　　　T45
　　┤├─┤/├─────┤IN　　TON│
　　　　　　　　　　50─┤PT　100ms│

网络8

广告动画

　　T101　　　　　　T101
　　┤/├──┬──┤IN　　TON│
　　　　　100─┤PT　100ms│
　　　　　└──┤MOV_W
　　　　　　　EN　ENO├─┤
　　T101─┤IN　OUT├─VW0

图 12-10　主程序

② 手动启停程序　如图 12-11 所示。

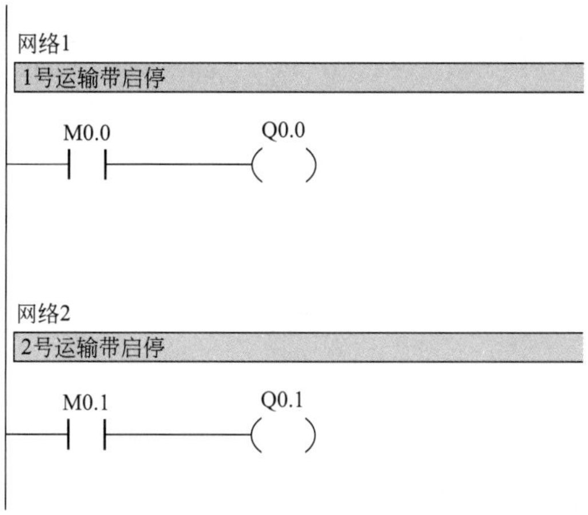

网络1

1号运输带启停

　　M0.0　　　Q0.0
　　┤├　　　（ ）

网络2

2号运输带启停

　　M0.1　　　Q0.1
　　┤├　　　（ ）

图 12-11

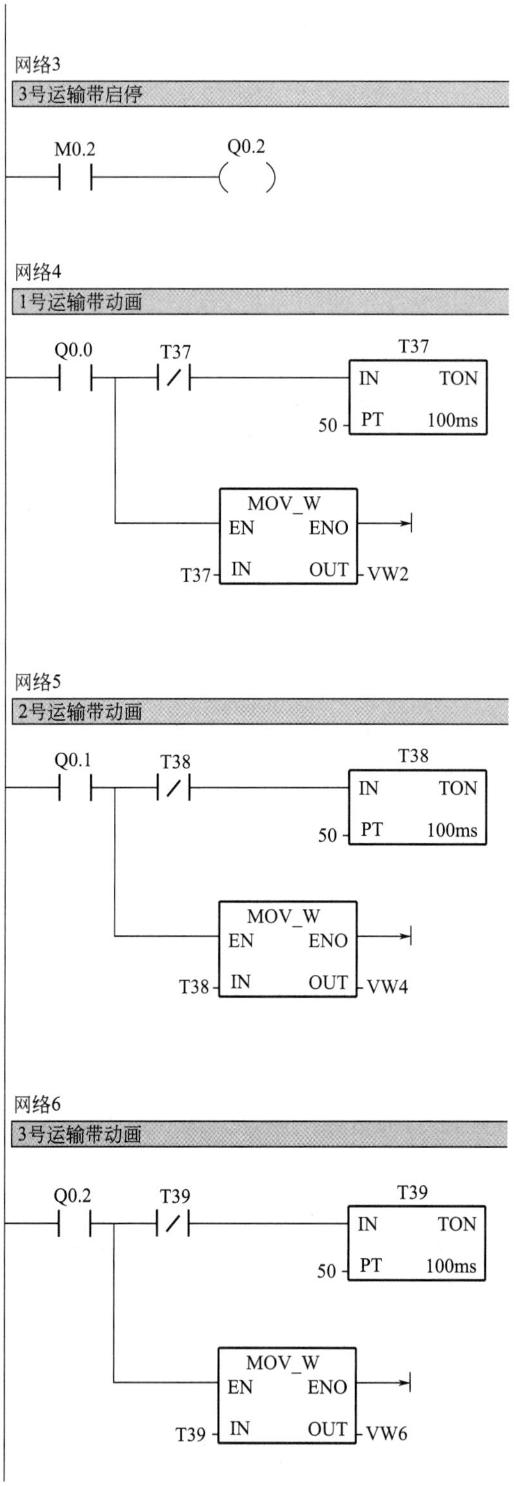

网络3

3号运输带启停

```
   M0.2              Q0.2
 ──┤ ├──────────────( )──
```

网络4

1号运输带动画

```
   Q0.0      T37              T37
 ──┤ ├───────┤/├──────┌──────────────┐
                      │ IN        TON │
                      │               │
                   50─┤ PT     100ms │
                      └──────────────┘

                 ┌──────────────┐
                 │    MOV_W      │
                 │ EN      ENO  ├──┤
                 │               │
             T37─┤ IN      OUT  ├─VW2
                 └──────────────┘
```

网络5

2号运输带动画

```
   Q0.1      T38              T38
 ──┤ ├───────┤/├──────┌──────────────┐
                      │ IN        TON │
                      │               │
                   50─┤ PT     100ms │
                      └──────────────┘

                 ┌──────────────┐
                 │    MOV_W      │
                 │ EN      ENO  ├──┤
                 │               │
             T38─┤ IN      OUT  ├─VW4
                 └──────────────┘
```

网络6

3号运输带动画

```
   Q0.2      T39              T39
 ──┤ ├───────┤/├──────┌──────────────┐
                      │ IN        TON │
                      │               │
                   50─┤ PT     100ms │
                      └──────────────┘

                 ┌──────────────┐
                 │    MOV_W      │
                 │ EN      ENO  ├──┤
                 │               │
             T39─┤ IN      OUT  ├─VW6
                 └──────────────┘
```

图 12-11　手动启停程序

③ 自动启停程序　如图 12-12 所示。

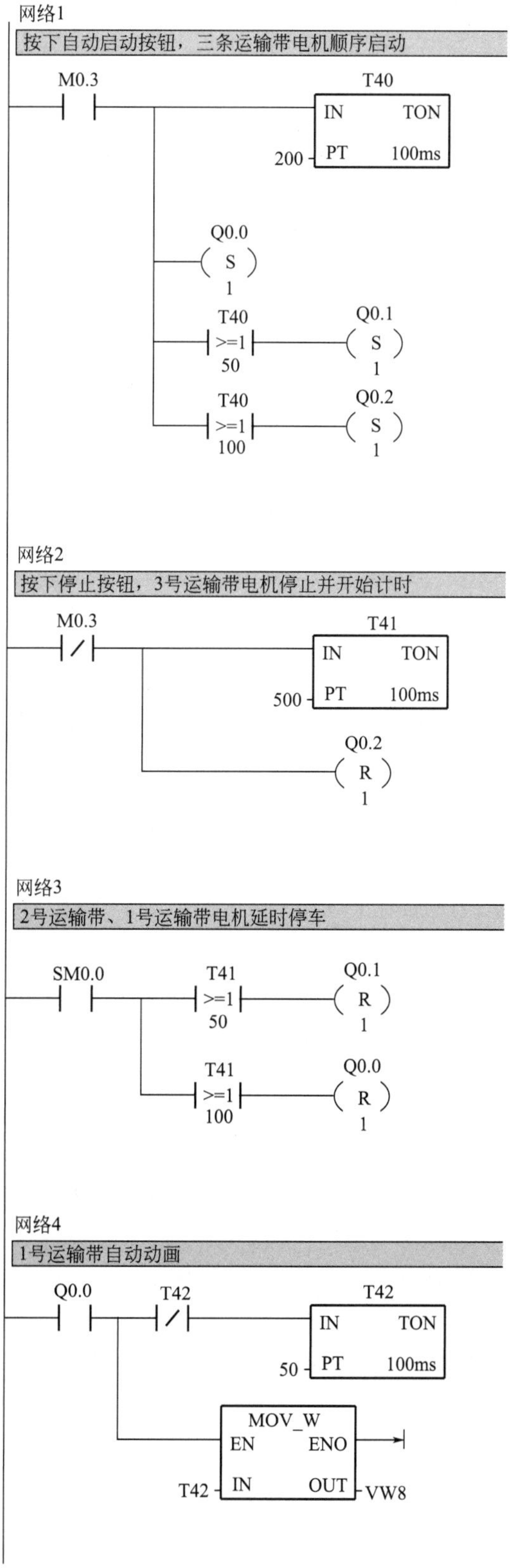

网络1

按下自动启动按钮，三条运输带电机顺序启动

```
    M0.3                                    T40
──┤ ├──┬──────────────────────────    IN      TON
      │
      │                            200 ─┤PT     100ms
      │
      │           Q0.0
      ├──────────( S )
      │            1
      │    T40         Q0.1
      ├──┤>=1├────────( S )
      │    50          1
      │    T40         Q0.2
      └──┤>=1├────────( S )
           100         1
```

网络2

按下停止按钮，3号运输带电机停止并开始计时

```
    M0.3                                    T41
──┤/├──┬──────────────────────────    IN      TON
      │
      │                            500 ─┤PT     100ms
      │
      │           Q0.2
      └──────────( R )
                   1
```

网络3

2号运输带、1号运输带电机延时停车

```
   SM0.0      T41         Q0.1
──┤ ├──┬──┤>=1├────────( R )
      │    50            1
      │    T41         Q0.0
      └──┤>=1├────────( R )
           100          1
```

网络4

1号运输带自动动画

```
    Q0.0    T42                          T42
──┤ ├──┬──┤/├──────────────────    IN      TON
      │
      │                             50 ─┤PT     100ms
      │
      │          MOV_W
      └────────┤EN    ENO├──►
                │          │
           T42 ─┤IN    OUT├─ VW8
```

图 12-12

335

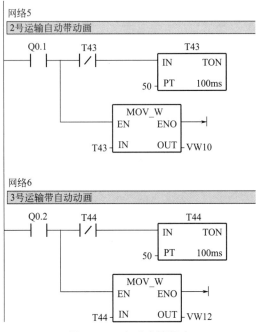

图 12-12 自动启停程序

CPU 上电首先复位，通过 I0.0 控制手动与自动的切换。

① 手动程序：按下 1 号带手动启动按钮（M0.0 置 1），Q0.0 接通，由 Q0.0 控制的 KM1 线圈得电，常开触点闭合，1 号传送带电机运转，按下 1 号带手动停止按钮（M0.0 复位），KM1 线圈失电，常开触点断开，1 号传送带电机停止。2、3 号传送带同理。

② 自动程序：按下自动启动按钮（M0.3 置 1），Q0.0 接通，由 Q0.0 控制的 KM1 线圈得电，常开触点闭合，一号传送带电机运转，同时定时器 T40 开始计时，5s 后 Q0.1（2 号传送带电机）接通，再过 5s 后 Q0.2（3 号传送带电机）接通；按下停止按钮（M0.3 复位），Q0.2 断开，由 Q0.2 控制的 KM3 线圈失电，触点断开，3 号传送带电机停止，同时定时器 T41 开始计时，5s 后 Q0.1（2 号传送带电机）断开，再过 5s 后 Q0.0（1 号传送带电机）断开。

③ 报警触发：当满足 Q0.0 接通（1 号传送带）并且 I0.7 接通（报警触发）时，中间量 M15.0 接通，报警显示（M15.2 置 1），并形成自锁；当按下确认键（M15.3 为 1）时，M15.2 复位警报消失，但如果 1 号传送带（Q0.0）和报警触发（I0.7）仍然接通，定时器 T45 就会计时，5s 后报警重新显示（M15.2 置 1）。

④ 广告动画：定时器 T101 接通，把定时器 T101 的值送入广告动画（VW0）中，在触摸屏上组态广告动画的水平移动范围。

⑤ 运输带动画：对应的运输带启动，对应的定时器就开始计时，把定时器的值送入对应的自动动画 VW 中。

第 4 篇

电气控制系统设计及应用

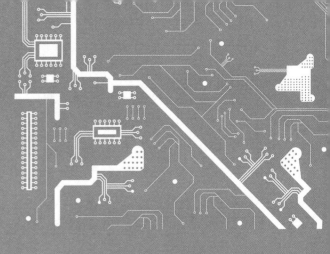

第13章
电气控制系统设计基础

 13.1 电气控制设计的原则和内容

13.1.1 电气控制设计的一般原则

① 最大限度满足生产机械和生产工艺对电气控制的要求。电气控制系统设计的依据主要来源于生产机械和生产工艺的要求。

② 在满足要求的前提下，使控制系统简单、经济、合理，便于操作，维修方便，安全可靠，不要盲目追求高指标和自动化。

③ 机械设计与电气设计应相互配合。许多生产机械采用机电结合控制的方式来实现控制要求，因此要从工艺要求、制造成本、结构复杂性、使用维护方便等方面协调处理好机械和电气的关系。

④ 电器元件选用合理，正确，确保控制系统安全可靠地工作。

⑤ 为适应工艺的改进，设备能力应留有裕量。

13.1.2 电气控制设计的基本任务、内容

电气控制系统设计的基本任务是根据控制要求设计、编制出设备制造和使用维修过程中所必须的图纸、资料等。

图纸包括电气原理图、电气系统的组件划分图、元器件布置图、安装接线图、电气箱图、控制面板图、电器元件安装底板图和非标准件加工图等，另外还要编制外购件目录、单台材料消耗清单、设备说明书等文字资料。

电气控制系统设计的内容主要包含原理设计与工艺设计两个部分。

（1）原理设计内容

① 拟订电气设计任务书。

② 确定电力拖动方案，选择电动机。

③ 设计电气控制原理图，计算主要技术参数。

④ 选择电器元件，制订元器件明细表。

⑤ 编写设计说明书。

（2）工艺设计内容

① 设计电气总布置图、总安装图与总接线图。

② 设计组件布置图、安装图和接线图。

③ 设计电气箱、操作台及非标准元件。

④ 列出元件清单。

⑤ 编写使用维护说明书。

13.1.3 电气控制系统设计的一般步骤

（1）拟定设计任务书

设计任务书是整个电气控制系统的设计依据，又是设备竣工验收的依据。由技术领导部门、设备使用部门和任务设计部门等共同完成。

电气控制系统的设计任务书中，主要包括以下内容：

① 设备名称、用途、基本结构、动作要求及工艺过程介绍；

② 电力拖动的方式及控制要求等；

③ 联锁、保护要求；

④ 自动化程度、稳定性及抗干扰要求；

⑤ 操作台、照明、信号指示、报警方式等要求；

⑥ 设备验收标准；

⑦ 其他要求。

（2）确定电力拖动方案

电力拖动方案选择是电气控制系统设计的主要内容之一，也是以后各部分设计内容的基础和先决条件。

主要从几个方面考虑电力拖动方案。

① 拖动方式的选择：电力拖动方式选择独立拖动还是集中拖动？

② 调速方案的选择：大型、重型设备的主运动和进给运动，应尽可能采用无级调速，有利于简化机械结构、降低成本；精密机械设备为保证加工精度也应采用无级调速；对于一般中小型设备，在没有特殊要求时，可选用经济、简单、可靠的三相笼型异步电动机。

③ 电动机调速性质要与负载特性适应：选择恒功率负载还是恒转矩负载？在选择电动机调速方案时，要使电动机的调速特性与生产机械的负载特性相适应，使电动机得到充分合理应用。

（3）拖动电动机的选择基本原则

① 根据生产机械调速的要求选择电动机的种类。

② 工作过程中电动机容量要得到充分利用。

③ 根据工作环境选择电动机的结构型号。

（4）选择控制方式

控制方式要实现拖动方案的控制要求。随着现代电气技术的迅速发展，生产机械电力拖动的控制方式从传统的继电接触器控制向 PLC 控制、CNC 控制、计算机网络控制等方面发展，控制方式越来越多。控制方式的选择应在经济、安全的前提下，最大限度地满足工艺的要求。

（5）设计电气控制原理图，并合理选用元器件，编制元器件明细表。

（6）设计电气设备的各种施工图纸。

（7）编写设计说明书和使用说明书。

电气控制原理电路设计的方法

13.2.1 基本设计方法

电气控制原理电路设计的方法有分析设计法和逻辑设计法。

（1）分析设计法

分析设计法是根据生产工艺的要求选择适当的基本控制环节（单元电路）或将比较成熟的电路按其联锁条件组合起来，并经补充和修改，将其综合成满足控制要求的完整线路。当没有现成的典型环节时，可根据控制要求边分析边设计。

分析设计法的优点是设计方法简单，无固定的设计程序，它是在熟练掌握各种电气控制电路的基本环节和具备一定的阅读分析电气控制电路能力的基础上进行的，容易为初学者所掌握，在电气设计中被普遍采用；其缺点是设计出的方案不一定是最佳方案，当经验不足或考虑不周全时会影响线路工作的可靠性。

应反复审核电路工作情况，有条件时还应进行模拟试验，发现问题及时修改，直到电路动作准确无误，满足生产工艺要求为止。

分析设计法是一种经验设计法，设计者需要掌握大量的成熟可靠的电路才能设计出较为合理的控制线路。

（2）逻辑设计法

逻辑设计法是利用逻辑代数来进行电路设计，从生产机械的拖动要求和工艺要求出发，将控制电路中的接触器、继电器线圈的通电与断电，触点的闭合与断开，主令电器的接通与断开看成逻辑变量，根据控制要求将它们之间的关系用逻辑关系式来表达，然后再化简，做出相应的电路图。

逻辑设计法的优点是能获得理想、经济的方案，但这种方法设计难度较大，整个设计过程较复杂，还要涉及一些新概念，因此，在一般常规设计中，很少单独采用。

（3）组合逻辑电路设计

组合逻辑电路：执行元件的输出状态只与同一时刻控制元件的状态有关，即输出对输入无影响。

电路设计方法：

① 确定状态变量；

② 列出状态表——满足控制要求；

③ 写出执行元件的逻辑表达式；

④ 简化逻辑表达式；

⑤ 绘制控制线路。

（4）时序逻辑电路设计

设计方法：

① 根据工艺要求确定逻辑变量、列出状态变量表（主令元件、检测元件、执行元件）；

② 为区分所有状态，而增设必要的中间记忆元件（中间继电器）；

③ 根据状态表，列出执行元件的逻辑表达式；

④ 简化逻辑表达式，据此绘出控制线路；

⑤ 检查、完善所设计的电路。

13.2.2　原理图设计的一般要求

（1）电气控制原理应满足工艺的要求

在设计之前必须对生产机械的工作性能、结构特点和实际加工情况有充分的了解，并在此基础上来考虑控制方式，启动、反向、制动及调速的要求，设置各种联锁及保护装置。

当前新的电气元器件和电气装置、新的控制方法层出不穷，如智能式的断路器、软启动器、变频器等，电气控制系统的先进性总是与电气元器件的不断发展更新紧密地联系在一起。电气控制线路的设计人员应不断密切关心电动机、电器技术、电子技术的新发展，不断收集新产品资料，更新自己的知识，以便及时应用于控制系统的设计中，使自己设计的电气控制线路更好地满足生产的要求，并在技术指标、稳定性、可靠性等方面进一步提高。

（2）控制电路电源种类与电压数值的要求

对于比较简单的控制电路，而且电器元件不多时，往往直接采用交流 380V 或 220V 电源，不用控制电源变压器。对于比较复杂的控制电路，应采用控制电源变压器，将控制电压降到 110V 或 48V、24V。这种方案对维修、操作以及电器元件的工作可靠均有利。

对于操作比较频繁的直流电力传动的控制电路，常用 220V 或 110V 直流电源供电。直流电磁铁及电磁离合器的控制电路，常采用 24V 直流电源供电。

交流控制电路的电压必须是下列规定电压的一种或几种：6V，24V，48V，110V（优选值），220V，380V。

直流控制电路的电压必须是下列规定电压的一种或几种：6V，12V，24V，48V，110V，220V。

（3）确保电气控制电路工作的可靠性、安全性

① 电器元件的工作要稳定可靠，符合使用环境条件，并且动作时间的配合不致引起竞争。复杂控制电路中，在某一控制信号作用下，电路从一种稳定状态转换到另一种稳定状态，常常有几个电器元件的状态同时变化，考虑到电器元件总有一定的动作时间，因此往往会发生不按预定时序动作的情况。触点争先吸合，发生振荡，这种现象称为电路的"竞争"。

另外，由于电气元器件的固有释放延时作用，因此也会出现开关电器不按要求的逻辑功能转换状态的可能性，这种现象称为"冒险"。

"竞争"与"冒险"现象都造成控制回路不能按要求动作，引起控制失灵。实际上，由于电磁线圈的电磁惯性、机械惯性等因素，通断过程中总存在一定的固有时间（几十毫秒到几百毫秒），这是电气元器件的固有特性。设计时要避免发生触点"竞争"与"冒险"现象，防止电路中因电气元器件固有特性引起配合不良的后果。

② 电器元件的线圈和触点的连接应符合国家有关标准规定。电器元件图形符号应符合 GB 4728 中的规定，绘制时要合理安排版面。例如，主电路一般安排在左面或上面，控制电路或辅助电路排在右面或下面，元器件目录表安排在标题上方。

在实际连接时，应注意以下几点。

a. 正确连接电器线圈。交流电压线圈通常不能串联使用，即使是两个同型号电压线圈也不能采用串联后接在两倍线圈额定电压的交流电源上，以免电压分配不均引起工作不可靠。

在直流控制电路中，对于电感较大的电器线圈，如电磁阀、电磁铁或直流电机励磁线圈等，不宜与同电压等级的接触器或中间继电器直接并联使用。如图 13-1（a）所示，当触点 KM 断开时，电磁铁 YA 线圈两端产生较大的感应电动势，加在中间继电器 KA 的线圈上，造成 KA 的误动作。为此在 YA 线圈两端并联放电电阻 R，并在 KA 支路串入 KM 常开触点，如图 13-1（b）就能可靠工作。

b. 合理安排电器元件和触点的位置。对于串联回路，电器元件或触点位置互换时，并不影响其工作原理，但在实际运行中，影响电路安全并关系到导线长短，如图 13-2（a）接法既不安全又浪费导线。因为行程开关 SQ 的常开和常闭触点靠得很近，在触点断开时，由于电弧可能造成电源短路，很不安全，且这种接法 SQ 要引出四根导线，不合理，图 13-2（b）所示的接法较为合理，且只需引出 3 根导线。

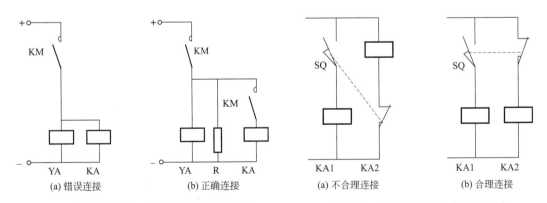

图 13-1　大电感线圈与直流继电器线圈的连接　　　图 13-2　电器元件与触点间的连接

c. 防止出现寄生电路。寄生电路是指在控制电路的动作过程中，意外出现不是由于误操作而产生的接通电路。

图 13-3 是一个具有指示灯和过载保护的电动机正反转控制电路。正常工作时，能完成正反向启动、停止与信号指示。但当 FR 动作断开后，电路出现了如图中虚线所示的寄生电路，使接触器 KM1 不能可靠释放而得不到过载保护。如果将 FR 触点位置移到 SB1 上端就可避免产生寄生电路。

d. 尽量减少连接导线的数量，缩短连接导线的长度。

设计控制线路时，尽量缩减连接导线的数量和长度。应考虑到各元器件之间的实际接线。特别要注意电气柜、操作台和限位开关之间的连接线。

如图 13-4 所示为连接导线。图 13-4（a）是不合理的连线方法，图 13-4（b）是合理的连线方法。因为按钮在操作台上，而接触器在电气柜内，一般都将启动按钮和停止按钮直接连接，这样就可以减少一次引出线。

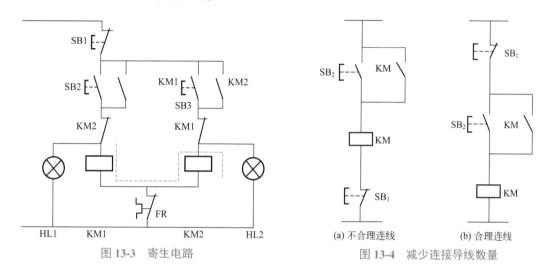

图 13-3　寄生电路　　　　　　　　　(a) 不合理连线　　　(b) 合理连线

图 13-4　减少连接导线数量

e. 控制电路工作时，应尽量减少通电电器的数量，以降低故障的可能性并节约电能。

如图 13-5 所示，在电动机启动后，接触器 KM3 和时间继电器 KT 就失去了作用，可以在启动后利用 KM2 的常闭触点切除 KM3 和 KT 线圈的电源。

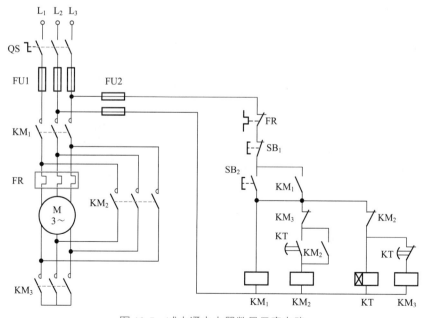

图 13-5　减少通电电器数量示意电路

f. 在电路中采用小容量的继电器触点来断开或接通大容量接触器线圈时，要分析触点容量的大小，若不够时，必须加大继电器容量或增加中间继电器，否则工作不可靠。

在线路中应尽量避免许多电器依次动作才能接通另一个电器的现象。如图 13-6（a）所示，接通线圈 KM3 要经过 KM、KM1、和 KM2 三对常开触点。若改为图 13-6（b），则每个线圈通电只需经过一对触点，这样可靠性更高。

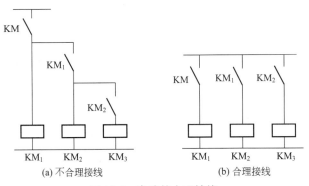

图 13-6　电路的合理接线

（4）应具有必要的保护环节

控制电路在事故情况下，应能保证操作人员、电气设备、生产机械的安全，并能有效地制止事故的扩大。为此，在控制电路中应采取一定的保护措施，必要时还可设置相应的指示信号。

（5）操作、维修方便

控制电路应从操作与维修人员的工作出发，力求操作简单、维修方便。

（6）控制电路力求简单、经济

在满足工艺要求的前提下，控制电路应力求简单、经济。尽量选用标准电气控制环节和电路，缩减电器的数量，采用标准件和尽可能选用相同型号的电器。

电气控制线路设计的主要参数计算

13.3.1　异步电动机启动、制动电阻的计算

（1）三相绕线转子异步电动机启动电阻的计算

绕线式异步电动机在启动时，为降低启动电流，增加启动转矩，并获得一定的调速范围，常采用转子串电阻降压启动方法，因此要确定外接电阻的级数和电阻的大小。电阻的级数越多，转矩波动就越小，控制电路也就越复杂。

下面介绍平衡短接法电阻阻值的计算。启动电阻级数确定后，转子绕组中每相串联的各级电阻值，可用下式计算：

$$R_n = k^{m-n} r \qquad (13\text{-}1)$$

式（13-1）中，n 为各级启动电阻的序号，$n=1$ 且表示第一级，即最先被短接的电阻；m 为启动电阻级数；k 为常数；r 为最后被短接的那一级电阻值。

k、r 计算：

$$k = \sqrt[m]{\frac{1}{s}} \tag{13-2}$$

$$r = \frac{E_2(1-s)}{\sqrt{3}I_2} \times \frac{k-1}{k^m-1} \tag{13-3}$$

式中，s 为电动机额定转差率；E_2 为正常工作时电动机转子电压（V）；I_2 为正常工作时电动机转子电流（A）。

每相启动电阻的功率为：

$$P = \left(\frac{1}{2} \sim \frac{1}{3}\right) I_{2s}^2 R \tag{13-4}$$

I_{2s} 为转子启动电流（A），取 $I_{2s}=1.5I_2$；R 为每相的串联电阻（Ω）。

（2）笼型异步电动机反接制动电阻的计算

反接制动时，三相定子回路各相串联的限流电阻 R 估算：

$$R \approx k\frac{U_\varphi}{I_s} \tag{13-5}$$

式中，U_φ 为电动机定子绕组相电压（V）；I_s 为全压启动电流（A）；k 为系数，当最大反接制动电流 $I_m < I_s$ 时，取 $k=0.13$；当 $I_m < 0.5I_s$ 时，取 $k=1.5$。

反接制动时，若仅在两相定子绕组中串接限流电阻，选用电阻值是上述计算值的 1.5 倍。制动电阻的功率为：

$$P = \left(\frac{1}{2} \sim \frac{1}{4}\right) I_N^2 R \tag{13-6}$$

式中，I_N 为电动机额定电流；R 为每一相串接的限流电阻值。根据制动频繁程度适当选取前面系数。

13.3.2 笼型异步电动机能耗制动参数计算

（1）能耗制动直流电流与电压的计算

直流电流越大，制动效果越好，但过大的电流引起绕组发热，能耗增加，且当磁饱和后对制动转矩的提高也不明显，通常制动直流电流 I_d 按下式

$$I_d = (1 \sim 2)I_N \tag{13-7}$$

或

$$I_d = (2 \sim 4)I_0 \tag{13-8}$$

式中，I_0 为电动机空载电流；I_N 为电动机额定电流。

制动时，直流电压 U_d 为：

$$U_d = I_d R \tag{13-9}$$

式中，R 为两相串联定子绕组的电阻。

（2）整流变压器参数计算

① 对图 13-7 中的单相桥式整流电路，变压器的二次交流电压为：

$$U_2=U_d/0.9 \qquad (13\text{-}10)$$

其中，U_2 为变压器二次侧电压的有效值，U_d 为经桥式整流后脉动直流的平均电压。

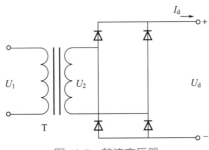

图 13-7　整流变压器

② 由于变压器仅在能耗制动时工作，所以容量允许比长期工作时小。根据制动频繁程度，取计算容量的 0.25 ～ 0.5 倍。

13.3.3　控制变压器的选用

控制变压器一般用于降低控制电路或辅助电路电压，以保证控制电路的安全性和可靠性。选择控制变压器的原则如下。

① 控制变压器一、二次侧电压应与交流电源电压、控制电路电压与辅助电路电压要求相符。

② 应保证变压器二次侧的交流电磁器件在启动时能可靠的吸合。

③ 电路正常运行时，变压器温升不应超过允许温升。

④ 控制变压器容量的近似算式：

$$S \geqslant 0.6\Sigma S_1+0.25\Sigma S_2+0.125\Sigma S_3 K \qquad (13\text{-}11)$$

式中，S 为控制变压器容量（VA）；S_1 为电磁器件的吸持功率（VA）；S_2 为接触器、继电器启动功率（VA）；S_3 为电磁铁启动功率（VA）；K 为电磁铁工作行程 L 与额定行程 L_N 之比的修正系数。当 L/L_N=0.5 ～ 0.8 时，K=0.7 ～ 0.8；当 L/L_N=0.85 ～ 0.9 时，K=0.85 ～ 0.95；当 L/L_N=0.9 以上时，K=1。

满足上式时，可以保证电器元件的正常工作。式中系数 0.25 和 0.125 为经验数据，当电磁铁额定行程小于 15mm，额定吸力小于 15N 时，系数 0.125 修正为 0.25。系数 0.6 表示在电压降至 60% 时，已吸合的电器仍能可靠地保持吸合状态。

控制变压器也可按长期运行的温升来考虑，这时变压器容量应大于或等于最大工作负荷的功率，即

$$S \geqslant \Sigma S_1 K_1 \qquad (13\text{-}12)$$

式中，S_1 为电磁器件吸持功率（VA）；K_1 为变压器容量的储备系数，一般 K_1 取 1.1 ～ 1.25。

控制变压器容量也可按下式计算

$$S \geqslant 0.6\Sigma S_1+1.5\Sigma S_2 \qquad (13\text{-}13)$$

13.3.4　接触器的选用

不同的使用场合及控制对象，接触器的操作条件与工作繁重程度也不同。为尽可能经济

正确地使用接触器，必须对控制对象的工作情况及接触器的性能有较全面的了解，不能仅看产品的铭牌数据，因接触器铭牌上所标定的电压、电流、控制功率等参数均为某一使用条件下的额定值，选用时应根据具体使用条件正确选择。

① 根据接触器所控制负载的工作任务来选择所使用的接触器类别。接触器的触头数量、种类等应满足控制线路的要求。

② 根据接触器控制对象的工作参数（如工作电压、工作电流、控制功率、操作频率、工作制等）确定接触器的容量等级。

③ 根据控制回路电压决定接触器线圈电压。

④ 对于特殊环境条件下工作的接触器应选用特定的产品。

13.3.4.1　交流接触器的选用

交流接触器控制的负载可分为电动机负载和非电动机类负载（如电热设备、照明装置、电容器、电焊机等）。

（1）电动机负载的选用

把电动机的负载按轻重程度分为一般任务、重任务和特重任务三类。

1）一般任务

主要运行于间歇性使用类别，其操作频率不高，用来控制笼型异步电动机或绕线转子电动机，在达到一定转速时断开，并有少量的点动。这种任务在使用中所占的比例很大，并常与热继电器组成电磁启动器来满足控制与保护的要求。属于这一类的典型机械有：压缩机、泵、通风机、升降机、传送带、电梯等。选配接触器时，只要使选用接触器的额定电压和额定电流等于或稍大于电动机的额定电压和额定电流即可，通常选用 CJ10 系列。

2）重任务

主要运行于包括间歇性和正常运行的混合类别，平均操作频率可达 100 次 /h 或以上，用以启动笼型或绕线转子电动机，并常有点动、反接制动、反向和低速时断开。属于这一类的典型机械有：车床、钻床、铣床、磨床、升降设备、轧机辅助设备等。在这类设备的控制中，电动机功率一般在 20kW 以下，因此选用 CJ10Z 系列重任务交流接触器较为合适。为保证电寿命能满足要求，有时可降容来提高电寿命。当电动机功率超过 20kW 时，则应选用 CJ20 系列。对于中大容量绕线转子电动机，则可选用 CJ12 系列。

3）特重任务

主要运行于几乎长期运行的类别，操作频率可达 600 ～ 1200 次 /h，个别的甚至达 3000 次 /h，用于笼型或绕线转子电动机的频繁点动、反接制动和可逆运行。属于这一类的典型设备有：印刷机、拉丝机、镗床、港口起重设备、轧钢辅助设备等。选用接触器时一定要使其电寿命满足使用要求。对于已按重任务设计的 CJ10Z 等系列接触器可按电寿命选用，电寿命可按与分断电流平方成反比的关系推算。有时，粗略按电动机的启动电流作为接触器的额定使用电流来选用接触器，便可得到较高的电寿命。由于控制容量大，常可选用 CJ12 系列。有时为了减少维护时间和频繁操作带来的噪声，可考虑选用晶闸管交流接触器。 交流接触器的主要参数是：主触头额定电流、额定电压及线圈控制电压。一般来说，接触器主触头的额定电压应大于或等于负载回路的额定电压。

主触头的额定电流应等于或稍大于实际负载额定电流。对于电动机负载，下面经验公式

也可以使用：

$$I_{N} = \frac{P_{N} \times 10^{3}}{kU_{N}}$$

（13-14）

式中，P_{N}（kW）、U_{N}（V）分别为受控电动机的额定功率、额定（线）电压；k 为经验系数，一般取 $1 \sim 1.4$。

查阅每种系列接触器与可控电动机容量的对应表也是选择交流接触器额定电流的有效方法。

接触器吸引线圈的电压值应取控制电路的电压等级。

（2）非电动机负载时的选用

非电动机负载有电阻炉、电容器、变压器、照明装置等。选用接触器时，除考虑接触器接通容量外，还要考虑使用中可能出现的过电流。

13.3.4.2 直流接触器的选用

直流接触器主要用于控制直流电动机和电磁铁。

（1）控制直流电动机时的选用

首先弄清电动机实际运行的主要技术参数。接触器的额定电压、额定电流（或额定控制功率）均不得低于电动机的相应值。当用于反复短时工作制或短时工作制时，接触器的额定发热电流应不低于电动机实际运行的等效有效电流，接触器的额定操作频率也不应低于电动机实际运行的操作频率。

然后根据电动机的使用类别，选择相应使用类别的接触器系列。

（2）控制直流电磁铁时的选用

控制直流电磁铁时，应根据额定电压、额定电流、通电持续率和时间常数等主要技术参数，选用合适的直流接触器。

13.3.5 电磁式控制继电器的选用

（1）类型的选用

首先按被控制或被保护对象的工作要求来选择继电器的种类，然后根据灵敏度或精度要求来选择适当的系列。如时间继电器有直流电磁式、交流电磁式（气囊结构）、电动式、晶体管式等，可根据系统对延时精度、延时范围、操作电源要求等综合考虑选用。

（2）使用环境的选用

继电器选用时应考虑继电器安装地点的周围环境温度、海拔高度、相对湿度、污染等级及冲击、振动等条件，确定继电器的结构特征和防护类别。如继电器用于尘埃较多场所时，应选用带罩壳的全封闭式继电器，如用于湿热带地区时，应选用湿热带型（TH），以保证继电器正常而可靠地工作。

（3）使用类别的选用

继电器的典型用途是控制交、直流接触器的线圈等。对应的继电器应按使用类别选用。

（4）额定工作电压、额定工作电流的选用

继电器在相应使用类别下触点的额定工作电流和额定工作电压表征继电器触点所能切换电路的能力。选用时，继电器的最高工作电压可为该继电器的额定绝缘电压。继电器的最高工作电流一般应小于该继电器的额定发热电流。通常一个系列的继电器规定了几个额定工作电压，同时列出相应的额定工作电流（或控制功率）。

选用电压线圈的电流种类和额定电压值时，应注意与系统要求一致。

（5）工作制的选用

继电器一般适用于 8h 工作制（间断长期工作制）、反复短时工作制和短时工作制。工作制不同对继电器的过载能力要求也不同。

当交流电压（或中间）继电器用于反复短时工作制时，由于吸合时有较大的启动电流，因此其负担比长期工作制时重，选用时应充分考虑此类情况，使用中实际操作频率应低于额定操作频率。

13.3.6　热继电器的选用

① 原则上按被保护电动机的额定电流选取热继电器。根据电动机实际负载选取热继电器的整定电流值为电动机额定电流的 0.95 ~ 1.05 倍。对于过载能力较差的电动机，选取热继电器的额定电流为电动机额定电流的 60% ~ 80%。

② 对于长期工作或间断长期工作制的电动机，必须保证热继电器在电动机的启动过程中不致误动作。以在 6 倍额定电流下，启动时间不超过 6 秒的电动机所需的热继电器按电动机的额定电流来选取。

③ 用热继电器作断相保护时的选用。对于星型接法的电动机，只要选用正确、调整合理，使用一般不带断相保护的三相热继电器也能反映一相断线后的过载情况。对于三角形接法的电动机，一相断线后，流过热继电器的电流与流过电动机绕组的电流其增加比例是不同的，这时应选用带有断相保护装置的热继电器。

④ 三相与两相热继电器的选用。一般故障情况下，两相热继电器与三相热继电器具有相同的保护效果。但在电动机定子绕组一相断线、多台电动机的功率差别比较显著、电源电压不平衡等情况下不宜选用两相热继电器。

13.3.7　熔断器选择

（1）熔断器类型与额定电压的选择

根据负载保护特性和短路电流大小、各类熔断器的适用范围来选用熔断器的类型。根据被保护电路的电压来选择额定电压。

（2）熔体与熔断器额定电流的确定

熔体额定电流大小与负载大小、负载性质密切相关。对于负载平稳、无冲击电流（如照明电路、电热电路）可按负载电流大小来确定熔体的额定电流。

对于笼型异步电动机，其熔断器熔体额定电流为

单台电动机：

$$I_{fu}=I_N(1.5 \sim 2.5) \tag{13-15}$$

如多台电动机共用一个熔断器保护

$$I_{fu}=I_{Nmax}(1.5 \sim 2.5)+\sum I_N \tag{13-16}$$

其中，I_{fu} 为熔断器熔体额定电流；I_{Nmax} 为容量最大的一台电动机的额定电流；$\sum I_N$ 为其

余电动机额定电流之和。

轻载启动及启动时间较短时，式中系数取 1.5，重载启动及启动时间较长时，式中系数取 2.5。

熔断器的额定电流按大于或等于熔体额定电流来选择。

（3）校核保护特性

对上述选定的熔断器类型及熔体额定电流，还必须校核熔断器的保护特性曲线是否与保护对象的过载特性有良好的配合，使在整个范围内获得可靠的保护。同时，熔断器的极限分断能力应大于或等于所保护电路可能出现的短路电流值，这样才能得到可靠的短路保护。

（4）熔断器的上下级的配合

为满足选择性保护的要求，应注意熔断器上下级之间的配合，一般要求上一级熔断器的熔断时间至少是下一级的 3 倍，不然将会发生越级动作，扩大停电范围。为此，当上下级采用同一型号的熔断器时，其电流等级以相差两级为宜，若上下级所用的熔断器型号不同，则根据保护特性上给出的熔断时间选取。

13.3.8　其他控制电器的选用

（1）控制按钮的选用

① 根据使用场合，选择控制按钮的种类，如开启式、保护式、防水式、防腐式等。

② 根据用途，选用合适的型式，包括旋钮式、钥匙式、紧急式、带灯式等。

③ 按控制回路的需要，确定不同的按钮数，如单钮、双钮、三钮、多钮等。

④ 按工作情况的要求选择按钮的颜色。

（2）行程开关的选用

① 根据应用场合及控制对象选择。有一般用途行程开关和起重设备用行程开关。

② 根据安装环境选择防护型式，如开启式或保护式。

③ 根据控制回路的电压和电流选择行程开关系列。

④ 根据机械与行程开关的压力与位移关系选择合适的头部型式。

（3）自动开关的选用

① 根据要求确定自动开关的类型，如框架式、塑料外壳式、限流式等。

② 根据保护特性要求，确定几段保护。

③ 根据线路中可能出现的最大短路电流来选择自动开关的极限分断能力。

④ 根据电网额定电压、额定电流确定开关的容量等级。

⑤ 初步确定自动开关的类型和等级后，要和其上、下级开关保护特性进行协调配合，从而在总体上满足保护的要求。

13.4　电气控制装置的工艺设计

电气控制系统在完成原理设计和电器元件选择之后，下一步就是进行电气工艺设计并付诸实施。主要有电气控制设备总体布置，总接线图设计，各部分的电器装配图与接线图，各部分的元件目录、进出线号、主要材料清单及使用说明书等。

13.4.1　电气设备的总体布置设计

电气设备总体布置设计的任务是根据电气控制原理图，将控制系统按照一定要求划分为若干个部件，再根据电气设备的复杂程度，将每一部件划分成若干单元，并根据接线关系整理出各部分的进线和出线号，调整它们之间的连接方式。

单元划分的原则如下。

① 功能类似的元件组合在一起。如按钮、控制开关、指示灯、指示仪表可以集中在操作台上；接触器、继电器、熔断器、控制变压器等控制电器可以安装在控制柜中。

② 接线关系密切的控制电器划为同一单元，减少单元间的连线。

③ 强弱电分开，以防干扰。

④ 需经常调节、维护和易损元件尽量组合在一起，以便于检查与调试。

电气控制设备的不同单元之间的接线方式通常有以下几种。

① 控制板、电器板、机床电器的进出线一般采用接线端子，可根据电流大小和进出线数选择不同规格的接线端子。

② 被控制设备与电气箱之间采用多孔接插件，便于拆装、搬运。

③ 印制电路板及弱电控制组件之间的连接采用各种类型的标准接插件。

13.4.2　绘制电器元件布置图

同一部件或单元中电器元件按下述原则布置。

① 一般监视器件布置在仪表板上。

② 体积大和较重的电器元件应安装在电器板的下方，发热元件安装在电器板的上方。

③ 强电弱电应分开，弱电部分应加装屏蔽和隔离，以防干扰。

④ 需要经常维护、检修、调整的电器元件安装不宜过高或低。

⑤ 电器布置应考虑整齐、美观、对称。尽量使外形与结构尺寸类似的电器安装在一起，便于加工、安装和配线。

⑥ 布置电器元件时，应预留布线、接线、和调整操作的空间。

13.4.3　绘制电气控制装置的接线图

电气控制装置的接线图表示整套装置的连接关系，绘制原则如下。

① 接线图的绘制应符合相关国家标准的规定。

② 在接线图中，各电器元件的外形和相对位置要与实际安装的相对位置一致。

③ 电器元件及其接线座的标注与电气原理图中标注应一致，采用同样的文字符号和线号。

④ 接线图应将同一电器元件的各带电部分（如线圈、触点等）画在一起，并用细实线框住。

⑤ 接线图采用细线条绘制，应清楚地表示出各电器元件的接线关系和接线去向。

接线图的接线关系有两种画法：a. 直接接线法；b. 符号标注接线法。

⑥ 接线图中要标注出各种导线的型号、规格、截面积和颜色。

⑦ 接线端子板上各接线点按线号顺序排列，并将动力线、交流控制线、直流控制线分类排开。元件的进出线除大截面导线外，都应经过接线板，不得直接进出。

13.4.4 电控柜和非标准零件图的设计

电气控制系统比较简单时，控制电器可以安装在生产机械内部，控制系统比较复杂或操作需要时，都要有单独的电气控制柜。

电气控制柜设计要考虑以下几方面问题。

① 根据控制面板和控制柜内各电器元件的数量确定电控柜总体尺寸。

② 电控柜结构要紧凑、便于安装、调整及维修、外形美观，并与生产机械相匹配。

③ 在柜体的适当部位设计通风孔或通风槽，便于柜内散热。

④ 应设计起吊钩或柜体底部带活动轮，便于电控柜的移动。

电控柜结构常设计成立式或工作台式，小型控制设备则设计成台式或悬挂式。

非标准的电器安装零件，如开关支架、电气安装底板、控制柜的有机玻璃面板、扶手等，应根据机械零件设计要求，绘制其零件图。

13.4.5 清单汇总

在电气控制系统原理设计及工艺设计结束后，应根据各种图纸，对本设备需要的各种零件及材料进行综合统计，列出元件清单、标准件清单、材料消耗定额表，以便生产管理部门做好生产准备工作。

13.4.6 编写设计说明书和使用说明书

设计说明和使用说明是设计审定、调试、使用、维护过程中必不可少的技术资料。设计和使用说明书应包含拖动方案的选择依据，本系统的主要原理与特点，主要参数的计算过程，各项技术指标的实现，设备调试的要求和方法，设备使用、维护要求，使用注意事项等。

第 14 章
继电控制系统设计方法

继电控制线路设计法

电气控制线路的设计方法通常有两种：一般设计法和逻辑设计法。一般设计法是根据生产工艺的控制要求，利用各种典型的控制环节，直接设计控制线路。这种设计方法又称经验设计法。逻辑设计法是利用逻辑代数这一数学工具来设计电气控制线路的，同时也可以用于线路的简化。

14.1.1 电气控制线路的一般设计法

一般设计法的特点是没有固定的设计模式，灵活性很大，对于具有一定工作经验的设计人员来说，容易掌握，因此在电气设计中被普遍采用。但用经验设计方法初步设计出来的控制线路可能有多种，也可能有一些不完善的地方，需要多次反复地修改、试验，才能使线路符合设计要求。采用一般法设计控制线路时，应注意以下几个问题。

（1）保证控制线路工作的安全和可靠性

电气元件要正确连接，线圈和触点连接不正确，会使控制线路发生误动作，有时会造成严重的事故。

① 线圈的连接　在交流控制线路中，不能串联接入两个线圈，如图 14-1 所示。串联两个线圈可能使线圈的外加电压小于其额定电压，或者由于电压分配不均造成有的线圈上的电压过大，烧毁线圈。因此两个电器需要同时动作时，线圈应并联连接。当然，对于电感较大的线圈，不宜与同电压等级的接触器或中间继电器直接并联使用。

图 14-1　不能串联接入两个线圈

② 触点的连接　同一电器的常开触点和常闭触点位置不能靠得太近，如果采用如图 14-2（a）所示的接法，由于常开触点和常闭触点电位不相等，当触点断开产生电弧时，很可能在两触点之间形成飞弧而引起电源短路。为避免以上情况发生，正确的连接方式如图 14-2（b）所示。

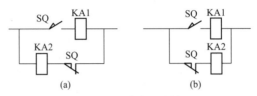

图 14-2　触点的连接

③ 线路中应尽量减少多个电气元件依次动作后才能接通另一个电气元件的情况　在图 14-3（a）中，接通线圈 KA₃ 需要经过 KA、KA₁、KA₂ 三对常开触点，工作不可靠，故应改为图 14-3（b）所示接法。

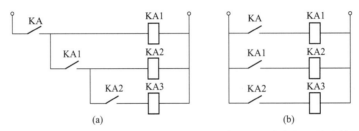

图 14-3　减少多个电气元件依次动作后才能接通另一个电气元件的情况

④ 应考虑电气触点的接通和分断能力　若电气触点的容量不够，可在线路中增加中间继电器或增加线路中触点数目。要提高接通能力，可用多触点并联连接，要提高分断能力可用多触点串联连接。

⑤ 应考虑电气元件触点"竞争"问题　同一继电器的常开触点和常闭触点有"先断后合"型和"先合后断"型。

通电时常闭触点先断开、常开触点后闭合，断开时常开触点先断开、常闭触点后闭合，属于"先断后合"型。

通电时常开触点先闭合、常闭触点后断开，断电时常闭触点先闭合、常开触点后断开，属于"先合后断"型。

如果触点先后发生"竞争"的话，电路工作则不可靠。触点"竞争"线路如图 14-4 所示。若继电器 KA 采用"先合后断"型，则自锁环节起作用；如果 KA 采用"先断后合"型，则自锁环节不起作用。

（2）控制线路力求简单、经济

① 尽量减少触点的数目。合理安排电气元件触点的位置，也可减少导线的根数和缩短导线的长度。一般情况下，启动按钮和停止按钮放置在操作台上，而接触器放置在电器柜内。从按钮到接触器要经过较远的距离，减少导线的根数和缩短导线的长度一般采用如图 14-5（a）所示的接法，而不采用如图 14-5（b）所示的接法。

② 为延长电气元件的使用寿命和节约电能，控制线路在工作时，除必要的电气元件外，应避免长期通电。

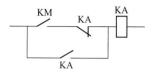

图 14-4　触点"竞争"线路

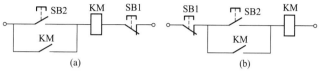

图 14-5　减少导线连接

（3）防止寄生电路

控制线路在工作中出现意外接通的电路称为寄生电路。寄生电路会破坏线路的正常工作，造成误动作。图 14-6 所示是一个只具有过载保护和指示灯的可逆电动机的控制线路，电动机正转时如果过载，则热继电器 FR 动作时会出现寄生电路，如图中虚线所示，使接触器 KM_1 不能及时断电，延长了过载的时间，起不到应有的保护作用。

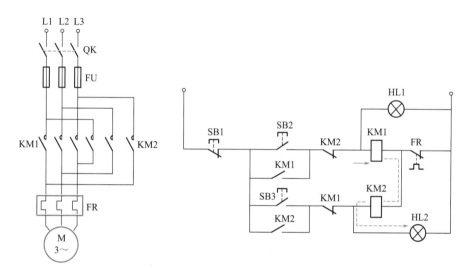

图 14-6　寄生电路

（4）设计举例

① 控制要求　机床切削加工时，刀架的自动循环工作过程如图 14-7 所示。

刀架由位置 1 移动到位置 2 时不再进给，钻头在位置 2 处对工件进行无进给切削，切削一段时间后，刀架自动退回位置 1，实现自动循环。

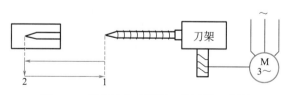

图 14-7　刀架的自动循环工作过程示意图

② 电气控制线路的设计

a. 设计主电路。因要求刀架自动循环，故电动机需要能实现正转和反转，故采用两个接触器，通过不同接触器接通，用以改变电源相序，实现正反转。主电路设计如图 14-8（a）所示。

b. 确定控制电路的基本部分。控制线路中，应具有由启动、停止按钮和正反向接触器组成的控制电动机"正 - 停 - 反"的基本控制环节。如图 14-8（b）所示为刀架前进、后退的基本控制线路。

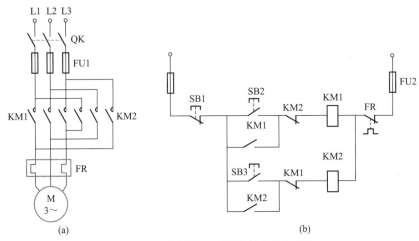

图 14-8　刀架前进、后退的基本控制线路

c.设计控制电路的特殊部分。

● 工艺要求。采用位置开关 SQ1 和 SQ2 分别作为测量刀架运动的行程位置的元件，其中 SQ1 放置在如图 14-7 所示的位置 1，SQ2 放置在位置 2。将 SQ2 的常闭触点串接于正向接触器 KM1 线圈的电路中，SQ2 的常开触点与 KT 线圈串联。这样，当刀架前进到位置 2 时，压动位置开关 SQ2，其常闭触点断开，正向接触器线圈 KM1 失电，刀架不再前进；SQ2 常开触点闭合，使时间继电器 KT 线圈得电开始延时，此时，虽然刀架不再前进，但钻头继续转动进行工件的切削（钻头转动由另一台电动机拖动），无进给切削一段时间后，时间继电器的常开触点 KT 闭合，反向接触器线圈 KM2 得电，刀架后退，退回到位置 1 时，压动位置开关 SQ1。同样，SQ1 的常闭触点串接于反向接触器 KM2 线圈电路中，SQ1 的常开触点与正向启动按钮 SB2 并联连接，压动位置开关 SQ1 时，其常闭触点断开，反向接触器线圈 KM2 失电，刀架不再后退；SQ1 常开触点闭合，正向接触器线圈 KM1 得电，则刀架又自动向前，实现刀架的自动循环工作。其控制线路如图 14-9 所示。

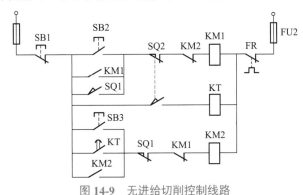

图 14-9　无进给切削控制线路

● 保护环节。该线路采用熔断器 FU2 做短路保护，热继电器 FR 做过载保护。

14.1.2　电气控制线路的逻辑设计法

（1）电气控制线路逻辑设计中的有关规定
逻辑设计法是把电气控制线路中的接触器、继电器等电气元件线圈的通电和断电、触点的闭合和断开看成是逻辑变量，规定线圈的通电状态为"1"态，线圈的断电状态为"0"态；触点的闭合状态为"1"态，触点的断开状态为"0"态。根据工艺要求写出逻辑函数式，并对逻辑函数式进行化简，再由化简的逻辑函数式画出相应的电气原理图，最后再进一步检查、完善，以期得到既满足工艺要求又经济合理、安全可靠的最佳设计线路。

（2）逻辑运算法则

用逻辑来表示控制元件的状态，实质上是以触点的状态作为逻辑变量，通过简单的"逻辑与""逻辑或""逻辑非"等基本运算，得出其运算结果，此结果表明电气控制线路的结构。

① 逻辑与　如图 14-10 所示为常开触点 KA1、KA2 串联的逻辑与电路，当常开触点 KA1 与 KA2 同时闭合时，即 KA1=1、KA2=1，则接触器 KM 通电，即 KM=1；当常开触点 KA1 或 KA2 不闭合，即 KA1=0 或 KA2=0，则 KM 断电，即 KM=0。图 14-10 可用逻辑"与"关系式表示：

$$KM=KA1 \times KA2 \qquad (14-1)$$

② 逻辑或　图 14-11 所示为常开触点 KA1 与 KA2 并联的逻辑或电路，当常开触点 KA1 与 KA2 任一闭合或都闭合（即 KA1=1、KA2=0; KA1=0、KA2=1; 或 KA1=KA2=1）时，则 KM 通电，即 KM=1；当 KA1、KA2 均不闭合时，KM=0。图 14-11 可用逻辑或关系式表示：

$$KM=KA1+KA2 \qquad (14-2)$$

③ 逻辑非　图 14-12 所示为常闭触点 $\overline{KA}$ 与接触器线圈 KM 串联的逻辑非电路。当继电器线圈通电（即 KA=1）时，常闭触点 $\overline{KA}$ 断开（即 $\overline{KA}$=0），则 KM=0；当 KA 断电（即 KA=0）时，常闭触点 $\overline{KA}$ 闭合（即 $\overline{KA}$=1），则 KM=1。

图 14-12 可用逻辑非关系式表示为：

$$KM=\overline{KA} \qquad (14-3)$$

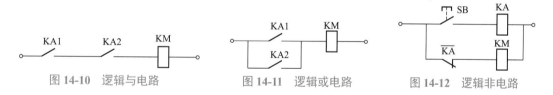

图 14-10　逻辑与电路　　　图 14-11　逻辑或电路　　　图 14-12　逻辑非电路

有时也称 KA 对 KM 是"非控制"。

对于多个逻辑变量，以上与、或、非逻辑运算也同样适用。

（3）逻辑代数式的化简

对逻辑代数式的化简，就是对继电接触器线路的化简，但是在实际组成线路时，有些具体因素必须考虑：

① 触点电流分断能力比触点的额定电流约大 10 倍，所以在简化后要注意触点是否有此分断能力；

② 在多用些触点能使线路的逻辑功能更加明确并且有多余触点的情况下，不必强求化简来节省触点。

（4）组合逻辑电路设计

组合逻辑电路对于任何信号都没有记忆功能，没有反馈电路（如自锁电路），控制线路的设计比较简单。一般按照以下步骤进行：

① 根据逻辑关系列出真值表；

② 根据真值表列出逻辑表达式；

③ 化简逻辑表达式；

④ 根据简化的逻辑函数表达式绘制电气控制线路。

例如：利用三个继电器 KA1、KA2、KA3 控制一台电动机，当有一个或两个继电器动作时电动机才能运转，而在其他条件下都不运转，试设计其控制线路。

电动机的运转由接触器 KM 控制，根据题目的要求，设继电器动作时为 1、不动作为 0，电动机转动为 1、停转为 0，列出真值表，如表 14-1 所示。

表 14-1　接触器 KM 通电状态的真值表

KA1	KA2	KA3	KM
0	0	0	0
0	0	1	1
0	1	0	1
0	1	1	1
1	0	0	1
1	0	1	1
1	1	0	1
1	1	1	0

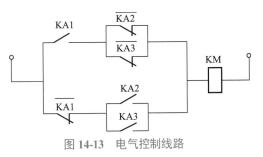

图 14-13　电气控制线路

根据真值表，写出接触器 KM 的逻辑函数表达式：

$$f(KM)=\overline{KA1}\times\overline{KA2}\times KA3+\overline{KA1}\times KA2\times\overline{KA3}+\overline{KA1}\times KA2\times KA3+KA1\times\overline{KA2}\times\overline{KA3}+KA1\times\overline{KA2}\times KA3+KA1\times KA2\times\overline{KA3}$$

用逻辑代数基本公式（或卡诺图）进行化简得：

$$f(KM)=\overline{KA1}\times(KA2+KA3)+KA1\times(\overline{KA2}+\overline{KA3})$$

根据简化的逻辑函数表达式，可绘制如图 14-13 所示的电气控制线路。

14.2　继电控制电路从原理图到接线图的转换方法

从电气控制原理图到整个电路的安装接线图可通过以下步骤实现。这里以正反转电路为例来介绍电气原理图与接线图的转换方法。

首先绘制接线平面布置图，接着在原理图上编号，然后在平面图上填号，接着是整理号码，随后固定器件、按号码连接，安装完毕。

（1）绘制接线平面布置图

　　拿到原理图先看上面有哪些器件，设计一下这些器件位置如何安放，根据柜（盘）空间绘制平面布置图，比如下面由原理图 14-14 到实物布置图 14-15。

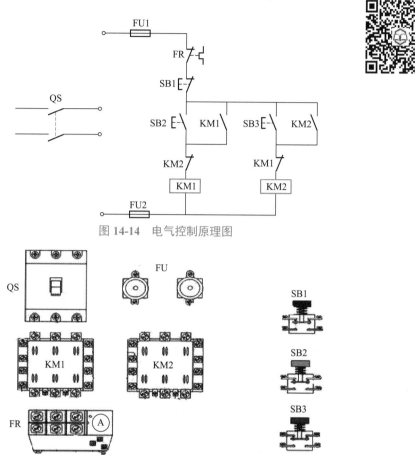

图 14-14　电气控制原理图

图 14-15　实物布置图

　　以图 14-15 实物视图绘成平面布置图，再在平面布置图上绘出原理图中所有的元件符号，就形成了接线图—接线平面布置图，如图 14-16 所示。绘制符号可按布置图逐个器件依次完成，也可按原理图的顺序完成。

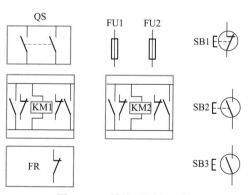

图 14-16　接线平面布置图

　　布置图器件上的元件符号是根据原理图而来,原理图中未用到的元件布置图中可以不绘。注意布置图元件符号引线与实物的接线端子位置应一致,如图 14-16 中线圈引线由上下两端引出(10A 交流接触器线圈引线)。

(2)原理图上编号

　　编号由上开始向下进行,每经过一个元件编入一个号码,如图 14-17 中第一列 1～5 号,直到本列编完后向右继续编第二列、第三列,直至编完所有行列,使每个元件两端都有一个号码。注意同一个原理图上每个"编号"只能使用一次。编完号如图 14-17 所示。

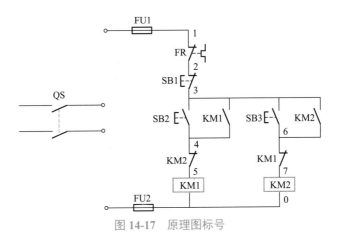

图 14-17　原理图标号

(3)布置图上填号

　　将原理图 14-17 的号码填入图 14-16 所对应的器件上,如 KM1 常开点 3,4 号,两个线圈的一端都是 0 号。填号要注意常开常闭不能弄错。元件两端号码的填入,不论上下、右左和先后秩序。号码填好后形成接线图如图 14-18 所示。

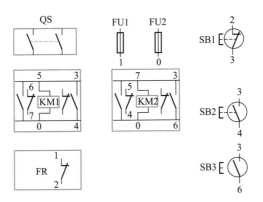

图 14-18　接线图标号

(4)整理号码

　　相对复杂电路而言,整理号码的目的是使布置图上相同的号码趋于集中便于接线,尽量使"同号"相邻或处于器件的同侧来整理号码。

(5)接线

　　按接线图 14-18 固定好器件,再将图上相同号码的端子用导线连接起来,至此安装就完成了。上述过程的逆向运用就是电路测绘。

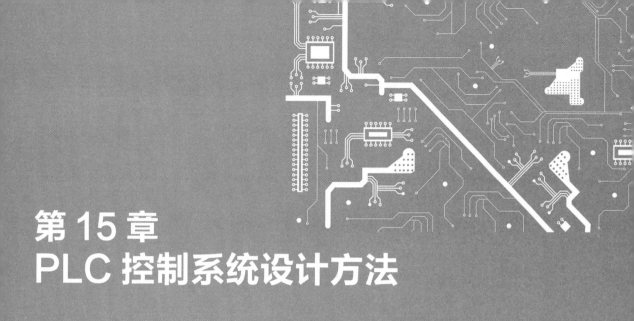

第 15 章
PLC 控制系统设计方法

15.1　PLC 应用系统设计的一般步骤

15.1.1　控制系统的设计内容

① 根据设计任务书，进行工艺分析，并确定控制方案，它是设计的依据。

② 选择输入设备（如按钮、开关、传感器等）和输出设备（如继电器、接触器、指示灯等执行机构）。

③ 选定 PLC 的型号（包括机型、容量、I/O 模块和电源等）。

④ 分配 PLC 的 I/O 点，绘制 PLC 的 I/O 硬件接线图。

⑤ 编写程序并调试。

⑥ 设计控制系统的操作台、电气控制柜以及安装接线图等。

⑦ 编写设计说明书和使用说明书。

15.1.2　设计步骤

（1）PLC的硬件设计

① 工艺分析　深入了解控制对象的工艺过程、控制要求，并总结控制的各个阶段，各阶段之间的转换条件。

② 选择合适的 PLC 类型　在选择 PLC 机型时，主要考虑下面几点。

a. 功能的选择。 对于小型的 PLC，主要考虑 I/O 扩展模块、A/D 与 D/A 模块以及指令功能（如中断、PID 等）。

b. I/O 点数的选择。首先弄清楚控制系统的 I/O 点数，按 15% ～ 20% 留有余量后确定所需的 PLC 点数。另外注意，一些高密度输入点模块对同时接通的输入点有限制；PLC 每个输出点的驱动能力也有限。另外输出点分为共点式、分组式和隔离式三种接法。隔离式的各组输出点之间可采用不同的电压等级、种类，但是这种比较昂贵。如果输出信号不需要隔离则选用前两种。

c. 内存的估算。用户程序所需的内存容量主要与系统的 I/O 点数、控制要求、程序结构长短等因素有关。

根据经验，功能器件占用内存大致如下（所需存储器字数）：
- 开关量输入所需存储器字数 = 输入点数 ×10；
- 开关量输出所需存储器字数 = 输出点数 ×8；
- 定时器 / 计数器所需存储器字数 = 定时器 / 计数器数量 ×2；
- 模拟量所需存储器字数 = 模拟量通道 ×100；
- 通信接口所需存储器字数 = 接口个数 ×300；

最后一般按估算容量的 50% ～ 100% 留有余量。

③ 分配 I/O 点。分配 PLC 的输入 / 输出点，编写 I/O 分配表或画出 I/O 端子的接线图，接着就可以进行 PLC 程序设计，同时进行控制柜或操作台的设计和现场施工。

④ 选定 PLC 的机型和分配 I/O 点后，硬件设计的主要内容就是电气控制系统原理图的设计，电气控制元器件的选择和控制柜的设计。电气控制系统的原理图包括主电路和控制电路。控制电路中包括 PLC 的 I/O 接线和自动、手动部分的详细连接等。电器元件的选择主要是根据控制要求选择按钮、开关、传感器、保护电器、接触器、指示灯、电磁阀等。

（2）PLC 的软件设计

对于较复杂的控制系统，根据生产工艺要求，画出控制流程图或功能流程图，然后设计出梯形图，再根据梯形图编写语句表程序清单，对程序进行模拟调试和修改，直到满足控制要求为止。

（3）软件硬件的调试

① 控制柜或操作台的设计和现场施工。 设计控制柜及操作台的电器布置图及安装接线图；设计控制系统各部分的电气互锁图；根据图纸进行现场接线，并检查。

② 应用系统整体调试。如果控制系统由几个部分组成，则应先作局部调试，然后再进行整体调试；如果控制程序的段数较多，则可先进行分段调试，然后连接起来总调。

③ 编制技术文件。技术文件应包括：可编程控制器的外部接线图等电气图纸、电器布置图、电器元件明细表、顺序功能图、带注释的梯形图和说明。

15.2　梯形图经验设计法

15.2.1　经验设计法简介

经验设计法即在一些典型的控制电路程序的基础上，根据被控制对象的具体要求，进行选择组合，并多次反复调试和修改梯形图，有时需增加一些辅助触点和中间编程环节，才能达到控制要求。这种方法没有规律可遵循，设计所用的时间和设计质量与设计者的经验有很大的关系，所以称为经验设计法。经验设计法用于较简单的梯形图设计。应用经验设计法必须熟记一些典型的控制电路，如点动、连续、顺序控制、多地控制、正反转、降压启动电路等，这些电路在第 7 章中已经介绍过。

15.2.2　经验设计法举例

这里以送料小车的自动控制来介绍经验设计法

（1）控制要求

送料小车的自动控制系统如图 15-1 所示。送料小车首先在轨道的最左端，左限位开关 SQ1 压合，小车装料，25s 后小车装料结束并右行；当小车碰到右限位开关 SQ2 后，小车停止右行并停下来卸料，20s 后卸料完毕并左行；当再次碰到左限位开关 SQ1 小车停止左行，并停下来装料。小车总是按"装料→右行→卸料→左行"模式循环工作，直到按下停止按钮，才停止整个工作过程。

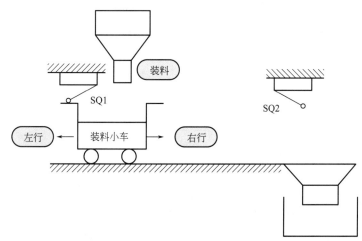

图 15-1　送料小车的自动控制系统

梯形图设计思路：

① 绘出具有双重互锁的正反转控制梯形图；

② 为实现小车自动启动，将控制装卸料定时器的常开触点分别与右行、左行启动按钮常开触点并联；

③ 为实现小车自动停止，分别在左行、右行电路中串入左、右限位的常闭触点；

④ 为实现自动装、卸料，在小车左行、右行结束时，用左、右限位的常开触点作为装、卸料的启动信号。

（2）设计过程

① 明确要求后，确定 I/O 端子，如表 15-1 所示。

表 15-1　送料小车的自动控制 I/O 分配

输入量		输出量	
左行启动按钮	I0.0	左行	Q0.0

续表

输入量		输出量	
右行启动按钮	I0.1	右行	Q0.1
停止按钮	I0.2	装料	Q0.2
左限位	I0.3	卸料	Q0.3
右限位	I0.4		

② 编制并完善梯形图如图 15-2 所示。

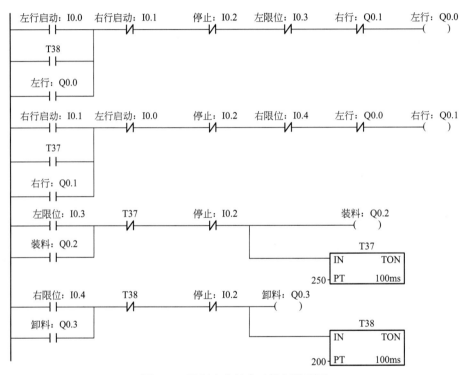

图 15-2　送料小车的自动控制梯形图

小车自动控制梯形图解析如图 15-3 所示。

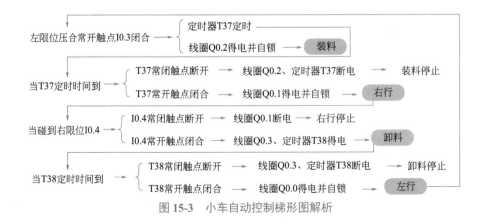

图 15-3　小车自动控制梯形图解析

15.3　梯形图顺序控制设计法

15.3.1　顺序控制设计法简介

（1）顺序控制系统概念

如果一个控制系统可以分解成几个独立的控制动作，且这些动作按照一定的先后次序执行才能保证生产过程的正常运行，这种系统叫顺序控制系统，也称为步进控制系统。

（2）顺序控制设计法概念

顺序控制设计法就是针对顺序控制系统的一种专门的设计方法。这种设计方法很容易被初学者接受，对于有经验的工程师，也会提高设计的效率，程序的调试、修改和阅读也很方便。

一般，PLC 都会为顺序控制系统的程序编制提供通用和专用的编程元件和指令，开发专门供编制顺序控制程序用的顺序功能图，使这种先进的设计方法成为当前 PLC 程序设计的主要方法。

（3）顺序功能图的概念

顺序控制的全部过程，可以分成有序的若干步序，或说若干个状态。各步都有自己应完成的动作。从每一步转移到下一步，一般都是有条件的，条件满足则上一步动作结束，下一步动作开始，上一步的动作会被清除，这就是顺序功能图（SFC，Sequential Function Chart）的设计概念。顺序功能图又叫功能图、功能流程图、状态转移图等。它是一种通用的技术语言。

（4）顺序控制本质

经验设计法：经验设计法实际上是试图用输入信号直接控制输出信号 Y，见图 15-4，如果无法直接控制，或者为了实现记忆、联锁、互锁等功能，只好被动地增加一些辅助元件和辅助触点。由于不同系统的输出量 Y 与输入量 X 之间的关系各不相同，以及它们对联锁、互锁的要求千变万化，不可能找出一种简单通用的设计方法。

顺序控制设计法：顺序控制设计法则是用输入量 X 控制代表各步的编程元件（例如内部位存储器 M），再用它们控制输出量 Y，见图 15-5。步是根据输出量 Y 的状态划分的，M 与 Y 之间具有很简单的逻辑关系，输出电路的设计极为简单。

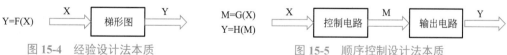

图 15-4　经验设计法本质　　　　　　　　图 15-5　顺序控制设计法本质

15.3.2　顺序控制设计法的设计步骤

（1）步（状态）的划分

将系统的一个工作周期划分为若干个顺序相连的阶段，这些阶段称为步。在 S7-200 或 200 SMART PLC 中，步一般使用 M、S 等编程元件来代表。每一步一般都有与之对应的动作。

步是根据被控对象工作状态的变化来划分的，而被控对象工作状态的变化又是由 PLC 输出状态的变化来改变的，在同一步内，各输出状态不变，但是相邻步之间输出状态是不同的。如图 15-6 所示，将整个运行过程分为步 1（原位停止状态：$Q_{0.0}$、$Q_{0.1}$、$Q_{0.2}$ 全为 0）、步 2（快进状态：$Q_{0.0}$ 为 1）……。

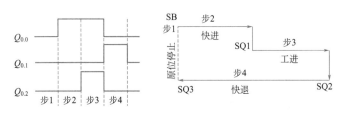

图 15-6　顺序控制设计

（2）转换条件的确定

使系统由当前步转入下一步的信号称为转换条件。转换条件可能是外部输入信号，如按钮、指令开关、限位开关的接通 / 断开等，也可能是 PLC 内部产生的信号，如定时器、计数器触点的接通 / 断开等，转换条件也可能是若干个信号的与、或、非逻辑组合。如图 15-6 中的 SB、SQ1、SQ2、SQ3 就是相邻两个步之间的转换条件。

（3）顺序功能图的绘制

根据以上分析和被控对象工作内容、步骤、顺序和控制要求画出顺序功能图。一般顺序功能图不涉及所描述控制功能的具体技术，是一种通用的技术语言，可用于进一步设计以及不同专业的人员之间进行技术交流。但有些 PLC 能直接使用顺序功能图作为编程语言。

各个 PLC 厂家都开发了相应的顺序功能图，各国家也都制定了国家标准。

（4）程序的编制

如果 PLC 支持顺序功能图语言，则可直接使用该顺序功能图作为最终程序。否则需要根据顺序功能图，按某种编程方式写出梯形图程序。

15.3.3　顺序功能图的绘制

（1）顺序功能图的组成

顺序功能图主要由步（状态）、与步对应的动作（$n-1$、n、$n+1$）、有向连线、转换和转换条件（a、b、c、d）组成。如图 15-7 所示。

① 步（状态）：步在控制系统中对应于一个稳定的状态。在功能流程图中步通常表示某个执行元件的状态变化。步用矩形框表示，框中的数字是该步的编号，编号可以是该步对应的工步序号，也可以是与该步相对应的编程元件（如 PLC 内部的通用辅助继电器、步标志继电器等）。如图 15-8 所示。

② 初始步：初始步对应于控制系统的初始状态，是系统运行的起点。一个控制系统至少有一个初始步，初始步用双线框表示，初始步常用来完成寄存器清零等初始化工作。如图 15-9 所示。

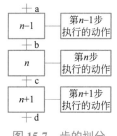

图 15-7　步的划分　　　　　　　图 15-8　步或状态的图形符号

③ 动作：一个控制系统可以划分为被控系统和施控系统。对于被控系统，在某一步中要完成某些"动作"；对于施控系统，在某一步中则要向被控系统发出某些"命令"，将动作或命令简称为动作。动作用与相应的步相连的矩形框中的文字或符号表示。如图 15-10 所示。

图 15-9　初始步或状态的图形符号　　　　　　图 15-10　步与动作

④ 活动步：当系统正处于某一步时，该步处于活动状态，称该步为"活动步"。当步处于活动时，相应的动作被执行，处于不活动状态时，相应的动作被停止执行。

⑤ 保持型动作：若为保持型动作，则该步不活动时继续执行该动作。

⑥ 非保持型动作：若为非保持型动作则指该步不活动时，动作也停止执行。

⑦ 有向连线：在顺序功能图中，随着时间的推移和转换条件的实现，通常会从某一步转入到下一步，转换方向习惯上是从上到下或从左至右，在这两个方向有向连线上的箭头可以省略。如果不是上述的方向，应在有向连线上用箭头注明进展方向。

⑧ 转换：转换是用有向连线上与有向连线垂直的短划线来表示，转换将相邻两步分隔开。步的活动状态的进展是由转换实现来完成的，如图 15-7 所示。

⑨ 转换条件：使系统进入下一步的信号叫做转换条件，转换条件可以是外部的输入信号，如按钮、指令开关、限位开关的接通或断开等，也可以是 PLC 内部产生的信号，如定时器、计数器常开触点的接通等，转换条件还可能是若干个信号的与、或、非逻辑组合。转换条件可以用文字语言、布尔代数表达式或图形符号标注在表示转换的短线的旁边，如图 15-7 中的（a、b、c、d）。

注意

初始化脉冲 SM0.1 存在的必要性

在顺序功能图中，只有当某一步的前级步是活动步时，该步才有可能变成活动步。如果用没有断电保持功能的编程元件代表各步，当进入 RUN 工作方式时，它们均处于 OFF 状态，必须用初始化脉冲 SM0.1 的常开触点作为转换条件，将初始步预置为活动步，否则因为顺序功能图中没有活动步，系统将无法工作。如果系统有自动、手动两种工作方式，顺序功能图是用来描述自动工作过程的，这时还应在系统由手动工作方式进入自动工作方式时，用一个适当的信号将初始步置为活动步。

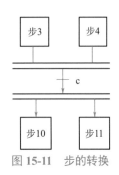

图 15-11　步的转换

（2）转换实现的基本规则

转换实现的条件：在顺序功能图（图 15-11）中，步的活动状态的进展是由转换实现来完成。转换实现必须同时满足两个条件：

① 该转换所有的前级步都是活动步（步 3、步 4）；

② 相应的转换条件（条件 c）得到满足。

转换实现应完成的操作：

① 使所有的后续步都变为活动步（步 10、步 11）。

② 使所有的前级步都变为非活动步（条件 c 满足后的步 3、步 4）。

（3）绘制顺序功能图应注意的问题

① 两个步绝对不能直接相连，必须用一个转换将它们隔开。

② 两个转换也不能直接相连，必须用一个步将它们隔开。

③ 顺序功能图中初始步是必不可少的，一般对应系统的等待启动的初始状态。

④ 自动控制系统应能多次重复执行同一工艺过程。

⑤ 当某一步所有的前级步都是活动步时，该步才有可能变成活动步。PLC 开始进入 RUN 方式时各步均处于"0（非活动）"状态，因此必须要有初始化信号，将初始步预置为活动步，否则顺序功能图中永远不会出现活动步，系统将无法工作。

顺序功能图绘制举例：

如图 15-12 所示，假设启动按钮 SB 接 I0.0，行程开关 SQ1 ～ SQ3 分别接 I0.1 ～ I0.3，液压元件 YV1 ～ YV3 分别由 Q0.0 ～ Q0.2 驱动。根据液压滑台工作流程，整个运行过程分为原位、快进、工进、快退四个工步，与此对应的编程元件分别为 M0.0、M0.1、M0.2、M0.3，其中，M0.0 为初始步。与每一步对应的动作由元件动作表决定。步与步的转换条件为 SB，SQ1，SQ2，SQ3。

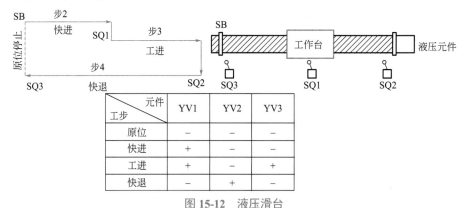

图 15-12　液压滑台

所以，根据液压滑台工作流程以及元件动作表画出的顺序功能图以及时序图，如图 15-13 所示。

（4）顺序功能图的结构

① 单序列

功能流程图的单流程结构形式简单，如图 15-14 所示，其特点是：每一步后面只有一个转换，每个转换后面只有一步。各个工步按顺序执行，上一工步执行结束，转换条件成立，立即开通下一工步，同时关断上一工步。在图 15-14 中，当 0 为活动步时，转换条件'按下启动按钮'成立，则转换实现，1 步变为活动步，同时 0 步关断。

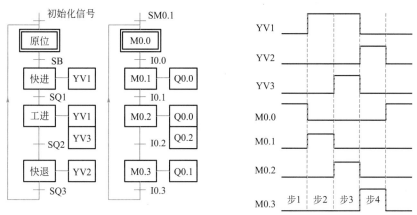

图 15-13　液压滑台顺序功能图与时序图

② 选择序列

选择分支分为两种，如图 15-15 所示虚线之上为选择分支开始，虚线之下为选择分支结束。

选择分支开始是指：一个前级步后面紧接着若干个后续步可供选择，各分支都有各自的转换条件，且转换条件的短划线在各自分支中。

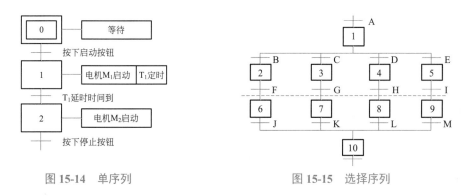

图 15-14　单序列　　　　　　　图 15-15　选择序列

选择分支结束，又称选择分支合并，是指几个选择分支在各自的转换条件成立时转换到一个公共步上。

分支开始：在图 15-15 中，假设 1 为活动步，若转换条件 B=1，则执行工步 2；如果转换条件 C=1 执行工步 3；转换条件 D=1 执行工步 4；转换条件 E=1 执行工步 5；即哪个条件满足，则选择相应的分支，同时关断上一步 1，一般只允许选择其中一个分支。在编程时，若图中的工步 1、2、3、4、5 分别用 M0.0、M0.1、M0.2、M0.3、M0.4 表示，则当 M0.1、M0.2、M0.3、M0.4 之一为活动步时，都将导致 M0.0=0，所以在梯形图中应将 M0.1、M0.2、M0.3、M0.4 的常闭触点与 M0.0 的线圈串联，作为关断 M0.0 步的条件。

分支结束：在图 15-15 中，如果步 6 为活动步，转换条件 J=1，则工步 6 向工步 10 转换；如果步 7 为活动步，转换条件 K=1，则工步 7 向工步 10 转换；如果步 8 为活动步，转换条件 L=1，则工步 8 向工步 10 转换，以此类推。若图中的工步 6、7、8、9、10 分别用 M0.5、M0.6、M0.7、M0.8、M0.9 表示，则 M0.9（工步 10）的启动条件为：前级步 6、7、8、9 中，只要有一个为活动步，且对应的转换条件成立都将开启步 10。也就是说，M0.5

和 J、M0.6 和 K、M0.7 和 L、M0.8 和 M 四个分支中，只要有一分支满足动作条件，都会启动 M0.9，使 M0.9=1。以 M0.5 和 J 这一分支为例，如果此时 M0.5=1 且转换条件 J=1，则启动 M0.9，同时使 M0.5=0，其他三个分支与之类似。

③ 并行序列

并行分支也分两种，图 15-16 中虚线之上并行分支的开始，虚线之下为并行分支的结束，也称为合并。并行分支的开始是指当转换条件实现后，同时使多个后续步激活。为了强调转换的同步实现，水平连线用双线表示。当工步 1 处于激活状态，若转换条件 A=1，则工步 2、4、6、8 同时启动，工步 1 必须在工步 2、4、6、8 都开启后，才能关断。并行分支的合并是指：当前级步 3、5、7、9 都为活动步，且转换条件 H 成立时，开通步 10，同时关断步 3、5、7、9。

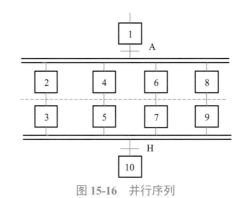

图 15-16　并行序列

（5）顺序功能图的基本结构

① 跳步：在生产过程中，有时要求在一定条件下停止执行某些原定动作，可用图 15-7（a）所示的跳步序列。这是一种特殊的选择序列，当步 1 为活动步时，若转换条件 f 成立，b 不成立时，则步 2、3 不被激活而直接转入步 4。

② 重复：在一定条件下，生产过程需重复执行某几个工步的动作，可按图 15-17（b）绘制顺序功能图。它也是一种特殊的选择序列，当步 4 为活动步时，若转换条件 e 不成立而 h 成立时，序列返回到步 3，重复执行步 3、4，直到转换条件 e 成立才转入步 7。

③ 循环：在序列结束后，用重复的办法直接返回到初始步，就形成了系统的循环，如图 15-17（c）所示。一般顺序功能图都是循环的，表示顺控系统是多次重复同一工作过程。

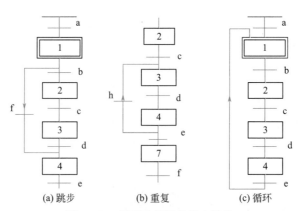

(a) 跳步　　　　(b) 重复　　　　(c) 循环

图 15-17　顺序功能图的基本结构

（6）功能流程图举例

如图 15-18 所示。

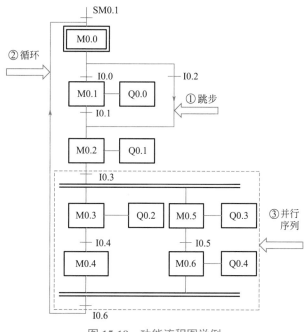

图 15-18　功能流程图举例

① 处为跳步，当 I0.2 为 1 的时候，程序跳过 M0.1 直接执行 M0.2，并置位 Q0.1。

② 处为循环，当程序执行最后且 I0.6 位为 1 的时候，程序返回初始步，重新开始执行。

③ 处为并行序列，当程序执行到 M0.2 且 I0.3 为 1 的时候，程序并行将 M0.3，M0.5 置位。

15.3.4　顺序功能图转梯形图的方法

顺序功能图完整地表现了控制系统的控制过程、各个步的功能、步与步转换的顺序和条件。它可以表示任意顺序过程，是 PLC 程序设计中很方便的工具。但中小型 PLC 一般不具有直接输入功能流程图的能力，因而必须人工转化为梯形图或语句表，然后下载到 PLC 执行。

将功能流程图向梯形图转换的常用方法有 3 种：

a. 使用通用指令的编程方式（启保停电路的编程方式）；

b. 使用置位、复位指令的编程方式（以转换为中心的编程方式）；

c. 使用顺控指令的编程方式。

为了便于分析，我们假设刚开始执行用户程序时，系统已处于初始步（用初始化脉冲 SM0.1 将初始步置位），代表其余各步的编程元件均为 OFF，为转换的实现做好准备。

（1）使用通用指令的编程方式（启保停电路的编程方式）

如图 15-19 所示，使用启保停电路编程时用辅助继电器来代表步。由于转换条件大都是短信号，因此应使用有记忆（保持、自锁）功能的电路。此种编程的关键是找出启动条件和停止条件，使用与触点和线圈有关的指令来实现编程，可适用于任意型号的 PLC。

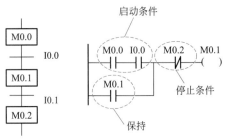

图 15-19 启保停编程方式

应用举例

① 单序列的编程方法

控制要求：本案例是液压滑台的控制，如图 15-20 所示，假设启动按钮 SB 接 I0.0，行程开关 SQ1、SQ2、SQ3 分别接 I0.1 ～ I0.3，液压元件 YV1、YV2、YV3 分别由 Q0.0 ～ Q0.2 驱动。

工步 \ 元件	YV1	YV2	YV3
原位	−	−	−
快进	+	−	−
工进	+	−	+
快退	−	+	−

图 15-20 液压滑台控制

顺序功能图及对应的梯形图如图 15-21 所示。

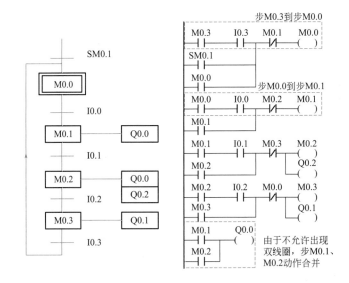

图 15-21 启保停顺序功能图及梯形图

② 选择序列的编程方法

选择序列分支编程：如果某一步的后面有一个由 N 条分支组成的选择序列，该步可能转换到不同的 N 步去；将 N 个后续步的存储位的常闭触点与该步的线圈串联，作为该步的停止条件。

选择序列合并编程：如果某一步之前有 N 个转换，代表该步的启动条件由 N 条支路并联而成，各支路由某一前级步对应的存储器位的常开触点与相应的转换条件对应的触点或电路并联而成。

③ 并行序列的编程方法

并行序列分支编程：由于并行序列是同时变为活动步的，因此，只需将并行序列中某条分支的常闭触点与该前级步线圈串联，作为该步的停止条件。

并行序列合并编程：所有的前级步都是活动步且转换条件得到满足。启动电路由并行序列中对应的存储器位的常开触点与相应的转换条件对应的触点或电路串联而成。

④ 选择序列、并行序列综合应用

选择序列、并行序列顺序功能图转梯形图示意如图 15-22 所示。特别需要注意顺序功能图中选择序列分支与合并处、并行序列分支与合并处转梯形图的处理方式。

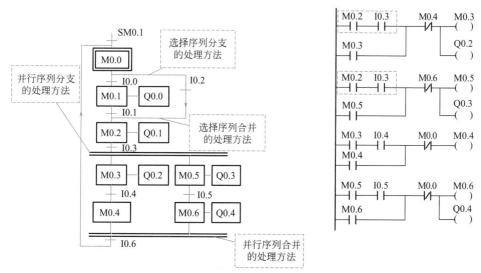

图 15-22　含有选择序列、并行序列顺序功能图转梯形图示意

⑤ 仅有两小步的小闭环的处理

分析：图 15-23（a）中，当 M0.5 为活动步且转换条件 I1.0 接通时，线圈 M0.4 本来应该接通，但此时与线圈 M0.4 串联的 M0.5 常闭触点为断开状态，故线圈 M0.4 无法接通。出现这样问题的原因在于 M0.5 既是 M0.4 的前级步，又是 M0.4 后续步。

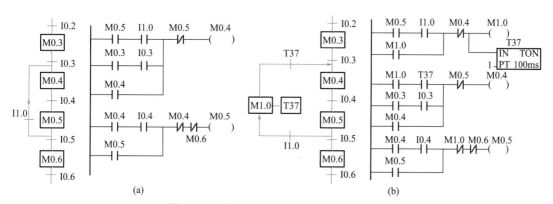

图 15-23　仅由两步组成的小闭环及其处理

处理方法：在小闭环中增设步 M1.0，如图 15-23（b）所示。步 M1.0 在这里只起到过渡作用，延时时间很短，对系统的运行无任何影响。

（2）使用置位复位指令的编程方式（以转换为中心的编程方式）

以转换为中心的顺序控制梯形图编程方法与转换实现的基本规则之间有着严格的对应关系。

在任何情况下，代表步的存储器位的控制电路都可以使用这统一的规则来设计，每一个转换对应一个控制置位和复位电路块，有多少个转换就有多少个这样的电路块。

这种编程方法特别有规律，特别是在设计复杂的顺序功能图的梯形图时，更能显示出它的优越性。

应用举例

① 单序列编程方法

图 15-24 示意了从单序列顺序控制功能图到梯形图的置位复位指令编程规律。

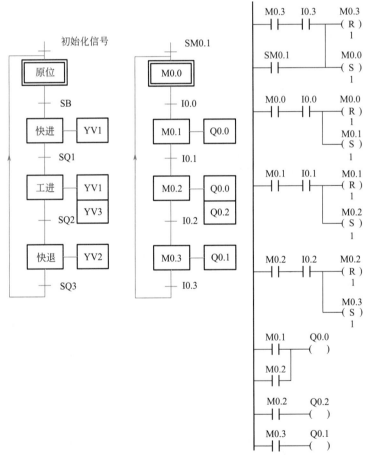

图 15-24 单序列顺序控制功能图转梯形图置位复位指令编程示意

② 选择序列和并行序列编程方法

图 15-25 示意了含有选择序列和并行序列的顺序功能图到梯形图的置位复位指令编程规律。特别需要注意顺序功能图中选择序列分支与合并处、并行序列分支与合并处转梯形图的

处理方式。

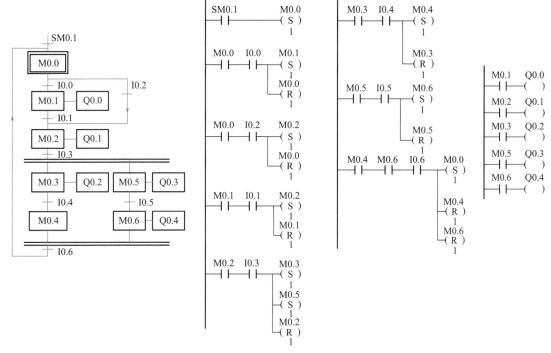

图 15-25　置位复位应用举例

（3）使用步进（顺控）指令的编程方式

S7-200 系列 PLC 还专门提供了一类用于顺序控制系统设计的指令，即顺序控制继电器指令。S7-200 CPU 含有 256 个顺序控制继电器。S7-200 的顺序控制包括 3 个指令：顺控开始指令（SCR）、顺控转换指令（SCRT）、顺控结束指令（SCRE）。顺控程序段从 SCR 开始到 SCRE 结束。

① 顺控开始指令

顺控开始指令由顺控开始指令助记符（SCR）和顺控继电器 S_bit 组成，其中 S_bit 为顺控继电器的位号。其梯形图和语句表如表 15-2 第 1 行所示。当顺控继电器 S_bit=1 时，启动相应 SCR 段的顺控程序，即在执行到相应 SCR 段的顺控程序之前一定要使 S_bit 置位才能进到 SCR 顺控程序段。

② 顺控转换指令

顺控转换指令由顺控转换指令助记符（SCRT）和顺控继电器 S_bit 组成。其梯形图和语句表见表 15-2 第 2 行。顺控转换指令确定要启动的下一个 SCR 位。当 SCRT 线圈得电时，SCRT 指令中指定的顺序控制继电器变为 1 状态，同时当前活动步对应的顺序控制继电器复位为 0 状态。

③ 顺控结束指令

顺控结束指令由顺控结束指令助记符（SCRE）构成。其梯形图和语句表如表 15-2 第 3 行。执行到 SCRE 意味着本 SCR S_bit 程序段的结束。紧接着要执行下一个（或几个）状态为 1 的顺控继电器对应的顺控程序段。使用 SCR 指令时要注意：不能在不同的程序中使用相同的 S 位。

表 15-2　顺序控制继电器指令

STL	LAD	功能	操作元件
LSCR S_bit	S_bit —│ SCR │	顺控状态开始	S
SCRT S_bit	S_bit ——(SCRT)	顺控状态转移	S
SCRE	┤├—(SCRE)	顺控状态结束	无

当使用 SCR 时，要知道以下限制：

① 不能在一个以上程序中使用同样的 S 位。例如，如果在主程序中使用 S0.1，不能在子程序中使用它；

② 不能跳转入或跳转出 SCR 段，然而，可以使用"跳转"和"标签"指令在 SCR 段中跳转；

③ 不能在 SCR 段中使用"END"指令。

应用举例

① 单序列编程

顺序功能图转顺序控制继电器指令梯形图，如图 15-26 所示。

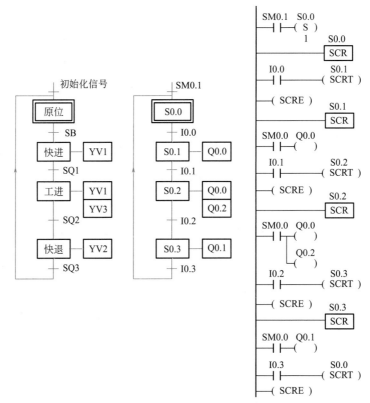

图 15-26　顺序控制继电器指令举例

② 选择分支编程

选择分支举例顺序功能图转顺序控制继电器指令梯形图，如图 15-27 所示。

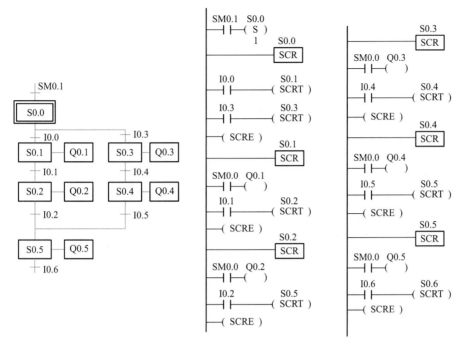

图 15-27 顺序控制指令选择分支举例

③ 并行序列编程

并行序列顺序功能图转顺序控制继电器指令梯形图,如图 15-28 所示。

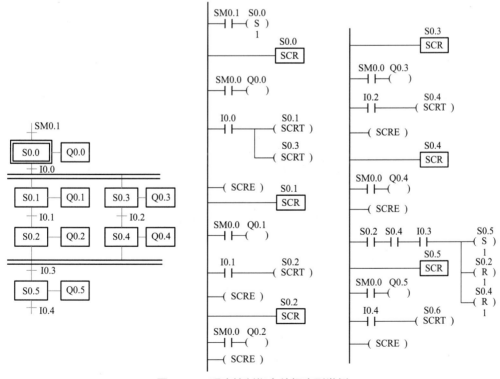

图 15-28 顺序控制指令并行序列举例

 15.4 模拟量系统设计法

本节以西门子 S7-200 为例进行模拟量设计相关分析。其他类型的 PLC 模拟量控制跟西门子 S7-200 类似，读者可以举一反三。

15.4.1 模拟量控制简介

（1）模拟量控制简介

在工业控制中，某些输入量（温度、压力、液位和流量等）是连续变化的模拟量信号，某些被控对象也需模拟信号控制，因此要求 PLC 有处理模拟信号的能力。

PLC 内部执行的均为数字量，因此模拟量处理需要完成两方面任务：其一是将模拟量转换成数字量（A/D 转换）；其二是将数字量转换为模拟量（D/A 转换）。

（2）模拟量处理过程

模拟量处理过程如图 15-29 所示。这个过程分为以下几个阶段。

① 模拟量信号的采集由传感器来完成。传感器将非电信号（如温度、压力、液位和流量等）转化为电信号。注意此时的电信号为非标准信号。

② 非标准电信号转化为标准电信号，此项任务由变送器来完成。传感器输出的非标准电信号输送给变送器，经变送器将非标准电信号转化为标准电信号。根据国际标准，标准信号有两种类型，分为电压型和电流型。电压型的标准信号为 DC 1～5V；电流型的标准信号为 DC 4～20mA。

③ A/D 转换和 D/A 转换。变送器将其输出的标准信号传送给模拟量输入扩展模块后，模拟量输入扩展模块将模拟量信号转化为数字量信号，PLC 经过运算，其输出结果或直接驱动输出继电器，从而驱动开关量负载；或经模拟量输出模块实现 D/A 转换后，输出模拟量信号控制模拟量负载。

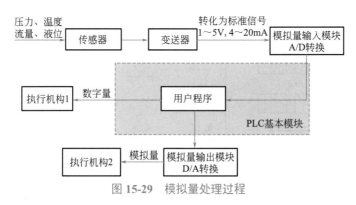

图 15-29 模拟量处理过程

（3）通用接线方式

输出直流电信号的传感器通常有三种接线方式：两线制、三线制和四线制，由于它们的原理、结构以及内部元件各不相同，导致了它们跟模拟量模块接线，读取电流信号时的接线方式不尽相同。

两线制传感器：传感器只有两根线，电源和信号共用一根线。接线时需要将模拟量模块的电源串接到电路中。

三线制传感器：一根电源线，一根信号线，一根公共线。电源负极和信号线负极共用公共端。

四线制传感器：两根电源线，两根信号线。

传感器与模拟量模块之间的接线根据传感器线制的不同接线方式也不同，两线制、三线制、四线制传感器与模拟量模块之间接线方式如图 15-30 所示。

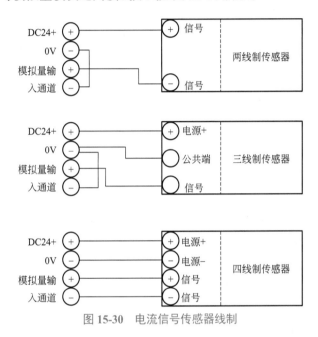

图 15-30　电流信号传感器线制

15.4.2　模拟量输入输出混合模块

（1）模拟量输入输出混合模块 EM235

模拟量输入输出混合模块 EM235 有 4 路模拟量输入和 1 路模拟量输出。

（2）模拟量输入输出混合模块 EM235 的端子与接线

模拟量输入输出混合模块 EM235 的接线图如图 15-31 所示。模拟量输入输出混合模块 EM235 需要 DC 24V 电源供电，可以外接开关电源，也可由来自 PLC 的传感器电源（L+，M 之间 24V DC）提供；4 路模拟量输入，其中第一、二路为电压型输入；第三、四路为电流型输入；模拟量模块每个模拟量通道有三个端子，分别为 RA、A+、A-、RB、B+、B，以此类推。读取电流信号时，将 RC 与 C+ 短接，C+ 为信号正极，C- 为信号负极，对于电压信号，按正、负极直接接入 X+ 和 X-；未连接传感器的通道要将 X+ 和 X- 短接。M0、V0、I0 为模拟量输出端，电压型负载接在 M0 和 V0 两端，电流型负载接在 M0 和 I0 两端。电压输出为 -10 ~ 10V，电流输出 0 ~ 20mA。

模拟量输入输出模块混合模块 EM235 有 6 个 DIP 开关，通过开关设定可以选择输入信号的满量程和分辨率。

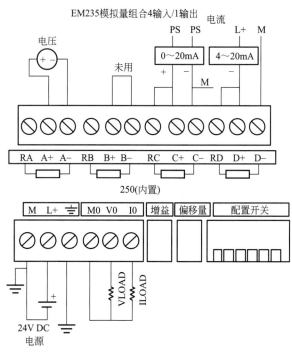

图 15-31　模拟量输入输出混合模块 EM235 的接线

对于某一模拟量模块，只能将输入端同时设置为一种量程和格式，即输入端的输入量程和分辨率是相同的。EM235 的常用技术参数如表 15-3 所示。

表 15-3　模拟量输入特性

模拟量输入特性	
模拟量输入点数	4
输入范围	电压（单极性）0 ～ 10V、0 ～ 5V、0 ～ 1V、0 ～ 500mV、0 ～ 100mV、0 ～ 50mV
	电压（双极性）±10V、±5V、±2.5V、±1V、±500mV、±250mV、±100mV、±50mV、±25mV
	电流 0 ～ 20mA
数据字格式	双极性 全量程范围 −32000 ～ +32000 单极性 全量程范围 0 ～ 32000
分辨率	12 位 A/D 转换器
模拟量输出特性	
模拟量输出点数	1
信号范围	电压输出 ±10V 电流输出 0 ～ 20mA
数据字格式	电压 −32000 ～ +32000 电流 0 ～ 32000
分辨率电流	电压 12 位 电流 11 位

表 15-4 说明如何用 DIP 开关设置 EM235 扩展模块，开关 1 到 6 可选择输入模拟量的单 / 双极性、增益和衰减。

表 15-4 EM235 扩展模块设置

EM235 开关						单 / 双极性选择	增益选择	衰减选择
SW1	SW2	SW3	SW4	SW5	SW6			
					ON	单极性		
					OFF	双极性		
			OFF	OFF			×1	
			OFF	ON			×10	
			ON	OFF			×100	
			ON	ON			无效	
ON	OFF	OFF						0.8
OFF	ON	OFF						0.4
OFF	OFF	ON						0.2

由表 15-4 可知，DIP 开关 SW6 决定模拟量输入的单双极性，当 SW6 为 ON 时，模拟量输入为单极性输入，SW6 为 OFF 时，模拟量输入为双极性输入。

SW4 和 SW5 决定输入模拟量的增益选择，而 SW1，SW2，SW3 共同决定了模拟量的衰减选择。

根据表 15-4 的 6 个 DIP 开关的功能进行排列组合，所有的输入设置如表 15-5 所示。

表 15-5 DIP 开关设置

单极性						满量程输入	分辨率
SW1	SW2	SW3	SW4	SW5	SW6		
ON	OFF	OFF	ON	OFF	ON	0 ～ 50mV	12.5μV
OFF	ON	OFF	ON	OFF	ON	0 ～ 100mV	25μV
ON	OFF	OFF	OFF	ON	ON	0 ～ 500mV	125μA
OFF	ON	OFF	OFF	ON	ON	0 ～ 1V	250μV
ON	OFF	OFF	OFF	OFF	ON	0 ～ 5V	1.25mV
ON	OFF	OFF	OFF	OFF	ON	0 ～ 20mA	5μA
OFF	ON	OFF	OFF	OFF	ON	0 ～ 10V	2.5mV

双极性						满量程输入	分辨率
SW1	SW2	SW3	SW4	SW5	SW6		
ON	OFF	OFF	ON	OFF	OFF	±25mV	12.5μV
OFF	ON	OFF	ON	OFF	OFF	±50mV	25μV
OFF	OFF	ON	ON	OFF	OFF	±100mV	50μV
ON	OFF	OFF	OFF	ON	OFF	±250mV	125μV
OFF	ON	OFF	OFF	ON	OFF	±500mV	250μV
OFF	OFF	ON	OFF	ON	OFF	±1V	500μV
ON	OFF	OFF	OFF	OFF	OFF	±2.5V	1.25mV
OFF	ON	OFF	OFF	OFF	OFF	±5V	2.5mV
OFF	OFF	ON	OFF	OFF	OFF	±10V	5mV

6个DIP开关决定了所有的输入设置。也就是说开关的设置应用于整个模块，开关设置也只有在重新上电后才能生效。

（3）输入校准

模拟量输入模块使用前应进行输入校准。其实出厂前已经进行了输入校准，如果OFFSET和GAIN电位器已被重新调整，需要重新进行输入校准，其步骤如下。

① 在切断模块电源之后选择需要的输入范围。

② 接通CPU和模块电源之后使模块稳定15min。

③ 用一个变送器，一个电压源或一个电流源，将零值信号输入到一个输入端。

④ 读取适当的输入通道在CPU中的测量值。

⑤ 调节OFFSET（偏置）电位计，直到读数为零，或所需要的数字数据值。

⑥ 将一个满刻度值信号接到输入端子中的一个，读出送到CPU的数值。

⑦ 调节GAIN（增益）电位计，直到读数为32000或所需要的数字数据值。

⑧ 必要时，重复偏置和增益校准过程。

（4）EM235数字格式

① EM235输入数据字格式　图15-32给出了12位数据值在CPU的模拟量输入字中的位置。

可见，模拟量到数字量转换器（ADC）的12位读数是左对齐的。最高有效位是符号位，0表示正值。在单极性格式中，3个连续的0使得模拟量到数字量转换器（ADC）每变化1个单位，数据字则以8个单位变化。在双极性格式中，4个连续的0使得模拟量到数字量转换器每变化1个单位，数据字则以16为单位变化。

② EM235输出数据字格式　图15-33给出了12位数据值在CPU的模拟量输出字中的位置。

数字量到模拟量转换器（DAC）的12位读数在其输出格式中是左端对齐的，最高有效位是符号位，0表示正值。

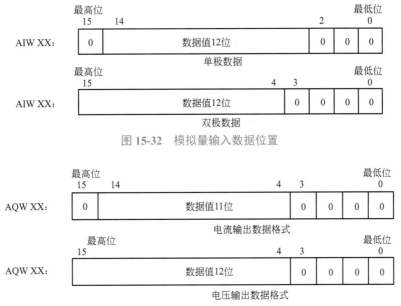

图 15-32　模拟量输入数据位置

图 15-33　模拟量输出数据位置

15.4.3　模拟量扩展模块的寻址

模拟量扩展模块的排序是按照扩展模块的先后进行排序的，但模拟量是根据输入、输出不同分别排序。模拟量的数据格式的大小为一个字长，所以地址必须从偶数字节开始。例如：AIW0、AIW2、AIW4、…、AQW0、AQW、…。每个模拟量扩展模块占用最少两个通道，举个例子：如果第一个模块只有输出 AQW0，那么第二个模块模拟量输出地址仍然从 AQW4 开始寻址，以此类推。

图 15-34 演示了 CPU224 后面依次排列一个 4 输入 /4 输出数字量模块、一个 8 输入数字量模块、一个 4 模拟输入 /1 模拟输出模块、一个 8 输出数字量模块、一个 4 模拟输入 /1 模拟输出模块的寻址情况，图中灰色通道不能使用的。

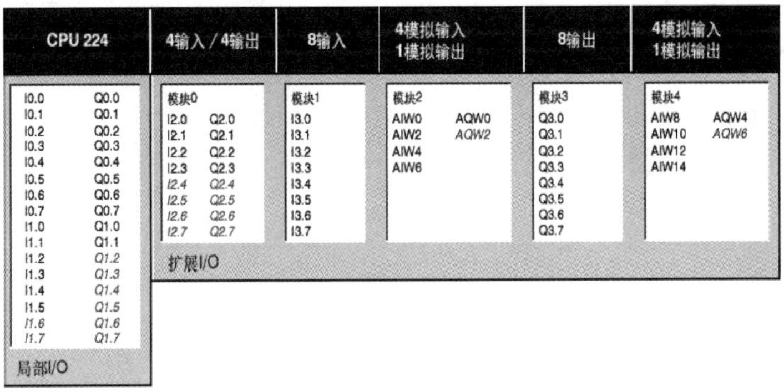

图 15-34　模拟量扩展模块寻址

15.4.4　模拟量值和 A/D 转换值的转换

假设模拟量的标准电信号是 $A_0 \sim A_m$（如：$4 \sim 20mA$），A/D 转换后数值为 $D_0 \sim D_m$

（如：6400 ～ 32000），设模拟量的标准电信号是 A，A/D 转换后的相应数值为 D，由于是线性关系，函数关系 $A=f(D)$ 可以表示为数学方程：

$$A=(D-D_0)\times(A_m-A_0)/(D_m-D_0)+A_0$$

根据该方程式，可以方便地根据 D 值计算出 A 值。将该方程式逆变换，得出函数关系 $D=f(A)$ 可以表示为数学方程：

$$D=(A-A_0)\times(D_m-D_0)/(A_m-A_0)+D_0$$

举例说明：

① 以 S7-200 和 4 ～ 20mA 为例，经 A/D 转换后，我们得到的数值是 6400 ～ 32000，即 $A_0=4$，$A_m=20$，$D_0=6400$，$D_m=32000$，代入公式，得出：

$$A=(D-6400)\times(20-4)/(32000-6400)+4$$

假设该模拟量与 AIW0 对应，则当 AIW0 的值为 12800 时，相应的模拟电信号是 $6400\times16/25600+4=8mA$。

② 某温度传感器，$-10 ～ 60℃$ 与 4 ～ 20mA 相对应，以 T 表示温度值，AIW0 为 PLC 模拟量采样值，则根据上式直接代入得出：

$$T=70\times(AIW0-6400)/25600-10$$

可以用 T 直接显示温度值。

③ 某压力变送器，当压力达到满量程 5MPa 时，压力变送器的输出电流是 20mA，AIW0 的数值是 32000。可见，每毫安对应的 A/D 值为 32000/20，测得当压力为 0.1MPa 时，压力变送器的电流应为 4mA，A/D 值为（32000/20）×4=6400。由此得出，AIW0 的数值转换为实际压力值（VW0，单位为 kPa）的计算公式为：

$$VW0 的值 =(AIW0 的值 -6400)(5000-100)/(32000-6400)+100（单位：kPa）$$

15.4.5 模拟量编程示意

本次演示的 CPU 型号为 CPU222，所用模拟量扩展模块为一个 EM235，其中第一个通道连接一块温度显示仪表，其变送输出为 4 ～ 20mA，仪表的温度量程为 $0℃ ～ 100℃$，换句话说，当温度为 0℃ 时，输出电流为 4mA。另外，温度显示仪表的铂电阻输入端接入一个 220Ω 可调电位器，梯形图如图 15-35 所示。

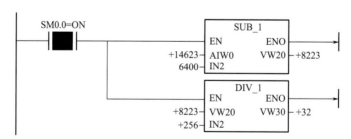

图 15-35　模拟量扩展模块示例演示

根据前面的内容可得出以下温度转换式子：

$$温度显示值 =(AIW0-6400)/256$$

编译并运行程序，观察程序状态，VW30 即为显示的温度值，对照仪表显示值是否一致。

第 16 章
电气控制系统综合应用

16.1 触摸屏、变频器和 PLC 的水位控制系统

（1）控制要求

有一水箱可向外部用户供水，用户水量不稳定，水箱进水由水泵泵水。现对水箱中水位进行恒液位控制，并可在 0 ～ 200mm 范围内进行调节，如设定水箱水位在 100mm，则不管水箱的出水量如何，调节进水量，都要求水箱的水位在 100mm 的位置。如出水量少，则要求进水量也要少，如出水量大，则要求控制进水量也大。

（2）控制思路

因为液位高度与水箱底部的水压成正比，采用一个压力传感器来检测水箱底部压力，从而确定液位高度。要控制水位恒定，需用 PID 算法随水位进行自动调节。把压力传感器检测到的水位对应电流信号 4 ～ 20mA 送至 PLC 中，PLC 对设定值和检测偏差进行 PID 运算，将运算结果输出用以调节水泵电机的转速，从而调节进水量。水泵电机的转速可由变频器来进行调速。

（3）元件选型

① PLC 及其模型选型。PLC 可选用 S7-200 CPU224，为了能够接受压力传感器的模拟量信号和调节水泵电机转速，特选择一块 EM235 的模拟量输入输出模块。

② 变频器选型。为了能够调节水泵电机转速从而调节进水量，特选择西门子 G110 的变频器。

③ 触摸屏选型。为了能够对水位进行设定并对其运行状态的监控，特选用台达人机界面 DOP-B07S415 触摸屏。

④ 水箱选用克莱德的设备。

（4）PLC 的 I/O 分配及电路图

① PLC 的 I/O 分配如表 16-1 所示。

表 16-1　I/O 分配

符号	地址	注释
设定值	VD204	范围为 0 ～ 1 的实数
回路增益	VD212	
采样时间	VD216	
积分时间	VD220	
微分时间	VD224	
控制量输出	VD208	范围为 0 ～ 1 的实数
检测值	VD200	范围为 0 ～ 1 的实数
启动	I0.0	
停止	I0.1	
触摸屏液位设定值	VD100	范围为 0 ～ 200 的实数
触摸屏显示液位值	VD110	范围为 0 ～ 200 的实数
水泵电机	Q0.0	

② 电路图　PLC 与压力传感器、变频器的连接电路如图 16-1 所示。

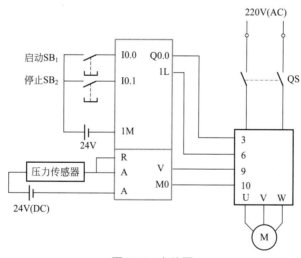

图 16-1　电路图

（5）变频器的参数设置

西门子 G110 变频器参数设置如表 16-2 所示。

表 16-2　西门子 G110 变频器参数设置

参数号	参数名称	设定值	说明
P0304	电机额定电压	220V	
P0305	电机额定电流	0.5	单位：A

续表

参数号	参数名称	设定值	说明
P0306	电机额定功率	0.75	单位：kW
P0310	电机额定频率	50	单位：Hz
P0311	电机额定转速	1460	单位：r/min
P0700	选择命令信号源	2	由端子排输入
P1000	选择频率设定值	2	模拟设定值
P1080	最小频率	5	单位：Hz

（6）EM235技术规范

EM235 技术规范如表 16-3 所示。

表 16-3 EM235 技术规范

模拟量输入特性	模拟量输入点数	4
	电压（单极性）信号类型	0 ～ 10V，0 ～ 5V，0 ～ 1V，0 ～ 500mV，0 ～ 100mV，0 ～ 50mV
	电压（双极性）信号类型	±10V，±5V，±2.5V，±1V，±500mV，±250mV，±100mV，±50mV，±25mV
	电流信号类型	0 ～ 20mA
	单极性量程范围	0 ～ 32000
	双极性两层范围	−32000 ～ +32000
	分辨率	12 位 A/D 转换器
模拟量输出特性	模拟量输出点数	1
	电压输出	±10
	电流输出	0 ～ 20mA
	电压数据范围	−32000 ～ +32000
	电流数据范围	0 ～ 32000

（7）PLC控制程序

PLC 控制程序如图 16-2 所示。

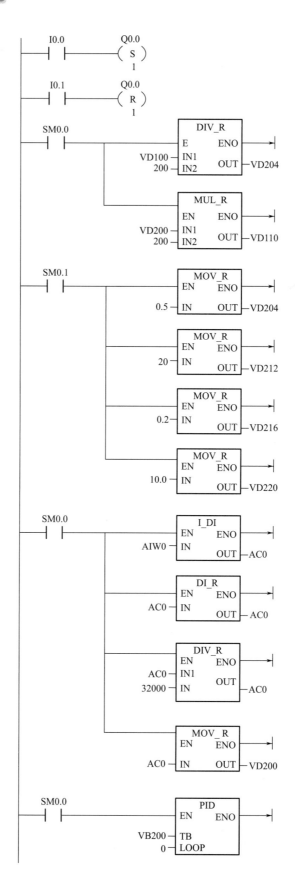

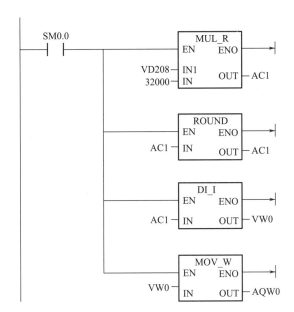

图 16-2 PLC 控制程序

（8）触摸屏监控

水位控制系统画面如图 16-3 所示。

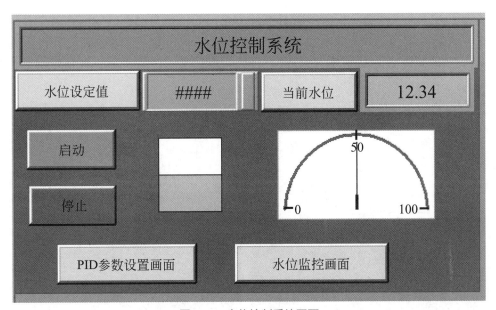

图 16-3 水位控制系统画面

在这个水位控制系统中，能够设定水位值，显示当前的水位值，当前的水位可以通过柱状图、数值和仪表来显示出来。下面的两个按钮是切换画面按钮，按下"PID 参数设置画面"可以切换到图 16-4 所示的 PID 参数设置画面，按下"水位监控画面"可以切换到图 16-5 所示的水位监控画面。

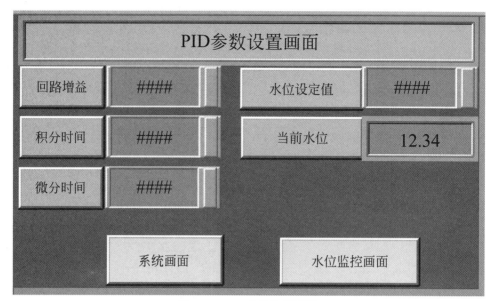

图 16-4　PID 参数设置画面

　　在 PID 参数设置画面中，可以设置回路增益、积分时间和微分时间三个参数，显示当前的水位和水位的设定值信息，下方的按钮是切换画面按钮，按下"系统画面"可以切换到图 16-3 所示的系统画面，按下"水位监控画面"可以切换到图 16-5 所示的水位监控画面。

　　水位监控画面可以显示当前的水位设定值和当前水位值信息，同时这两个信息的数值变化，会通过下方的折线图来更加直观地显示出来，按下"系统画面"可以切换到图 16-3 所示的系统画面，按下"PID 参数设置画面"可以切换到图 16-4 所示的 PID 参数设置画面。

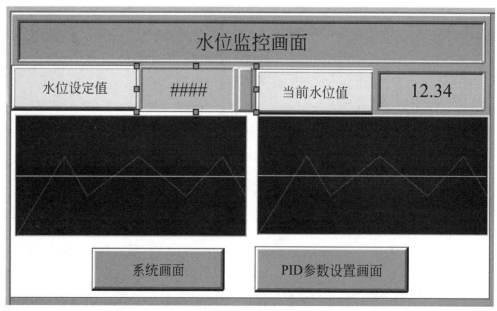

图 16-5　水位监控画面

16.2 具有多种工作方式的机械手控制系统

本节以西门子 S7-300 PLC 控制器为例进行机械手控制系统程序的设计。

16.2.1 机械手控制系统简介

为了满足生产的需要，很多工业设备要求设置多种工作方式，例如手动和自动（包括连续、单周期、单步和自动返回初始状态）工作方式。如何将多种工作方式的功能融合到一个程序中，是设计的难点之一。通常手动程序比较简单，可用经验法设计，而复杂的自动程序一般根据系统的顺序功能图用顺序控制法设计。

此机械手控制系统的功能为搬运工件（A 点→B 点），如图 16-6 所示。该机械手工作原点在左上方（松开状态），按其下降→夹紧→上升→右移→下降→松开→上升→左移的顺序依次运动。

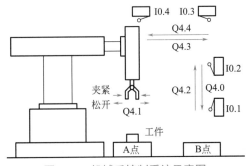

图 16-6　机械手控制系统示意图

机械手的控制面板如图 16-7 所示，工作方式选样开关分 5 挡，分别对应于 5 种工作方式，分别为手动、回原点、单步、单周期和连续运行。操作面板左下部的 6 个按钮是手动按钮，上升、下降、左行、右行、松开、夹紧几个步骤一目了然。

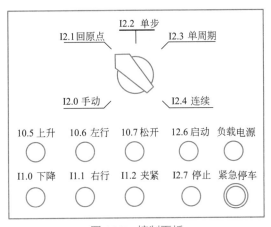

图 16-7　控制面板

控制面板上标明的几种工作方式说明如下。

① 手动方式：是指用各自的按钮使各个步骤单独执行。

② 回原点：按下启动按钮，机械手自动回到原点。

③ 单步运行：按动一次启动按钮，前进一个工步，完成该步的任务后，自动停止工作并停在该步。此运行方式常用于系统的调试。

④ 单周期运行（半自动）：在原点位置按启动按钮，按顺序功能图（如图 16-13）自动运行一个周期后回到原点停止。若在中途按动停止按钮，则停止运行；再按启动按钮，从断点处继续运行，回到原点处自动停止。

⑤ 连续运行（全自动）：在原点位置按启动按钮，连续反复运行。若在中途按动停止按钮，机械手并不马上停止工作，完成最后一个周期的工作后，系统才返回并停留在初始步。

在进入单步、单周期和连续运行方式之前，系统应位于原点，否则应选择回原点工作方式，然后按 I2.6 启动按钮，使系统自动返回原点状态。面板上的负载电源和紧急停车按钮与 PLC 运行程序无关，这两个按钮是用来接通和断开 PLC 外部负载的电源。

PLC 的外部接线图如图 16-8 所示，工作方式选择开关是单刀 5 掷开关，同一时刻只能选择一种工作方式。此外，为了保证在紧急情况下（包括 PLC 发生故障时）能可靠地切断 PLC 的负载电源，设置了交流接触器 KM。在 PLC 开始运行时按下"负载电源"按钮，使 KM 线圈得电并自锁，KM 的主触点接通，给外部负载提供交流电源，出现紧急情况时用"紧急停车"按钮断开负载电源。

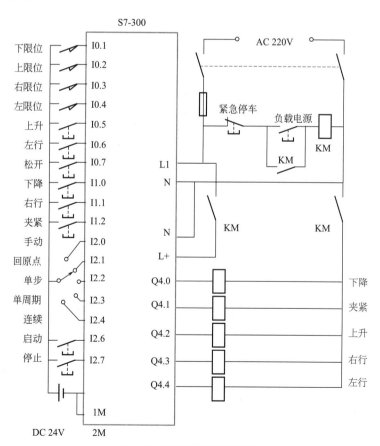

图 16-8 PLC 的外部接线图

16.2.2 使用启保停电路编程法编写系统程序

（1）机械手控制程序的总体结构

主程序 OB1 如图 16-9 所示，整个程序分为公用程序、手动程序、回原点程序和自动程序四个部分。为编程结构简洁、明了，把公用、手动、回原点和自动程序分别编成相对独立子程序模块，通过调用指令（FC）进行功能选择。公用程序 FC1 是无条件调用的，供各种工作方式公用；手动程序 FC2 仅在选择手动方式时调用；回原点程序 FC4 仅在选择回原点工作方式时调用；自动程序 FC3 仅在选择连续、单周期或单步工作方式时调用，这是因为它们的动作都是按照同样的工序进行的，所以将它们放在一起编程较为合理和简单。

在 PLC 进入 RUN 运行模式的第一个扫描周期，系统调用组织块 OB100，在 OB100 中执行初始化程序。

（2）OB100 中的初始化程序

初始化程序用于识别系统是否处于原点状态并对其初始化：如果原点条件满足，则初始步 M0.0 被置位，为进入单步、单周期、连续等自动工作方式做好准备，如果原点条件不满足，则初始步 M0.0 将被复位，故三种自动工作方式将被禁止。

OB100 中的初始化程序如图 16-10 所示，为方便起见，引入原点状态标识位 M0.5 和初始步存储位 M0.0。当机械手位于工作原点，即在左上方松开状态时，满足"原点条件"，左限位开关 I0.4、上限位开关 I0.2 的常开触点和表示夹紧装置松开的 Q4.1 的常闭触点组成的串联电路接通，存储器位 M0.5 为 1 状态。

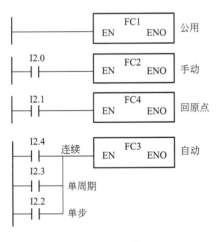

图 16-9 主程序 OB1

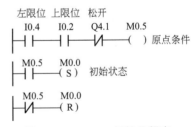

图 16-10 OB100 初始化程序

另外还需要注意，对 CPU 组态时，代表顺序功能图中的各存储位应设置为没有断电保持功能，CPU 启动时它们均为 0 状态。CPU 刚进入 RUN 模式的第一个扫描周期执行图 16-10 中的组织块 OB100 时，如果原点条件满足，M0.5 为 1 状态，顺序功能图中的初始步对应的 M0.0 被置位，为进入单步、单周期和连续工作方式作好准备。如果此时 M0.5 为 0 状态，M0.0 将被复位，初始步为不活动步，禁止在单步、单周期和连续工作方式工作。

（3）公用程序

公用程序 FC1 主要用于自动程序和手动程序相互切换的处理，如图 16-11 所示。当系统

处于手动工作方式或回原点方式时，I2.0 或 I2.1 为 1 状态。若此时满足原点条件（M0.5 为 1），则顺序功能图中的初始步对应的 M0.0 被置位，反之则被复位。

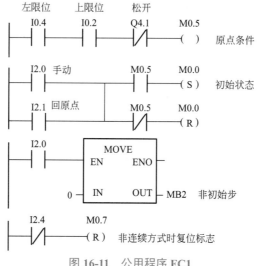

图 16-11　公用程序 FC1

　　当系统处于手动工作方式时，必须将顺序功能图中除初始步以外的各步对应的存储器位（M2.0~M2.7）复位。否则，当系统从自动工作方式切换到手动工作方式，然后又返回到自动工作方式时，可能会出现同时有两个活动步的异常情况，而控制系统并不存在并行序列，这将会引起系统的错误动作。非连续工作方式时 I2.4 的常闭触点闭合，表示连续工作状态的标志位 M0.7 复位。

（4）手动程序

　　手动程序 FC2 这里采用经验设计法设计，如图 16-12 所示。手动工作时用 I1.2、I0.7、I0.5、I1.0、I0.6 和 I1.1 分别对应 6 个手动操作按钮，控制机械手的夹紧、松开、上升、下降、左行和右行动作。为了保证系统的安全运行，在手动程序中设置了一些必要的软件联锁，例如，上升与下降之间、左行与右行之间的联锁，以及上升、下降、左行、右行的限位控制。程序中还将上限位开关 I0.2 的常开触点与控制左、右行的 Q4.4 和 Q4.3 线圈串联，使得机械手升到最高位置才能进行左右的移动，以防止机械手在较低位置运行时与别的物体碰撞。

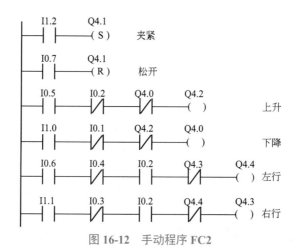

图 16-12　手动程序 FC2

（5）单周期、连续和单步程序

由于自动操作的动作较复杂，不容易直接设计出梯形图，可以采用顺序设计法设计。先画出顺序功能图，用以表明动作的顺序和转换的条件，然后根据所采用的控制方法，设计梯形图就比较方便。

机械手控制系统自动程序 FC3（单周期、连续和单步工作方式）的顺序功能图和梯形图分别如图 16-13 和图 16-14 所示。图 16-14 是用启保停电路设计的程序，M0.0 和 M2.0 ~ M2.7 用典型的启保停电路来控制。

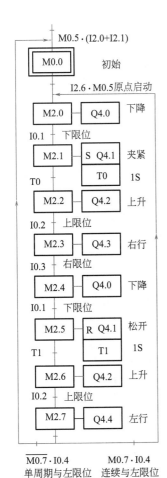

图 16-13 自动程序 FC3 的顺序功能图

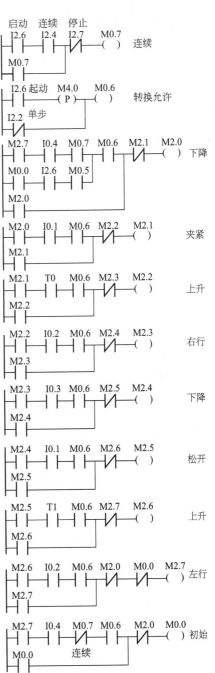

图 16-14 自动程序 FC3 存储位控制电路梯形图

单周期、连续和单步这 3 种工作方式主要是用"连续"标志 M0.7 和"转换允许"标志 M0.6 来区分的。

① 单步与非单步的区分

"转换允许"标志 M0.6 的常开触点串接在每一个控制代表步的存储器位的启动电路中。

若系统处于单步工作方式，I2.2 为 1 状态，其常闭触点断开，"转换允许"存储器位 M0.6 为 0 状态，不允许步与步之间的转换。当某一步的工作结束后，转换条件满足，如果没有按启动按钮 I2.6，M0.6 处于 0 状态，启保停电路的启动电路处于断开状态，不会转换到下一步。直到按下启动按钮 I2.6，M0.6 在 I2.6 的上升沿接通一个扫描周期，M0.6 的常开触点接通，系统才会转换到下一步。

若系统工作在非单步（连续、单周期）工作方式时，I2.2 为 0 状态，其常闭触点接通，使 M0.6 为 1 状态，串联在各启保停电路的启动电路中的 M0.6 的常开触点接通，允许步与步之间的正常转换。

② 单周期工作过程

在单周期工作方式下，I2.2（单步）的常闭触点闭合，M0.6 的线圈"通电"，允许转换。在初始步时按下启动按钮 I2.6，在 M2.0 的启动电路中，M0.0、I2.6、M0.5（原点条件）和 M0.6 的常开触点均接通，使 M2.0 的线圈通电，系统进入下降步，Q4.0 的线圈通电，机械手下降；机械手碰到下限位开关 I0.1 时，M2.1 为 1 状态，系统转换到夹紧步，Q4.1 被置位，工件被夹紧并保持，同时延时定时器 T0 开始定时，1s 后 T0 的定时时间到，其常开触点接通，使系统进入上升步。系统就这样一步一步地自动往下运行，直到运行到左行步 M2.7，机械手左行返回到左限位时，I0.4 变为 1 状态，因为此时不是连续工作方式，连续/单周期方式选择标志位 M0.7 线圈处于 0 状态，转换条件 $\overline{M0.7} \cdot I0.4$ 满足，系统返回并停留在初始步 M0.0。

③ 连续工作过程

在连续工作方式下，I2.4 为 1，在初始状态按下启动按钮 I2.6，连续/单周期方式选择标志位 M0.7 变为 1 状态，其余的工作过程与单周期工作方式相同。当机械手在一个周期的最后一步 M2.7 左行返回到左限位时，I0.4 为 1 状态，因为 M0.7 为 1 状态，转换条件 M0.7·I0.4 满足，系统将返回到下一个周期的第一步 M2.0，这样一个周期接一个周期反复连续地工作下去。

当按下停止按钮 I2.7 后，M0.7 变为 0 状态，但是系统不会立即停止工作，在完成当前工作周期的全部动作后，机械手返回到原点位置，左限位开关 I0.4 为 1 状态，转换条件 $\overline{M0.7} \cdot I0.4$ 满足，系统返回并停留在初始步，最终停止工作。

与连续工作过程相比，在单周期工作方式下，M0.7 一直处于 0 状态。当机械手在最后一步 M2.7 左行步返回到左限位时，I0.4 为 1 状态，转换条件 $\overline{M0.7} \cdot I0.4$ 满足，系统返回并停留在初始步。按一次启动按钮，系统只工作一个周期。

④ 单步工作过程

单步工作方式。如果系统处于单步工作方式，I2.2 为 1 状态，它的常闭触点断开，"步连续转换允许标志位" M0.6 在一般情况下为 0 状态，不允许步与步之间的连续转换。设系统已处于原点状态，M0.5 和 M0.0 为 1 状态，按下启动按钮 I2.6，M0.6 接通一个扫描周期，使 M2.0 为 1 状态并自锁，系统进入下降步。在下降步，Q4.0 线圈通电，机械手降到下限位开关 I0.1 处时，图 16-15 中与 Q4.0 线圈串联的 I0.1 的常闭触点将断开，使 Q4.0 线圈断电，机械手停止下降。图 16-14 中的 I0.1 的常开触点闭合后，如果此时没有按下启动按钮，I2.6 和 M0.6 处于 0 状态，系统不会进入下一步，只有等到再次按下启动按钮，M0.6 才会再次接通一个扫描周期，M0.6 的常开触点和转换条件 I0.1 才能使 M2.1 线圈通电并自保持，系统才能由下降步进入到夹紧步。以后每完成一步操作，都需要按一次启动按钮，系统才能进入下一步，所以为单步工作方式。

如果将控制初始步 M0.0 的启保停电路放在控制下降步 M2.0 的启保停电路之前，在单步工作方式下，当左行步 M2.7 为活动步且机械手回到原点位置时，若按下启动按钮 I2.6，返回到初始步 M0.0 后，下降步 M2.0 的启动条件满足，系统将立即进入下降步 M2.0。在单步工作方式下，像这样连续地跳两步是不允许的。因此，将控制下降步 M2.0 的启保停电路放在步连续转换允许标志位 M0.6 线圈的后面，控制初始步 M0.0 的启保停电路的前面，就可以解决这一问题。因为，在左行步 M2.7 为活动步且机械手回到原点位置时，若按下启动按钮 I2.6，M0.6 接通一个扫描周期，当程序自上到下扫描到线圈 M0.0 时，初始步 M0.0 的线圈将通电，此时控制 M2.0 线圈启动电路中的 M2.0 的常开触点已经被扫描过了，在下一个扫描周期，当程序扫描到线圈 M2.0 时，由于此时 M0.6 已断开，所以 M2.0 的线圈是不能"通电"的，这样就不会出现按一次启动按钮，M0.0 和 M2.0 相继得电的情况。只有再按下 I2.6，M2.0 才会得电。

⑤ 输出电路

复杂系统中，将存储位控制电路与输出电路分开设计，避免出错。

自动程序 FC3 的输出电路（如图 16-15）中，I0.1~I0.4 的常闭触点是为单步工作方式设置的。以上升为例，当机械手碰到限位开关 I0.2 后，由于必须再按下 I2.6 才能进入下一步 M2.3 或 M2.7，故与上升步对应的存储器位 M2.2 或 M2.6 不会立即变为 OFF，如果 Q4.2 的线圈不与 I0.2 的常闭触点串联，机械手不能停在上限位开关 I0.2 处，还会继续上升，在这种情况下可能会造成事故。

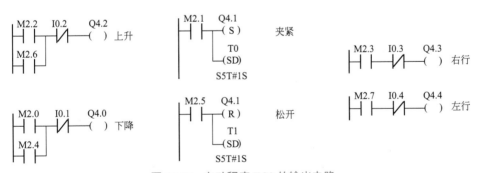

图 16-15　自动程序 FC3 的输出电路

（6）自动返回原点程序

机械手自动回原点的顺序功能图和梯形图程序分别如图 16-16 中（a）、（b）所示。当选择回原点工作方式时，I2.1 为 1 状态。按下回原点启动按钮 I2.6，M1.0 变为 1 状态并保持，机械手松开并上升，升到上限位开关时 I0.2 为 1 状态，机械手随后左行，行至左限位处时，I0.4 为 1 状态，左行停止并将 M1.1 和 Q4.1 复位。这时原点条件满足，M0.5 变为 1 状态，在公用程序中，初始步 M0.0 将置位，为进入单周期、连续和单步等自动工作方式做好了准备。

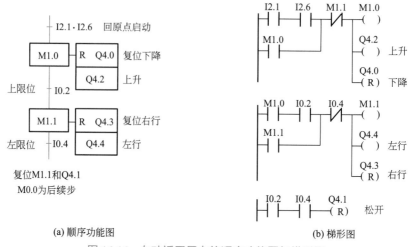

(a) 顺序功能图   (b) 梯形图

图 16-16   自动返回原点的顺序功能图与梯形图

16.2.3   使用置位复位指令法编写系统程序

与使用启保停电路的编程方法相比，OB1、OB100、顺序功能图、公用程序、手动程序和自动程序中的输出电路完全相同，依然用存储器位 M0.0 和 M2.0~ M2.7 来代表各步。

与图 16-13 相对应的，用置位复位指令实现的程序梯形图如图 16-17 所示。M0.7 连续与 M0.6 转换允许的控制电路与图 16-14 中的相同，在程序中、为防止在单步执行中从步 M2.7 返回步 M0.0 时，会马上进入步 M2.0。需要将对 M0.0 置位的电路放在对 M2.0 置位的电路后面。自动返回原点的程序如图 16-18 所示。

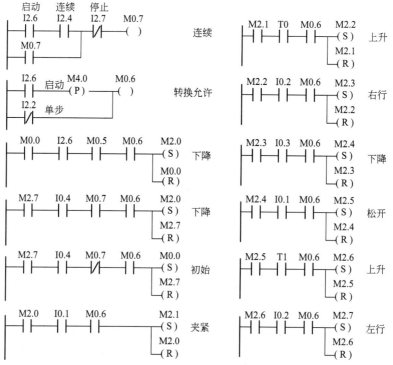

图 16-17   梯形图（使用置位复位指令编程）

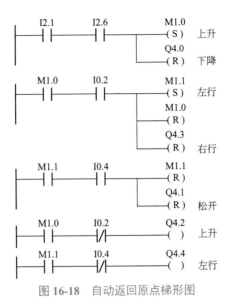

图 16-18 自动返回原点梯形图

PLC 基础知识补充讲解视频

1.PLC 的产生

2.PLC 定义及分类

3.S7-200PLC 简介

4.S7-200PLC 硬件系统

5.PLC 的功能和特点

6.PLC 的基本结构、
工作过程等

7.S7-200CN 系列外
形尺寸对比

8. 一起来看看 S7-200
CPU224 的内部电路

9.PLC 外部结构
功能介绍

10. 西门子 S7 系列
型谱介绍

11.CPU224 及 CPU
224XP 外部端子图

12.CPU224ACDC 继电器
型外部接线介绍

13.200CPU 技术规范
与选型参考

14.CPU224DCDCDC
外部接线图分析

15.PLC 软件安装以及
如何改为中文显示

16.200CPU 编程
与通信相关

17.计算机与 PLC 硬件通信
以及上载和下载程序

18. 点动控制
完全解析

19. 编程软件 -
菜单概览部分

20. 编程软件 -
通信设置问题

21. 编程软件 - 符号表及
连续控制举例及仿真演示

22. 编程软件 - 交叉引用、
状态表与趋势图监控

23. 编程软件 - 系统快
10 个问题

24. 编程软件 -
Asi 设置（上）

25. 编程软件 -Asi
设置（下）

26. 编程软件 -
EM241 设置

27. 编程软件 -EM253
位控模块设置

28. 编程软件 -
数据记录设置

29. 编程软件 -
高速计数器

30. 编程软件 -
以太网设置

31. 编程软件 -
因特网设置

32. 编程软件 -
PID 设置

33. 编程软件 - 脉冲
串输出设置

34. 编程软件 - 配方、远程
调制与文本显示模块设置

二维码索引

参 考 文 献

[1] 刘振全，王汉芝，等 . 零起步学 PLC[M]. 北京：化学工业出版社，2018.

[2] 刘振全，韩相争，王汉芝 . 西门子 PLC 从入门到精通 [M]. 北京：化学工业出版社，2018.

[3] 刘振全，贾红艳，戴凤智 . 自动控制原理 [M]. 西安：西安电子科技大学出版社，2017.

[4] 刘振全，王汉芝，杨坤 . 西门子 PLC 编程技术及应用案例 [M]. 北京：化学工业出版社，2016.

[5] 秦仲全 . 图解电气控制入门 [M]. 北京：化学工业出版社，2013.